应用型本科院校校企合作实训教材

U0184711

化工仪表及自动化
实训指导书

主　审　马喜林

主　编　邓进军　姜洪涛　刘洪胜

副主编　何丹凤　唐　龙

哈尔滨工业大学出版社

内容提要

本书是校企联合编写的实训系列教材,由基础篇、应知应会篇、技能实训篇三篇及附录理论考核题库部分组成,涵盖了基础工具、检测工具、检测仪表、PLC 控制的方法、仪器使用注意事项等实操内容,并根据学校对工程实训类课程的基本要求和当前化工企业基本情况,设计了 24 项实训练习,通过理论考核习题进一步巩固学生的理论知识,具有覆盖范围广、针对性和实用性强的特点。

本书既可以作为大、中专及应用型本科院校化工类、仪表自动化专业的实训教学用书,也可以作为相关企事业单位岗位培训用书。

图书在版编目(CIP)数据

化工仪表及自动化实训指导书/邓进军,姜洪涛,刘洪胜

主编. —哈尔滨:哈尔滨工业大学出版社,2022.4

ISBN 978-7-5603-9848-8

Ⅰ.①化… Ⅱ.①邓… ②姜… ③刘… Ⅲ.①化工仪表②化工过程 – 自动控制系统 Ⅳ.①TQ056

中国版本图书馆 CIP 数据核字(2021)第 244058 号

策划编辑　李艳文　范业婷

责任编辑　李长波

出版发行　哈尔滨工业大学出版社

社　　址　哈尔滨市南岗区复华四道街 10 号　邮编 150006

传　　真　0451 – 86414749

网　　址　http://hitpress.hit.edu.cn

印　　刷　哈尔滨市工大节能印刷厂

开　　本　787mm×1092mm　1/16　印张 23.5　字数 587 千字

版　　次　2022 年 4 月第 1 版　2022 年 4 月第 1 次印刷

书　　号　ISBN 978-7-5603-9848-8

定　　价　59.80 元

前　言

　　实践教学在应用型本科高校人才培养中有着重要的地位,它是高等学校教学的重要组成部分,是为社会培养应用技术型人才的重要途径。本书是根据应用型本科院校的发展规划,结合"化工仪表及自动化"校企合作课程教学改革成果应用与实践教学基地建设,以扩充工程训练教学内容和培养应用技术型人才为目的,组织学校、企业专家共同编写的一部校企合作实训教材。

　　本书将实训内容分为基础篇、应知应会篇、技能实训篇及附录理论考核题库部分。在基础篇中,详细讲解了化工行业常用工具、测量工具、安防用品(安全帽、五点式安全带、防毒面具)的识别、正确使用方式及注意事项,更加适合零操作基础的学生提高实操技能;同时,引入了当前企业常用的 Fluke 数字万用表、375 现场通讯器、HART 475 手操器、Fluke 715 伏特/毫安校准仪、Fluke 725 多功能过程校准仪等检测器的实训内容。应知应会篇阐述了温度、压力、液位、流量四大参数的测量工具和使用方法,概述了常见的执行机构与调节阀,并详细介绍了西门子 S7 - 300 系列可编程序控制器。技能实训篇根据高校对工程实训类课程的基本要求和当前化工企业基本情况,设计了常规仪表实训 16 项和 PLC 实训 8 项,覆盖范围广,针对性和实用性强。最后的附录是理论考核题库部分,归纳整理了前期基础理论知识和实训知识练习题,进一步巩固所学的记忆性知识。

　　本书由邓进军、姜洪涛、刘洪胜担任主编,何丹凤、唐龙担任副主编,具体编写分工为:第 1、5、6、11 章由邓进军(大庆师范学院)编写;第 3、12、17 章由姜洪涛(大庆油田化工有限公司)编写;第 2、4、13、14 章由刘洪胜(大庆师范学院)编写;第 8、15 章和附录由何丹凤(大庆师范学院)编写;第 7、9、10、16 章由唐龙(大庆师范学院)编写。参与本书编写的企业专家有大庆油田有限责任公司第一采油厂的姜平、第六采油厂的任传柱、第九采油厂的纪永峰,大庆油田化工有限公司的刘伟、王永、曾宏刚、柳超、张革、马一鸣、何晓萌和杜辉。全书由邓进军和姜洪涛统稿,马喜林(大庆油田有限责任公司天然气分公司)主审。

　　在本书编写过程中,学院领导和同事在实训内容和方案设计方面提出了许多宝贵建议,在此表示衷心的感谢。

　　由于编者水平有限,书中难免存在疏漏及不足之处,敬请专家和读者批评指正。

编　者
2021 年 6 月

目　　录

第 1 篇　基础篇

第 2 篇　应知应会篇

第 3 篇　技能实训篇

第 1 篇　基础篇

第1章 常用工具

1.1 手工工具

1.1.1 手钳

手钳是用来夹持零件、切断金属丝、剪切金属薄片或将金属薄片、金属丝弯曲成所需形状的常用手工工具。手钳的规格是指钳身长度(单位为 mm)。按用途可分为钢丝钳、尖嘴钳、扁嘴钳、圆嘴钳、弯嘴钳等。

1. 钢丝钳

钢丝钳用于夹持或折弯薄片形、圆柱形金属零件或金属丝,旁边带有刃口的钢丝钳还可以切断细金属(带有绝缘塑料套的可用于剪断电线),是应用最广泛的手工工具,如图 1-1 所示。

图 1-1 钢丝钳

钢丝钳按照柄部可分为不带塑料套(铁柄)和带塑料套(绝缘柄)两种;按照钳口形式可分为平钳口、凹钳口和剪切钳口三种。其规格见表 1-1。

表 1-1 钢丝钳的规格

柄部	旁剪口	工作电压/V	钳身长度/mm		
铁柄	有	—	160	180	200
	无				
绝缘柄	有	500			
	无				
能切断硬度 HRC≤30 中碳钢丝的最大直径/mm			2	2.5	3

2. 尖嘴钳

尖嘴钳适用于比较狭小的工作空间中小零件的夹持工作,主要用于仪器仪表、电信、电器行业安装维修工作,带刃口的尖嘴钳还可以切断细金属丝,如图 1-2 所示。

尖嘴钳按照柄部可分为不带塑料套和带塑料套两种。铁柄尖嘴钳禁止用于电工,绝缘柄尖嘴钳的耐压强度为 500 V。常用的有 125、140、160、180、200(mm)五种规格。

图 1-2 尖嘴钳

尖嘴钳的钳头部分尖细,且经过热处理,夹持物体不能过大,用力不能过猛,防止损伤钳头。使用时不能用钳头去撬动工件,以免钳头变形。

3. 挡圈钳

挡圈钳专门用于拆装弹簧挡圈。挡圈钳分为穴用挡圈钳和轴用挡圈钳两种,可适应对各种位置上挡圈的拆装工作,分别如图 1 - 3(a)和图 1 - 3(b)所示。

(a)穴用挡圈钳 (b)轴用挡圈钳

图 1 - 3 挡圈钳

挡圈钳按钳口形状又可分为直嘴式和弯嘴式两种结构(弯嘴结构的角度一般为 90°,也有 45°的产品),常用有的 150、175(mm)两种规格。使用挡圈钳时应防止挡圈弹出伤人。

4. 鲤鱼钳

鲤鱼钳用于夹持扁形或圆柱形金属零件,其钳口的开口宽度可调节,使其可以夹持较厚或较大的零件;刃口可切断金属丝,也可代替扳手用于拆装螺栓、螺母等,如图 1 - 4 所示。常用的有 125、150、165、200、250(mm)五种规格。

图 1 - 4 鲤鱼钳

5. 手钳使用注意事项

手钳在使用时应根据工作需要选择合适的规格和类型。钳把带塑料套的不能在工作温度 100 ℃以上的情况下使用,以防塑料套熔化;但其可供电工使用,绝缘护套耐压为 500 V,只适合在低压带电设备上使用。带电操作时,手与金属部分应保持 2 cm 以上的距离;剪切带电导线时,不得用钳口同时剪切相线和零线,或同时剪切两根相线(均会造成线路短路)。手钳夹持工件时应用力得当,防止手钳变形损坏;手钳不能剪硬质合金钢,不能当作锤子或其他工具使用。

1.1.2 扳手

扳手主要用来扳动一定范围尺寸的螺栓、螺母、启闭阀类和装卸杆类丝扣等。

常用扳手有:呆扳手、梅花扳手、两用扳手、活动扳手、内六角扳手、套筒扳手、钩形扳手、棘轮扳手等。

1. 呆扳手

呆扳手俗称死板手,在扭矩较大时可与手锤配合使用。呆扳手又可分为单头呆扳手和双头呆扳手两种。单头呆扳手用于紧固或拆卸某一种固定规格的六角头或方头螺栓、螺钉或螺母,如图 1 - 5 所示。双头呆扳手用于紧固或拆卸具有两种固定规格的六角头或方头螺栓、螺钉或螺母,如图 1 - 6 所示。

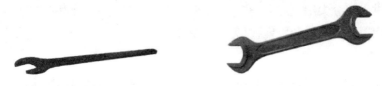

图 1 - 5　单头呆扳手　　　　　图 1 - 6　双头呆扳手

呆扳手的规格是指扳手开口宽度(单位为 mm)。单头呆扳手的规格为:5.5,6,7,8,9,10, 11,12,13,14,15,16,17,18,19,20,21,22,23,24,25,26,27,28,29,30,31,32,34,36,38,41,46, 50,55,60,65,70,75,80(mm)。双头呆扳手的规格见表 1 - 2。

表 1 - 2　双头呆扳手的规格

规格类型		开口尺寸系列/(mm × mm)
单件双头呆扳手		3.2 ×4,4 ×5,5 ×5.5,5.5 ×7,6 ×7,7 ×8,8 ×9,8 ×10,9 ×11,10 ×11,10 ×12,10 × 13,11 ×13,12 ×13,12 ×14,13 ×14,13 ×15,13 ×16,13 ×17,14 ×15,14 ×16,14 × 17,15 ×16,15 ×18,16 ×17,16 ×18,17 ×19,18 ×19,18 ×21,19 ×22,20 ×22,21 × 22,21 ×23,21 ×24,22 ×24,24 ×27,24 ×30,25 ×28,27 ×30,27 ×32,30 ×32,30 × 34,32 ×34,32 ×36,34 ×36,36 ×41,41 ×46,46 ×50,50 ×55,55 ×60,60 ×65,65 × 70,70 ×75,75 ×80
成套双头呆扳手	6 件组	5.5 ×7(或 6 ×7),8 ×10,12 ×14,14 ×17,17 ×19,22 ×24
	8 件组	5.5 ×7(或 6 ×7),8 ×10,10 ×12(或 9 ×11),12 ×14,14 ×17,17 ×19,19 ×22,22 × 24
	10 件组	5.5 ×7(或 6 ×7),8 ×10,10 ×12(或 9 ×11),12 ×14,14 ×17,17 ×19,19 ×22,22 × 24,24 ×27,30 ×32
	新 5 件组	5.5 ×7,8 ×10,13 ×16,18 ×21,24 ×27
	新 6 件组	5.5 ×7,8 ×10,13 ×16,18 ×21,24 ×27,30 ×34

2. 梅花扳手

梅花扳手的用途与呆扳手类似,可分为单头梅花扳手和双头梅花扳手两种。单头梅花扳手仅适用于紧固或拆卸一种规格的内六角螺栓、螺母,如图 1 - 7 所示。双头梅花扳手适用于紧固或拆卸两种规格的六角头螺栓、螺母,如图 1 - 8 所示。梅花扳手可以在扳手转角小于60°的情况下,一次一次地扭动螺栓螺母。使用梅花扳手时一定要选配好规格,使被扭动的螺栓、螺母和梅花扳手的规格尺寸相符,不能松动打滑,否则会损坏梅花扳手棱角。

图 1 - 7　单头梅花扳手　　　　　图 1 - 8　双头梅花扳手

梅花扳手的规格是指梅花的对边距离(单位为 mm)。单头梅花扳手又分为矮颈和高颈两种,其规格为:10,11,12,13,14,15,16,17,18,19,20,21,22,23,24,25,26,27,28,29,30,31,

32,34,36,38,41,46,50,55,60,65,70,75,80(mm)。双头梅花扳手可分为矮颈、高颈、直颈和弯颈四种,其规格见表 1-3。

表 1-3　双头梅花扳手的规格

规格类型		尺寸系列/(mm×mm)
单件双头梅花扳手		6×7,7×8,8×9,8×10,9×11,10×11,10×12,10×13,11×13,12×13,12×14, 13×14,13×15,13×16,13×17,14×15,14×16,14×17,15×16,15×18,16×17, 16×18,17×19,18×19,18×21,19×22,20×22,21×22,21×23,21×24,22×24, 24×27,24×30,25×28,27×30,27×32,30×32,30×34,32×34,32×36,34×36, 36×41,41×46,46×50,50×55,55×60
成套双头梅花扳手	6 件组	5.5×8,10×12,12×14,14×17,17×19(或 19×22),22×24
	8 件组	5.5×7,8×10(或 9×11),10×12,12×14,14×17,17×19(或 19×22),22×24, 24×27
	10 件组	5.5×7,8×10(或 9×11),10×12,12×14,14×17,17×19,19×22,22×24(或 24× 27),27×30,30×32
	新 5 件组	5.5×7,8×10,13×16,18×21,24×27
	新 6 件组	5.5×7,8×10,13×16,18×21,24×27,30×34

3. 两用扳手

两用扳手的一端与单头呆扳手相同,另一端与单头梅花扳手相同。两用扳手适用于紧固或拆卸相同规格的螺栓、螺钉、螺母,如图 1-9 所示。

图 1-9　两用扳手

两用扳手的规格是指扳手的开口宽度或梅花对边尺寸距离(单位为 mm)。其规格见表 1-4。

表 1-4　两用扳手的规格

规格类型		尺寸系列/mm
单件扳手		5.5,6,7,8,9,10,11,12,13,14,15,16,17,18,19,20,21,22,23,24,25,26,27,28,29, 30,31,32,33,34,36
成套扳手	6 件组	10,12,14,17,19,22
	8 件组	8,9,10,12,14,17,19,22
	10 件组	8,9,10,12,14,17,19,22,24,27
	新 6 件组	10,13,16,18,21,24
	新 8 件组	8,10,13,16,18,21,24,27

4. 活动扳手

活动扳手的开口宽度可以调节,可用于扳动一定尺寸范围内的六角头或方头螺栓、螺钉、螺母,如图1-10所示。

扳手规格是指扳手全长(单位为 mm)×最大开口宽度(单位为 mm)。如扳手上标有"200×24"字样,"200"表示扳手全长为 200 mm,"24"表示扳手虎口全开时为 24 mm。其规格见表1-5。

图 1-10　活动扳手

表 1-5　活动扳手的规格

mm

扳手全长	100	150	200	250	300	375	450	600	650
最大开口宽度	13	14	24	28	34	45	55	60	65

活动扳手在使用时应根据所扳动的螺栓、螺母的规格大小来选择合适的扳手。扳手使用前应检查扳手的张合度、滑轨是否灵活、销子是否良好、虎口有无裂痕。根据螺栓或螺母的规格将开口调到合适的尺寸,使松紧合适,活动扳唇与用力方向一致。活动扳手扳动较小的螺母时,应握在接近头部的位置,施力时手指可随时旋调蜗轮,收紧活动扳唇,以防打滑。扳动时扳手要用力拉动,不能推动,拉力的方向要与扳手的手柄成直角。在某些非推不可的场合,要用手掌推动,手指伸开,防止撞伤关节。

5. 内六角扳手

内六角扳手专门用于拆装各种内六角螺钉,如图1-11所示。

图 1-11　内六角扳手

内六角扳手的规格是指所适用内六角螺钉的对边距离(单位为 mm)。其规格见表1-6。

表 1-6　内六角扳手的规格

mm

公称尺寸 S	2	2.5	3	4	5	6	7	8	10	12	14	17	19	22	24	27	32	36
长脚长度 L	50	56	63	70	80	90	95	100	112	125	140	160	180	200	224	250	315	355
短脚长度 H	16	18	20	25	28	32	34	36	40	45	56	63	70	80	90	100	125	140

6. 套筒扳手

套筒扳手由各种套筒(工作头)、传动附件和连接附件组成,分手动和机动(电动、气动)两种。套筒扳手除了具有一般扳手紧固和拆卸六角头螺栓、螺母的功能外,还适用于工作空间狭小或深凹的场合。套筒扳手应用十分广泛,如图1-12所示。

套筒扳手可分为小型、普通型和重型三种。

套筒扳手在使用时根据被拆装螺母选准规格,根据螺母所在位置空间大小选择合适的手柄,将套筒套在螺母上。拆装前必须把手柄接头安装稳定后才能用力,防止打滑脱落导致伤人,拆装过程中用力要平稳。

7. 钩形扳手

钩形扳手用于拆卸机床、车辆设备上的圆(锁紧)螺母或某些特殊结构,如图1-13所示。

图 1-12　套筒扳手

图 1-13　钩形扳手

钩形扳手的规格是指适用圆螺母的外径尺寸(单位为 mm)。其规格见表 1-7。

表 1-7　钩形扳手的规格　　　　　　　　　　　　　　　　mm

适用圆螺母的外径尺寸	22~26	28~32	34~36	38~42	45~52	55~62	68~72	78~85	90~95	100~110	115~130
扳手长度	120	130	140	150	170	190	210	230	250	270	290

8. 棘轮扳手

棘轮扳手利用棘轮机构可在旋转角度较小的工作场合进行操作,如图 1-14 所示。棘轮扳手分为普通式和可逆式两种。普通式棘轮扳手需要与方榫尺寸相应的直接头配合使用;可逆式棘轮扳手旋转方向可正向也可反向。

图 1-14　棘轮扳手

9. 扳手使用注意事项

扳手在使用时应根据被扳动对象以及尺寸选择合适的类型及规格,使用前应检查扳手及手柄有无裂痕,无裂痕方可使用。使用扳手时不能在手柄上接加力杠,防止超力臂范围造成伤害。扳手使用结束后应及时擦洗干净。

1.1.3　螺钉旋具

螺钉旋具又称螺旋凿、起子、改锥和螺丝刀,它是一种紧固和拆卸螺钉的工具。螺钉旋具的样式和规格很多,常用的有一字形螺钉旋具、十字形螺钉旋具、夹柄螺钉旋具、多用螺钉旋具、内六角螺钉旋具等。

1. 一字形螺钉旋具

一字形螺钉旋具用于紧固或拆卸一字槽螺钉、木螺钉,如图 1-15 所示。穿心式一字形螺钉旋具能承受较大的扭矩,且可在尾部用手锤敲击使用;方形旋杆螺钉旋具还可用相应扳手夹住旋杆扳扭,以增大扭矩。

一字形螺钉旋具规格用旋杆长×旋杆直径(单位为 mm×mm)来表示。按照柄部结构可分为普通式和穿心式;按照材质可

图 1-15　一字形螺钉旋具

分为木柄和塑料柄;此外,还有方形旋杆和短粗型旋具。其规格见表1-8。

表1-8　一字形螺钉旋具的规格　　　　mm×mm

公称尺寸	公称尺寸	公称尺寸	公称尺寸	公称尺寸	公称尺寸	公称尺寸
50×3	75×4	50×5	100×6	100×7	125×8	125×9
65×3	100×4	65×5	125×6	125×7	150×8	250×9
75×3	150×4	75×5		150×7	200×8	300×9
100×3	200×4	200×5			250×8	350×9
150×3	250×4	250×5				
200×3		300×5				

2. 十字形螺钉旋具

十字形螺钉旋具用于拆装十字槽螺钉,如图1-16所示。

十字形螺钉旋具规格用旋杆长×旋杆直径(单位为mm×mm)来表示。其规格见表1-9。

图1-16　十字形螺钉旋具

表1-9　十字形螺钉旋具的规格　　　　mm×mm

公称尺寸	公称尺寸	公称尺寸	公称尺寸	公称尺寸
50×4	50×5	50×6	50×8	50×9
75×4	75×5	75×6	75×8	75×9
90×4	90×5	90×6	90×8	90×9
100×4	100×5	125×6	100×8	250×9
150×4	200×5	150×6	150×8	300×9
200×4		200×6	200×8	350×9
			250×8	400×9

3. 夹柄螺钉旋具

夹柄螺钉旋具由于能承受较大扭矩,除可用于紧固或拆卸一字形螺钉、木螺钉和自攻螺钉外,还可以在尾部用手锤敲击,在无电场合下当作凿子使用,如图1-17所示。

图1-17　夹柄螺钉旋具

夹柄螺钉旋具的规格是指旋具全长(单位为mm)。常用的有150、200、250、300(mm)四种规格。

4. 螺钉旋具使用注意事项

（1）螺钉旋具在使用时应根据螺钉槽选择合适的类型和规格,旋具的工作部分必须与槽型、槽口相配,防止破坏槽口。

（2）普通型旋具尾部不能用手锤敲击,不能把旋具当作凿子、撬杠或其他工具使用。

（3）使用旋具紧固或拆卸带电的螺钉时,手不得触及螺丝刀的金属杆,以防发生触电事故。

（4）为了防止螺钉旋具的金属杆触及皮肤或触及邻近带电体,应在金属杆上套上绝缘管。

（5）电工不可使用金属杆直通柄顶的螺钉旋具,否则很容易造成触电事故。

（6）螺钉旋具的刀口使用过久变圆后,可以在磨石上修磨。切勿在砂轮机上打磨,以防其退火失去刚性。

1.1.4　防爆工具

1. 防爆工具的材质

防爆工具的材质是铜合金。由于铜的良好导热性能及几乎不含碳的特质,工具和物体摩擦或撞击时,短时间内产生的热量会被吸收及传导;另外,由于铜本身相对较软,摩擦和撞击时有很好的退让性,不易产生微小金属颗粒,几乎不会出现火花,因此,防爆工具又称为无火花工具。防爆工具国际上统称安全工具和无火花工具,国内统称防爆工具。

在国内生产、销售、流通的防爆工具按材质区分可分为两大类。一类是铝铜合金(俗称铝青铜)防爆工具,具体材质是以高纯度电解铜为基体,加入适量铝、镍、锰、铁等金属组成的铜基合金。另一类是铍铜合金(俗称铍青铜)防爆工具,具体材质是以高纯度电解铜为基体,加入适量铍、镍等金属组成的铜基合金。这两种材质的导热、导电性能都非常好。铝青铜经热处理后,其硬度和耐磨性与铍青铜相差无几,都能达到 HRC30 以上。铍青铜没有磁性,可应用于强磁场环境。

防爆工具按制造工艺区分也可分为两大类。一类是铸造工艺,属于传统制造工艺,是 20世纪 80 年代国际通用制造防爆工具的技术,在国内被大多数防爆工具生产企业一直沿用至今。其优点是工艺简单、制造成本低;缺点是产品密度、硬度、抗拉强度、扭力较低,气孔、沙眼较多,产品使用寿命较短。另一类是锻造工艺,属于国际最新制造工艺,是利用大型压力机或冲床,配合高耐热成形模具一次性锻压制成。它的优点是能使产品密度、硬度、抗拉强度、扭力大大提高,杜绝气孔、沙眼,产品机械性能使用寿命比传统铸造工艺的产品长一倍左右;缺点是产品设备、模具投资较大,成本较高。

2. 防爆工具的种类

铍铜合金防爆工具分类见表 1－10。

表 1 - 10　铍铜合金防爆工具分类

序号	类型	根据开口划分	根据开口及柄部	根据其他特征划分
1	单头呆板手	单头	—	圆形
2	双头呆扳手	双头	—	圆形
3	錾子	—	—	—
4	圆头锤	—	—	—
5	八角锤	—	—	—
6	桶盖扳手	—	—	平板型
7	活动扳手	—	—	—
8	管子钳	—	23°	—
9	一字形螺钉旋具	—	—	普通型
10	单头梅花扳手	单头	15°,45°	—
11	双头梅花扳手	双头	15°,45°	—
12	锂鱼钳	—	—	—
13	钢丝钳	—	—	—
14	一字形镐	—	—	—
15	其他	可根据用户要求制造		

3. 防爆工具使用保养及注意事项

防爆工具为工作在易燃、易爆、易腐蚀工作场所的工作人员提供了安全保障。防爆工具在使用完毕后,应该有一个妥当的维护阶段,这对于工具的使用寿命是十分关键的。

(1)在日常工作中连续敲击 20 次后应对工具的表面附着物进行处理,清理干净后再继续使用,因为长时间处于摩擦状态会使工具受热,这样有可能损坏工具。

(2)使用后要清理干净工具表面的污秽和积物,将工具放置在干燥的安全地方保存。

(3)敲击类工具产品不可连续敲击,超过 10 次应有适当间歇,同时,要及时清除产品部位粘着的碎屑。

(4)扳手类产品不可超力使用,更不能用套管或绑缚其他金属棒料加长力臂以及用锤敲击(敲击扳手除外)。

(5)刃口类工具应放在水槽内轻轻接触砂轮进行打磨,不可用力过猛和接触砂轮时间过长。

(6)敲砸类工具在实际操作中,必须清除现场杂物和工作面腐蚀的氧化物,防止第三者撞击。

(7)各种产品使用前要清除表面油污。

综上所述,在正常使用过程中,铝铜合金较适用于常压设备及防爆条件要求不太严格的环境(如加油站、小型油库等),而铍铜合金防爆工具性能适用防爆条件要求较高的场所(如炼油厂、转气站、采气厂、钻井队等)。

1.2　钳工工具

1.2.1　台虎钳

台虎钳是钳工常用工具,主要用于夹持中、小型工件,以便进行锯割、凿削、锉削等操作。台虎钳又称台钳,是中、小型工件凿削加工的专用工具。普通台虎钳安装在钳工工作台上,用于稳定地夹持工件,以便钳工进行各种操作。台虎钳按钳体旋转性能可分为固定式和转盘式两种,常用的是固定式台虎钳。台虎钳结构示意图如图1 – 18 所示。

台虎钳由固定部分和活动部分组成。转动手柄,进退丝杠就可以带动活动钳口前后移动。固定钳口用螺栓固定在工作台上,工件放在两个钳口之间,旋转手柄即可紧固或松开工件。台虎钳的规格以钳口最大宽度表示(单位为 mm)。固定式的规格有:50、75、100、125、150、175、200、300(mm);活动式的规格有:75、100、125、150、200(mm)。

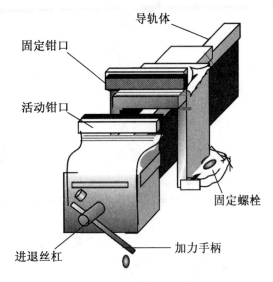

图 1 – 18　台虎钳结构示意图

台虎钳使用注意事项:

(1)工件要夹在台虎钳钳口的中间。如果不得不使用钳口一边,那么另一边要用与工件尺寸相应、硬度相近的物件支撑。

(2)若工件超出钳口太长,则应将另一端支撑起来。

(3)夹持精致工件或软质金属时,应垫上软质衬垫。

(4)紧固工件时,不能在钳手柄上用加力管或用锤敲击。

(5)操作时防止敲击、锯、锉钳口,有站座的虎钳允许将工件放在上面轻微敲打。

(6)不能将虎钳当作砧子使用。

(7)螺旋杆要保持清洁,经常加注润滑油。

1.2.2　锤类工具

锤子又称为榔头、手锤,常用于矫正小型工具、打样冲和敲击錾子进行切削以及切割等。锤子分为硬锤子和软锤子。硬锤子一般是钢铁制品,软锤子一般是铜锤、铝锤、木锤、橡胶锤等。锤子由锤头和木柄组成,锤子的规格以锤头质量(单位为 kg)来表示,英制单位用磅(lb,1 lb = 0.453 6 kg)表示。常用的有斩口锤、圆头锤和钳工锤等。

1. 圆头锤

圆头锤用于钳工、锻工、钣金工、安装工等敲击工件或整形,如图 1 – 19 所示。

常用的圆头锤规格有 0.11、0.22、0.34、0.45、0.68、0.9、1.13 和 1.36(kg)。

2. 钳工锤

钳工锤供钳工、锻工、安装工、冷作工维修装配工作时敲击或整形用,如图 1 – 20 所示。

常用的钳工锤规格有 0.1、0.2、0.3、0.4、0.5、0.6、0.8、1.0、1.5 和 2.0(kg)。

图 1 - 19　圆头锤　　　　　　　　　　　　图 1 - 20　钳工锤

3. 使用方法及注意事项

（1）使用方法。

市场供应有连柄和不连柄两种手锤。木柄装入锤头中必须稳固可靠,防止脱落伤人,为此装木柄的锤孔要做成椭圆形,两端大、中间小,木柄敲入孔中后打入楔子,使锤头不易脱出。手柄长度一般为 300 mm 左右,太长操作不方便,太短则弹力不够。锤子使用时要注意两点:一是握锤方法,二是挥锤方法。

①握锤方法。握锤方法分紧握法和松握法两种。紧握法是用右手握手锤,五指满握,大拇指轻压在食指上,虎口对准锤头方向,木柄尾端露出手掌 15 ~ 30 mm。松握法是始终只用大拇指和食指握紧锤柄。

②挥锤方法。挥锤方法有手挥、肘挥和臂挥三种。手挥是只有手腕的运动,锤击力小。肘挥是用腕和肘一起挥锤,其锤击力较大,应用最广泛。臂挥是用手腕、肘和全臂一起挥动,其锤击力最大。

（2）注意事项。

①根据工作需要,选择合适的类型和规格。

②手锤的锤柄安装不好,会直接影响操作,因此安装手锤时,要使锤柄中线与锤头中线垂直,然后打入锤楔,以防使用时锤头脱出发生意外。

③操作空间要够用,工具要握牢,人要站稳。

④使用手锤时,右手应握在木柄的尾部才能使出较大的力量。在锤击时,用力要均匀,落锤点要准确。

1.2.3　锯、锉、刮工具

1. 手钢锯

手钢锯是用来进行手工锯割金属管或工件的工具,由锯弓和锯条两部分组成,有可调式和固定式两种。其结构如图 1 - 21 所示。

调节式手钢锯的规格有 200 mm、250 mm、300 mm 三种,固定式手钢锯的规格是 300 mm。常用的锯条规格是 300 mm。锯条按锯齿粗细分为三种:锯条每英寸(in,1 in = 2.54 cm)长度内 18 齿(粗齿)、24 齿(中齿)、32 齿(细齿)。粗齿锯条齿距大,适合锯割软质材料或厚工件;细齿锯条齿距小,适合锯割硬质材料。一般来说,粗齿锯条适用于锯割铜、铝、铸铁、低碳钢和中碳钢等;中齿锯条适用于锯割钢管、铜管、高碳钢等;细齿锯条适用于锯割硬钢、薄管、薄板金属等。

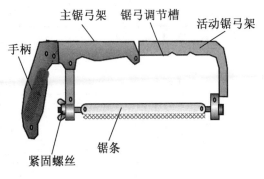

图 1-21　手钢锯的结构示意图

手钢锯在前推时才起到切削作用,因此安装锯条时应使齿尖的方向朝前。在调节锯条松紧时,蝶形螺母不宜旋得太松或太紧,若太紧则锯条受力太大,在锯割中用力稍有不当就会折断;若太松则锯条容易扭曲,也容易折断,而且锯出的锯缝容易歪斜。其松紧程度可用手扳动锯条判断,感觉硬实即可。锯条安装后,要保证锯条平面与锯弓中心平面平行,不得倾斜和扭曲,否则锯割时割缝极易歪斜。

手钢锯使用注意事项:

(1)锯条安装要松紧适当,锯割时不要突然用力过猛,防止工作中锯条折断,从锯弓上崩出伤人。

(2)当锯条局部的锯尺崩裂后,应及时在砂轮机上进行修整。

(3)工件将要锯断时,压力要小,避免压力过大而使工件突然断开、手向前推出造成事故,一般工件将要锯断时,要用左手扶住工件断开部分,避免掉下砸伤脚。

2. 锉刀

锉刀是用来手工锉削金属表面的一种钳工工具。锉刀由锉身和锉柄两部分组成。按锉刀断面形状来分,可分为齐头扁锉、尖头扁锉、方锉、圆锉、半圆锉、三角锉等;按锉刀工作部分的锉纹密度(即每 10 mm 长度内的主锉纹数目)来分,有 1、2、3、4、5 号五种;按锉刀长度来分,可分为 100、150、250 和 300(mm)四种。其结构如图 1-22 所示。

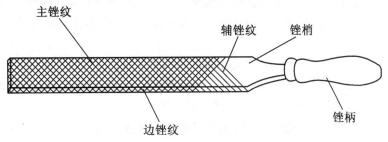

图 1-22　锉刀的结构示意图

锉刀的粗细规格按锉刀齿纹的齿距大小(单位为 mm)来表示,其粗细等级分为五种。其粗细规格等级表见表 1-11。

表 1-11　锉刀的粗细规格等级表

等级	粗细规格	齿距/mm
1 号	粗锉刀	0.83 ~ 2.3
2 号	中粗锉刀	0.42 ~ 0.77
3 号	细锉刀	0.25 ~ 0.33
4 号	双细锉刀	0.2 ~ 0.25
5 号	油光锉	0.16 ~ 0.2

每种锉刀都有一定的用途,如果选择不当,就不能充分发挥它的效能,甚至会使其过早地丧失切削能力。应根据被锉削工件的表面形状和大小选用锉刀的断面形状和长度。锉刀的粗细规格取决于工件材料的性质、加工余量的大小、加工精度和表面粗糙度的高低。例如,粗锉刀由于锯齿较大不宜堵塞,一般用于锉削铜、铝等软金属以及加工余量大、精度低、表面粗糙度高的工件;而细锉刀则用于锉削钢、铸铁以及加工余量小、精度要求高、表面粗糙度低的工件;油光锉用于最后修光工件表面。

(1)锉刀使用方法。

锉削平面的方法有两种:一种是顺向锉,另一种是交叉锉。

①顺向锉。锉刀的运动方向与工件夹持方向始终一致,在锉宽平面时,为使整个加工表面能均匀地锉削,每次退回锉刀时应适当地横向移动。顺向锉的锉纹整齐一致,比较美观,是最基本的锉削方法。

②交叉锉。锉刀的运动方向与工件夹持方向成 30°~40°角,且锉纹交叉。由于锉刀与工件的接触面大,锉刀容易掌握平稳,同时,从锉痕上可以判断出锉削面的高低,便于不断地修整锉削部位。交叉锉一般适用于粗锉,精锉时必须采用顺向锉,使锉痕变直,纹理一致。

(2)锉刀使用注意事项。

①新锉刀要先使用其中一面,该面用钝后再使用另一面。

②在锉削时,应充分使用锉刀的有效长度,这样既提高了锉削效率,又可避免锉齿局部磨损。

③不可锉削毛坯件的硬皮和经过淬火的工件。

④铸件表面如有硬皮,应先用砂轮磨去或用旧锉刀锉去,然后再进行正常锉削加工。

⑤锉削时锉刀不能撞击到工件,以免锉刀柄脱落造成事故。

⑥没有装柄的锉刀、锉刀柄已经裂开的锉刀和没有锉刀柄箍的锉刀不可使用。

⑦如锉屑嵌入齿缝内,必须及时用钢丝刷沿着锉齿的纹路进行清除。在锉削时不能用嘴吹锉屑,也不能用手擦摸锉削表面。

⑧锉刀不可作为撬杠或手锤使用。

⑨锉刀上不可沾油或沾水,锉刀使用完毕必须清理干净,以免生锈。

⑩在使用过程中或放入工具箱时,不可与其他工具或工件堆放在一起,也不可与其他锉刀互相重叠堆放,以免损坏锉齿。

3. 刮刀

刮刀是在金属表面进行修整与刮光用的工具。刮削时,由于工件的形状不同,因此要求刮刀有不同的形式。一般可分为平面刮刀和曲面刮刀两大类。

平面刮刀用于刮削平面和刮花,一般多采用 T12A 钢制成。当工件表面较硬时,也可以焊接高速钢或硬质合金刀头。常用的平面刮刀有直头刮刀和弯头刮刀两种。弯头刮刀因其头部较薄且呈弯曲状,头部与刀体部分具有一定的弹性,刮削省力,适用于大面积轻力刮削,工件加工可达较高精度。曲面刮刀用于刮削内曲面,常用的有三角刮刀、蛇头刮刀和柳叶刮刀。三角刮刀用于刮削工件上的油槽、内孔表面及边缘。三角刮刀结构示意图如图 1 - 23 所示。

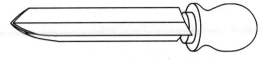

图 1 - 23　三角刮刀结构示意图

刮刀规格用长度(不带柄)表示,有 100、125、150、175、200、250(mm)等规格。

(1)刮削方法。

刮削方法可分为手刮法和挺刮法。采用手刮法时,右手握刀柄,左手四指向下蜷曲握住刮刀近头部约 50 mm 处,刮刀与被刮削表面成 20°~30°角,同时左脚前跨一步,上身随之向前倾斜,增加左手压力,也更容易看清刮刀前面点的情况。刮削时右手随着上身前倾,使刮刀向前推进,左手下压,落刀要轻,同时当推进到所需的位置时,左手迅速提起,完成一个手刮动作。手刮法动作灵活、适应性强,应用于各种工作位置,对刮刀长度的要求不太严格,姿势可合理掌握,但是手较易疲劳,所以不适用于加工余量较大的场合。挺刮法是将刮刀柄放在小腹右下侧,右手并拢握在刮刀前部距刀刃 80 mm 处,刮削时刮刀对准研点,左手下压,利用腿部和臀部力量使刮刀向前推挤,在推动后的瞬间双手将刮刀提起,完成一次刮点。

(2)刮刀使用注意事项。

①因为在刮削时用力较大,为防止柄部脱落或断裂造成伤害,刮刀应装有牢固光滑的手柄。

②刮刀在不使用时,应放在不易坠落处,防止掉落时伤人以及损坏刮刀。

③被刮削的工件一定要稳固牢靠,高度、位置适宜人员操作,不允许被刮削的工件有移动、滑动的现象。

④不要将刮刀与其他工具放在一个工具袋中,应单独妥善保管。

1.2.4　螺纹切削工具

用丝锥在孔中切削出内螺纹称为攻螺纹,用板牙在工件上切削出外螺纹称为套螺纹。

1. 丝锥与绞手

丝锥是用来加工普通内螺纹的切削工具。按加工螺纹的种类可分为普通三角螺纹丝锥、圆柱管螺纹丝锥和圆锥管螺纹丝锥三种;按加工方法可分为机用丝锥和手用丝锥两种,机用丝锥通常是指高速钢磨牙丝锥,其螺纹公差带有 H1、H2、H3 三种;手用丝锥是碳素钢或合金工具钢的滚牙(或切牙)丝锥,其螺纹公差带为 H4。

绞手是用来装夹丝锥的工具,有普通绞手和丁字绞手两类。丁字绞手还用于攻工件凸台旁的螺孔或机体内部的螺孔。各类绞手有固定式和活络式两种,固定式绞手常用于攻 M5 以下的螺孔,活络式绞手可以调节方孔尺寸。绞手长度应根据丝锥尺寸大小选择,以便控制一定的攻螺纹扭矩。丝锥与绞手如图 1 - 24 所示。

图 1 - 24　丝锥与绞手

绞手的规格是指绞手全长(单位为 mm)。其规格见表 1 - 12。

表 1 – 12　绞手的规格

mm

绞手全长	130	180	230	280	380	480	600
适用丝锥公称直径	2 ~ 4	3 ~ 6	3 ~ 10	6 ~ 14	8 ~ 18	12 ~ 24	16 ~ 27

手攻螺纹时的注意事项：

（1）工件装夹要正。一般情况下，应将工件要攻螺纹的一面置于水平或垂直的位置，这样在攻螺纹时就能够比较容易地判断并保持丝锥垂直于工件的方向。

（2）在开始攻螺纹时，尽量把丝锥放正，然后一手压住丝锥的轴心方向，另一只手轻轻转动绞杠。当丝锥旋转后，从正面和侧面观察丝锥是否与工件平面垂直，必要时可用 90°角尺进行校正。一般在攻 3 ~ 4 圈螺纹后，丝锥的方向就可基本确定。如果螺纹攻得不正，可将丝锥旋出，用二锥加以纠正，然后再用头锥攻螺纹。当丝锥的切削部分全部进入工件时，就不需要再施加轴向力，靠螺纹自然旋进即可。

（3）在攻螺纹过程中，如果是塑料材料，要保证有足够的切削液。

（4）攻螺纹时，每次扳转绞杠，丝锥旋进不应太多，一般每次旋进 0.5 ~ 1 圈为宜。M5 以下的丝锥一次旋进不得大于半圈。加工细牙螺纹或精度要求高的螺纹时，每次的进给量还要减少。攻铸造的速度可比攻钢材快一些。每次旋进后，再倒转约旋进的一半的行程。攻较深的螺纹孔时，回转行程还要大一些，并需反复拧转几次，这样可折断切屑，有利于排屑，减少切削刃粘屑现象，以保持刃口锋利。同时使切削液顺利地流入切削部位，起冷却和润滑作用。

（5）扳转绞杠时，两手用力要平衡。切忌用力过猛和左右晃动，否则容易将螺纹牙型撕裂、导致螺纹孔扩大及出现锥度。

（6）攻螺纹的过程中，如感到很费力，切不可强行扭转，应将丝锥倒转，使切屑排出，或用二锥攻削几圈，以减轻头锥切削部分的负荷，然后再用头锥继续攻。如继续攻仍很吃力或继续发出"咯咯"的声响，则说明切削不正常或丝锥磨损，应立即停止，查找原因，否则丝锥会有折断的危险。

（7）攻不通的螺纹孔时，末锥攻完，用绞杠带动丝锥倒旋松动后，应用手将丝锥旋出，不宜用绞杠旋出丝锥，尤其不能用一只手快速拨动绞杠来旋出丝锥。因为攻完的螺纹孔和丝锥配合较松，而绞杠又重，若用绞杠旋出丝锥，容易产生摇摆和振动，从而降低表面质量。

攻通孔螺纹时，丝锥的校准部分不应全部出头，以免扩大和损坏最后几扣螺纹。螺纹孔攻完后，应参照上述方法旋出丝锥。

（8）用成组丝锥攻螺纹时，在头锥攻完以后，应先用手将二锥或三锥旋进螺纹孔内，直到旋不动后才能使用绞杠操作，防止前一丝锥攻的螺纹产生乱扣现象。

（9）攻不通的螺纹时，经常要把丝锥退出，将切屑清除，以保证螺纹孔的有效长度，攻完后也要将切屑清除干净。

（10）攻 M16 以下的螺纹孔时，如工件不大，可用一只手拿着工件，另一只手拿着绞杠，这样可避免丝锥折断。

（11）丝锥用完后，要擦洗干净，涂上机械油，隔开放好，妥善保管，不应混装在一起，以免将丝锥刃口碰伤。

2. 板牙与板牙架

板牙是加工外螺纹的工具，是用合金工具钢或高速钢制成，并经淬火处理。板牙由切削部分、校准部分和排屑孔组成。它本身就像一个圆螺母,在上面钻出几个排屑孔而形成刀刃。板牙的中间是校准部分,也是套螺纹时的导向部分。板牙的校准部分磨损会使螺纹尺寸变大而超出公差范围,因此,为延长板牙的使用寿命,M3.5 以上的圆板牙外圆上有一条 V 形槽,起到调节板牙尺寸的作用。当尺寸变大时,将板牙沿 V 形槽用锯片砂轮切割出一条通槽,用绞杠上的两个螺钉顶入板牙上面的两个偏心的锥坑内,使圆板牙尺寸缩小,其调节范围为 0.1 ~ 0.5 mm。上面两个锥坑之所以要偏心,是为了使紧定螺钉挤紧时与锥坑单边接触,使板牙尺寸缩小。若在 V 形槽开口处旋入螺钉,还能使板牙尺寸增大。板牙下部两个通孔中心的螺钉孔是用紧定螺钉固定板牙柄传动扭矩的。板牙两端都有切削部分,待一端磨损后,可更换另一端使用。

图 1-25　板牙与板牙架

板牙架用于装夹板牙,在工件上手工铰制外螺纹。板牙放入后,用螺钉紧固。

板牙与板牙架如图 1-25 所示。

板牙架的规格见表 1-13。

表 1-13　板牙架的规格 mm

适用圆板牙尺寸			适用圆板牙尺寸			适用圆板牙尺寸		
外径	厚度	加工螺纹直径	外径	厚度	加工螺纹直径	外径	厚度	加工螺纹直径
16	5	1 ~ 2.5	38	10,14	12 ~ 15	75	20,30	39 ~ 42
20	5,7	3 ~ 6	45	16,18	16 ~ 20	90	22,36	45 ~ 52
25	9	7 ~ 9	55	16,22	22 ~ 25	105	22,36	55 ~ 60
30	10	10 ~ 11	65	18,25	27 ~ 36	120	22,36	64 ~ 68

套螺纹与攻螺纹一样,切削过程中也有挤压作用,因此,圆杆直径要小于螺纹大径。为了使板牙起套时容易切入工件并正确地引导,圆杆端部要倒角。

套丝的方法:

(1)套丝时的切削力矩较大,且工件都为圆杆,一般要用 V 形夹块或厚铜衬作为衬垫,保证可靠加紧。

(2)起套方法与攻丝起攻方法一样,用一手手掌按住绞手中部,沿圆杆轴向施加压力,另一手配合顺向切进,转动要慢,压力要大,并保证板牙端面与圆杆轴线垂直,不能歪斜。在板牙切入圆杆 2 ~ 3 牙时,应及时检查其垂直度并做准确校正。

(3)正常套丝时,不要加压,让板牙自然引进,以免损坏螺纹和板牙。要经常倒转断屑。

(4)在钢件上套丝时要加切削液,以降低加工螺纹的表面粗糙度,延长板牙使用寿命,一般情况下可用机油或较浓的乳化液,要求高时可用工业植物油。

3. 錾子

錾子一般用碳素工具钢(T 7A)锻成,将切削部分刃磨成楔形,经热处理后使其硬度达到 HRC56 ~ 62。錾子的切削部分由前刀面、后刀面以及它们的交线形成的切削刃组成。

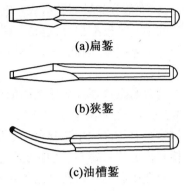

(a)扁錾

(b)狭錾

(c)油槽錾

錾子的种类有三种:扁錾(阔錾)如图 1 - 26(a)所示,主要用于去除凸缘、毛边和分割材料等;狭錾(尖錾)如图 1 - 26(b)所示,主要用来錾削沟槽及分割曲线形板料;油槽錾如图 1 - 26(c)所示,常用来錾切平面或曲面上的油槽。

錾子头部有明显毛刺时要及时除掉,以免碎裂伤手;在錾削过程中要防止錾切碎屑飞出伤人;工作地点周围应装有安全网,操作者应戴上防护眼镜。

图 1 - 26　錾子结构示意图

1.3　管工工具

1.3.1　管子台虎钳的作用与规格

管子台虎钳又称为压力钳,用于夹持并旋转各种金属管及其他圆柱形工件和管路附件,使之紧固或拆卸,是管路安装和维修的常用工具。其结构示意图如图 1 - 27所示。

管子台虎钳的规格按照夹持管子的最大外径来划分。其规格见表 1 - 14。

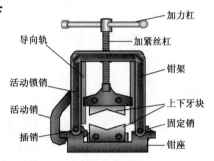

图 1 - 27　管子台虎钳结构示意图

表 1 - 14　管子台虎钳的规格

型号	夹持管子的最大外径/mm	型号	夹持管子的最大外径/mm
1	10 ~ 60	4	15 ~ 165
2	10 ~ 90	5	30 ~ 220
3	15 ~ 115	6	30 ~ 300

管子台虎钳的使用方法及注意事项:

(1)使用前应检查压力钳三脚架及钳体,将三脚架固定牢靠。

(2)使用时,一定要垂直固定在工作台上,固定后下钳口要牢固可靠,上钳口要移动自如。

(3)脆性或软的管件要用布或铜皮垫在夹持部位,夹持不应过紧。

(4)夹压管子时,不能用力过猛,应逐步旋紧,防止夹扁管子或使钳牙吃管子太深,不能用锤击和加装套管旋转螺杆。

(5)夹持长管时,应在管子尾部用十字架支撑。

(6)若长期停用,要去污擦净并涂油存放。

1.3.2 管子钳的作用与规格

管子钳通常称为管钳,用于紧固或拆卸金属管和其他圆柱形零件,为管路安装和修理工作常用工具。管子钳分为链条式和张开式,链条式管子钳应用于较大规格金属管的安装和拆卸,最常用的是张开式管子钳,由钳柄、套夹和活动钳等组成。其结构如图1-28所示。

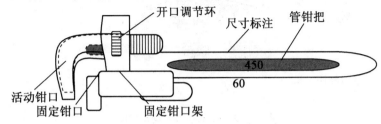

图 1-28 张开式管钳结构示意图

管子钳可分为轻型、普通型和重型。其规格是管钳最大咬合开口时整体长度(单位为mm)。管钳的规格见表1-15。

表 1-15 管钳的规格

规格/mm		150	200	250	300	350	450	600	900	1 200
最大夹持管径(≤)/mm		20	25	30	40	50	60	75	85	110
试验扭矩/(N·m)	轻型	98	196	324	490	—	—	—	—	—
	普通型	105	203	340	540	650	920	1 300	2 260	3 200
	重型	165	330	550	830	990	1 440	1 980	3 300	4 400

管钳的使用方法及注意事项:

(1)使用管钳时应先检查固定销钉是否牢固,钳柄、钳头有无裂痕,若有裂痕则不能使用。

(2)使用管钳时两手动作应协调,松紧应合适,防止打滑。

(3)较小的管钳不能用力过大,不能加加力杠使用。

(4)使用管钳时,管钳开口方向应与用力方向一致。

(5)钳柄末端高出使用者头部时,不要用正面拉吊的方法扳动钳柄。

(6)管钳不得用于拧紧六角头螺栓和带棱的工件。

(7)不能将管钳当作榔头或撬杠用。

(8)装卸地面管件时,应一手扶管钳头,一手按钳柄,按钳柄的手指应平伸,管钳头不能反向使用,操作时应顺时针使用。

(9)使用后应及时洗净,涂抹黄油,防止旋转螺母生锈。护理后放回工具架或工具箱内。

1.3.3　管子割刀的作用与规格

管子割刀用于切割各种金属管、软金属管及硬塑料管。其结构示意图如图1-29所示。

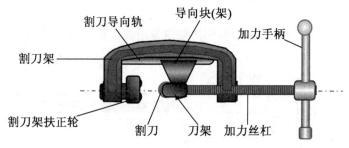

图1-29　管子割刀结构示意图

管子割刀的规格见表1-16。

表1-16　管子割刀的规格

规格	全长/mm	割管范围/mm	割管最大壁厚/mm	质量/kg
1	130	5~25	1.2~2(钢管)	0.3
	310		5	0.75,1
2	380~420	12~50	5	2.5
3	520~570	25~75	5	5
4	630	50~100		4
	1 000			8.5,10

管子割刀的使用方法及注意事项：

(1)根据被割管子的尺寸选择适当规格的管子割刀,以免刀片与滚轮之间的最小距离小于该规格管子割刀的最小割管尺寸,导致滑块脱离主体导轨。

(2)切割管子时,割刀片和滚子与管应垂直,防止刀刃崩裂。

(3)割刀初割时,进刀量可稍大些,以便割出较深的刀槽,防止刀刃崩裂;以后每次进刀量应逐渐减小,每转动1~2周进刀一次,但进刀量不宜过大,并对切口处加油。

(4)使用时,管子割刀各活动部分和被割管表面均需加少量的润滑油,以减少摩擦。

(5)当管子快要切断时,即应松开割刀,取下割管器,然后折断管螺纹,严禁切割到底。

(6)割刀使用完后,应除净油污,妥善保管,长期不用应涂油。

1.3.4　管螺纹铰板的作用与规格

管螺纹铰板是一种在圆管(棒)上切削出外螺纹的专用工具。管螺纹铰板分普通型和轻便型两种。管螺纹铰板主要由板牙和绞手组成,其结构示意图如图1-30所示。

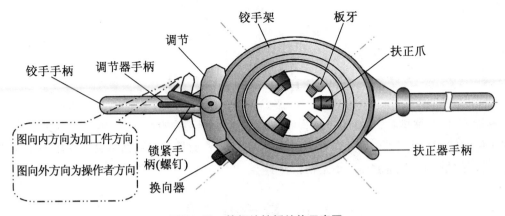

图 1 - 30　管螺纹铰板结构示意图

　　每种规格的管螺纹铰板都分别附有几套相应的板牙,每套板牙可以套两种尺寸的螺纹。其规格见表 1 - 16。常用的为普通型 114 型。

表 1 - 17　管螺纹铰板规格

型式	型号	螺纹种类	螺纹直径/mm	每套板牙规格/mm
轻便型	Q7A - 1 SH - 76	圆锥 圆柱	DN6 ~ DN25 DN15 ~ DN40	DN6、DN10、DN15、DN20、DN25 DN15、DN20、DN25、DN32、DN40
普通型	114 117	圆锥	DN15 ~ DN50 DN50 ~ DN100	DN15 ~ DN20、DN25 ~ DN32、DN40 ~ DN50 DN50 ~ DN80、DN80 ~ DN100

　　管螺纹铰板的使用方法及注意事项:

　　(1)套丝前应将板牙用油清洗,保证螺纹的光洁度。

　　(2)套丝前,圆杆端头应倒角,这样板牙容易对准和起削,可避免螺纹端头处出现锋口。

　　(3)板牙套丝时,装牙的操作方法是:将板机以顺时针方向转到极限位置,松开调节器手柄,转动前盘盖,使两条 A 刻线对正,然后将选择好的板牙块按 1、2、3、4 序号对应地装入牙架的四个牙槽内,将板机逆时针方向转到极限位置。装卸牙块时不允许用铁器敲击。

　　(4)套丝时,应使板牙端面与圆杆轴线垂直,以免套出不合规格的螺纹。

　　(5)在套制有焊缝钢管时,要对凸起部分铲平后再套;套制中要浇注润滑油,加力要均匀、平稳,不能用榔头等物件敲击板牙手柄。

　　(6)管扣套进过程中,禁止将三爪松开来减轻负荷,这样容易打坏牙齿。

　　(7)直径小于 49 mm 的管子所套扣数为 9 ~ 11 扣,直径大于 49 mm 的管子所套扣数为 13 扣以上,丝扣光滑,无损伤,锥度合理,用标准件测试。

　　(8)套扣过程中每板至少加机油两次,套扣控制板机时,板机方向每次要在同一位置,直径 25 mm 以上的管螺纹必须 3 板套成,直径 25 mm 以下的管子可以 2 板套成。

　　(9)管螺纹铰板用后,要除去板体里的铁屑、尘泥和油污物,然后将板体及牙块擦上洁净油脂,放好。

第2章 测量工具

测量工具,简称量具,是在生产过程中用来测量各种工件的尺寸、角度和形状的工具。由于对工件的精度要求不同,量具亦有不同精度,可分为普通量具和精密量具。在集输工生产操作中,常用的量具是普通量具而不是精密量具。

2.1 量尺类工具

2.1.1 钢直尺

钢直尺也称为钢板尺,是一种最常用的测量长度的简单的测量工具,用于一般工件尺寸的测量,可测量被测件的长、宽、高等尺寸。测量长度的范围取决于钢直尺的规格。钢直尺的最小刻线宽度为 0.5 mm 或 1 mm。现场使用的钢直尺一般用不锈钢制成,其结构示意图如图 2-1 所示。

图 2-1 钢直尺结构示意图

钢直尺的规格是指测量上限(单位为 mm)。其规格见表 2-1。

表 2-1 钢直尺的规格　　　　　　　　　　　　　　　　　　　　　　mm

测量上限	150	300	500	600	1 000	1 500	2 000
全长	175	335	540	640	1 050	1 565	2 065

钢直尺连续测量时,必须使首尾测线相接,并在一条直线上。用钢直尺画线时,钢直尺的刻度和边缘不得移位。

2.1.2 钢卷尺

钢卷尺一般用于较大工件尺寸的测量。钢卷尺分为大钢卷尺和小钢卷尺。大钢卷尺可测量较大距离,有摇盒式、摇架式两种,卷尺的一面刻有公制单位刻度线,用于测量较长管线或距离。小钢卷尺又称钢盒尺,用来测量较小的距离,分为自卷式和制动式两种,尺的一面刻有公制单位的刻度线,用于测量较短管线或距离。测量时将钢尺由盒中拉出,用钢尺直接测量被测件,用后将钢尺擦拭干净以防腐蚀(其结构示意图如图 2-2 所示)。钢卷尺测量时必须保证量尺的平直度。拉伸钢卷尺时要平稳,不能速度过快,拉出时尺面应与出口断面相吻合,防止扭卷。

钢卷尺的规格见表 2-2。

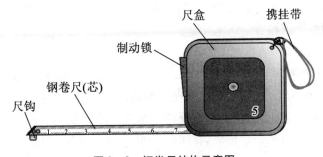

图 2-2 钢卷尺结构示意图

表 2-2 钢卷尺的规格

型式	自卷式、制动式	摇盒式、摇架式
公称长度/m	1,2,3,3.5,5,10	5,10,15,20,30,50,100

2.1.3 皮尺

皮尺又称盘尺或布卷尺,用于测量较长的距离,且精度较低,如图 2-3 所示。皮尺的规格是指标称长度,常用的有 5、10、15、20、30 和 50(m)。

图 2-3 皮尺

2.1.4 90°角尺

90°角尺(又称直角尺)是精确检验工件垂直度的一种测量工具,也可在工件进行垂直画线时使用,如图 2-4 所示。运用 90°角尺来检验工件的直角或垂直角度时,应清除工件棱边的毛刺,并将被测面擦干净,将直角的一个测量面紧贴基准面,观察工件被测面与 90°角尺的另一测量面是否紧密贴合,如贴合不紧密,则说明角度不是直角。

图 2-4 90°角尺

2.1.5 条式和框式水平仪

水平仪可用于检测被测表面的平直度,也可用于检测普通机床上各平面间的平行度与垂直度。水平仪分条式水平仪(ST)和框式水平仪(SK)。

1. 条式水平仪

条式水平仪的主水准器用来测量纵向水平度,小水准器用来确定水平仪本身横向水平位置。水平仪的底平面为工作面,中间制成 V 形槽(角度为 120°或 140°),以便安装在圆柱面上测量(其结构示意图如图 2-5 所示)。当水准器内的气泡处于中间位置时,水平仪处于水平状态;当气泡偏向一端时,表示气泡靠近的一端位置较高。水平仪的示值应在垂直水准器的位

置上读数。被测工件两点间的高度差可按下式计算:

$$H = ALa$$

式中,H 为两支点间在垂直面内的高度差,单位为 mm;A 为气泡偏移格数;L 为被测工件的长度,单位为 mm;a 为水平仪精度。

2. 框式水平仪

框式水平仪由框架和水准器(封闭的玻璃管)组成(其结构示意图如图 2 – 6 所示)。框式水平仪每个侧面都可作为工作面,各侧面都保持精确的直角关系。框架的测量面上刻有 V 形槽(角度为 120°或 140°),便于测量圆柱形零件。水平仪的度数用气泡偏移一格后,表面所倾斜的角度表示;或者用气泡偏移一格后,表面在 1 000 mm 内倾斜的高度差 Δh 来表示。

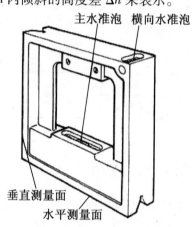

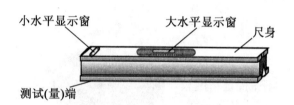

图 2 – 5　条式水平仪结构示意图

图 2 – 6　框式水平仪结构示意图

3. 水平仪使用注意事项

(1)测量前应先检查水平仪的零位是否正确。

(2)测量前应将被测物测量面擦干净。

(3)在水准器内的气泡完全稳定后才可读数。

2.2　卡钳与卡尺

2.2.1　卡钳

卡钳是一种用于间接测量的简单量具,必须与钢直尺或其他带有刻度值的量具配合使用,测量工件的外形尺寸和内形尺寸。卡钳分为内卡钳和外卡钳,内卡钳测量工件的孔和槽;外卡钳测量工件的外径、厚度和宽度。卡钳又分为普通式和弹簧式,弹簧卡钳便于调节且稳定,尤其适合在连续生产过程中使用。内、外卡钳结构示意图如图 2 – 7 所示。

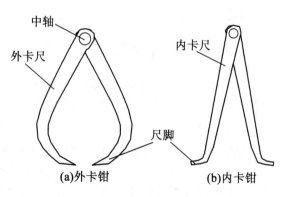

图 2 – 7　内、外卡钳结构示意图

卡钳的规格是指卡钳的全长，常用的有 100、125、200、250、300、350、400、450、500 和 600(mm)。

卡钳的使用及注意事项：

(1)清理工件，调整卡钳的开度，要轻敲卡钳脚，不要敲击或扭歪尺口。

(2)用外卡钳测量工件外径时，工件与卡钳应成直角，中、食指捏住卡钳股，使卡钳的松紧程度适中(以不加外力，靠卡钳的自重通过被测量物为宜)。度量尺寸时，将卡钳一脚靠在钢尺刻度线整数位上，另一脚顺钢尺边缘对在齿面应对的刻度线上，眼睛正对尺口，两脚间的距离即为度量尺寸(图 2-8)。

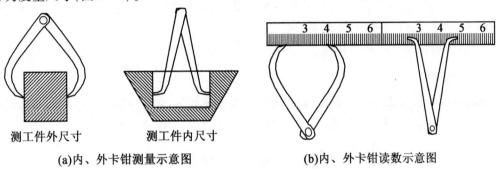

(a)内、外卡钳测量示意图　　　　　　(b)内、外卡钳读数示意图

图 2-8　内、外卡钳使用示意图

(3)用内卡钳测量工件内孔时，应先把卡钳的一脚靠在孔壁上作为支撑点，另一脚前后左右摆动探试，以测得接近孔径的最大尺寸，度量尺寸同外卡钳。

(4)测量要准确，误差不得超过 ±0.5 mm，每次操作重复三遍。

(5)卡钳的中轴不可自行松动。

(6)使用后清理现场，将测量面擦拭干净，保养后存放。

2.2.2　游标类卡尺

游标类卡尺是应用较广泛的通用量具，具有结构简单、使用方便、测量范围大等特点。根据用途不同，游标类卡尺可分为游标卡尺、带表游标卡尺、电子数显卡尺。

1. 游标卡尺

游标卡尺用于测量工件的内、外径尺寸及长度尺寸(如宽度、厚度)等，带深度尺的游标卡尺还可以测量工件的深度尺寸，是一种中等精度的量具。其结构示意图如图 2-9 所示。

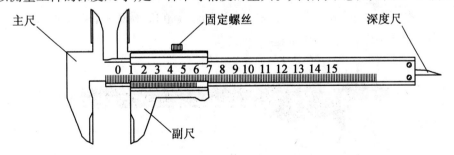

图 2-9　游标卡尺结构示意图

常用的游标卡尺有 150、200、300 和 500(mm)四种规格。

（1）主尺。主尺有刻度,刻度线距离为 1 mm。主尺的刻度决定了游标卡尺的测量范围。

（2）副尺。副尺上有游标,游标的读数值(精度)有 0.1、0.05、0.02(mm)三种。

（3）深度尺。0～125 mm 的卡尺,固定在副尺背面,能随着副尺在尺身导向槽中移动。测量深度时,应将主尺的尾部端点紧靠在被测物件的基准平面上,移动副尺使深度尺与被测工件底面相垂直,读数方法与测量内、外径相同。

根据游标卡尺的结构,游标卡尺的读数方法为:

（1）在主尺上读位于游标零线左边的毫米尺寸数,为测量结果的整数部分。

（2）读出游标上与尺身上刻线对齐的刻线数值,次数值和间隔差值(即卡尺的精度,有 0.1、0.05、0.02(mm)三种)的乘积为小数部分。

（3）把整数部分与小数部分相加,即可得出测量结果。

2. 带表游标卡尺

带表游标卡尺与普通游标卡尺相同,但由于使用表针指示代替原刻线读值,而且 0 位可以任意调节,其使用更加方便,直观性更强,如图 2-10 所示。

图 2-10　带表游标卡尺

带表游标卡尺的规格见表 2-3。

表 2-3　带表游标卡尺的规格　　　　　　　　　　　　　　　　mm

测量范围	0～150	0～200		0～300
指示表分度值	0.01	0.02		0.05
指示表示值范围	1	1	2	5

3. 电子数显卡尺

电子数显卡尺有清晰的数字显示,读数快而准确,比一般游标卡尺精度更高,具有防锈、防磁的功能,如图 2-11 所示。电子数显卡尺的测量范围为 0～150、0～200、0～300 和 0～500(mm),最小显示值为 0.01 mm。

图 2-11　电子数显卡尺

4. 机械式游标卡尺测量工件的操作方法

测量工件尺寸时,应按工件的尺寸大小和精度选用量具。游标卡尺只能用来测量中等精度尺寸,不能测量铸、锻件毛坯,也不能测量精度要求高的测件。

(1)使用游标卡尺测量工件的尺寸时,需先擦净被测件和游标卡尺,检查游标卡尺是否归零,即主、副尺上的零刻度线是否同时对准;检查测量爪有无伤痕,对着光线看测量爪有无缝隙、是否对齐,检查合格后才可使用。

(2)松动游标卡尺的固定螺丝。

(3)一手握住被测件,另一手四指握住尺尾端。测量工件的外尺寸时,应将两卡脚张开得比被测尺寸大些;而测量工件的内尺寸时,应将两卡脚张开得比被测工件尺寸小些。然后使固定卡脚的测量面贴靠工件,轻轻用力使副尺上活动卡脚的测量面也贴紧工件,并使两卡脚测量面的连线与所测工件表面垂直,再固定游标卡尺固定螺丝(图 2 - 12)。

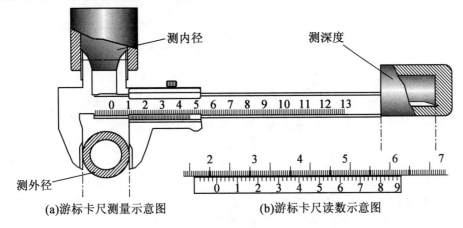

(a)游标卡尺测量示意图　　　　　(b)游标卡尺读数示意图

图 2 - 12　游标卡尺及使用示意图

(4)在主尺上读出游标 0 位的读数,此数据为整数值(单位为 mm)。

(5)在游标上找到和主尺相重合的数值,此数值为小数部分。将上述两数值相加,即为游标卡尺测得的尺寸数据。

(6)读数要在光线较好的地方进行,不能斜视读数,绝对不能读出如 23.17 mm、4.01 mm、0.65 mm 的数据,因为游标卡尺的精度为 0.02 mm,所测得的最后一位小数应是 0.02 的倍数,测量不少于三次,测量结果取平均值。

(7)使用结束后清理现场,将测量面擦拭干净,加润滑油保养存放。

2.3　千　分　尺

千分尺是一种精度较高的量具,主要用来测量精度要求较高的工件,其精度可达 0.01 mm,比游标卡尺精度高出一倍。千分尺可分为外径千分尺、带计数器千分尺、深度千分尺和壁厚千分尺。其中,外径千分尺应用最为普遍。

2.3.1　外径千分尺

外径千分尺又称为螺旋测微器、分厘卡。外径千分尺分为固定式与测砧可调式。其结构示意图如图 2-13 所示。

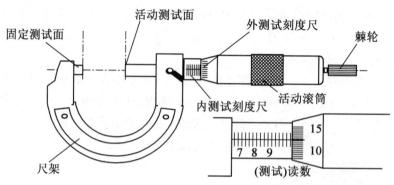

图 2-13　外径千分尺结构示意图

外径千分尺的规格见表 2-4。

表 2-4　外径千分尺的规格

品种	测量范围/mm	分度值/mm
测砧固定式量程为 25 mm、测微螺杆螺距为 0.5 mm 或 1 mm	0~25,25~50,50~75,75~100,100~125,125~150,150~175,175~200,200~225,225~250,250~275,275~300,300~325,325~350,350~375,375~400,400~425,425~450,450~475,475~500,500~600,600~700,700~800,800~900,900~1 000	0.01,0.001,0.002,0.005
测砧可调式	1 000~1 200,1 200~1 400,1 400~1 600,1 600~1 800,1 800~2 000,2 000~2 200,2 200~2 400,2 400~2 800,2 800~3 000	0.01,0.001,0.002,0.005
测砧带表式	1 000~1 500,1 500~2 000,2 000~2 500,2 500~3 000	

千分尺的分度值为 0.01 mm(微分筒上每一格间距离),即测量精度为 0.01 mm。根据外径千分尺结构,外径千分尺的读数方法为:

(1)在固定套筒上读出其与微分筒边缘靠近的刻线数值(包括整毫米数和半毫米数)。

(2)在微分筒上读取其与固定套筒的基准线对齐的刻度数值。

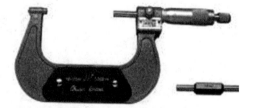

(3)将以上两个数值相加,即可得到测量结果。

2.3.2　带计数器千分尺

带计数器千分尺与外径千分尺类似,利用机械

图 2-14　带计数器千分尺

原理将长度位移转化为数字显示,使读数直观、迅速、准确,计数器分辨率为 0.01 mm,如图

2 - 14 所示。按照其测量范围可分为 0 ~ 25、25 ~ 50、50 ~ 75、75 ~ 100(mm)四种规格。

2.3.3　深度千分尺

深度千分尺与深度游标卡尺用途相同,其测量精度较高,分度值为 0.01 mm,如图 2 - 15 所示。按照其测量范围可分为 0 ~ 25、0 ~ 50、0 ~ 100、0 ~ 150、0 ~ 200、0 ~ 250、0 ~ 300(mm)七种规格。

图 2 - 15　深度千分尺

图 2 - 16　壁厚千分尺

2.3.4　壁厚千分尺

壁厚千分尺通过调节弧形尺架上的球形测量面和平测量面间的距离测量出管子的壁厚,如图 2 - 16 所示。按照其测量范围可分为 0 ~ 25、25 ~ 50 mm 两种规格。

2.3.5　千分尺使用方法及注意事项

(1)使用前,将螺旋测微器的测量面擦拭干净,校正使其归零。

(2)将预测件表面清洗干净,一手握住预测件,一手转动千分尺的活动套筒,将预测件置于两测杆之间。

(3)调整微分筒,使两测杆的侧面接近预测件表面。

(4)转动棘轮,当棘轮发出"咔咔"的响声时,读出测量数据。

(5)测取三个不同方位的数据,取平均值作为测量结果。

(6)不可用螺旋测微器测量粗糙工件表面;使用结束后应清理现场,将测量面擦拭干净,加润滑油保养,放入盒中存放。

2.4　量规与量仪

2.4.1　塞尺

塞尺用于检验两个平面间的间隙,由厚度为 0.02 ~ 1.0 mm、长度为 75 ~ 300 mm 的塞尺片(组)组成。其结构示意图如图 2 - 17 所示。塞尺也是一种界限量具。测量时若用一片 0.04 mm 的测试片可插入两零件间隙,用一片 0.05 mm 的测试片却不能,则该间隙的尺寸在 0.04 ~ 0.05 mm 之间。

塞尺分为 A 型塞尺和 B 型塞尺。A 型塞尺端头为半圆形;B 型塞尺端头为弧形,尺片前端为梯形。塞尺片按厚度偏差及弯曲度分为特级和普通级。常用塞尺片长度有 75、100、150、200、300（mm）五种。

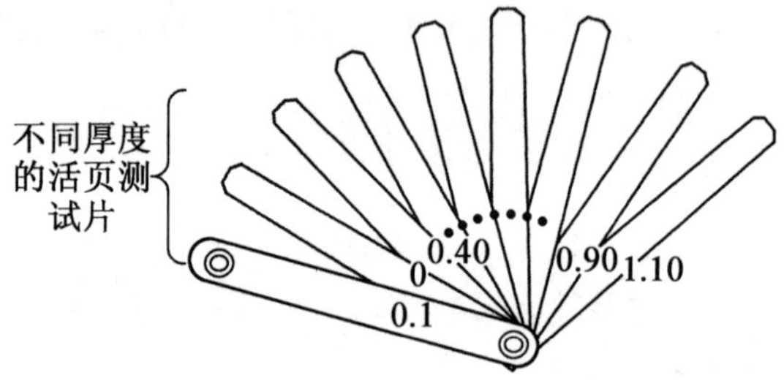

塞尺使用注意事项：

（1）塞尺使用时，应先清除塞尺和工件上的污垢，根据间隙的大小，可用一片或数片重叠在一起插入间隙内。

（2）塞尺片容易弯曲和折断，测量时不能用力太大，可用一片或多片重叠插入间隙，但不允许硬插。

（3）不能测量温度较高的零件，用完后要擦拭干净，及时合到夹板中去。

图 2-17　塞尺结构示意图

2.4.2　量块

量块也称量规，用于调整、校正或检验测量仪器、工具，常作为长度计量的基准，也可用于精密工件尺寸测量。量块具有较高的研合性。由于测量面的平面度误差极小，用比较小的压力把两个量块的测量面互相推合后，就可牢固地贴合在一起，因此，可以把不同基本尺寸的量块组合成量块组，得到需要的尺寸。为了能够把量块组成各种尺寸，量块是成套制造的，形成系列尺寸，装在特制的盒内。

把量块组合成一定尺寸时的方法为：先从给定的尺寸最后一位数字考虑。每选一块应使尺寸的位数减少 1~2 位，使量块数量尽可能少，以减少累积误差。例如，要组成 38.935 mm 的尺寸，若采用 83 块一套的量块，其选用方法是：

$$
\begin{array}{r}
38.935 \\
-\quad 1.005 \\ \hline
37.93 \\
-\quad 1.43 \\ \hline
36.5 \\
-\quad 6.5 \\ \hline
30
\end{array}
$$

　　——第一块量块尺寸为1.005 mm
　　——第二块量块尺寸为1.43 mm
　　——第三块量块尺寸为6.5 mm
　　——第四块量块尺寸为30 mm

全部组合尺寸为 38.935 mm。

采用量块附件可扩大量块的使用范围。附件主要包括夹持器和各种量爪。将量块和附件一起装配，可以用来测量外径、内径尺寸和画线。为了保持量块的精度，延长使用寿命，一般不用量块直接测量工件。

2.4.3　半径样板

半径样板通过与被测圆弧接触比较，来确定被测圆弧的半径。凸形样板检测凹表面圆弧，凹形样板检测凸表面圆弧，如图 2-18 所示。半径样板分凹、凸两组，样板数量为 16 片。

图 2-18　半径样板

半径样板的使用方法及注意事项:

(1)检验轴类零件的圆弧曲率半径时,样板要放在径向截面内;检验平面形圆弧曲率半径时,样板应平行于被检截面,不得前后倾倒。

(2)当已知被检测工件的圆弧半径时,可选用相应尺寸的半径样板去检验。

(3)被检测工件的圆弧半径未知时,要用试测方法进行检验。首先,目测估计被检验工件的圆弧半径,依次选择半径样板去测试,若光隙位于圆弧的中间部分,则说明工件的圆弧半径 r 大于样板的圆弧半径 R,应换一片半径大一些的样板检验;若光隙位于圆弧的两边,说明工件的半径 r 小于样板的半径 R,应换一片半径小一些的样板检验;若二者吻合,$r = R$,则此样板的半径就是被测工件的圆弧半径。

(4)半径样板使用后应擦拭干净,擦拭时要从铰链端向工作端方向擦拭,切勿逆擦,以防样板折断或弯曲。

(5)半径样板要定期检定,如果样板上标明的半径数值不清,则不可使用,以防错用。

2.4.4　螺纹样板

螺纹样板用以与被测螺纹接触比较,来确定螺纹的螺距(或英制牙数)是否正确。其结构示意图如图 2 - 19 所示。

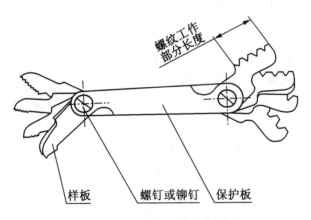

图 2 - 19　螺纹样板结构示意图

螺纹样板的规格见表 2 - 5。

表 2 - 5　螺纹样板的规格

螺距种类	普通螺纹螺距/mm	英制螺纹螺距/(牙数·in⁻¹)
螺距尺寸系列	0.40,0.45,0.50,0.60,0.70,0.75,0.80,1.00,1.25,1.50, 1.75,2.00,2.50,3.00,3.50,4.00,4.50,5.00,5.50,6.00	4,4.5,5,6,7,8,9,10,11,12, 14,16,18,19,20,22,24,28
样板数	20	18
厚度/mm	0.5	

螺纹样板的使用方法及注意事项：

(1)螺纹样板的表面不应有影响使用性能的缺陷。

(2)螺纹样板与保护板的联结应保证能方便地更换样板,应能使样板平滑地绕螺钉或铆钉轴转动,不应有卡滞或松动现象。

(3)螺纹样板测量面的表面粗糙度 Ra 值为 1.6 μm。

(4)测量螺纹螺距时,将螺纹样板组中齿形钢片作为样板,卡在被测螺纹工件上,如果不能密合就另换一片,直到密合为止,这时该螺纹样板上标记的尺寸即为被测螺纹工件的螺距。但是,需注意把螺纹样板卡在螺纹牙廓上时,应尽可能利用螺纹工作部分长度,使测量结果更为准确。

(5)测量牙型角时,把螺距与被测螺纹工件相同的螺纹样板放在被测螺纹上,然后检查它们的接触情况。如果没有间隙透光,则被测螺纹的牙型角是正确的;如果有不均匀间隙透光现象,则被测螺纹的牙型角不准确。但是,这种测量方法是很粗略的,只能判断牙型角误差的大概情况,不能确定牙型角误差的具体数值。

2.5　指　示　表

2.5.1　百分表与千分表

百分表与千分表用于测量工件的形状、位置误差及位移量,也可用比较法测量工件的长度。它们是利用机械结构将被测工件的尺寸数值放大后,通过读数装置标识出来的一种测量工具。百分表如图 2-20 所示。

图 2-20　百分表

百分表的分度值为 0.01 mm。表面刻度盘上共有 100 个等分格,当指针偏转 1 格时,量杆移动距离为 0.01 mm。

2.5.2　电子数显百分表和千分表

电子数显百分表和千分表用于精密测量工件的形状及位置误差,也用于测量工件长度。电子数显百分表的优点是读数迅速、直观,如图 2-21 所示。电子数显百分表数字最小分度值为 0.01 mm,测量范围有 0~3、0~5、0~10、0~25、0~30(mm)。电子数显千分表数字最小分度值为 0.001 mm,测量范围有 0~5、0~9、0~10(mm)几种。使用百分表、千分表时可将其装在专用表座或磁性表座上。

图 2-22　数显百分表

1. 百分表的使用方法及注意事项

（1）百分表应固定在可靠的表架上，根据测量的需要可选择带平台的表架或万能表架。

（2）百分表应牢固地装夹在表架夹具上，如与装套筒紧固时，夹紧力不宜过大，以防装夹套筒变形，卡住测杆；应检查测杆移动是否灵活，夹紧后不可再转动百分表。

（3）百分表测杆与被测工件表面应垂直，否则将产生较大的测量误差。

（4）测量圆柱形工件时，测杆轴线应与圆柱形工件直径方向一致。

（5）测量前必须确认百分表是否夹牢且不影响其灵敏度，为此可检查其重复性，即多次提拉百分表测杆使其略高于工件高度，放下测杆使其与工件接触，在重复性较好的情况下，才可以进行测量。

（6）在测量时，应轻轻提起测杆，把工件移至测头下面，缓慢下降测头，使其与工件接触，不可把工件强行推入至测头，也不可快速下降测头，以免产生瞬时冲击测量力，给测量带来误差。对工件进行调整时，应按上述方法操作。在测头与工件表面接触时，测杆应有 0.3～1 mm 的压缩量，以保持一定的起始测量力。

（7）测杆上不要加油，以免油污进入表内，影响表的传动机构和测杆移动的灵活性。

2. 千分表的使用方法及注意事项

（1）使用千分表时不要使测杆移动次数过多，以免造成测头端部过早磨损、齿轮系统过度消耗、弹簧松弛，影响千分表的精度。

（2）测量时，不要使测杆移动的距离过大，甚至超出测量限度，否则会造成测量时压力太大，弹簧过分拉长。

（3）千分表测杆与被测工件表面应垂直，否则将产生较大的测量误差。

（4）测量时，不要把工件强行推入测头下，否则会损伤千分表机件。

（5）不要用千分表测量表面粗糙或有明显凹凸的工件。

（6）在测杆移动不灵活或者发生阻塞时，不要用力推压测头，应进行修理。

（7）测量前，应将被测部位擦拭干净，不能用千分表测量未清洁的工件。

（8）测杆上不应有任何油脂。

3. 万能表座

万能表座用于夹持百分表、千分表，并可使其处于任意位置和角度上。万能表座可沿平面滑行，以方便测量工件尺寸及形位偏差，如图 2-22 所示。万能表座有普通式、可微调式两种。

4. 磁性表座

磁性表座的用途与万能表座相同，利用其磁性可使表座固定于空间中任意位置和角度上，更便于使用，如图 2-23 所示。磁性表座里面是一个圆柱体，在其中间放置一条条形的永久磁铁或恒磁磁铁，外面底座位置是一块软磁材料（软磁材料是指在较弱的磁场下，易磁化也易退磁的一种铁氧体材料），通过转动手柄来转动里面的磁铁。当磁铁的两极呈上下方向，也就是磁铁的 N 极或 S 极正对软磁材料底座时，就会被磁化，在这个方向上具有强磁，能够用于吸住钢铁表面。而当磁铁的两极处于水平方向，即 N 极或 S 极的正中间正对软磁材料底座时（长条形磁铁的正中间只有极小的磁性,可以忽略不计)不会被磁化,所以此时底座上几乎没有磁力,可以很容易地从钢铁表面上取下。

图 2−22　万能表座

磁性表座+百分表

图 2−23　磁性表座

第 3 章　安防用品

作为一名合格的化工生产操作人员，首先要正确佩戴安全防护用品（简称安防用品）。能否正确佩戴、正确使用安全防护用品关系着操作人员的人身安全，最基本的有工作服、安全帽、护目镜的正确佩戴，防毒面具、空气呼吸器、五点式安全带的使用，初级火灾的消除、报火警等。正确使用安防用品能保护工作人员的人身安全及降低企业财产的损失。

3.1　安　全　帽

3.1.1　安全帽的作用

（1）防止高处坠落物造成头部伤害。
（2）防止物体打击伤害。
（3）防止机械性损伤。
（4）防止污染毛发造成的伤害。

3.1.2　安全帽的结构

安全帽由顶戴、吸汗带、缓冲垫、下颚带、帽壳五部分组成，其结构如图 3-1 和图 3-2 所示。

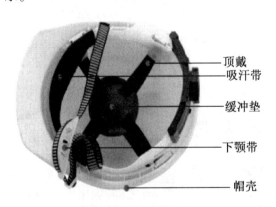

顶戴
吸汗带
缓冲垫
下颚带
帽壳

图 3-1　安全帽结构（1）

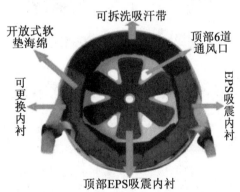

可拆洗吸汗带
开放式软垫海绵
顶部6道通风口
可更换内衬
EPS吸震内衬
顶部EPS吸震内衬

图 3-2　安全帽结构（2）

3.1.3　安全帽的正确佩戴方法

（1）佩戴安全帽之前，应根据个人头围或需要把大小、松紧调整好，不能太紧也不能太松。太紧的话工作者在工作过程中容易感觉不适，影响正常工作；太松则容易滑脱，发生不必要的危险。适当的松紧程度为佩戴完好的安全帽不能在头部活动自如，而佩戴者的头部也不会感觉紧绷。

（2）从安全帽的组成部分看，为了在突发事件时能起到缓解冲击力的作用，帽衬和帽壳是不能太紧贴的，必须在有良好的连接的同时留有一定的间隙，一般要调整至 2～4 cm 之间。帽衬和帽壳对冲击的缓冲能保护颈椎不受伤害。其结构如图 3-3 所示。

（3）下颚带必须拴紧，保证使用者坠落或遭到接连击打时不至于松脱。

（4）需角度戴正、系紧帽带，帽箍则根据佩戴者的头围或头形进行调整并箍紧；如果佩戴者为女性，则要把头发塞进帽衬里面，并正确佩戴，以免发生意外。安全帽正确佩戴方法如图 3-4 所示。

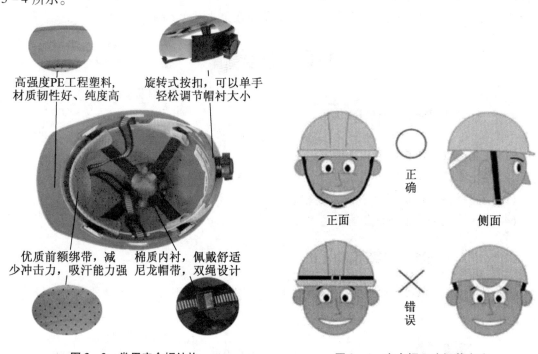

高强度PE工程塑料，材质韧性好、纯度高

旋转式按扣，可以单手轻松调节帽衬大小

优质前额绑带，减少冲击力，吸汗能力强

棉质内衬，佩戴舒适尼龙帽带，双绳设计

正确

正面

侧面

错误

图 3-3　常用安全帽结构　　　　　　图 3-4　安全帽正确佩戴方法

3.1.4　安全帽使用注意事项

选择了合适的、合格的安全帽，还应正确地佩戴才能发挥安全帽的功能，保障使用者的安全。佩戴安全帽应注意以下原则：

（1）佩戴前，应检查安全帽各配件有无破损、装配是否牢固、帽衬调节部分是否卡紧、插口是否牢靠、帽带是否系紧等，若帽衬与帽壳之间的距离不在 25～50 mm 之间，应用顶绳调节到规定的范围内。确保各部件完好后方可佩戴。

（2）根据佩戴者头的大小，将帽箍长度调节到适宜位置（松紧适度）。高空作业人员佩戴的安全帽，要有下颚带和后颈箍，并应拴牢，以防滑落。

（3）安全帽在佩戴时若受到较大冲击，无论是否发现帽壳有明显的断裂纹或变形，都应停止佩戴，更换受损的安全帽。安全帽的使用期限一般不超过三年。

（4）安全帽不应存储在有酸碱、高温（50 ℃以上）、阳光直射、潮湿等环境中，也要避免重物挤压或尖物刺碰。

(5)帽壳与帽衬可用冷水、温水(低于 50 ℃)洗涤,不可放在暖气片上烘烤,以防帽壳变形。

3.1.5 警示案例

案例 1 一名装修工人站在两米多高的人字梯上作业,安全帽的下颚带没有系在下颚处,而是放进了帽子内。在装修即将结束时,其向后倾斜摔下来,在即将落地时,因头部没有系安全帽的下颚带,安全帽飞出,头部直接撞击在地面上,该装修工人当场死亡。

案例 2 施工现场,一名施工人员休息时随意将安全帽放在屁股下面当垫子坐,帽带受挤压后变形,等到休息完毕干活时安全帽无法正常佩戴,只好随意戴在头上,无法起到保护作用。在他经过高空施工现场时,高空落下一块砖头击中他的头部,将安全帽砸掉在地,在他去捡安全帽的同时,上方又落下第二块砖头,再次击中头部,该施工人员当场死亡。

3.2 五点式安全带

3.2.1 安全带使用的重要意义

五点式安全带(后称安全带)主要由带子、绳子和金属配件组成。安全带是用来保护高空及高处作业人员人身安全的重要防护用品之一,正确使用安全带(图 3 - 5)是防止高空跌落伤害事故、保障人身安全的重要措施,因此做好安全带的日常使用管理对保护工作人员人身安全具有十分重要的意义。

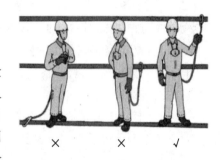

图 3 - 5 安全带正确使用方法

3.2.2 高处作业分类

凡是在坠落高度基准面 2 m 以上(含 2 m)、有可能坠落的高处进行的作业均称为高处作业。高处作业分为四级:一级,2 ~ 5 m;二级,5 ~ 15 m;三级,15 ~ 30 m;特级,30 m 以上。

3.2.3 安全带使用管理规定

(1)各单位必须使用符合国标的安全带。

(2)凡是高处作业必须按照正确规范使用安全带(煤气等特殊要求执行具体措施方案),在防护栏的高空平台距离边缘 0.5 m 内作业;有防护栏的高空平台,身体升高不能满足防护条件(身体最低处离防护栏高度不足 1.05 m 时)。

(3)若使用同一类型的安全带,各部件不能擅自更换。受到严重冲击的安全带,即使外形无改变也不可再次使用。

(4)安全带应每月进行一次外观检查,有破损、腐蚀的禁止使用,并及时处理。

(5)安全带应每隔 6 个月进行静荷重试验;试验荷重为 225 kgf(1 kgf = 9.8 N),试验时间为 5 min,试验后检查是否有变形、破裂等情况,并做好试验记录,不合格的安全带应及时处理。

(6)安全带的使用周期一般为 3 ~ 5 年,安全带使用 2 年后,应根据批量购入情况抽检一次,悬挂安全带应进行冲击试验(以 100 kg 质量做重物坠落试验,发现问题提前报废)。

(7)安全带严禁擅自接长使用,使用 3 m 及以上的长绳时必须要加缓冲器,各部件不得任意拆除。

3.2.4　安全带日常使用规定

(1)使用前必须检查,确认安全带组件完整、无短缺、伤残破损,绳索、编带无脆裂、断股或扭结,金属配件无腐蚀、裂纹,焊接无缺陷、无变形,挂钩的钩舌咬口平整不错位,保险装置完整可靠,铆钉无偏位,表面平整。不符合以上情形之一者,不可使用。

(2)不可将绳打结使用,也不可直接将钩挂在安全带上使用,应将其挂在连接环上使用;安全带的各部件不得任意拆卸。

(3)安全带应系在牢固的物体上,禁止挂在移动或不牢靠的物体上,禁止挂在检修物体上,禁止挂在各种危险介质管道及设备(含电气)上,禁止系在棱角锋利处,在靠近热源处使用时应采取防护措施,应高挂低用(悬挂处应高于腰带 1 m),防止摆动碰撞。

(4)在高空攀爬或移动过程中必须使用双钩安全带,移动、攀爬时交替配挂,保证有至少一根安全绳挂在固定物件上;禁止直接将双钩挂在一起,不移动或攀爬时,应将双钩分别挂在不同的固定物件上。

(5)在超过 5 m 的高空危险区域作业时,使用安全带的同时必须备有安全绳,安全绳抗冲击力安全系数不得低于作业人员体重的 9 倍,安全绳端必须固定牢固。

(6)安全带使用时要束紧腰带,腰扣件要系紧、系正,必须高挂低用,且高度不应低于自身腰部。使用时要防止摆动碰撞,绳子不能打结,钩子要挂在连接环上。

(7)安全带使用过程中,严禁用其传递重物。

3.2.5　安全带的维护保存管理

(1)安全带在使用后,要注意维护和保存。要经常检查安全带缝制部分和挂钩部分,必须详细检查捻线是否发生裂断和残损等。

(2)安全带不使用时,应收起,禁止拖在地上。

(3)安全带不使用时要妥善保管,不可接触高温、明火、强酸、强碱或尖锐物体,不要存放在潮湿的仓库中。

3.2.6　安全带正确系法

图 3 - 6 和图 3 - 7 非常直观地展示了安全带的佩戴过程整体佩戴样式,具体佩戴步骤如下:

(1)第一步:检查安全带。

握住安全带背部衬垫的 D 形环扣,保证织带没有缠绕在一起。

(2)第二步:开始穿戴安全带。

将安全带滑过手臂至双肩。保证所有织带自由悬挂,没有缠结。肩带必须保持垂直,不要靠近身体中心。

从肩带处提起安全带

将安全带穿在肩部

将胸部纽扣扣好

系好左腿带或扣索

系好右腿带或扣索

调节腿带直到合适

调节肩带直到合适

穿戴完毕,可以开始工作

图 3-6　安全带佩戴方法

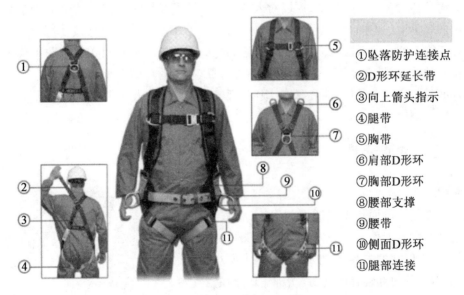

①坠落防护连接点
②D形环延长带
③向上箭头指示
④腿带
⑤胸带
⑥肩部D形环
⑦胸部D形环
⑧腰部支撑
⑨腰带
⑩侧面D形环
⑪腿部连接

图 3-7　安全带整体佩戴样式

(3)第三步:腿部织带。

抓住黄色腿部织带,将它们与臀部两边的蓝色织带上的搭扣连接,将多余长度的织带穿入调整环中。

(4)第四步:胸部织带。

将胸带通过穿套式搭扣连接在一起,胸带必须在肩部以下 15 cm 处,将多余长度的织带穿入调整环中。

（5）第五步：调整安全带。

①肩部：从肩部开始调整全身的织带，确保腿部织带的高度正好位于臀部下方，背部D形环位于两肩胛骨之间。

②腿部：然后对腿部织带进行调整，试着做单腿前伸和半蹲动作，调整使得两侧腿部织带长度相同。

③胸部：胸部织带要交叉在胸部中间位置，并且和胸骨底部保持大约3个手指导宽的距离。

3.3　防毒面具

防毒面具（Gas Mask）是个人特种劳动保护用品，也是单兵防护用品，戴在头上，可以保护人的呼吸器官、眼睛和面部，防止毒气、粉尘、细菌、有毒有害气体等物质伤害的个人防护器材。防毒面具广泛应用于石油、化工、矿山、冶金、军事、消防、抢险救灾、卫生防疫和科技环保、机械制造等领域，在雾霾、光化学烟雾影响较严重的城市也能起到比较重要的个人呼吸系统保护作用。防毒面具从造型上可以分为全面具和半面具，全面具又分为正压式和负压式。

3.3.1　结构组成

防毒面具作为个人防护器材，可以对人员的呼吸器官、眼睛及面部皮肤提供有效防护。防毒面具由面罩、导气管和滤毒罐组成。面罩可直接与滤毒罐或滤毒盒连接使用，称为直连式；或者用导气管与滤毒罐或滤毒盒连接使用，称为导管式。防毒面罩可以根据防护要求分别选用各种型号的滤毒罐，在化工、仓库、科研、各种有毒/有害的环境作业。

防毒面具包含过滤元件、面具罩体、眼窗、呼气通话装置以及头带等部件，它们各有各的职责，同时又能默契配合。

3.3.2　过滤元件

1. 原理

过滤元件是防毒面具忠诚的把关卫士，它只允许清洁空气通过。世界上面具五花八门，面具上的过滤元件也是形状各异，但它们内部结构的设计思路大同小异，如图3-8所示。其内部装有可过滤气溶胶（悬浮在空气中的微小颗粒）的过滤层，又称滤烟层，其实际上是一层特制过滤纸。它既要高效率地滤除有害物气溶胶颗粒，又要对人体的呼吸不产生明显的阻碍。

图3-8　滤毒罐

过滤元件内还装有专门应对毒气、蒸气的防毒炭。和普通民用活性炭不同，防毒炭不仅要有非常发达的微孔结构，使其有足够大的"肚子"，能尽量多"吃"毒气，而且要有充分发达的中孔、大孔，使具有吸附作用的道路畅通，满足吸附速率的要求。防毒炭除要求孔隙结构合理外，还需经过特殊的化学药剂处理，因为单靠物理吸附作用是远远不够的，必须借助催化剂，进行物化反应，使其吸取毒素能力更强。

新的防毒炭应对毒剂的能力很强。然而,随着时间的推移,防毒炭会产生一种惰性,这就是陈化作用。为了防止这种惰性过早出现,面具设计师们必须对防毒炭进行防陈化处理。

过滤元件有的安在面具左边,有的安在下颌处,有的还带导气管;然而无论安置得怎样巧妙,其都像是个赘物。据说有一种会"吃"毒剂的酶,如果这种酶能应用到过滤元件上,面具设计将出现质的飞跃。

2. 使用注意事项

滤毒罐在其自身寿命到期后或达到推荐使用的期限后就必须进行更换。滤毒罐在维护时应存放在低温、干燥、通风良好且远离可能沾染任何熏蒸剂的地方。

滤毒罐在一定时间内可以充分防御按容积计算在空气中的浓度不超过 2% 的毒气(磷化氢为 0.5%,最大浓度 200 mL /m³)。每当打开滤毒罐封盖时就应记录使用时间,在两次使用之间应使用原来的密封端盖密封。

在有毒有害物浓度低的空气中暴露时间过长以及意外暴露在有毒有害物浓度高的空气中后,都应立即舍弃该滤毒罐。要留有较长的安全暴露时间。

当弃掉滤毒罐时,应先将其进气口或其他部分破坏,如可用钳子损坏与环纹导气管的连接口,以免下次误用。

3.3.3　面具罩体

1. 原理

面具罩体是将防毒面具各部件组合成一个整体的主要部件。面具罩体要适合多种头型的人佩戴,既要密合,不让有毒物乘隙而入,又不能压疼面部。最初,密合框由一片橡皮制成,称单片密合框。它能与面部吻合,结构及制造工艺均十分简单,但戴后常使人面部的突出部位感到难以承受的压痛,动态气密性也较差。

2. 产品分类

按防护原理,可分为过滤式防毒面具(图 3 - 9)和隔绝式防毒面具。

(1)过滤式防毒面具。

过滤式防毒面具由面罩和滤毒罐(或过滤元件)组成。面罩包括
图 3 - 9　过滤式防毒面具
罩体、眼窗、通话器、呼吸活门和头带(或头盔)等部件。滤毒罐用来净化有毒气体,内装滤毒层和吸附剂,也可将这两种材料混合制成过滤板,装配成过滤元件。较轻的(200 g 左右)滤毒罐(或过滤元件)可直接连在面罩上,较重的滤毒罐通过导气管与面罩连接。

(2)隔绝式防毒面具。

隔绝式防毒面具由面具本身提供氧气,分贮气式、贮氧式和化学生氧式三种。隔绝式防毒面具主要在高浓度染毒空气(体积浓度大于 1% 时)、缺氧的高空、水下或密闭舱室等特殊场合下使用。

除上述两种防毒面具以外,许多国家还装备有各类特种防毒面具。它们是在过滤式防毒面具的基础上更换滤毒罐内的吸着剂或改进局部结构而成。现代防毒面具能有效地防御战场

上可能出现的毒剂、生物制剂和放射性灰尘。它的质量有的已减至 0.6 kg 左右,可持续佩戴 8 h 以上,佩戴防毒面具后还可较方便地使用光学、通信器材和武器装备。

采用优质硅胶制作的全面罩主体具有抗老化、防过敏、耐用、易清洗的优点。

3.3.4　正确佩戴方式

(1)应该正确选择防毒面具,选对型号,确认毒气种类和体积浓度及空气中氧气含量和温度。应该特别留意防护面具的滤毒罐所规定的范围以及时间。在氧气浓度低于 19% 时,禁止使用负压式防毒面具。

(2)在使用防毒面具之前,应该对其进行认真检查,查看各部位是否完整,选择正确的滤毒罐,将罐底胶皮塞拔掉,将滤毒罐顶部的盖子拧掉,将滤毒罐与防毒面具连接好,将防毒面具戴在头部,拉紧面罩头带,用手捂住滤毒罐进气口,若感到呼吸困难说明面罩密封完好。

(3)对于在工作中要使用到防毒面具的劳动者,要对他们有专门的培训,保证他们能够正确使用防毒面具。在使用防毒面具时,应该选择一个比较合适的面罩,要保持防毒面具里面气流的畅通,在有毒的环境中要迅速戴好防毒面具。

(4)当防毒面具出现使用故障时,应该采用应急措施,并且马上离开有毒的区域。

(5)在每次使用前必须进行气密性试验,并检查各配件是否有老化痕迹、各关键配件是否完整;每次使用完毕后及时清洁保养;记录累计使用时长;及时更换滤毒盒、滤棉。

3.4　应急措施

(1)应该正确选择防毒面具及选对滤罐型号,确认毒气种类,佩戴防毒面具之前一定要拔掉滤毒罐底部胶皮塞。如果在防毒面具上的面罩或者是导气管上面发现有孔洞出现,可以用手指将孔洞捏住;如果防毒面具上的气管有破损的情况出现,那么可以将滤毒罐与头罩直接连接起来。出现以上任何情况后必须及时撤离工作区,到安全区更换防毒设备。

(2)如果防毒面具上的呼气阀损坏,应该用手指将呼气阀的孔堵住,呼气的时候将手松开,吸气的时候再用手堵住。以上方法将严重威胁工作人员的健康及生命安全,必须及时离开作业区,到安全地区更换设备。

(3)如果防毒面具上的头罩被破坏得比较厉害,可以考虑将滤毒罐直接放在嘴里,然后捏住鼻子,用滤毒罐来呼吸,此后必须第一时间撤离现场。

(4)如果防毒面具的滤毒罐上面出现了小孔,那么可以用手或者其他材料来将其堵住,并在之后及时撤离。

第4章 Fluke 数字万用表

4.1 Fluke 15B/17B 数字万用表

4.1.1 仪器概述

1. 接线端子说明(图 4 - 1)

①用于交流和直流电流测量(最高可测量 10 A)与频率测量(仅限 17B)的输入端子。

②用于交流和直流的微安以及毫安测量(最高可测量 400 mA)与频率测量(仅限 17B)的输入端子。

③适用于所有测量的公共(返回)接线端。

④用于电压、电阻、通断性、二极管、电容、频率(仅限 17B)和温度(仅限 17B)测量的输入端子。

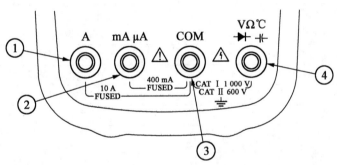

图 4 - 1 接线端子说明

2. 显示屏说明(图 4 - 2)

①已激活相对模式。

②已选中通断性。

③已启用数据保持。

④已选中温度。

⑤已选中占空比。

⑥已选中二极管测试。

⑦F:电容点位法拉第。

⑧A,V:电流或电压。

⑨DC,AC:直流、交流电压或电流。

⑩Hz:已选频率。

⑪Ω:已选电阻。

⑫m,M,k:十进制前缀。

⑬Auto Range:已选中自动量程。

⑭电池电量不足,应立即更换。

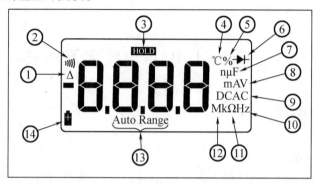

图 4 – 2　显示屏说明

3. 图际电气符号(表 4 –1)

表 4 –1　国际电气符号

符号	意义	符号	意义
∼	AC(交流电)	⏚	接地
⎓	DC(直流电)	⎓	保险丝
≅	交流电或直流电	▣	双重绝缘
⚠	安全须知	⚠	电击危险
▪▪	电池	CE	符合欧盟的相关法令
▸▸	二极管	⊣⊢	电容
CAT Ⅱ	IEC CAT Ⅱ设备用于防止受到由固定装置提供电源的耗能设备(例如电视机、计算机、便携工具及其他家用电器)所产生的瞬变损害	CAT Ⅲ	IEC CAT Ⅲ设备的设计能使设备承受固定安装设备内(如配电盘、馈线和短分支电路及大型建筑中的防雷设施)产生的瞬态高压
☒	请勿将本品作为未分类的城市废弃物处理。请访问Fluke网站了解回收信息		

4.1.2　电池节能功能

如果万用表连续 30 min 未使用或没有输入信号,万用表会进入"休眠模式",显示屏呈空白。此时按任何按钮或转动旋转开关都会唤醒万用表。若要禁用"休眠模式",可在开启万用表的同时按下黄色按钮。

4.2　万用表使用方法

4.2.1　手动量程及自动量程切换

万用表有手动量程和自动量程两个模式可以选择。在自动量程模式内,万用表会为检测到的输入选择最佳量程,转换测试点而无须重置量程。可以手动选择量程来改变自动量程。在有超出一个量程的测量功能中,万用表的默认值为自动量程模式。当万用表处于自动量程模式时, 显示 Auto Range 。若要进入及退出手动量程模式:

(1)按下 RANGE 增加量程。当达到最高量程时,继续操作会回到最低量程。

(2)退出手动量程模式,按下并保持 RANGE 2 s。

4.2.2　数据保持

保持当前读数,按下 HOLD 。再按 HOLD 恢复正常操作。

4.2.3　相对测量

万用表会显示除频率外所有功能的相对测量(仅限 17B 型)。

(1)当万用表设在想要的功能时,让测试表笔接触以后测量要比较的电路。

(2)按 REL 将测量值存储为参考值,并启用相应的测量模式,会显示参考值和后续读数间的差异。

(3)按住 REL 2 s 以上,可使万用表返回正常操作模式。

4.2.4　测量交流和直流电压

测量交流和直流电压如图 4 - 3 所示。

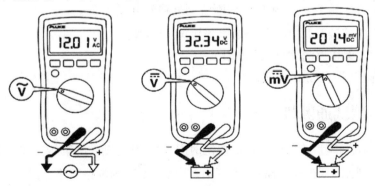

图 4 - 3　测量交流和直流电压

(1)调节旋钮至 $\tilde{V}$ 、 $\overline{V}$ 或 $\overline{mV}$ 选择交流或直流。

(2)将红表笔连接至 VΩ 端子,黑表笔连接至 COM 端子。

（3）用探针接触想要的电路测试点，测量电压。

（4）读出显示屏上测出的电压。

4.2.5 测量交流和直流电流

测量交流和直流电流如图 4 - 4 所示。

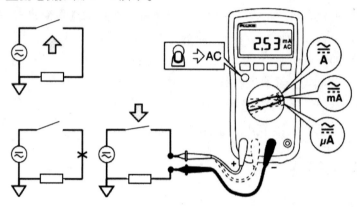

图 4 - 4 测量交流和直流电流

（1）调节旋钮至$\widetilde{\overline{\text{A}}}$、$\widetilde{\overline{\text{mA}}}$或$\widetilde{\overline{\mu\text{A}}}$选择交流或直流。

（2）按下黄色按钮，在交流或直流电流测量间切换。

（3）根据要测量的电流将红表笔连接至 A、mA 或 μA 端子，黑表笔连接至 COM 端子。

（4）断开待测的电路路径，然后将测试表笔衔接断口并施用电源。

（5）读出显示屏上测出的电流。

4.2.6 测量电阻

在测量电阻或电路的通断性时，为防止受到电击或损坏万用表，请确保回路的电源已关闭，并将所有电容器放电。

（1）将旋转开关转至$\overset{\cdot))}{\Omega}$。确保已切断待测电路的电源。

（2）将红表笔连接至$\overset{V\Omega\text{C}}{\text{+}}$端子，黑表笔连接至 COM 端子。

（3）将表笔接触电路测试点，测量电阻。

（4）读出显示屏上测出的电阻。

4.2.7 测试通断性

选择电阻模式（图 4 - 5），按下黄色按钮两次，以激活通断性蜂鸣器。如果电阻低于 50 Ω，蜂鸣器将持续蜂鸣，表明出现短路；如果万用表读数为 **OL**，则电路断路。

4.2.8 测量二极管

在测量电路二极管时，为避免受到电击或损坏电表，请确保电路的电源已关闭，并将所有电容器放电。

（1）将旋转开关转至 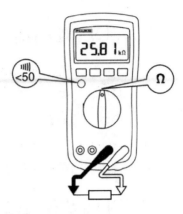。

（2）按黄色功能按钮一次，启动二极管测试。

（3）将红表笔连接至 V⌀̄Ꮯ 端子，黑表笔连接至 COM 端子。

（4）将红色探针接到待测的二极管的阳极，黑色探针接到阴极。

（5）读出显示屏上的正向电压。

（6）如果表笔极性与二极管极性相反，显示读数为 **ₒⱢ**。这可以用来区分二极管的阳极和阴极。

图 4-5 测量电阻/通断性

4.2.9 测量电容

在测量电容时，为避免受到电击或损坏电表，请确保电路的电源已关闭，并将所有电容器放电。

（1）将旋转开关转至 ╫ 。

（2）将红表笔连接至 V⌀̄Ꮯ 端子，黑表笔连接至 COM 端子。

（3）将探针接触电容器引脚。

（4）读数稳定后（最多 15 s），读出显示屏所显示的电容值。

4.2.10 测量温度

该方法仅限 17B 型万用表。

（1）将旋转开关转至 ℃。

（2）将热电偶插入万用表的 V⌀̄Ꮯ 和 COM 端子，确保标记有"＋"符号的热电偶塞插入万用表的 V⌀̄Ꮯ 端子。

（3）读出显示屏上显示的摄氏温度。

4.2.11 测量频率和占空比

万用表（仅限 17B）在进行交流电压或交流电流测量时可以测量频率和占空比。占空比是指在一个脉冲循环内，通电时间占总时间的比例，即指电路被接通的时间占整个电路工作周期的百分比。比如说，一个电路在它一个工作周期中有一半时间被接通了，那么它的占空比就是 50%。如果加在该工作元件上的信号电压为 5 V，则实际的工作电压平均值或电压有效值就是 2.5 V。

按 Hz% 按钮可将万用表切换至手动量程。在测量频率和占空比前选择适当的量程。

（1）在万用表处于所需功能（交流电压或交流电流）模式时，按 Hz% 按钮。

（2）读出显示屏上的交流电信号频率。

（3）要进行占空比测量，则再次按 Hz% 按钮。

（4）读出显示屏上的占空比百分数。

4.2.12　测试保险丝

为了避免受到电击或人员伤害,在更换保险丝前,请先取下测试表笔,停止一切输入信号。

（1）将旋转开关转至 ⚡。

（2）将表笔插入 VΩC 端子,将测针触及 A 或 mA 端子。状态良好的 A 端子保险丝显示读数在 000.0～000.1 Ω 之间,状态良好的 mA 端子保险丝显示读数在 0.990～1.010 kΩ 之间。如果显示读数为 ⏿ ,更换保险丝并重新测试。

4.2.13　更换电池和保险丝

为避免错误读数（可能会造成电击或个人伤害）,当电池指示器（⊞）出现时,应立即更换电池（电池和保险丝的更换如见图 4 - 6 所示）。为防止损坏或伤害,只安装更换符合指定的电流、电压和干扰评等的保险丝。打开机壳或电池门以前,需先把测试线断开。

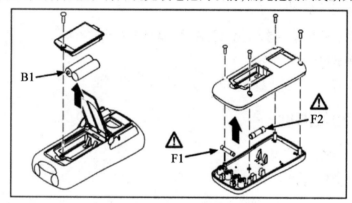

图 4 - 6　电池和保险丝的更换

4.3　注意事项

为避免受到电击,以及避免对万用表或待测装置造成损害,请遵照下面的规范说明使用万用表:

（1）在使用万用表前,请检查机壳,检查是否有裂纹或缺少塑胶件,特别要注意接头周围的绝缘。切勿使用已损坏的万用表。

（2）检查测试表笔的绝缘是否损坏或表笔金属是否裸露在外。检查测试表笔是否导通。请在使用万用表之前更换已被损坏的测试表笔。

（3）用万用表测量已知的电压,确定万用表操作正常。请勿使用工作异常的万用表,其仪表的保护措施可能已经失效。若有疑问,应将仪表送修。

（4）请勿在连接端子之间或任何端子和地之间施加高于仪表额定值的电压。

（5）对 30 V 交流（有效值）、42 V 交流（峰值）或 60 V 直流以上的电压,应格外小心,这些电压有电击危险。

（6）测量时请选择合适的接线端子、功能和量程。

（7）请勿在有爆炸性气体、蒸气或粉尘环境中使用万用表。

（8）使用测试探针时，手指应保持在保护装置的后面。

（9）进行连接时，先连接公共测试表笔，再连接带电的测试表笔；切断连接时，先断开带电的测试表笔，再断开公共测试表笔。

（10）测试电阻、通断性、二极管或电容器之前，应先切断电路的电源，并把所有高压电容器放电。

（11）若未按照手册的指示使用万用表，万用表提供的安全功能可能会失效。

（12）对于所有功能（包括手动或自动量程），为了避免因读数不当导致电击，首先使用交流功能来验证是否有交流电压存在，然后选择等于或大于交流量程的直流电压。

（13）测量电流前，应先检查万用表的保险丝并关闭电源，再将万用表与电路连接。

（14）取下机壳（或部分机壳）时，请勿使用万用表。

（15）本万用表只需使用两节 AA 类电池。出现电池指示符 ▇ 时应尽快更换电池。当电池电量不足时，万用表可能会产生错误读数，从而导致电击。

（16）不能测量 Ⅱ 类 600 V 以上或 Ⅲ 类 300 V 以上的安装电压。

（17）在 REL 模式下，显示 △ 符号。此时必须非常小心，因为可能存在危险电压。

（18）打开万用表外壳或电池盖之前，必须先把测试表笔从万用表上取下。

第 5 章　375 现场通讯器的操作

5.1　简　介

5.1.1　本书的使用

本书该部分包括375现场通讯器(图5-1)的连接和操作方面的内容。

5.1.2　基本知识

基本知识包含设置、存储类型、IrDA ® 通信、使用ScratchPad、维护、管理文件和存储等内容。

5.1.3　HART功能

HART功能包含启动 HART ® 应用、利用已连接的HART设备建立通信、对 HART 应用进行组态等方面的内容。

图5-1　375现场通讯器

5.1.4　现场总线功能

现场总线功能包含启动现场总线应用、利用已连接的 HART 设备建立通信、查看在线设备列表、块列表以及现场总线应用组态等方面的内容。

5.1.5　故障排除

故障排除提供375现场通讯器使用时最为常见问题的解决方案。

5.2　掌握基本知识

5.2.1　概述

本节内容包括375现场通讯器基本性能和功能的说明,同时还包括有关启动、组态设置、使用 ScratchPad、维护和关闭375现场通讯器的说明。

5.2.2　安全信息

执行操作时,为确保人身安全,请特别注意本节中的步骤和说明。可能引起潜在安全问题的信息前标有警告符号(⚠),执行带有该符号的步骤前请参考下面的安全信息。本书的故障排除章节中包含其他类型的警告信息。

(1)安装时,为防止连接插针损坏,务必保证电池组和 375 现场通讯器完全对齐。

(2)安装/拆卸时,不得插拔电池组,否则可能会损坏电源接头;不得插拔系统卡(Systerm Card,SC),否则可能会损坏系统卡或系统卡插槽。

(3)只能使用钝器接触触摸屏,最好使用同厂提供的触笔,使用尖锐工具(例如螺丝刀)可能会导致触摸屏界面故障。

(4)启动 Re – Flash 将重新从系统卡上安装系统软件。该操作必须在技术支持人员的指导下进行。

5.2.3　安装系统卡和电池组

安装系统卡和电池组的步骤如下:

(1)将 375 型现场通讯器正面朝下放置在平稳的表面上。

(2)将支架锁定到悬挂位置,沿枢轴转动支架,使其转过支放位置,将支架压靠在枢轴处。

(3)卸下电池组后,将系统卡接触面朝上,放到机身系统卡引导片上(位于电池组连接处的正下方),插入系统卡,直至将其固定到位。

(4)仍然保持机身正面朝下,确保两个电池组固定螺丝的顶端与电池组表面平齐。

(5)安装电池组,使其侧面与机身侧面平齐,小心向前滑入电池组,直至将其固定到位。如果电池组与机身不完全平齐,可能会损坏连接插针。

(6)拧动电池组的两个固定螺丝,固定电池组(不要拧得过紧)。螺丝的顶端应与支架凹槽尽可能平齐。

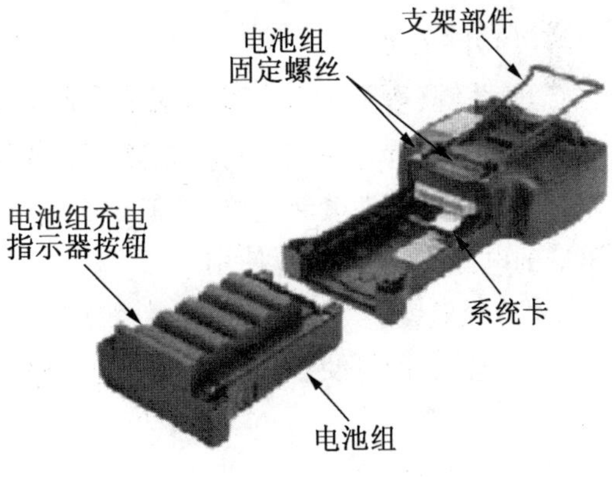

375 现场通讯器充电器如图 5 – 2 所示。

图 5 – 2　375 现场通讯器充电器

5.2.4　启动和关闭

未带充电器/电源时,使用 375 现场通讯器前,需将电池组充满。充电器/电源上的指示灯持续呈绿色即表示电池已完全充满。充电需要 2 h 左右。375 现场通讯器可以在充电的同时进行使用。在使用 375 现场通讯器之前,请确保 375 现场通讯器没有损坏,电池组已安装好,所有螺丝已拧紧,扩展模块或扩展端口插头已就位,通信端口凹陷处没有灰尘或杂物。

1. 启动 375 现场通讯器

按住开/关键,直至多功能 LED 指示灯闪烁,表明装置已经上电(大约 2 s)。开/关键的位置见 375 现场通讯器结构示意图(图 5 – 3)。

在启动期间,375 现场通讯器将自动安装系统卡上的所有升级软件,完成后将显示 375 的

主菜单。375 现场通讯器启动后,可以选择:

(1)启动 HART 现场总线应用程序(如果已得到许可)。

(2)组态/查看设置。

(3)进入 PC 控制方式。

(4)启动 ScratchPad 应用程序。

2. 关闭

当应用程序启动时,开/关键被禁止。使用开/关键之前,必须退出 375 的主菜单。如要关闭 375 现场通讯器,可按住开/关键直至其显示关闭(大约 3 s)。

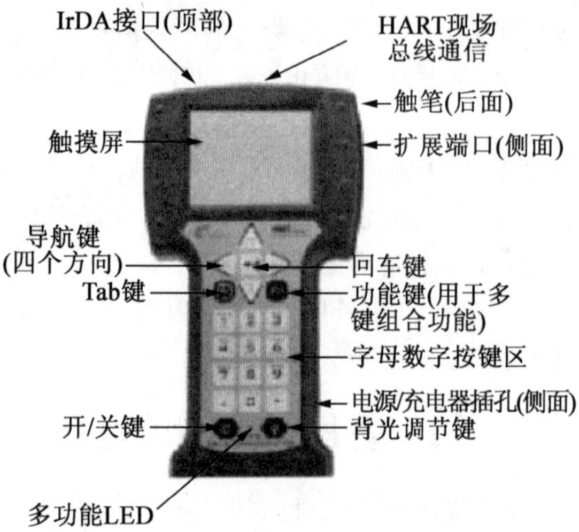

5.2.5 基本性能和功能

1. 键区的使用

(1)开/关键。

开/关键(⬤)用于 375 现场通讯器的上电和断电。

同时按住背光调节键和功能键直至显示关闭,也可以关断 375 现场通讯器的电源。其操作原理是通过硬件关断电源(类似于通过开关关断 PC 的电源)。该方法可以关断 375 现场通讯器的电源,但是不推荐使用。

(2)导航键。

四个导航键可便于在应用菜单栏中移动。按右箭头的导航键可以进入某一菜单的具体选项。

(3)回车键。

回车键(↵)确认执行选定项或完成编辑动作,它不提供菜单结构的导航。例如,当选定(突出显示)CANCEL(取消)按钮,按下回车键时,将关闭特定的窗口。

(4)Tab 键。

Tab 键(▣)便于在选定的控制项间切换。

(5)字母数字按键区。

字母数字按键区可以选择字母、数字和其他字符,例如标点符号等。它可以执行数字或字母模式的选项和数据输入。根据选定区域的类型,375 现场通讯器可以自动确定输入模式。

处于字母数字模式时,要输入文本,可多次快速按下键区按钮,在选项间切换,从而选定相应的字母或数字。例如,要输入字母 Z,可快速按下按键 9 四次。字母数字按键 9 如图 5 - 4 所示。

图 5 - 3　375 现场通讯器结构示意图

IrDA接口(顶部)　　HART现场总线通信

触笔(后面)

触摸屏

扩展端口(侧面)

导航键(四个方向)

回车键

Tab键

功能键(用于多键组合功能)

字母数字按键区

电源/充电器插孔(侧面)

开/关键

背光调节键

多功能LED

图 5 - 4　字母数字按键 9

(6) 背光调节键。

背光调节键(▮)可用于调节显示的强度,有四种设置。背光会影响 375 现场通讯器的电池使用时间。强度较高时,电池使用时间较短。

(7) 功能键。

功能键(▮)允许使能选定键上的不同功能。键上的灰色字符为切换功能。使能时,黄色多功能灯点亮并且可以在软输入面板(Soft Input Panel,SIP)上发现指示按钮。如果功能键使能,再次按该键将禁止其功能。

将来发行的 375 现场通讯器软件可以激活 Tab 键和字母数字五个键(插入)的切换功能。

2. 多功能 LED

多功能 LED 便于识别 375 现场通讯器的不同状态,见表 5 - 1。

表 5 - 1　多功能 LED

多功能 LED	过程显示
绿色	375 现场通讯器电源接通
绿色闪烁	375 现场通讯器处于节电模式,显示关闭
绿黄色	功能键使能
绿黄闪烁	开/关键按下的时间足以接通电源

3. 使用触摸屏

利用触摸屏可以选择和输入文本。选择菜单项或激活控制时,可按窗口一次;要进入菜单项,可快速按两次。

注意:不能使用尖锐的物体接触触摸屏,最好使用同厂提供的触笔。使用尖锐的工具(如螺丝刀),可能会导致触摸屏界面故障。维修触摸屏时,如要更换 375 型现场通讯器的整块显示配件,需要到经授权的服务中心更换。

4. 使用软输入面板(SIP)键盘

SIP 键盘支持利用触摸屏输入字母数字。SIP 键盘检测何时需要输入字符,并根据需要自动显示。

5.2.6　浏览 375 的主菜单

375 的主菜单允许执行如下操作:启动 HART 应用、运行设置菜单、与 PC 通信,以及启动 ScratchPad 应用。

1. 启动 HART 应用

从 375 的主菜单上双击 HART Application 启动 HART 应用。启动时,HART 应用将自动轮询(轮询是一种 CPU 决策如何提供周边设备服务的方式)设备。

2. 启动现场总线应用

从 375 的主菜单上双击 Foundation Fieldbus Application 启动现场总线应用。

3. 运行设置菜单

从 375 的主菜单上双击 Settings 查看设置菜单(图 5 - 5)。设置菜单允许设定 375 现场通讯器的偏好。设置菜单还允许查看系统属性和证书信息。

执行如下操作,访问 375 现场通讯器的设置:

(1)从 375 的主菜单中选择 Settings。

(2)从设置菜单中选择所需的设置项。

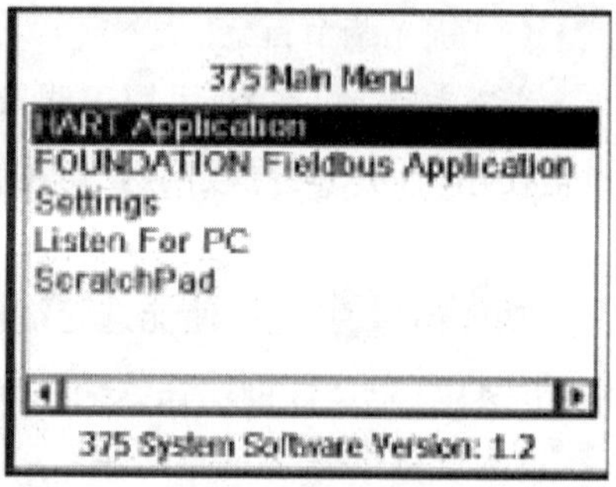

```
375 Main Menu
HART Application
FOUNDATION Fieldbus Application
Settings
Listen For PC
ScratchPad

375 System Software Version: 1.2
```

图 5 - 5　设置菜单

4. 关于 375

关于 375 中允许查看当前 375 现场通讯器的软件所有权版本。如果需要寻求技术支持,请准备好系统软件版本、通信和诊断电路(CDC)版本以及操作系统版本。

启动 Re - Flash 将重新从系统卡上安装系统软件。该操作必须在技术支持人员的指导下进行。

5. 背光

背光设置允许调节显示的亮度。调节背光设置时,自左向右拖动滑块。找到适当的背光位置后,选择 OK 确认。按下 SET DEFAULT(设置为缺省值),启动时将保持此设置;按下 CANCEL(取消),则不保存修改值退出。

6. 时钟

时钟设置允许设置 375 现场通讯器的日期和时间。利用下拉菜单设置日期。设置时间时,突出显示相应的时间域,并利用箭头滚动,直至找到准确的时间。选择 OK 关闭该窗口。

7. 对比度

对比度设置允许调节显示屏的亮度。调节对比度时,可以左右拖动滑块,滑块移动时,窗口将自动调节对比度。找到适当的对比度后,选择 OK 确认。按下 SET DEFAULT(设置为缺省值),启动时将保持此设置;按下 CANCEL(取消),则不保存修改值退出。

注意:温度可能影响对比度。

8. 事件捕获

事件捕获设置允许打开和关闭事件捕获功能,同时还允许删除事件捕获文件(. rec 为后缀)。事件捕获是一种发生在 375 现场通讯器和设备之间的,通信、输入和屏幕输出的记录。在设置菜单中按相应的单选按钮,可以激活事件捕获。选中时,单选按钮将以亮白色突出显示。要删除事件捕获,可按下 DELETE EVENT FILE(删除事件文件)按钮。

事件捕获功能激活时,启动 HART 应用将激活事件捕获对话框,它要求输入文件名。输入文件名后按下 OK,文件将保存到默认位置。

注意:使能事件捕获时,设备警告信息将不会出现。

事件捕获有助于故障排除。

9. 证书

给 375 现场通讯器上电并打开证书设置菜单时,可以看到证书。证书设置允许查看系统卡上的证书。每个 375 现场通讯器的 HART 应用证书都是标准的。其他证书包括现场总线应用和快捷升级选项。用户不能访问未认证的功能。

10. 内存

内存设置允许查看系统卡、内部闪存、RAM 和扩展模块(如果安装)的可用空间。

11. 电源

电源设置允许指定电源管理和查看电池/充电状态。要指定电源管理设置项,可从下拉菜单中选择时间间隔。

省电模式将关闭背光和显示,从而使功耗降到最低。省电模式下,绿色多功能 LED 灯将闪烁。如要退出省电模式,按任意键或接触触摸屏即可,375 现场通讯器将返回原本的运行模式。

如果非激活状态延续时间达到指定的时间,375 现场通讯器将自动关闭。注意:执行某些操作时,为防止数据意外丢失,自动关闭功能将被禁止。

确定适当的电源管理设置后,选择 OK 确认。按下 SET DEFAULT(设置为缺省值)时,启动时将保持此设置;按下 CANCEL(取消),则不保存修改值退出。

电源指示位于屏幕的下方。采用电池供电时,将显示充电的百分比;采用外部供电时,将显示信息。

12. 触摸屏对齐

触摸屏对齐设置允许校准触摸屏的显示。在窗口的各位置准确地按紧十字准线,连续移动直至触摸屏对齐。触摸屏对齐后,下次启动时将保持当前设置。

13. 返回到 375 的主菜单

如果要返回到 375 的主菜单,双击 Exit to 375 Main Menu 选项。

14. 与 PC 的 IrDA 通信

采用红外技术,375 现场通讯器可以实现与 PC 的通信。IrDA 是唯一支持设备描述、软件升级、组态、事件捕获和 ScratchPad 文件传输的 PC 接口。

IrDA 通信可以嵌入到 PC 中,或由适配器提供(例如 IrDA 适配器的 USB 或 IrDA 适配器的串行口)。操作说明可参见 IrDA 手册。

375 现场通讯器的红外通信速率大约为 4 kbit/s。IrDA 和 PC 通信时,推荐的最大距离为 18 in。

15. PC 控制方式

PC 控制方式下,375 现场通讯器的数据传输和设备组态管理由 PC 的应用程序控制。

AMS™ Suite 设备管理组合:智能设备管理系统(6.2 版本或更高),过程工厂中管理仪表和阀门的软件。目前,AMS 智能设备管理系统只支持 HART 组态。将来它会还支持现场总线组态。

375 现场通讯器快捷升级编程工具,执行如下步骤进入 PC 控制方式:

(1)从 375 的主菜单中选择 Listen for PC。

(2)将 375 现场通讯器的 IrDA 接口与 PC IrDA 接口对齐。

(3)利用编程工具或 AMS 软件包智能设备管理器完成必要的传送;更为详尽的信息可参见编程工具的在线帮助。

（4）点击 EXIT 关闭 PC 应用程序控制。如果将新的系统软件下载到 375 现场通讯器的系统卡，内部 Flash 将更新。

16. 利用 AMS™ Suite 设备管理组合：智能设备管理系统传送 HART 组态

采用 AMS 智能设备管理系统（6.2 版本或更高）的手持式通讯器接口工具选项，可以将 375 现场通讯器与 AMS 智能设备管理系统配套使用。

（1）将 375 现场通讯器的 IrDA 接口与 PC 的 IrDA 接口对齐，进入 PC 控制模式。AMS™ Suite 设备管理组合：智能设备管理系统中将出现 375 现场通讯器的图标，并显示 375 现场通讯器中的所有组态都能够访问。

（2）在 AMS™ Suite 设备管理组合：智能设备管理系统中双击 375 现场通讯器的图标，将显示扩展模块和内部 Flash 文件夹。看到所有组态文件后，可以利用 AMS 智能设备管理系统执行任务。

17. 快捷升级编程工具

如要添加设备描述（DD）或系统软件升级，需要一块带快捷升级选项的系统卡。更为详尽的信息可参见编程工具的在线帮助。

所有 375 现场通讯器都具备传送事件捕获和文本文件的基本功能。

18. 使用 ScratchPad 应用程序

从 375 的主菜单中双击 ScratchPad，运行 ScratchPad 应用程序。ScratchPad 是一种文本编辑器，可用它来创建、打开、编辑和保存简单的文本文档（.txt 为后缀）。通过编程工具，可以在 PC 和 375 现场通讯器之间传送 .txt 文件。ScratchPad 只支持基本的文件格式。在屏幕右上角点击 ScratchPad（▇）图标，还可以在 HART 应用程序中打开 ScratchPad 应用程序。该操作将自动打开 ScratchPad 应用程序。启动 ScratchPad 后，可以执行如下操作。

（1）创建新文档。

在 ScratchPad 应用程序主页中，按下 NEW 按钮，将出现一个空文本窗口和 SIP 键区。此时可以在新文档中输入文本。

在 ScratchPad 的工具栏中按 New（▇）图标或从菜单选择 File > New，也可以创建新文档。

（2）打开已有文档。

①从 ScratchPad 应用程序的主页中，在文件名下选择希望打开的文件。

②按 OPEN 按钮，将出现一个文本窗口和 SIP 键区，此时可以编辑文档。

从菜单栏中选择 File > Open 或从工具栏中按 Open（▇）图标，也可以打开文档。

（3）输入文本。

利用触笔，在 SIP 键区中写入希望输入的字母；或利用键区，快速重复按期望的键区按钮显示所需的字母或数字。

（4）选择文本。

拖动触笔，突出显示期望的文本，或在文档中按 Edit > | Select All...（编辑 > 全选....）选择所有的文本。

（5）剪切文本。

①选择要剪切的文本。

②从菜单栏中选择 Edit(编辑)。

③从编辑菜单中选择 Cut(剪切)。

选择文本并在工具栏中按 Cut(✂)图标,也执行剪切操作。

(6)拷贝文本。

①选择要拷贝(Copy)的文本。

②从菜单栏中按 Edit。

③从菜单栏中按 Copy。

选择文本并在工具栏中按 Copy(▤)图标,也执行拷贝操作。

(7)粘贴文本。

①拷贝要粘贴(Paste)的文本。

②从菜单栏中按 Edit。

③从菜单栏中按 Paste。

拷贝要粘贴的文本并在工具栏中按 Paste(▤)图标,也执行粘贴操作。

(8)撤销文本。

①在文档中,从菜单栏中按 Edit 按钮。

②在编辑菜单中按 Undo 按钮。

(9)保存文档。

①在文档中,从菜单栏中按 File。

②在文件菜单中按 Save。

③如果是新文件,在对话框中输入文件名。

④按 OK。

在工具栏中按 Save(💾)图标,也执行保存文档操作。

(10)副本保存。

若要以另外的名称保存当前文档的副本:

①在文档中,在菜单栏中按 File。

②在文件菜单中按 Save As...(另存为...)。

③在对话框中输入副本文件名。

(11)删除文档。

有三种方法可以删除 ScratchPad 文档。

方法 1:

①从 ScratchPad 的主页中,选择要删除的文件。

②按 DELETE。

③出现警告,通知选中的文件将被永久删除。如果确定删除该文件,按 Yes。

方法 2:

①要删除文档,按 File > Delete。

②从删除文件页中,选中要删除的文件。

③按 OK。

④出现警告,通知选中的文件将被永久删除。如果确定删除该文件,按 Yes。

⑤删除文件后,按 EXIT 退出。

方法3：

从编辑工具中删除.txt 文件。更为详尽的信息可参见编辑工具的在线帮助。

(12)退出 ScratchPad。

①在文档中,在菜单栏中按 File。

②在文件菜单中按 Exit。

③在主页中按 Exit 按钮。

5.2.7　管理存储

375 现场通讯器的系统管理和存储允许查看存储类型、运行 IrDA 通信、传送组态和执行编程工具。

375 现场通讯器内存包括四个部分：

(1)内部 Flash——32 MB 非易失性 RAM。内部 Flash 内存可存储：

①如果需要,可选的组态扩展模块(备件编号 00375 - 0043 - 0001)允许存储更多的组态。

②HART 事件捕获,现场总线统计,以及用户生成的文本文件。

③375 现场通讯器系统软件。

(2)系统卡——带非易失性 Flash 内存的内置式安全数字卡(SD 卡)。

每个系统卡上有安装 375 现场通讯器应用软件的拷贝件。系统卡还可以存储所有 HART 和基金会现场总线的设备描述。

(3)RAM——32 MB,仅用于程序执行。

(4)扩展模块(Extension Module,EM)———一种可选的移动存储卡,可插入到 375 现场通讯器侧面的扩展端口。组态扩展模块可存储 HART 设备的组态。

5.2.8　维护

任何以下没有列出的组件维护、维修或更换操作均必须在授权的服务中心由经过专业培训的人员执行。可以对 375 现场通讯器做以下维护工作：

清洁机身外部(仅可使用无绒的干毛巾或用温和的肥皂水溶液沾湿的毛巾);电池组充电、拆卸和更换;取出和更换系统卡;取出和更换扩展块或扩展端口插头;取出和更换固定支架(确保所有外部螺丝均拧紧,确保通信端口凹陷处没有灰尘或杂物,无须拆卸)。

1.电池信息

(1)检查充电量。

利用设置菜单检查充电量。在插入备用电池组之前,也可以检查电池充电量。

①从 375 现场通讯器上取出电池组。

②将电池组翻转并按下电池组充电指示按钮。点亮的指示灯数量与电池的充电量有关。每个指示灯代表 20% 的电量。当电池充满时,所有的指示灯都点亮。

(2)电池充电。

电池可以在 375 现场通讯器上充电,亦可单独充电。充满电时,充电器上的指示灯为绿色;充电时为黄色;脉冲充电时在绿色和黄色之间跳闪;不能充电时为红色。

不得在危险区域对电池组充电。为 375 现场通讯器电池充电时:

①将充电器/电源的插头插入电源插座。

②将电源/充电器连接插入 375 现场通讯器。电池充电时,375 现场通讯器可以正常工作。

2. 取出系统卡和电池组

(1)将 375 现场通讯器正面朝上放在平稳的表面上。

(2)松开两个电池组固定螺丝,直至每个螺丝的顶端与电池组表面平齐。

(3)将电池组从机身内滑出。不要向上拉电池组,这样可能损坏电源接头。

(4)抓住系统卡,将其直接从机身中拉出。不要向上拉系统卡,这样可能损坏系统卡或系统卡插槽。

3. 运行自检测

没有必要,也不可能以手动方式执行 375 现场通讯器的自检测。性能测试可自动执行。如果测试时发现故障状态将发送警告信息。

4. 本质安全(Intrinsic Safety,IS)区域的操作

可以在本质安全区域更换电池组。当 375 现场通讯器处于运行状态下时,也可以在危险场所安装扩展模块。

5. 废物处理

如果有必要丢弃 375 现场通讯器的任何部件,请遵守当地适用的废物处理法规进行处理。

5.3　HART 功能

5.3.1　概述

本节提供有关 375 现场通讯器基本 HART 功能的说明。如果功能可用,可以在 www. fieldcommunicator.com 网站上找到 HART 现场通讯器的菜单树。

5.3.2　安全信息

执行操作时,为确保人身安全,请特别注意本节中的步骤和说明。可能引起潜在安全问题的信息前标有警告符号(⚠),执行带有该符号的步骤前请参考下面的安全信息。本书的故障排除章节中包含其他类型的警告信息。

5.3.3　基本性能和功能

当 375 现场通讯器与在线的 HART 设备通信时,将显示一个跳动的空心图标(♡)。以突发方式与带一个设备的 HART 回路通信时,空心图标将由跳动的实心形图标取代。非通信期间将显示 HART 标志。

5.3.4 启动 HART 应用程序

执行如下操作启动 HART 应用程序:接通 375 现场通讯器的电源。缺省应用程序中将显示带 HART 的 375 的主菜单。双击 HART Application,如果在线的 HART 设备与 375 现场通讯器已连接,HART 应用程序的主菜单上将自动显示连接设备的关键参数;如果没有连接设备,几秒钟后显示 HART 应用程序主菜单。要回到 375 的主菜单,可按后退键按钮。从 HART 应用程序主菜单上,可以选择离线、在线或工具功能。本节的其他部分将介绍 HART 应用程序菜单及其功能。

1. 使用快捷键次序

快捷键次序是多个数字按钮的次序,它与引导完成特定任务的菜单项相对应。快捷键次序与 275 型 HART 通讯器相同。有关快捷键次序选项的内容,可参见现场设备文档。

2. 设置热键选项

热键菜单是一种用户定义的菜单,它最多可以存储 20 个使用频率最高的执行任务的快捷键。例如,如果需要经常更改设备位号和缓冲,可以将上述功能选项添加到热键菜单中,在线时,热键将自动出现在工具栏上。要在热键菜单中添加客户选项,需要在任何打开的子菜单或在线菜单中,选中希望添加到热键菜单中的选项。

(1)按住热键(➤➤)。热键组态窗口将显示添加的新选项。

(2)按下 ADD。

(3)按 ALL,则通讯器支持的所有设备中都将增加该热键选项;如果希望只将该热键添加到当前连接设备中,按 ONE。

(4)如果显示"标记为热键菜单上的只读变量",可选择如下选项之一:

①YES:该选项的变量为只读,意味着用户只能查看,但不能修改其数值。

②NO:您可以查看和修改该变量数值。

(5)响应信息"在热键菜单上显示该变量数值?",可选择如下选项之一:

①YES:该变量数值将出现在热键菜单上。

②NO:热键菜单上将显示变量名称,但不显示其数值。

(6)在热键组态窗口中按 EXIT 按钮,返回初始菜单。

3. 热键菜单中将加入新选项

使用热键选项前,必须正确连接 375 现场通讯器和设备。用户可以从任意的在线窗口中调用热键菜单。使用热键选项时,必须:

(1)将 375 现场通讯器与 HART 回路或设备连接。

(2)按下热键,显示热键菜单。

(3)双击要执行的选项。

4. 一次删除一个热键选项

要删除单个热键选项:

(1)按住热键(➤➤)。显示热键组态窗口。

(2)选择要删除的菜单项。注意:值域是一种预定义选项,不能删除。利用它可以快速查看或修改设备数值范围。

(3)按下 DEL 按钮。

(4)完成上述操作后,按 EXIT 关闭热键组态窗口。

5. 删除所有热键选项

要删除当前定义的所有热键选项:

(1)从 HART 主菜单中,双击 Utility(功能)。

(2)从 HART 主菜单中,双击 Configure HART Application(组态 HART 应用)。

(3)从组态 HART 应用菜单中,双击 Storage Cleanup(清除存储)。

(4)从清除存储菜单中,双击 Hot Key Menu(热键菜单)。

(5)如果确认要删除所有热键菜单中的选项,按 YES。

5.3.5　离线操作

离线菜单允许创建离线组态,查看和修改存储在 375 现场通讯器中的设备组态。

有两种类型的组态:设备组态和用户组态。HART 组态是由 HART 设备创建的,它从一开始就以设备组态的形式保存。离线创建的 HART 组态将以用户组态的形式保存。由其他程序将 HART 组态传送到 375 现场通讯器时,将以用户组态的形式保存。采用 375 现场通讯器编辑设备组态时,将使其转换成用户组态。

375 现场通讯器并不存在部分或标准组态的概念,所有组态都是完整组态。

1. 离线创建新组态

利用创建新组态功能,可以为特定设备类型和版本创建用户组态。离线创建新的 HART 组态时:

(1)从 HART 应用主菜单中,双击 Offline(离线)。

(2)从 HART 应用主菜单中,双击 New Configuration(新组态),列出已安装设备描述的生产商名称。

(3)双击展开相应的生产商列表,列出该生产商的所有型号。

(4)双击相应型号扩展该列表,列出选定型号的设备版本。

(5)双击设备版本。

(6)如果出现警告,仔细阅读警告信息,按 CONT. 键接收该警告并继续,或按 EXIT 结束创建新用户组态。

(7)标记希望发送到 HART 设备的可组态变量。双击 Mark all > OK 可标记所有变量,双击 Unmark all > OK 可清除所有变量的标记。" + "号为待发送变量," * "号为已经编辑的参数。执行如下操作分别对变量进行标记和编辑:

①发送设备之前,双击 Edit Individually 组态具体的变量。

②滚动变量列表,选择希望标记或编辑的变量。

③如要修改选定变量的数值,按 EDIT 修改其数值,再按 ENTER。

④如要标记选定变量,按 MARK," + "号为待发送变量," * "号为已经编辑的参数。

⑤如有必要,重复步骤②~④对其他变量进行相同的操作,完成后按 EXIT。

(8)要保存新组态,双击 Save As...(按 SAVE 按钮将自动切换到 Save As... 菜单)。

①要修改组态保存的位置,双击 Location,选择一个选项后,按 ENTER。

②要指定组态名称,可双击 Name,输入名称后再按 ENTER。

③按 SAVE。

2. 打开已保存的离线组态

打开已保存的组态后,允许进行编辑、拷贝、发送、删除、重新命名,以及与其他已保存组态进行比较等操作。执行如下操作打开已保存组态:

(1)从 HART 应用程序主菜单中,双击 Offline(离线)。

(2)从离线菜单中,双击 Saved Configuration(保存的组态)。

(3)双击保存组态的位置 – 内部 Flash 目录或组态扩展模块目录。

(4)双击组态打开菜单选项。

按下 FILTR 按钮打开菜单时,提供排序和过滤选项,利用这些选项可以定制已保存设备组态的显示。

排序功能根据选择组态的名称、位号或描述对设备组态进行分组和显示。

使用组态过滤功能时,可以使用两个特殊字符:句号(.)和星号(﹡)。句号代表任意数值的单字符,星号表示任意值的一串字母数字字符。

例如,当想列出位号或名称为 P – 001 到 P – 003 的所有组态时,可以在过滤器中输入"P –"。如果要列出位号或名称以 P – 0 打头、以 7 为结尾的组态,可将过滤器设为 P – 0.7。

XPAND 按钮允许查看位号、生产商、设备类型、描述符和组态类型。按下 CMPRS 可以返回先前的压缩屏幕。

3. 编辑已保存的离线组态

离线工作方式下编辑已保存的离线组态:

(1)从已保存的组态菜单中,双击 Edit(编辑)。

(2)如果出现警告信息,请仔细阅读警告,按 CONT. 接受警告并继续,或按 EXIT 结束创建新单元组态。

(3)标记希望保存到 HART 组态中的可组态变量。双击 Mark all > OK 可标记所有变量,双击 Unmark all > OK 可清除所有变量的标记。执行如下操作分别对变量进行标记和编辑:

①发送设备之前,双击 Edit Individually 组态具体的变量。

②滚动变量列表,选择希望标记或编辑的变量。

③如要修改选定变量的数值,按 EDIT 修改其数值,再按 ENTER。

④如要标记选定变量,按 MARK,"＋"号为待发送变量,"﹡"号为已经编辑的参数。

⑤如有必要,重复步骤②～④,对其他变量进行相同的操作,完成后按 EXIT。

(4)按 SAVE 返回到目录菜单。

4. 拷贝已保存的离线组态

Copy to... (拷贝到…)按键允许将已保存的组态拷贝到新的存储位置。

(1)从已保存组态菜单中,双击 Copy to...。

(2)选择存储位置(内部 Flash 或扩展模块)打开组态并按 ENTER。

(3)双击 Name 并输入组态名称。

(4)按 SAVE 将其拷贝到新位置。

5. 发送已保存的离线组态

Send 功能允许将选定的组态发送到相连的设备。从已保存的组态菜单中,双击 Send,375 现场通讯器便把该组态发送到与该组态兼容的相连设备中。

6. 删除已保存的离线组态

Delete 功能允许一次删除一个组态。从 375 现场通讯器存储器中删除组态时:

(1)从已保存组态菜单中,双击 Delete。

(2)按 Yes 确认删除。

7. 重命名已保存的离线组态

重命名允许修改已保存组态的名称。执行如下操作对已保存 HART 组态重命名:

(1)从已保存组态菜单中,双击 Rename(重命名)。

(2)双击要重命名的文件。

(3)输入新文件名并按 ENTER。

(4)按 SAVE。

8. 比较两个已保存的离线组态

可以对任意两个组态进行比较。但是,对同一现场设备中的两个组态进行比较时,必须满足如下条件:

①设备类型(包括生产商)、设备版本、DD 版本必须完全匹配。如果组态不同,将出现对话框,但不会告知两者的区别。

②只有在组态包括相同的变量时,才可以对它们进行比较。如果该条件不满足,375 现场通讯器将通知条件不满足。

数据存储格式必须完全相同。如果该条件不满足,375 现场通讯器将通知。

(1)从已保存组态菜单中,双击 Compare(比较)。

(2)选择存储位置(内部 Flash 或组态扩展模块)并按 ENTER。

(3)双击 Name 选择组态文件。

(4)双击待比较的文件。

(5)按 COMP 对组态进行比较。

(6)读完窗口信息后,按 OK。

5.3.6   在线操作

在线模式显示相连 HART 设备的数据。在线菜单显示关键的、最新过程信息(连续刷新),包括设备设置、主变量(Principal Variable,PV)、模拟输出(Analog Output,AO)、下限值(Lower Range Value,LRV)和上限值(Up Range Value,URV)。

从相连的 HART 设备创建的 HART 组态将以 375 设备组态的形式保存。采用 375 现场通讯器编辑设备组态时,将把它转换成用户组态。

375 现场通讯器能够与控制室、仪表现场或回路中的任何接线端接头通信。

将 375 现场通讯器以及适当的连接器与仪表或负载阻抗并行连接。HART 接线对极性不敏感。

为保证 375 现场通讯器正常工作,HART 回路中的阻抗不得小于 250 Ω。

注意:显示动态变量,同时在线显示设备发送的数字数据。

375 现场通讯器顶端有三个端口,其中两个为红色,一个为黑色。两个红色端口是各自协议的正极,黑色端口为两种协议的公共端。保护盖装置可确保任意时刻都只有一对端口露出,375 现场通讯器顶端如图 5 - 6 所示。同时有多个标记,指明哪一对端口对应哪一种协议。

图 5 - 6　375 现场通讯器顶端

图 5 - 7 说明如何将 375 现场通讯器与 HART 回路连接。

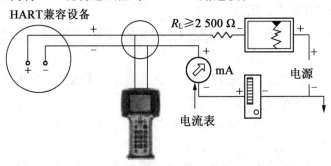

图 5 - 7　375 现场通讯器与 HART 回路连接

图 5 - 8 说明如何将 375 现场通讯器与 HART 设备的端子连接。

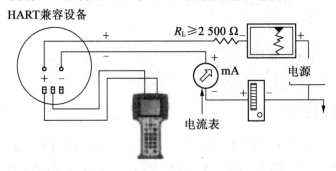

图 5 - 8　375 现场通讯器与 HART 设备的端子连接

图 5 - 9 说明如何将 375 现场通讯器与可选的 250 Ω 电阻连接。如果 HART 回路中的阻抗小于 250 Ω,则需要附加电阻。

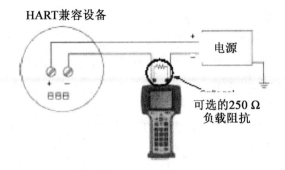

HART兼容设备

电源

可选的250 Ω
负载阻抗

图 5 - 9　375 现场通讯器与可选的 250 Ω 电阻连接

安装临时的可选 250 Ω 负载阻抗时：

(1)将负载阻抗插入到引线插座中。

(2)打开回路将阻抗与回路串联。

(3)利用引线端子闭合回路。

5.3.7　查看在线菜单

与 HART 兼容设备连接时,设备在线菜单(图 5 - 10)
是第一个出现的菜单。它能够提供相连设备的重要信息。
该菜单显示关键的、最新设备信息,包括一级变量、模拟输
出、下限值和上限值。更为详尽的信息可参见现场设备用
户手册。

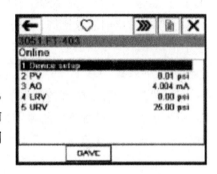

图 5 - 10　设备在线菜单

由于在线菜单可以提供重要信息,在一些窗口中可以
快速调用该窗口。如果能够调用,按 HOME 按钮可以返回
到在线菜单。

一旦对参数进行了修改,便可以将它们发送给设备。所有没有发送的参数后面都会出现
星号。

设备不同,其组态参数的差别很大,组态参数在设备描述中定义。更为详尽的信息可参见
现场设备用户手册。执行如下操作查看相连设备的过程信息：

将 375 现场通讯器与 HART 回路连接,或直接与设备连接,按下开/关按钮打开 375 现场
通讯器,双击 HART Application,将自动显示在线主菜单。通过选择如下在线菜单选项,可以
查看上述参数的更多信息。

1. 查看设备设置子菜单

设备设置子菜单可以调用相连设备的所有可组态参数。双击 Device setup 查看过程变量、
诊断和服务、基本设备和详细设置,并且检查如下项目。

2. 过程变量(Process Variable,PV)

PV 菜单列出所有过程变量及其数值。该显示窗口对过程变量连续刷新。

3. 诊断和服务

诊断和服务菜单提供设备和回路测试以及校准选项。设备不同,诊断和服务操作差别很

大,它们都在设备描述中给予定义。

（1）Test Drive（测试设备）。

菜单列出设备自测试和主机测试的状态。测试设备将在设备中启动诊断程序并报告电子故障以及其他可能影响性能的故障。

（2）Loop Test（回路测试）。

用于按特定模拟数值设置设备输出,并可用于测试回路的完整性,以及用于回路中指示器、记录器或类似设备的操作。

（3）Calibration（标定）。

用于执行传感器调整、D/A 调整和标定 D/A 调整等操作。

4. 基本设置

利用基本设置菜单可快速调用多种可组态参数,包括位号、数值范围和缓冲。

基本设置菜单中的选项功能是指定设备最基本的执行任务。此类任务是详细设备菜单下的子选项:包括文字与数字的位号标识特定设备。修改单位将影响显示的工程单位;修改量程将改变模拟输出的缩放比例;修改缓冲将影响变送器的响应时间,当输入变化剧烈时,它常用于平滑输出。

5. 详细设置

通过详细设置菜单可访问所有可编辑的设备参数和所有设备功能。如果 HART 兼容设备不同,那么详细设置菜单的差别很大。该菜单中的功能可包括各类任务,例如特征化、组态和传感器、输出调整等。

6. 浏览

Review（浏览）菜单中列出了从相连设备中读取的所有静态参数,包括有关设备和传感器设置与限制的信息。它还包括相连设备的信息,例如位号、结构材料和设备软件版本等。

7. 一级变量（PV）

在线菜单显示关键过程变量,并且连接进行刷新。如果一级变量和相关的工程单位太长,则不会出现于在线菜单上。在在线菜单上双击 PV 浏览一级变量和相关工程单位是否被截短。

8. 模拟输出（AO）

模拟输出是与一级变量相对应的 4 ~ 20 mA 范围内的信号。它是由现场设备发送来的数字值。在在线菜单上双击 PV AO 查看模拟输出及其相关工程单位是否被截短。

9. 下限值（LRV）

在在线菜单上双击 PV LRV 查看下限值及其相关工程单位是否被截短。

10. 上限值（URV）

在在线菜单上双击 PV URV 查看上限值及其相关工程单位是否被截短。

5.3.8 查看 Utility 菜单

工具菜单允许设置轮询选项、修改被忽略状态信息的数量、查看设备描述、执行仿真,以及查看 HART 诊断。

1. 修改 HART 轮询选项

利用 HART 轮询选项组态 375 现场通讯器,自动搜索所有或特定的相关设备。大多数 HART 装置的每个回路都包含一个设备,并且设备地址为 0。

如果每个回路的设备数超过一个,将设备并联并设置为"多节点"模式。将地址由 0 修改为 1~15 之间的任一数值,可以使用该模式。使用该模式后,每个设备的模拟输出固定,并且不再变化。

执行如下步骤修改轮询选项:

(1)在 HART 主菜单中双击 Utility。

(2)双击 Configure HART Application。

(3)双击 Polling。

(4)选择如下轮询选项中的一个:

①Never Poll(从不轮询):与地址为 0 的设备连接,如果没有找到,则不轮询。

②Ask Before Polling(轮询前询问):与地址为 0 的设备连接,如果没有找到,将询通讯器是否要对地址为 1~15 范围的设备进行轮询。

③Always Poll(总是轮询):与地址为 0 的设备连接,如果没有找到,通讯器将自动对地址为 1~15 范围的设备进行轮询。

④Digital Poll(数字轮询):无论是否找到地址为 0 的设备,都轮询地址 1~15。要找出各设备地址,可利用该选项查找回路中的连接设备,并按位号列出。

⑤Poll Using Tag(利用位号轮询):允许输入设备位号。启动 HART 应用程序时,将提醒输入位号名。

⑥Poll Using Long Tag(利用长位号轮询):允许输入设备的长位号。启动 HART 应用程序时,将提醒输入位号名。如果位号被截短,双击显示完整的位号(只有 HART 通用版 6 设备支持)。

⑦按 ENTER。有关修改设备轮询地址的详细信息,可参见具体的设备手册。

2. 修改忽略的状态信息

375 现场通讯器显示所有相连 HART 设备的状态信息。忽略状态选项允许指定忽略现场设备状态信息的数量,延长显示信息间的时间,缺省值为 50 条信息。如果选择忽略所有现场设备状态信息,所有从干扰性到关键性的信息都将被忽略。

执行如下操作修改忽略状态信息的数量:

(1)在 HART 主菜单中双击 Utility。

(2)双击 Configure HART Application。

(3)双击 Ignore Status。

(4)输入显示下个信息之前,若希望忽略的状态信息的数量,可以指定 50~500 之间的一个数。

(5)按 ENTER。在达到指定的数量之前,所有现场设备的状态信息将被忽略。

3. 存储清除

存储清除允许删除如下内容:

（1）内部 Flash：选择 YES,将删除内部 Flash 中保存的所有组态。

（2）组态扩展模块：选择 YES,将删除组态扩展模块中保存的所有组态。

（3）热键菜单：选择 YES,将删除所有热键菜单中的内容。

4. 查看所有的设备描述

HART 设备描述允许 375 现场通讯器识别和组态具体 HART 兼容设备。执行如下操作查看当前安装的 HART 设备描述：

（1）在 HART 菜单中双击 Utility。

（2）双击 Available Device Descriptions,列出已安装设备描述的生产商名称。

（3）双击生产商打开列表,列出该生产商的所有型号。

（4）双击型号扩展该列表,列出选定型号的所有设备版本。

5. 仿真 HART 设备的在线连接

375 现场通讯器提供仿真模式,无须实际连接,它允许对 HART 兼容设备的在线连接进行仿真。仿真模式是一种培训工具,它有助于在组态关键部分之前熟悉设备。仿真模式的组态不能保存。

执行如下步骤仿真 HART 设备的连接：

（1）在 HART 菜单中双击 Utility。

（2）双击 Simulation。列出 375 现场通讯器上安装的设备描述及生产商。

（3）双击生产商扩展该列表,列出该生产商的所有型号。

（4）双击生产商名扩展该列表,列出选定型号的所有设备版本。

（5）双击设备版本,参照设备手册确定设备版本。

（6）如果出现警告信息,仔细阅读警告,按 CONT. 接受警告并继续,或按 EXIT 结束创建新单元组态(如果设备已经测试过,将不会出现该警告)。显示仿真设备的在线菜单。如果已经与选定设备连接,那么可以使用 375 现场通讯器,并执行所有在线任务。

6. DC 电压测量(HART 端子)

执行如下步骤检查设备电压：

（1）在 HART 菜单中双击 Utility。

（2）双击 HART Diagnostics。

（3）双击 DC Voltage Measurement,完成后按 OK 查看测量值。退出 HART 端子电压菜单,重新进行以刷新屏幕显示。电压测量值仅供参考。

7. 断开 HART 设备

断开之前请查看如下情况：

（1）确定是否保存组态。

（2）确认程序(例如校准、回路测试)是否结束。

（3）解决所有未发送到设备的数据问题。

5.4　现场总线功能

5.4.1　概述

本节说明 375 现场通讯器的基本现场总线功能。

5.4.2　安全信息

执行操作时,为确保人身安全,请特别注意本节中的步骤和说明。可能引起潜在安全问题的信息前标有警告符号(⚠),执行带有该符号的步骤前请参考下面的安全信息。

5.4.3　基本性能和功能

1. 链路活动调度器(LAS)

①所有网段必须而且只能有一个链路活动调度器(Link Active Scheduler,LAS)。LAS 是网段的总线仲裁器。要成为网段上的 LAS,375 现场通讯器必须设置为唯一节点。

②有能力成为 LAS 的设备称为链路主设备,所有其他的设备可认为是基本设备。网段首次启动或当前 LAS 失效时,网段上的链路主设备竞争产生 LAS。一旦竞争过程结束,获得竞争胜利的链路主设备(即地点位最低的设备)将立即扮演 LAS 的角色,未能成为 LAS 的链路主设备则成为备用 LAS,它们监视网段上 LAS 是否失效,当检测到 LAS 失效时,便再次竞争产生 LAS。

③一次只能有一个设备进行通信。LAS 通过设备间直接传递的中央令牌控制总线通信,拥有令牌的设备才可以通信。LAS 维护访问总线所需的所有设备列表,该列表称为"在线设备列表",可参见"显示在线设备列表"。

2. 互操作性

375 现场通讯器能够与不同设备生产商的各类基金会现场设备协同工作。互操作性由现场总线基金会支持的设备描述语言(Device Description Language,DDL)技术实现。

所有 DD 都要进行基本测试。此外,每个设备生产商都被询问是否在 375 现场通讯器上对其设备进行彻底测试。如果没有收到证明,在访问未经测试设备时将显示警告信息。

3. 375 与其他主机的操作

当 375 现场通讯器与在线现场总线网段和主系统连接时,它将加入现场总线网段,但并非是 LAS。这意味着:尽管 375 现场通讯器可以查看和编辑设备参数,但网段的控制仍由网段上指定为 LAS 的节点操纵。如果还存在另一个 LAS,还可以进行读取和写入操作。与主系统连接前,请在 www.fieldcommunicator.com 查看 375 现场通讯器主系统测试报告。

4. ST_REV

ST_REV 是一种每次执行块组态时都递增的块参数。尽管已经显示参数列表,375 现场通讯器将连续读取特定块的 ST_REV。如果 ST_REV 计数器增加,则表明块组态发生变化,并且自动刷新(重读)所有的块参数。因而,在其他主机进行修改之前,375 显示器上只出现很短的时间。

5. 模式

资源块、转换块以及设备中所有的功能块都具有多种运行模式,这些模式操纵块的运行。所有块都支持自动(AUTO)和停止服务(OOS)模式,同时还可能支持其他模式。

6. 模式类型

对于本书中描述的步骤,有必要理解如下模式:

(1)自动(AUTO)。

自动执行块功能。如果块有输出,将连续刷新。这通常是正常运行模式。

(2)停止服务(OOS)。

停止执行块的功能。如果块有输出,通常不会刷新,并且所有传递到下游块的状态将为"坏"。在修改块组态之前,请将块模式设置为 OOS。完成修改后,再将其改为 AUTO。

(3)手动(MAN)。

该模式用于测试时手动修改块的输出。

(4)其他类型的模式。

其他类型的模式有 Cas、Rcas、Rout、Iman 和 LO。

5.4.4 启动现场总线应用程序

启动现场总线应用程序时,如果检测到网段上存在 LAS,将显示通用警告信息。按 YES 可切换到在线设备列表,按 NO 可返回 375 的主菜单,按 HELP 可获取有关该警告的详细信息。执行如下步骤启动现场总线应用:

(1)打开 375 现场通讯器电源,屏幕显示 Fieldbus Application 主菜单,如图 5-11 所示。

(2)双击 FOUNDATION Fieldbus Application。如果在线现场总线设备与 375 现场通讯器相连,Fieldbus Application 主菜单下面就是在线显示列表。如果检测到电压不足,将出现警告信息"No FF Segment Voltage Detected. Press OK to go to the FF Main Menu"(FF 网段电压不足。按 OK 跳转到 FF 主菜单)。

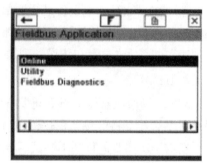

图 5-11 Fieldbus Application 主菜单

如果没有检测到通信,将出现连接警告信息。这意味着网段没有识别到 LAS,通常与单个设备连接时会发生此类问题。

5.4.5 在线操作

要返回 375 的主菜单,按后退键。从 Fieldbus Application 主菜单中可以选择 Online、Utility 或 Fieldbus Diagnostics 功能。本节的其他部分将说明 Fieldbus Application 菜单及其功能。

在线菜单显示连接的设备数据。在线菜单显示关键的、连续刷新的过程信息,包括网段在线设备列表、块列表和参数功能。

数字通信容易受到电噪声的干扰,请遵循如下的接线说明。

1. 与现场总线回路的连接

通过适当连接端子将 375 现场通讯器与仪表并联(图 5 - 12)。由于存在测量电路,375 现场通讯器与现场总线的接线对极性敏感。如果接线的极性不正确,将显示错误信息。

375 现场通讯器顶端有三个端子,两个为红色,一个为黑色。每个红色端子均是其协议的正极,黑色端子则是两种协议共用的公共端子。保护盖可以确保任意时刻都只有一对端子露出。端子旁有几处标记,指明了端子与协议的对应关系。

2. 操作台连接

图 5 - 13 列出在操作台上连接 375 现场通讯器的一种方法。对于网段尺寸受限的应用场合,功率调节器和终端器可以安装在单个接线板上。

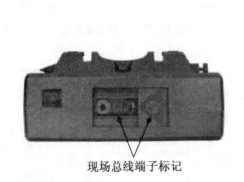

现场总线端子标记

图 5 - 12　375 现场通讯器端子

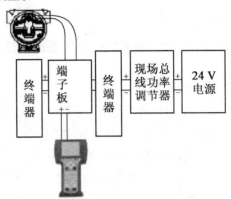

图 5 - 13　操作台上连接现场通讯器

3. 现场连接

图 5 - 14 为一种 375 现场通讯器与现场总线网段连接方法的示意图。375 现场通讯器可以在总线(网段)上任何一个方便的位置处连接。在现场,它通常是在设备或现场总线接线盒中进行的。

4. 显示在线设备列表

执行如下步骤显示现场总线网段(在线设备列表)上的激活设备:

(1)将 375 现场通讯器与现场总线网段相连。

(2)打开 375 现场通讯器的电源。

(3)在主菜单中双击 Foundation Fieldbus Application。

(4)在 Fieldbus Application 菜单中,选择 Online。屏幕显示现场总线的在线设备列表(图 5 - 15)。

如果与主机相连的在线现场总线设备是 LAS,则在线设备列表中将自动显示与其相连设备的关键参数。如果现有主控制系统或有能力成为 LAS 的设备没有连接,375 现场通讯器将充当网段上临时 LAS 的角色,并且生成报警信息。阅读信息说明并根据它执行操作,按 OK 显示在线设备列表。

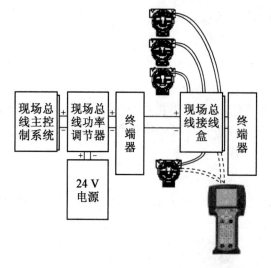

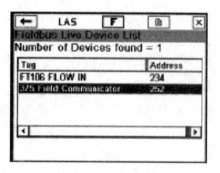

图 5 – 14　通讯器与现场总线网段连接方法　　　　图 5 – 15　在线设备列表

5. 显示块列表块

列表窗口中列出块位号、类型和设备块的实际模式，以及特定块中包含的调度、先进和详细信息。有关块的详细信息，可参见设备手册或现场总线基金会。www. field-communicator. com 网站上列出已有的基金会现场总线菜单树，并且不断更新。执行如下步骤查看块列表：

（1）从 Fieldbus Application 菜单中，选择 Online。屏幕显示现场总线在线设备列表。

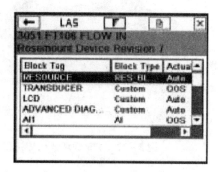

图 5 – 16　菜单状态行

（2）双击您要操作的设备。屏幕底部出现状态行，指示连接的进度（图 5 – 16）。

6. 设备块的操作

块菜单是块列表的一个子菜单。块菜单显示已连接现场总线设备的块信息。

如果 375 现场通讯器中没有安装 DD，将显示 DD 错误。用户可以定期更新 DD。

不支持 DD 内转换块菜单的设备可以有如下选择：所有、过程、状态和其他，如果转换块中包含方法，则它们将以诊断方法或校准方法的形式显示。按 ALL 显示待操作块中的所有参数。ALL 显示调用时间可能要数分钟。建议只有在其他地方找不到需要的选项时，才执行此操作。

如果设备 DD 支持菜单功能，可以通过如下步骤显示块菜单：

（1）显示块列表。

（2）双击待操作的块位号，显示块菜单。

（3）从块菜单中双击待操作的参数组标签目录。

7. 参数的功能性

阴影部分表明不能对参数进行修改。在早期的现场总线应用程序中，只可以编辑资源、转换和 I/O 块，也可以打开并查看所有其他块，但是不能进行编辑。

（1）修改过的参数。

还没有发送到设备中的修改参数旁边将出现星号。

（2）显示现场设备的参数。

显示现场总线设备的块参数执行如下步骤：

①显示在线设备列表。

②在在线列表中双击设备，查看该设备包含的块。

③双击待操作块。

④双击待操作参数组，显示参数及其当前值。阴影部分表示不能对参数进行编辑。

8. 修改和发送参数数据

执行如下步骤修改参数值：

（1）显示现场总线设备的参数。

（2）双击待操作的参数。

（3）修改该参数的数值（按 HELP 查看参数说明）。

（4）按 OK 确认对参数的修改。如有必要，重复上述步骤对其他进行操作。"＊"符号为已编辑的参数。

（5）按 SEND 将修改值发送到相连的现场总线设备。

9. 运行模式（例如校准、传感器调整、诊断等）

选择相应的子菜单选项。不同设备具有不同的方法，上述菜单选项也不同。

（1）显示在线设备列表。

（2）在在线设备列表中双击待操作的设备。

（3）双击待操作的块（通常方法在转换块中运行）。

（4）双击 Methods。

（5）双击要运行的方法类型，例如校准和诊断。按照导航窗口运行方法。

10. 显示设备状态

执行如下步骤显示设备状态：

（1）显示在线设备列表。

（2）在在线设备列表中双击设备。

（3）双击待操作的块。

（4）双击 Status（状态），显示状态参数。

11. 其他块列表选项的详细菜单

执行如下步骤显示详细的菜单：

（1）显示在线设备列表。

（2）双击待操作的设备。

（3）在块列表中向下滚动，双击 Detail。双击如下选项中的一个：

①Physical Device Tag（物理设备位号）指定了系统中现场设备的角色。当设备与控制系统相连时，建议不要修改设备位号。修改激活网段上设备的物理设备位号可能导致不可预测的后果。

②Address(地址)是指设备的数据链路层节点地址。当设备连接到网段时,LAS 自动为其分配一个地址。如果 375 现场通讯器不是网段的 LAS,修改地址可能导致不可预测的后果。当设备与控制系统相连时,建议不要修改其地址。

③Device ID(设备码)是每个设备的唯一数码标识,它由设备生产商设定并且不可修改。

④Device Revision(设备版本)指生产商的版本号。接口设备利用它查找资源的 DD 文件,它不可修改。

(4)利用 SIP 键盘输入新信息。按 OK。

12. 更改 I/O 块调度

执行如下操作修改调度:

(1)显示在线设备列表。

(2)双击要操作的设备。

(3)滚动块列表并双击 Schedule(调度)。I/O 块调度窗口出现。修改激活网段上设备的 I/O 块调度可能导致不可预测的后果。

(4)利用下拉菜单,选择适当的宏周期(1 s、2 s、5 s 或 10 s)。

(5)检查与待调度 I/O 块相邻的对话框。

(6)按 OK 实现块的调度并将上述块的模式设置到 Auto 状态。

(7)阅读注释后,按 OK 确认已经成功实现 I/O 块调度。

13. 显示先进性能

执行如下步骤查看先进性能,包括网络参数:

(1)显示在线设备列表。

(2)双击要操作的设备。

(3)滚动块列表并双击 Advanced。双击要查看的标签并查看其数值。为方便网络的故障排除,可以将上述数值以电子文件的形式保存,利用快捷编程工具可以将这些文件传送到 PC 上。

5.4.6　Utility

Utility 菜单显示轮询以及 375 现场通讯器上安装的现场总线设备描述。

1. Polling(轮询)

V(FUN)是第一个未轮询的节点地址,V(NUN)是不轮询的节点地址,V(FUN)和 V(NUN)之间的地址都要轮询。DeltaV 系统检验栏指示 375 现场通讯器与 DeltaV 相同的轮询方案。

在相应的域中输入轮询地址。缩小轮询设备的范围可以更快地刷新在线设备列表。

2. 查看已安装的现场总线设备描述

执行如下步骤查看 375 现场通讯器上安装的现场总线设备描述:

(1)在现场总线应用菜单中,选择并双击 Utility。

(2)选择并双击 Device Descriptions List,列出 375 现场通讯器上已安装的现场总线设备生产商。

（3）选择并双击要查看的设备生产商，列出生产商的所有型号。

（4）选择并双击要查看的设备描述的生产商，列出选定型号的所有设备版本。

5.4.7　现场总线诊断

现场总线诊断可以运行诊断功能，它有助于现场总线网络的故障排除。执行如下步骤查看现场总线诊断菜单。

1. 诊断菜单的选择

从 Fieldbus Application 菜单中双击 Fieldbus Diagnostics（图 5 – 17）。如果出现警告，阅读并按 OK 确认；如果要执行测量，按选项旁的复选框。按 START 查看诊断结果，如果没有在现场总线诊断窗口中选择自动再测试，按 RETEST 执行单独的再测试。

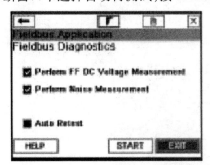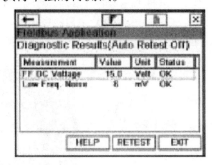

图 5 – 17　双击 Fieldbus Diagnostics 菜单项

2. 与现场总线设备断开

在断开或关闭 375 现场通讯器之前，请检查如下情况：

（1）确认方法（如校准）已经结束。

（2）解决所有未发送到设备的数据。

第6章 HART475 手操器的使用

6.1 HART475 手操器界面操作方法

HART(Highway Addressable Remote Transducer)475 手操器(图 6 - 1)可寻址远程传感器高速通道的开放通信协议,是一种用于现场智能仪表和控制室设备之间的通信协议。使用它几乎可用来完成所有的现场仪表检修调试工作,包括故障诊断、日常检修、开车调试、校准等。

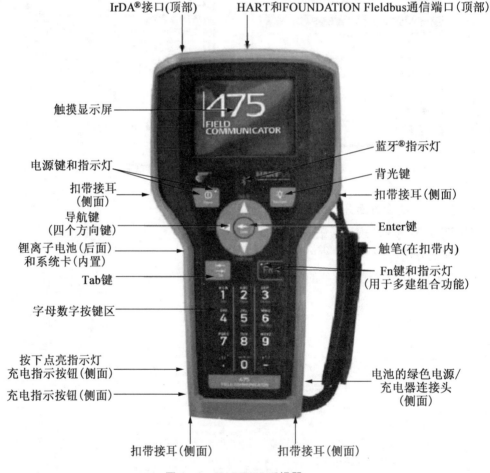

IrDA®接口(顶部)　　　HART和FOUNDATION Fleldbus通信端口(顶部)

触摸显示屏

蓝牙®指示灯

电源键和指示灯

背光键

扣带接耳
(侧面)

扣带接耳(侧面)

导航键
(四个方向键)

Enter 键

锂离子电池(后面)
和系统卡(内置)

触笔(在扣带内)

Fn键和指示灯
(用于多建组合功能)

Tab键

字母数字按键区

按下点亮指示灯
充电指示按钮(侧面)

电池的绿色电源/
充电器连接头
(侧面)

充电指示按钮(侧面)

扣带接耳(侧面)　　　扣带接耳(侧面)

图 6 - 1　HART475 手操器

HART475 手操器操作方法如下。

(1)开机,将手操器与仪表连接,选择 HART(图 6 - 2)。

(2)通信成功以后,选择 Online(在线)。

当出现图 6 - 3 中文字时,不要慌张,点击 YES 即可。

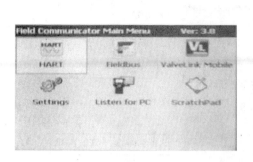

图 6-2 开机界面

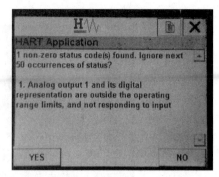

图 6-3 HART Application 界面

(3)具体操作以川仪(EJA)为例。

①修改量程(图 6-4)。

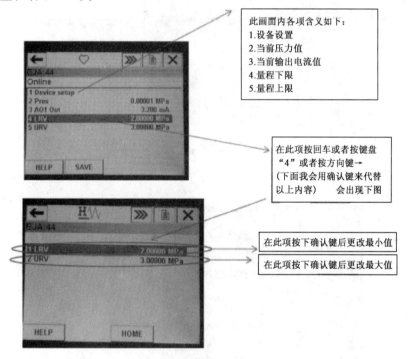

此画面内各项含义如下：
1.设备设置
2.当前压力值
3.当前输出电流值
4.量程下限
5.量程上限

在此项按回车或者按键盘
"4"或者按方向键→
(下面我会用确认键来代替
以上内容) 会出现下图

在此项按下确认键后更改最小值

在此项按下确认键后更改最大值

图 6-4 EJA 修改量程界面

②修改位号和单位(图 6-5)。

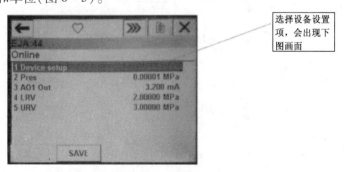

选择设备设置
项,会出现下
图画面

图 6-5 EJA 修改位号和单位界面

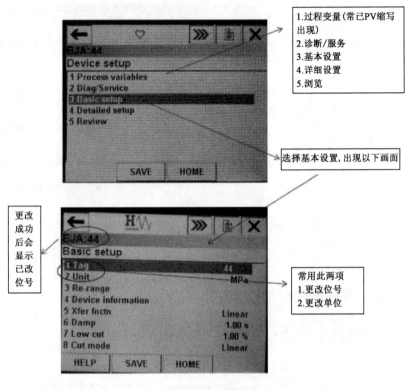

续图 6-5

③回路测试(图 6-6)。

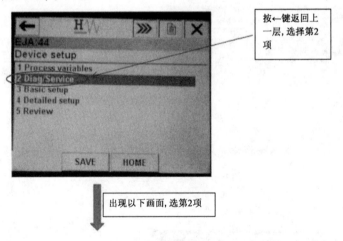

图 6-6　EJA 回路测试界面操作图

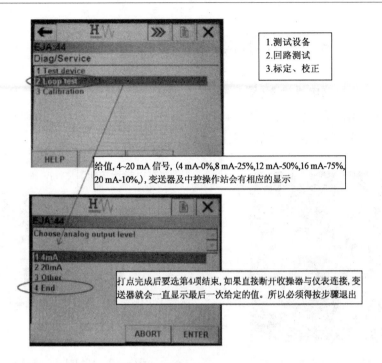

续图 6 - 6

④调零点(图 6 - 7)。

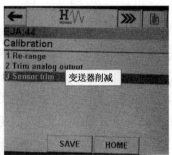

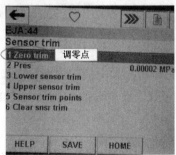

图 6 - 7　调零点操作界面

⑤在更改完数据后选"SEND"发送给变送器。

6.2　HART475 故障排查与处理

1. HART475 手操器电量检查(图6-8)

在使用 HART475 手操器时最常见的问题就是没电,不要因为这个小问题影响工作,使用前一定要检查手操器具有能够完成检测任务的电量(图6-9)。

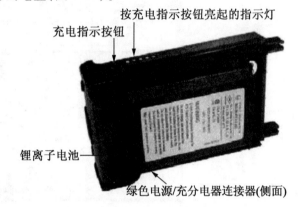

充电指示按钮
按充电指示按钮亮起的指示灯
锂离子电池
绿色电源/充分电器连接器(侧面)

图6-8　HART475 手操器检查界面　　　　图6-9　HART475 手操器的电池

按下电池左下侧的充电指示按钮,可查看剩余电量。当按下再释放按钮后,按钮上方的指示灯将缓慢点亮,以显示剩余电量。每个指示灯代表 20% 的电量,当所有指示灯点亮时,表明电池已充满电。

2. HART475 手操器无法开机故障处理

在使用过程中如果出现开不了机,即无法启动现场通讯器,首先检查电池。如电池有电还是启动不了,则有可能是现场通讯器的开关键已损坏。(注意:在使用过程当中请不要用坚硬的东西去触碰现场通讯器的按键贴膜,以免造成损坏。)

3. HART475 手操器通信不上或通信中断故障处理

若出现通信不上,首先检查 HART 回路中现场设备的电流和电压。几乎所有的现场设备都至少需要 4 mA 和 12 VDC 以维持正常运行。

检查回路中的阻抗,看回路中是否接入了 250 Ω 的外部阻抗。接入 250 Ω 电阻,将引线接入 250 Ω 电阻的两端,再看看通信是否正常。检查接线端子和 HART 通信线缆是否损坏。

HART 通信受到控制系统的干扰。此时停止控制系统中的 HART 通信,确认现场设备和通讯器之间的通信。

6.3　HART475 手操器通信失败原因

HART475 手操器与压力变送器不能正常通信(图6-10)通常由手操器使用不当、变送器有故障、手操器有问题和通信地址不对等导致,本书对 HART475 手操器与压力变送器不能正常通信的原因进行了深度解读。

6.3.1　HART475 手操器使用不当

手操器必须接在变送器的输入两端或负载两端,负载电阻不小于 250 Ω;不能接在电源两端,因为电源的低阻抗相当于是同一个端点,手操器将无法从变送器内读取和存放信息;变送器的通信协议与手操器的通信协议不一致,也是造成两者不能通信的主要原因。

6.3.2　压力变送器有故障

通信中手操器显示“通信错误”,表示手操器的自检已经通过,故障出在变送器上。变送器的电源极性没有接反,有可能是以下问题。

图 6 - 10　HART475 手操器无信号界面

(1)变送器供电部分损坏。由于不能正常供电,因此变送器无法完成通信,需要更换电源模块。变送器接线端子块上有个二极管,当二极管被击穿或损坏时,不能正常供电,会导致变送器无法进行通信,更换接线端子块即可恢复通信。

(2)压力变送器感压膜盒的电路板损坏。这大多是压力变送器受雷击等强电流冲击,使电路板损坏,导致无法与手操器通信。这种故障无法修复只能做报废处理。

(3)电路板故障无法完成通信工作,有的还伴有高报警,这时需更换电路板。更换过零部件的压力变送器必须经过检定校准合格后才能使用。

(4)现场条件没有满足使用要求,回路负载电阻过大或太低,检查电阻是否低于 250 Ω。现场接线不正确,检查接线极性和连接是否正常,检查电缆屏蔽层是否在控制系统一端接地(图 6 - 11)。变送器的回路电压和回路电流不足,可检查电压是否低于 12 VDC,电流是否小于 4 mA。

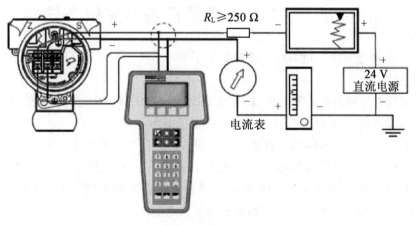

图 6 - 11　手操器连接线路

6.3.3　475 手操器有问题

最常见的是手操器电池包没有电,可卸下电池包进行充电。手操器的电线有问题,检查或更换电线。475 手操器有死机现象,且无法用正常关机方法来关机时,可同时按住 Fn + 灯泡键几秒钟来关机,不要直接拔取电池来关机。

475 手操器经常出现死机,可从系统卡中重新安装固件和软件,即 RE - FLASH 操作;故障仍然存在时,可重新安装 475 手操器的操作系统、系统软件以及应用程序,即 RE - IM - AGE 操作,2.0 及以上版本的 475 手操器才有 RE - IMAGE 操作功能。步骤:进入 475 手操器"Main menu"→"Settings"→"About HART475",选择"RE - FLASH"或"RE - IMAGE"→"YES"。按"OK"开始后要耐心等待,RE - FLASH 耗时约 20 min,RE - IMAGE 耗时约 50 min。操作完成后,屏幕会有提示,根据提示操作即可。操作时一定要把充电器插上,因为本操作很耗电。操作过程中,禁用待机和自动关机计时器,否则可能会导致无法修复的严重后果。

点触笔无法对 475 手操器进行操作时,可对触屏进行校准。步骤:进入 HART475 手操器"Main menu"→"Settings",按"Delete"键进入下一级菜单→"Touch Screen Alignment",按"Delete"键进入校准界面,在屏幕中央会出现一个十字符号,用点触笔点中十字符号,十字符号会依次出现在 5 个位置上,用点触笔依次点中十字符号后,触屏即可恢复正常。

6.3.4　通信地址不对

检查压力变送器是否被设置为非零地址,处于轮询多点回路模式,可将 475 手操器轮询模式设置为使用地址轮询,设置为"0"则为轮询非多点回路。轮询地址或位号与压力变送器不匹配,使用了不正确的轮询地址也会无法通信。检查压力变送器与 475 手操器的通信是否被控制系统所禁止,可通过停止控制系统的 HART 通信,475 手操器与压力变送器之间的通信就能恢复正常。

6.4　HART475 手操器正确的关机方法

HART475 手操器支持超过 200 个供应商的 1 500 多种 HART 和 Ff 现场总线设备,能完美地与设备协同工作。

在使用过程中如果出现开不了机,即无法启动现场通讯器,首先检查电池。如若电池有电还是启动不了,则有可能是现场通讯器的开关键已损坏。

1.8 或以下版本的 HART475 手操器正常关机方法是在主菜单下按住开、关机键 5 s 左右,2.0 或以上版本的 HART475 手操器正常关机方法是按一下开、关机键,然后根据屏幕提示选关机。如果 HART475 手操器出现死机现象,则不能通过正常的关机方法来关机,此时可同时按住 Fn + 灯泡键几秒钟进行关机。请切勿直接拔取电池。

在使用过程当中请不要用坚硬的东西去触碰现场通讯器的按键贴膜,以免造成损坏。

第7章 Fluke 715 伏特/毫安校准仪

7.1 概　述

Fluke 715 伏特/毫安校准仪（Volt/mA Calibrator）是一个伏特/毫安源及测量工具,用于 0 ~ 24 mA 的电流回路和 0 ~ 20/25 V 的直流电压测试。本校准仪不能同时用作输出和测量（表7 - 1）。

表7 - 1　校准仪功能摘要

功能	量程	分辨率
直流毫伏输入	0 ~ 200 mV	0.01 mV
直流毫伏输出		
直流电压输入	0 ~ 25 V	0.001 V
直流电压输出	0 ~ 20 V	
直流毫安输入	0 ~ 24 mA	0.001 mA
直流毫安输出		
回路电源输出	24 V DC 输出	不适用

7.2　Fluke 715 伏特/毫安校准仪的操作方法

7.2.1　开启校准仪

按下绿色的⓪按钮可将校准仪打开或关闭。欲得到最长的电池寿命:

(1)对毫安输出,若有外接 24 ~ 30 V 的回路电源可以使用时,则应采用电流模拟模式而不要采用电流源模式。

(2)不使用时把校准仪关闭。

7.2.2　自动关机(省电)功能

校准器在停止使用 30 min 后自动关闭。若要缩短这个时间或是禁用此功能:

(1)校准器关闭时,按⓪键。显示 P. S. × ×,其中 × × 为关闭时间,以分钟表示。OFF (关闭)表示省电功能处于禁用状态。

(2)按 ⬆ 和/或 ⬇ 延长或缩短关机时间(单位:min)。

(3)若要禁用该功能,按 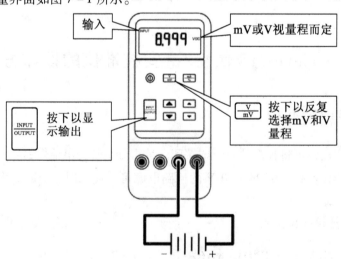 直到显示屏出现 OFF(关闭)。

7.2.3　HART™电阻器模式

校准器有一个用户可选的 250 Ω HART™电阻器,可方便与 HART™通信装置配合使用。只需同时按住 ▽/mV 和 mA/% 键,用户可在任何时候接通或断开电阻器。在使用回路电流或 mA 电源测量 DC mA(直流毫安)时,要使用 HART™通讯器。

7.2.4　量程间距检查功能

校准器允许用户给每个输出功能存储 0% 和 100% 调整点。在存储了调整点后,量程间距检查功能就允许用户在 0% 与 100% 之间快速来回切换,或以 25% 增量步进。在量程间距检查模式下,可同时按住 ▲ 和 ▽ 键启用自动步进和斜坡模式。首先,选择所需要的输出模式(V、mV 或 mA),然后继续存储调整点:

(1)存储 0% 和 100% 调整点。

(2)使用 ▲ 和 ▽ 控件给 0% 设定所需的输出值。

(3)同时按住 ▲ 和 ▽ 滚动键存储 0% 值。

(4)现在使用 ▲ 和 ▽ 控件给 100% 设定所需的输出值。

(5)再同时按住 ▲ 和 ▽ 滚动键存储 100% 值。

7.2.5　测量直流电压

直流电压测量界面如图 7 - 1 所示。

图 7 - 1　直流电压测量界面

7.2.6　用作直流电压源

用作直流电压源如图 7 - 2 所示。

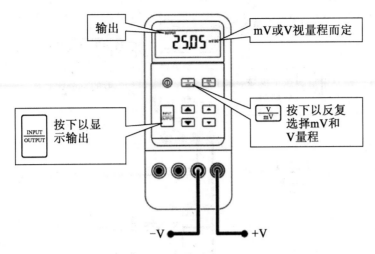

图 7 – 2   用作直流电压源图

7.2.7   测量直流毫安电流

测量直流毫安电流如图 7 – 3 所示。

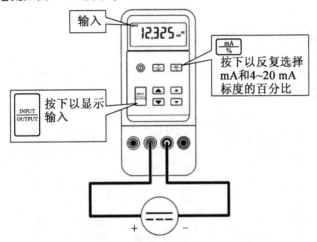

图 7 – 3   测量直流毫安电流

7.2.8   用回路电源测量直流毫安电流

用回路电源测量直流毫安电流如图 7 – 4 所示。

7.2.9   使用电流输出模式

校准仪能以毫安值或百分比显示提供电流输出。百分比是 – 25.00% ~ 125.00%,其中 0% 是 4 mA,而 100% 是 20 mA。

在电流源模式下,校准仪供应电流。在模拟模式下,校准仪模拟一组使用外接电流回路的两线变送器。

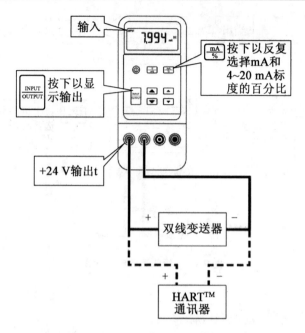

图7-4　用回路电源测量直流毫安电流

7.2.10　输出毫安电流

当需要对无源电路(例如没有回路电源的电流回路)供应电流时,应使用电流源模式。输出毫安电流操作界面如图7-5所示,将测试导线插入OUTPUT+和-mA插口。

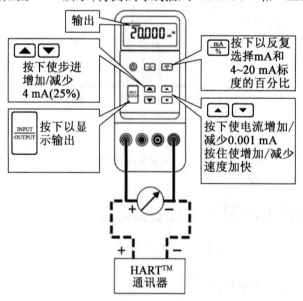

图7-5　输出毫安电流操作界面

7.2.11　模拟一组变送器

若有外接 24 ~ 30 V 的回路电源可以使用时,应采用电流模拟模式。模拟变送器如图 7 - 6 所示,将测试导线插入 mA SIMULATE(模拟) - 和 + 插口。

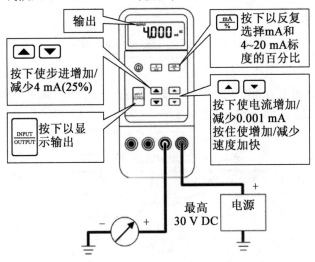

图 7 - 6　模拟变送器

第8章 Fluke 725 多功能过程校准仪

8.1 概 述

Fluke 725 多功能过程校准仪(图 8 – 1)是一个由电池供电、能测量和输出电参数和物理参数的手持便携式仪器(表 8 – 1)。

表 8 – 1 输出和测量功能一览表

功能	测量	信号输出
直流电压/(DC V)	0 ~ 30 V	0 ~ 10 V
直流电流/(DC mA)	0 ~ 24 mA	0 ~ 24 mA
频率	1 CPM ~ 10 kHz	1 CPM ~ 10 kHz
电阻	0 ~ 3 200 Ω	15 ~ 3 200 Ω
电热偶	类型 E、J、K、T、B、R、S、L、U、N、mV	
铂电阻	Pt100Ω(385) Pt100Ω(3926) Pt100Ω(3916) Pt200Ω(385) Pt500Ω(385) Pt1000Ω(385) Ni120	
压力	27 种压力模块,量程自 10 in. H_2O(1 in. H_2O = 249. 082 Pa) 到 10 000 psi (1 psi = 6. 894 76 × 10^3 Pa)	27 种外接压力源(手泵)的压力模块,自 10 in. H_2O 到 10 000 psi
其他功能	回路电源、步进输出、斜率输出、内存和分割显示屏幕	

除表 8 – 1 所列的功能以外,725 校准仪还具有下列特性:

(1)分开上、下部的显示屏幕。屏幕上部仅可显示测量的电压、电流和压力。屏幕下部能显示测量和输出的电压、电流、压力、电阻式温度检测器(铂电阻 RTD)、热电偶、频率和欧姆。

(2)利用分割的显示屏幕校准变送器。

(3)热电偶(TC)输入/输出端子及校准仪内部的等温接线块(具有自动参考接合点温度补偿)。

图 8 – 1 Fluke 725 多功能过程校准仪

（4）存储和恢复设定。

（5）手工步进输出及自动步进和斜率输出。

（6）本校准仪可以用一个运行终端仿真程序的个人电脑从远端控制。

8.2　标准设备图

标准设备如图 8 - 2 所示。

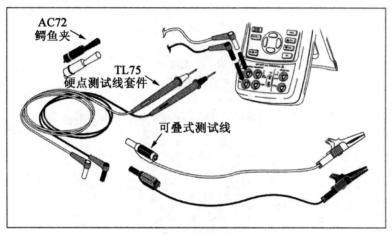

图 8 - 2　标准设备

275 采用国际电气符号的解释，请参阅表 8 - 2。

表 8 - 2　国际符号

∼	AC - 交流	▣	双重绝缘
⎓	DC - 直流	➕	电池
⏚	接地	⚠	有关本项功能，请参阅本手册的信息
⌀	压力	◎	开/关
㉛	符合加拿大标准协会（Canadian Standards Association）指令	CE	符合欧洲工会（European Union）指令

8.3　校准仪盘面识别

8.3.1　输入及输出端子

输入/输出端子及插孔(图 8 – 3 及表 8 – 3)如下。

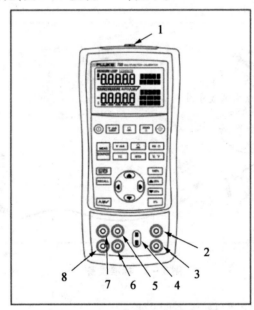

图 8 – 3　输入/输出端子及插孔

表 8 – 3　输入/输出端子及插孔

序号	名称	说明
1	压力模块连接器	连接校准仪到压力模块或者把校准仪连接到供远端控制的个人电脑
2、3	电压、毫安电流测量（MEASURE、V、mA）端子	测量电压和电流及供应回路电源的输入端子
4	热电偶(TC)输入/输出	测量或模拟热电偶的端子。这个端子能接受一个微型带极性的热电偶插头(插头具有扁平的触点
5、6	SOURCE/MWASURE、V RTD、Hz、Ω 端子	供输出或测量电压、电阻、频率和铂电阻的端子
7、8	SOURCE/MWASURE、V mA 端子、3W、4W	输出或测量电流的插孔,同时也可用在 P 线或 Q 线的铂电阻的测量

8.3.2　校准仪按键

标准仪按键如图 8 − 4 所示,表 8 − 4 解释了它们的功能。

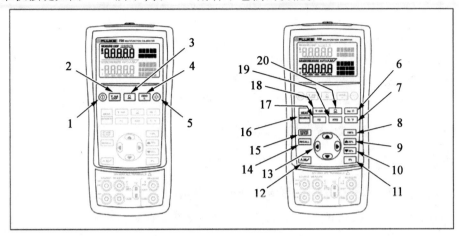

图 8 − 4　标准仪按键

表 8 − 4　键的功能

序号	按键名称	说明
1	ⓞ	电源开关
2	V mA LOOP	选择电压、毫安或回路电源测量功能(显示在屏幕上部)
3	⚡	选择压力测量功能(显示在屏幕上部)。重复按本键可以循环选择不同的压力单位
4	ZERO	把压力模块读数归零。适用于显示屏幕的上部和下部
5	⊛	背景灯开关。在启动期间开启"对比度调整"模式
6	Hz Ω	循环选择频率、欧姆测量及输出电流功能
7	℃ ℉	在热电偶或 RTD 功能档下,循环选择摄氏或华氏度
8	100%	从内存的输出电流值(对应于量程的100%)恢复出来并把它设定为输出电流值。按下并按住本键以存储输出电流值为100%的值
9	▲ 25%	按量程的25%增加输出
10	▼ 25%	按量程的25%减少输出
11	0%	内存的输出电流值(对应于量程的0%)恢复出来并把它设定为输出电流值。按下并按住本键以存储输出电流值为0%的值。识别"固件"版本。在启动期间按住 0%
12	∧ ∧∧ ⌐_	循环选择:慢重复 0%—100%—0% 斜率 快重复 0%—100%—0% 斜率 重复 0%—100%—0% 斜率(以25%步进)

续表 8 − 4

序号	按键名称	说明
1、13	◎⟨	禁用"关机"模式
1、13	◎⟩	启用"关机"模式
13	▽ △ ⟨ ⟩	增加或减少输出的值； 循环选择 2、3 或 4 线测试模式； 循环选择校准仪设定的内存位置； 在"对比度调整"模式内,向上来调暗对比度,向下来调亮对比度
14	RECALL	从内存位置恢复以前的校准仪设定
15	STORE SETUP	保存校准仪设定;保存"对比度调整"设置
16	MEAS SOURCE	循环选择测量或输出模式(在显示屏幕下部)E
17	TC	选择 TC(热电偶)测量和输出功能(在显示屏幕下部)。重复按本键循环选择热电偶的类型
18	V mA	循环选择电压或毫安电流输出,或电流(毫安)模拟功能(屏幕下部)
19	RTD	选择 RTD(铂电阻)测量及输出功能(屏幕下部)。重复按本键可循环选择 RTD 类型
20	Ω	选择压力测量及压力输出功能。重复按本键可循环选择不同的压力单位

8.3.3　显示屏幕

典型的显示屏幕如图 8 −5 所示。

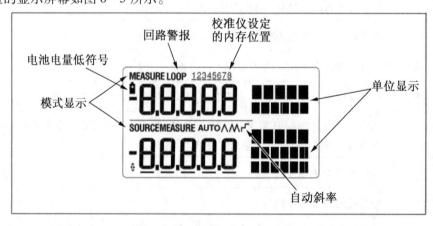

图 8 − 5　典型的显示屏幕

8.4 基本操作方法

本节介绍校准仪的一些基本操作。

8.4.1 请遵循以下步骤进行电压－电压测试

（1）按图8－6所示把校准仪的输出电压端子接到它的输入电压插孔上。

（2）按 ⓪ 打开校准仪。按 V mA/LOOP 选择直流电压（显示屏幕上部）。

（3）如果有必要，按 MEAS/SOURCE 选择输出（SOURCE）模式（显示屏幕下部）。校准仪仍然在测量直流电压，可以在显示屏幕上部看到测量的读数。

（4）按 V mA 选择直流电压输出模式。

（5）按 ◁ 或 ▷ 以选择改变一个数位。按 ⬆ 选择输出值为1 V。按住使 0% 1 V 作为0%的值。

（6）按 ⬆ 使输出增加到5 V。按住 100% 使5 V作为100%的值。

（7）按 ▲25% 或 ▼25% 以25%的步进量使输出在0%～100%之间增加或减少。

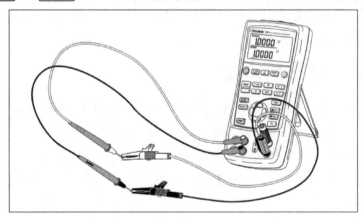

图8－6 电压－电压测试

8.4.2 关机模式

校准器所提供的"关机"模式，将在30 min的指定持续时间后启用（在最初启动校准器后显示大约1 s）。启用"关机"模式时，校准器将在上一次按键经过指定的持续时间后自动关机。要禁用"关机"模式，请同时按 ⓪ 键及 ▷ 键。要启用"关机"模式，请同时按 ⓪ 键及 ◁ 键。要调整指定的持续时间，请同时按 ⓪ 键及 ▷ 键，然后按 ⬆ 键及/或 ⬇ 键，调整1～30 min的持续时间。

8.4.3 对比度调整

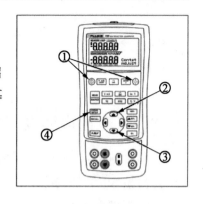

在 V2.1 固件或更高版本上提供。要识别固件版本,在启动期间按住 0% 。在装置初始化后,固件版本将于显示屏幕上部显示大约 1 s。

按下列步骤调整对比度(图 8-7):

(1)按①处 键及 键,直到显示"对比度调整"。

(2)按住②处 键来调暗对比度。

(3)按住③处 键来调亮对比度。

(4)按④处 STORE SETUP 键来保存对比度水平。

图 8-7 调整对比度

8.5 测量模式应用

测量电参数(显示屏幕上部)欲测量变送器的电流或电压输出,或测量压力仪表的输出,用显示屏幕的上部并按照以下步骤进行:

(1)按 V mA LOOP 选择电压或电流。LOOP 不应该亮。

(2)按图 8-8 的连接方式连接。

8.5.1 回路电源测量电流

回路电源功能启动一个和电流测量电路串联的 24 V 电源,使用户能拆除变送器的现场接线来测试变送器。欲利用回路电源测量电流,请按照以下步骤进行:

(1)如图 8-9 所示,把校准仪接到变送器的电流回路端子。

(2)当校准仪在电流测量模式时按 V mA LOOP 。显示屏幕会出现 LOOP 字样,同时校准仪内部的 24 V 回路电源会打开。

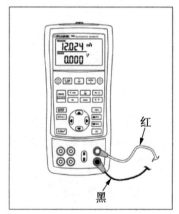

图 8-8 测量电压和电流输出

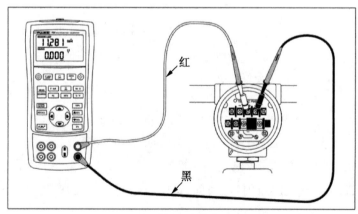

图 8-9 供应回路电源的接线图

8.5.2　测量电参数

欲使用屏幕下部测量电参数,请按照以下步骤进行:

(1)按照图 8 - 10 方式连接校准仪。

(2)如果有必要,按 [MEAS/SOURCE] 选择测量(MEASURE)模式(显示屏幕下部)。

(3)按 [V mA] 选择直流电压或电流测量,或者按 [Hz Ω] 选择频率或电阻测量。

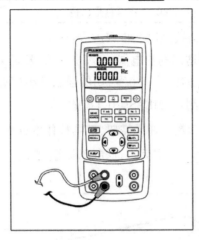

图 8 - 10　测量电参数

8.5.3　测量温度

1. 使用热电偶

　　本校准仪能接受 10 种标准的热电偶,包括 E、N、J、K、T、B、R、S、L 和 U 类。表 8 - 5 是以上热电偶的温度范围及特性一览表。

表 8 - 5　校准仪可接受的热电偶类型

类型	正极导线材质	正极导线颜色		负极导线材质	指定量程/℃
		ANSI	IEC		
E	铬镍合金	紫红	紫	康铜	- 200 ~ 950
N	镍 - 铬 - 硅	橙	粉红	镍 - 硅 - 镁	- 200 ~ 1 300
J	铁	白	灰	康铜	- 200 ~ 1 200
K	铬镍合金	黄	绿	镍铝合金	- 200 ~ 1 370
T	铜	蓝	棕	康铜	- 200 ~ 400
B	铂铑	灰		铂	600 ~ 1 800
R	铂铑	黑	橙	铂	- 20 ~ 1 750
S	铂铑	黑	橙	铂	- 20 ~ 1 750

续表 8 – 5

类型	正极导线材质	正极导线颜色		负极导线材质	指定量程/℃
		ANSI	IEC		
L	铁			康铜	– 200 ~ 900
U	铜			康铜	– 20 ~ 400

美国国家标准协会(ANSI)规定的装置负导线 = EiF = 总是红色

国际电工委员会(IEC)规定的装置负导线 = EiF = 总是白色

欲使用热电偶测量温度,请按照以下步骤进行:

(1)把热电偶的导线接到适当的热电偶(TC)小插头,然后插入校准仪的 TC 输入/输出插孔(图 8 – 11)。小插头的一个脚比另一个宽,切勿强制把小插头插入。

(2)若有需要,按 数量 进入测量(MEASURE)模式。

(3)按 TC 显示热电偶读数。如果需要,继续按住本键来选择适当的热电偶类型。

(4)如果有需要,可以按 ℃℉ 来循环选择(℃)或(℉)。

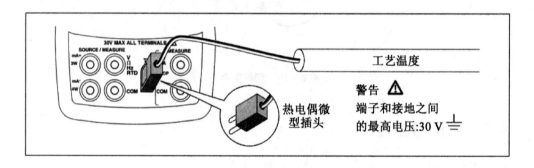

图 8 – 11　测量热电偶的温度

2. 使用铂电阻

校准仪能接受表 8 – 6 所示 RTD 类型。RTD 的特性是以 0 ℃(32 ℉)的电阻来表示,通常称为"冰点"或 R_0。最普通的 R_0 是 100 Ω。校准仪能接受两线、三线或四线连接的 RTD 测量,其中三线连接是最普遍的。四线测量的精度最高,而两线测量的精度最低。

欲用 RTD 测量温度,请按照以下步骤进行:

(1)若有需要,按 STORE SETUP 进入测量(MEASURE)模式。

(2)按 RTD 显示 RTD 读数。如果需要,继续按住本键选择需要的 RTD 类型。

(3)按 ▲ 或 ▼ 选择两线、三线或四线连接。

(4)把 RTD 接到仪表的输入插孔上(图 8 – 12)。

(5)如果需要,可以按 ℃℉ 循环选择 0 ℃ 和 32 ℉ 的温度单位。

表 8 - 6　校准仪能接受的 RTD 类型

RTD 类型	冰点/Ω	材质	$\alpha/(\Omega \cdot \text{℃})$	量程/℃
Pt100(3926)	100	铂(platinum)	0.003 926	-200 ~ 630
Pt100(385)	100	铂(platinum)	0.003 85	-200 ~ 800
Ni120(672)	120	镍(nickel)	0.006 72	-80 ~ 260
Pt200(385)	200	铂(platinum)	0.003 85	-200 ~ 630
Pt500(385)	500	铂(platinum)	0.003 85	-200 ~ 630
Pt1000(385)	1 000	铂(platinum)	0.003 85	-200 ~ 630
Pt100(3916)	100	铂(platinum)	0.003 916	-200 ~ 630

美国工业常用的 Pt100 是 Pt100(3916),$\alpha = 0.003\ 916\ \Omega/\text{℃}$(也指定为日本工业标准(JIS)曲线)。IEC 标准 RTD 是 Pt100(385),$\alpha = 0.003\ 85\ \Omega/\text{℃}$

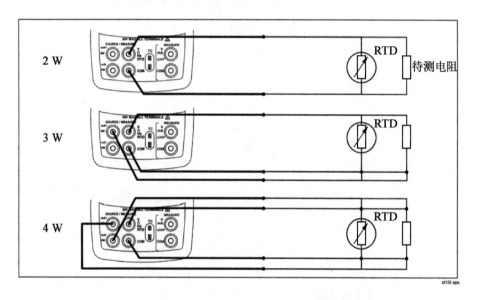

图 8 - 12　使用 RTD 测量温度,测量两、三及四线电阻

8.6　输出(Source)模式应用

在输出(Source)模式下,校准仪有以下功能:产生供工艺仪表测试和校准的信号,供应或模拟电压、电流、频率和电阻,模拟 RTD 和热电偶等温度感应器的电气输出,以及测量外接的气体压力源以建立一个校准压力源。

8.6.1　输出 4 ~ 20 mA

要选择电流输出模式,请根据以下步骤进行:

(1)把测试线接到 mA 插孔上(左边插孔)。

(2)如果有需要,按 🔲 进入输出(Source)模式。

（3）按 V mA 选择电流,按 ⏶ 或 ⏷ 键选择所需要的电流。

8.6.2 模拟4~20 mA 变送器

模拟是一种特殊的操作模式。在该模式下,校准仪代替了变送器而被连接到回路上,它能提供一个已知的、可设定的测试电流。请根据以下步骤进行:

（1）连接24 V 回路电源(图8－13)。

（2）如果有需要,按 MEAS SOURCE 进入输出(Source)模式。

（3）按 V mA 直到 mA(毫安)和 SIM(模拟)都显示在屏幕。

（4）按 ⏶ 或 ⏷ 键选择所需要的电流。

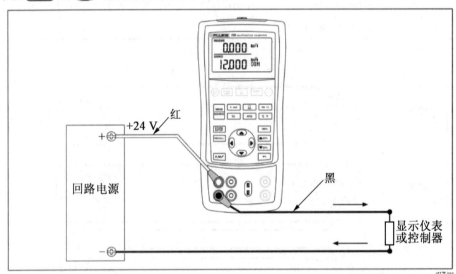

图8－13　模拟4~20 mA 变送气器的接线图

8.6.3 输出其他电参数

校准仪也能输出伏特、欧姆和频率并把输出值显示在屏幕下部。要选择一项电输出功能,按以下步骤进行:

（1）根据校准仪的输出功能,按图8－14连接测试线。

（2）如果有需要,按 MEAS SOURCE 进入输出(Source)模式。

（3）按 V mA 选择直流电压,或者按 Hz Ω 选择频率或电阻。

（4）按 ⏶ 或 ⏷ 键选择需要输出的数值,或者按 ◁ 和 ▷ 键选择不同的数字做修改。

8.6.4 模拟热电偶

用热电偶线和适当的热电偶小接头(有极性,触点片的中心到中心距离为7.9 mm)将校准仪的热电偶输入/输出端连接到被测试仪表。小插头的一个脚比另一个宽,切勿强制把小插头插入。图8－15所示为模拟热电偶的连接图。请根据以下步骤模拟热电偶:

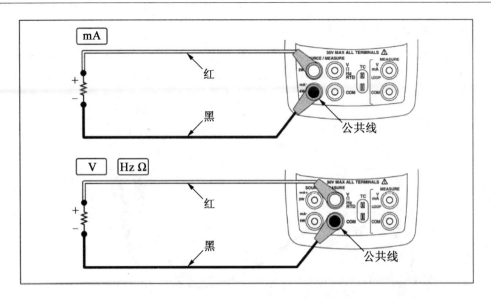

图 8 – 14　输出(Source)模式的连接

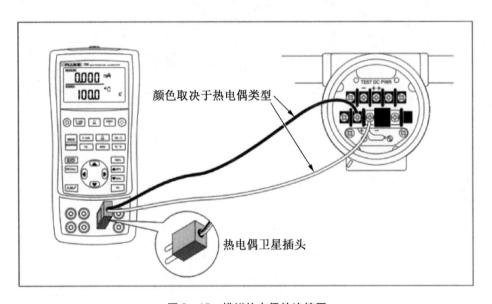

图 8 – 15　模拟热电偶的连接图

(1)如图 8 – 14 所示,把热电偶线接到适当的热电偶小插头上,然后把小插头插到校准仪的 TC 输入/输出插孔上。

(2)如果有需要,按 [MEAS/SOURCE] 进入输出(Source)模式。

(3)按 [TC] 选择 TC 显示屏幕。若有需要,继续按这个键来选择需要的热电偶类型。

(4)按 [⏶] 或 [⏷] 键选择需要输出的数值,或者按 [◁] 和 [▷] 键选择不同的数字做修改。

8.6.5　模拟铂电阻(RTD)

按图 8 – 16 连接校准仪和被测试仪表。按以下步骤模拟 RTD:

(1)如果有需要,按 [MEAS/SOURCE] 进入输出(Source)模式。

（2）按 RTD 显示 RTD 类型。

（3）按 ▲ 或 ▼ 键选择需要输出的数值,或者按 ◁ 和 ▷ 键选择不同的数字做修改

（4）如果 725 显示屏幕显示 EXL HI,表示待测设备的励磁电流超出 725 的限制。

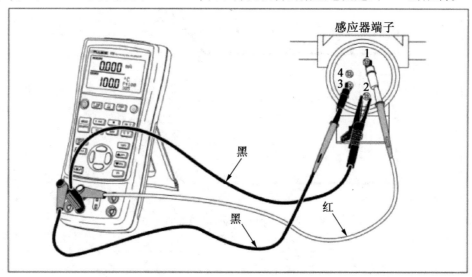

感应器端子

黑

黑

红

图 8 - 16　模拟三线 RTD 的接线图

第9章　数字万用表

9.1　概　述

数字万用表是一种多用途电子测量仪器,一般包括安培计、电压表、欧姆计等,有时也称为万用计、多用计、多用电表,或三用电表。我们用数字万用表测量时需要明白其测量的原理、方法,从而理解性地记忆。本章介绍了万用表用得最多的几种测量,包括:电阻的测量,直流、交流电压的测量,直流、交流电流的测量,二极管的测量和三极管的测量。

9.2　功能介绍及使用方法

9.2.1　电阻的测量(图9-1)

1. 测量步骤

红表笔插入 VΩ 孔,黑表笔插入 COM 孔,量程旋钮打到"Ω"量程挡适当位置,分别用红黑表笔接到电阻两端金属部分,读出显示屏上显示的数据。

2. 注意

量程的选择和转换。量程选小了显示屏上会显示"1",此时应换用较之大的量程;反之,量程选大了显示屏上会显示一个接近于"0"的数,此时应换用较之小的量程。

如何读数? 显示屏上显示的数字再加上边挡位选择的单位就是它的读数。要提醒的是在"200"挡时单位是"Ω",在"2 k ~ 200 k"挡时单位是"kΩ",在"2 M ~ 2 000 M"挡时单单位是"MΩ"。

图9-1　测电阻

如果被测电阻值超出所选择量程的最大值,将显示过量程"1",应选择更高的量程,对于大于 1 MΩ 或更高的电阻,要几秒钟后读数才能稳定,这是正常的。当没有连接好时,例如开路情况,仪表显示为"1"。当检查被测线路的阻抗时,要保证移开被测线路中的所有电源,所有电容放电。被测线路中,如有电源和储能元件,会影响线路阻抗测试的正确性。万用表的 200 MΩ 挡位,短路时有 10 个字,测量一个电阻时,应从测量读数中减去这 10 个字。如测一个电阻时,显示为 101.0,应从 101.0 中减去 10 个字,被测元件的实际阻值为 100.0 即 100 MΩ。

9.2.2　直流电压的测量(图9-2)

1. 测量步骤

红表笔插入 VΩ 孔,黑表笔插入 COM 孔。量程旋钮打到 V - 或 V ~ 适当位置,读出显示屏上显示的数据。

2. 注意

把旋钮选到比估计值大的量程挡(注意:直流挡是 V -,交流挡是 V ~),接着把表笔接电源或电池两端,保持接触稳定。数值可以直接从显示屏上读取,若显示为"1",则表明量程太小,那么就要加大量程后再测量。若在数值左边出现"-",则表明表笔极性与实际电源极性相反,此时红表笔接的是负极。

9.2.3　交流电压的测量(图9-3)

1. 测量步骤

红表笔插入 VΩ 孔 ,黑表笔插入 COM 孔。量程旋钮打到 V - 或 V ~ 适当位置,读出显示屏上显示的数据。

2. 注意

表笔插孔与直流电压的测量一样,不过应该将旋钮打到交流挡"V ~"处所需的量程。交流电压无正负之分,测量方法与前面相同。无论测交流还是直流电压,都要注意人身安全,不要随便用手触摸表笔的金属部分。

图9-2　测电压　　　　　　　　　　图9-3　测交流电压

9.2.4　直流电流的测量(图9-4)

1. 测量步骤

断开电路,黑表笔插入 COM 端口,红表笔插入 mA 或者 20 A 端口。功能旋转开关打至 A ~(交流)或 A -(直 流),并选择合适的量程,断开被测线路,将数字万用表串联入被测线路中,被测线路中电流从一端流入红表笔,经万用表黑表笔流出,再流入被测线路中接通电路,读出 LCD 显示屏数字。

2. 注意

估计电路中电流的大小。若测量大于 200 mA 的电流,则要将红表笔插入"10 A"插孔并将旋钮打到直流"10 A"挡;若测量小于 200 mA 的电流,则将红表笔插入"200 mA"插孔,将旋钮打到直流 200 mA 以内的合适量程。将万用表串进电路中,保持稳定,即可读数。若显示为"1",那么就要加大量程;如果在数值左边出现"－",则表明电流从黑表笔流进万用表。其余与交流注意事项大致相同。

9.2.5　交流电流的测量(图 9 - 5)

1. 测量步骤

断开电路,黑表笔插入 COM 端口,红表笔插入 mA 或者 20 A 端口。功能旋转开关打至 A～(交流)或 A－(直流),并选择合适的量程,断开被测线路,将数字万用表串联入被测线路中,被测线路中电流从一端流入红表笔,经万用表黑表笔流出,再流入被测线路中接通电路,读出 LCD 显示屏数字。

2. 注意

测量方法与直流相同,不过挡位应该打到交流挡位,电流测量完毕后应将红笔插回"VΩ"孔,若忘记这一步而直接测电压,表或电源会报废。

如果使用前不知道被测电流范围,应将功能开关置于最大量程并逐渐下降。如果显示器只显示"1",表示过量程,功能开关应置于更高量程,表示最大输入电流为200 mA,过量的电流将烧坏保险丝,应再更换,20 A 量程无保险丝保护,测量时不能超过 15 s。

图 9 - 4　测电流

图 9 - 5　测交流电压

9.2.6　电容的测量(图 9 - 6)

1. 测量步骤

将电容两端短接,对电容进行放电,确保数字万用表的安全。将功能旋转开关打至电容"F"测量挡,并选择合适的量程。将电容插入万用表 CX 插孔。读出 LCD 显示屏上数字。

2. 注意

测量前电容需要放电,否则容易损坏万用表,测量后也要放电,避免埋下安全隐患,仪器本身已对电容挡设置了保护,故在电容测试过程中不用考虑极性及电容充放电等情

图 9 - 6　测电容

况，测量电容时，将电容插入专用的电容测试座中(不要插入表笔插孔 COM、V/Ω)，测量大电容时稳定读数需要一定的时间。电容的单位换算：$1\ \mu F = 10^6\ pF$，$1\ \mu F = 10^3\ nF$。

9.3　使用注意事项

如果无法预先估计被测电压或电流的大小，则应先拨至最高量程挡测量一次，再视情况逐渐把量程减小到合适位置。

测量完毕，应将量程开关拨到最高电压挡，并关闭电源。满量程时，仪表仅在最高位显示数字"1"，其他位均消失，这时应选择更高的量程。

测量电压时，应将数字万用表与被测电路并联。测电流时应与被测电路串联，测直流量时不必考虑正、负极性。当误用交流电压挡去测量直流电压，或者误用直流电压挡去测量交流电时，显示屏将显示"000"，或低位上的数字出现跳动。

禁止在测量高电压(220 V 以上)或大电流(0.5 A 以上)时换量程，以防止产生电弧，烧毁开关触点。当万用表的电池电量即将耗尽时，液晶显示器左上角电池电量低提示，会有电池符号显示，此时电量不足，若仍进行测量，测量值会比实际值偏高。

第2篇 应知应会篇

第10章 温度测量

10.1 补偿导线

10.1.1 结构及定义

热电偶补偿导线简称补偿导线(图10-1),通常由补偿导线合金丝、绝缘层、护套和屏蔽层组成。在一定温度范围内(包括常温),具有与所匹配的热电偶的热电动势的标称值相同的一对带有绝缘层的导线,用它们连接热电偶与测量装置,以补偿它们与热电偶连接处的温度变化所产生的误差。

热电偶与测量装置之间使用补偿导线,其优点有二:一是改善热电偶测温线路的物理性能和机械性能,采用多股线芯或小直径补偿导线可提高线路的挠性,使接线方便,也可调节线路电阻或屏蔽外界干扰;二是降低测量线路成本,当热电偶与测量装置距离很远,使用补偿导线可以节省大量的热电偶材料,特别是使用贵金属热电偶时,经济效益更为明显。

10.1.2 术语及符号

1. 延长型补偿导线

延长型补偿导线又称延长型导线(图10-2),其合金丝的名义化学成分及热电动势标称值与配用的热电偶相同,用字母"X"附在热电偶分度号之后表示,例如"KX"表示K型热电偶用延长型补偿导线。

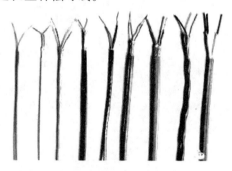

图10-1 热电偶补偿导线

图10-2 延长型补偿导线

2. 补偿型补偿导线

补偿型补偿导线又称补偿型导线(图10-3),其合金丝的名义化学成分与配用的热电偶不同,但其热电动势值在0~100 ℃或0~200 ℃时与配用热电偶的热电动势标称值相同,用字母"C"附在热电偶分度号之后表示,例如"KC"。不同合金丝可以应用于同一分度号的热电偶,并用附加字母区别,如目前不常使用的"KCA""KCB"。

3. 允差

热电偶补偿导线的允差是因测量系统中引用了补偿导线而产生的最大偏差,该值用微伏表示,其允差的大小分为精密级和普通级两种。

图 10 - 3　补偿型补偿导线

4. 表示符号(图 10 - 4)

S——热电特性为精密级补偿导线,普通级补偿导线不标字母;

G——一般用补偿导线;

H——耐热用补偿导线;

R——线芯为多股的补偿导线,线芯为单股的补偿导线不标字母;

P——有屏蔽层的补偿导线;

V——绝缘层或护套为聚氯乙烯材料(PVC);

F——绝缘层为聚四氟乙烯材料;

B——护套为无碱玻璃丝材料。

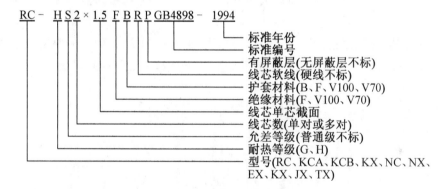

图 10 - 4　补偿导线型号标记

10.1.3　补偿导线的分类

补偿导线的规格主要包括线芯形式、线芯股数、线芯标称截面和合金丝直径。

补偿导线按照热电特性的允差大小分为精密级和普通级两种;按照使用温度范围分为一般用和耐热用(图 10 - 5)两种。

一般用补偿导线的绝缘层和护套是以聚氯乙烯为主体材料;耐热用补偿导线的绝缘层是以聚四氟乙烯为主体材料,护套是以聚四氟乙烯或无碱玻璃丝(表面应涂有机硅漆或聚四氟乙烯分散液烧结)为主体材料。

屏蔽层(图 10 - 6)采用镀锡铜丝或镀锌钢丝纺织或用复合铝(铜)带绕包。

图 10 - 5　耐热型补偿导线　　　　　图 10 - 6　补偿导线的屏蔽层

10.1.4　技术要求

1. 绝缘层（图 10 - 7）

一般用补偿导线的绝缘层表面应平整、色泽均匀、无机械损伤；绝缘层厚度允差为标称厚度的负 10%，最薄处的厚度应不小于标称值的 90% 减 0.1 mm；绝缘层应经受交流 50 Hz，电压为 4 000 V 的火花试验不击穿，试验机的运行速度应保证绝缘层每点经受电压作用时间不小于 0.1 s。

耐热用补偿导线绝缘层厚度允差为标称值厚度的负 20%，最薄处的厚度应不小于标称值的 90% 减 0.1mm，绝缘线芯外径允许局部放大，但粗大处外径不应超过最大外径值。

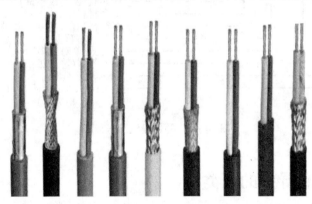

图 10 - 7　不同补偿导线的绝缘层

2. 护套

凡用聚氯乙烯或聚四氟乙烯做护套，其护套应紧密包在线芯的绝缘层上，绝缘层与护套不粘连，表面应平整，颜色均匀。

护套厚度的允许偏差为标称值厚度的负 20%，最薄处的厚度应不小于标称值的 80%。用玻璃丝纺织的护套，其编织密度应不小于 90%。

3. 屏蔽层

编织密度不小于 80%，断头处经衔接后应修剪整齐；复合铝（铜）带应紧密贴在绝缘层上，不易松脱；屏蔽层的厚度不得大于 0.8 mm。

4. 绝缘电阻

当周围空气温度为 15 ~ 35 ℃、相对湿度不大于 80% 时,补偿导线的线芯间和线芯与屏蔽层之间的绝缘电阻每 10 m 不小于 5 MΩ。

5. 物理机械性能

一般用补偿导线的绝缘层和护套的物理性能和老化性能应符合表 10 - 1 的规定。

表 10 - 1

应用分类	物理机械性能		老化性能		
	抗拉强度 /（N · mm⁻²）	伸长率/%	湿度/%	时间/h	强度变化率/%
- 20 ~ 70 ℃	≥12.5	≥125	80 ±2	168	±20
- 20 ~ 100 ℃	≥12.5	≥125	135 ±2	168	±25

6. 耐热性能

耐热用补偿导线应经受(220 ±5)℃历时 24 h 耐热性能试验后,立即将试样在 5 倍其直径的圆柱体上弯曲 180°后应表面无裂纹,补偿导线的线芯间和线芯与屏蔽层之间的绝缘电阻每米不小于 25 MΩ。

7. 防潮性能

耐热用补偿导线应经受环境温度(40 ±2)℃,相对湿度 95% ±3% ,历时 24 h 防潮性能试验后,补偿导线的线芯间和线芯与屏蔽层之间的绝缘电阻每米不小于 25 MΩ。

8. 低温卷绕性能

一般用补偿导线应经受 - 20 ℃的低温卷绕试验后,用目力观察卷绕在试棒上试样的绝缘层应无任何裂纹。

10.2　热电偶检维修规范

10.2.1　总则

1. 主要内容

本检修作业指导书规定了测温热电偶的维护、检修、投运的具体技术要求及其安全注意事项和实施步骤。

2. 适用范围

本检修作业指导书适用于电仪车间仪表工段全体仪表人员。

3. 测温基本原理

将两种不同材料的导体或半导体 A 和 B 焊接起来,构成一个闭合回路,当导体 A 和 B 的两个接点 1 和 2 之间存在温差时,两者之间便产生电动势,因而在回路中形成一定大小的电流,这种现象称为热电效应。热电偶就是利用热电效应来工作的。

4. 热电偶的结构形式及要求

(1)结构形式。

热电偶由热点极、绝缘材料、金属保护管和接线盒组成。

(2)基本要求。

①组成热电偶的两个热电极的焊接必须牢固。

②两个热电极彼此之间应有很好的绝缘,以防短路。

③补偿导线与热电偶自由端的连接要方便可靠,并要相匹配,极性不能接错。

④保护套管应能保证热电极与有害介质充分隔离。

5. 热电偶的特点

①结构简单、更换方便。

②采用压簧式感温元件,抗震性能好。

③测量精度高。

④测量范围大。

⑤热响应时间快。

⑥机械强度高,耐压性能好。

⑦耐高温可达2 800 ℃。

⑧使用寿命长。

6. 补偿导线的作用

热电偶在测量温度时,其参比端是稳定而可靠的,而在实际测量中,其参比端靠近热源,温度不稳定,而补偿导线的热电势在0~100 ℃的范围内与热电偶的几乎完全一样,用补偿导线能够将热电偶延长,使参比端稳定,使测量成为可能。

10.2.2 热电偶检修

1. 检修目的

使热电偶测温元件能够真实、准确地反映被测量物质的实际温度,确保热电偶各部件完好。

2. 检修前的准备工作

(1)人员分工。

①检修负责人。根据仪表元件的故障现象,确定检修项目,负责检修质量,确认需更换的备件质量是否合格,规格型号、长度及分度号是否与原热电偶一致,保证维修或更换后的热电偶处于完好状态,各部件齐全,温度显示准确,确保检修工作保质保量完成。

②安全负责人。负责检修期间的安全监护,落实安全措施是否完善,防护器材是否准备齐全,佩戴是否规范,提醒检修负责人在检修时应注意的事项,确保安全防护措施到位,保证检修工作安全顺利完成。

(2)工作时间。

(3)检修工具。12寸活口1把、钳子、螺丝刀、胶布和细砂纸。

（4）检修备件。热电偶、金属缠绕垫。

（5）票证的办理。需办理检修通知单、检修任务书、工艺交出单（根据具体实际情况），登高时需办理高处作业证。

3. 检修过程中的要求

（1）首先落实检修所需的备件，备件应与所更换或维修的热电偶的规格、型号、材质、长度、分度号等相一致。

（2）准备好使用的工具，工具必须合适、完好、齐全。

（3）相关票证办理齐全，在得到调度、操作工及相关人员的同意后方可施工。

（4）检修热电偶时必须确认是否带调节阀及联锁、报警装置，如带联锁报警需提前拆除联锁并提醒要求操作工给予确认，同时要求操作工加强监控；如带调节阀自控装置，需要求操作工将调节阀打到手动状态，同时操作工现场监护。

（5）如检修双甲合成触煤层测温热电偶时，需联系操作工将双甲合成电炉停电，挂牌、做好隔热措施。

（6）在拆卸或维修热电偶套管前，必须确认工艺处理合格，操作工现场监护。

（7）更换或维修热电偶套管时身体必须避开热电偶安装口，同时站在上风向处。

（8）更换热电偶套管时要求操作工将管线内介质、压力排净，检修负责人检查确认后方可拆卸，佩戴好安全防护器材，做好安全防护措施。

（9）更换热电偶套管时，一并将金属缠绕垫进行更换，缠绕垫密封面压正。

（10）更换热电偶芯子或检查接线时，要注意检查套管内应清洁、无锈蚀、无污物、无泄漏；注意更换的热电偶芯子应与原芯子长度一致、分度号一致，将热电偶芯子固定好，接线要紧固，接线处无毛刺。

（11）在拆接信号线时，需注意信号线不能出现短路、接地现象，2 根信号线用胶布包好，同时屏蔽层也要检查防止出现接地现象；检修完成后应及时将热电偶接线盒进线口处用防爆泥密封好，做好防水措施。

（12）检查热电偶故障时，要一并检查、测量信号线的完好情况，确认信号线是否有中间接头，是否存在接触不良、氧化、松动等情况，确认模块通道的正常情况。

（13）更换带法兰连接（造气、吹风气和变换触媒层）的热电偶时，连接螺丝必须齐全、紧固，拧满全母，不得缺失。

4. 检修质量要求

维修或更换的热电偶套管（芯子）安装应规范、牢固，各部件连接处及接线处紧固，缠绕垫密封面压正，分度号正确，温度显示准确，做好防水措施。

5. 检修后的要求

（1）检修任务完成后，及时将现场清理干净，做到工完料净场地清。

（2）检修完成后，观察温度显示准确正常后，要求操作工及时将检修时拆除的联锁报警装置投入，带调节阀的及时将调节阀投入正常使用状态。

6. 检查与维护

（1）每天巡检时对热电偶外观进行检查：接线盒、保护管是否完好，防水措施是否完善。

（2）各信号线连接是否松动、磨损，有无毛刺过长接地现象。

（3）各信号线穿线管、防爆管是否完好，固定是否牢固，连接是否完好。

（4）热电偶保护套管与工艺管道连接密封处有无泄漏。

（5）停车时应及时检查热电偶保护管的腐蚀、冲刷情况，严重的予以更换。

（6）每次下雨后，应及时检查电缆沟内是否有存水，及时将积水抽干。

（7）每天检查带法兰连接的测温热电偶连接螺丝是否缺失、松动，及时补齐、紧固。

7. 常见故障现象及处理方法（表 10 - 2）

表 10 - 2 热电偶检修常见故障与处理方法

故障现象	可能原因	处理方法
显示仪表指示值比实际值低或示值不稳	保护套管内有金属屑、灰尘，接线柱间脏污及热电阻短路（水滴等）	除去金属屑，清扫灰尘、水滴等，找到短路点，加强绝缘
显示仪表指示为无穷大	热电阻或引出线断路及接线端子松开等	更换热电阻体或焊接及拧紧接线螺丝等
组织与温度关系有变化	热电阻丝材料受腐蚀变质	更换热电阻
显示仪表指示负值	显示仪表与热电阻接线有错，或热电阻有短路现象	改正接线，或找出短路处，加强绝缘

8. 安全注意事项

（1）对可能导致工艺参数波动或带联锁报警装置及调节阀的检修作业，必须事先取得工艺人员的认可，并办理相关检修票证。

（2）根据安装位置和所测设备的实际情况正确选择测温套管及密封垫片的材质、分度号。

（3）检修时注意仪表接线不能出现短路、接地等现象，计算机电缆的屏蔽也不能出现接地现象。

10.3 热电阻检维修规范

10.3.1 总则

1. 主要内容

本检修作业指导书规定了测温热电阻的维护、检修、投运的具体技术要求及其安全注意事项和实施步骤。

2. 适用范围

本检修作业指导书适用于电仪车间仪表工段全体仪表人员。

3. 测温原理

热电阻测温原理是基于金属导体的电阻值随温度的增加而增加这一特性来进行温度的测量。

4. 结构形式

热电阻由感温元件、引出线、绝缘管、保护管和接线盒组成。

5. 工业热电阻测温采用三线制的目的

减少热电阻与测量仪表之间连接导线电阻的影响,以及导线电阻随环境温度变化而变化所带来的测量误差。

6. 热电阻的特点

(1)体积小、内部无空隙、热惯性小、测量滞后小。

(2)力学性能好、耐振、抗冲击。

(3)能弯曲、便于安装。

(4)使用寿命长。

10.3.2　热电阻检修

1. 检修目的

使热电阻测温元件能够真实、准确地反映被测量物质的实际温度,确保热电阻各部件完好。

2. 检修前的准备工作

(1)人员分工。

①检修负责人。根据仪表元件的故障现象,确定检修项目,负责检修质量,确认需更换的备件质量是否合格,规格型号、长度及材质是否与原热电阻元件一致,保证维修或更换后的热电阻处于完好状态,各部件齐全,温度显示准确;确保检修工作保质保量完成。

②安全负责人。负责检修期间的安全监护,落实安全措施是否到位、是否完善,防护器材是否准备齐全,佩戴是否规范,提醒检修负责人在检修时应注意的事项;确保安全防护措施到位,保证检修工作安全顺利完成。

(2)工作时间。

(3)检修工具。12 寸活口 1 把、钳子、螺丝刀、胶布和细砂纸。

(4)检修备件。热电阻、金属缠绕垫。

(5)票证的办理。需办理检修通知单、检修任务书和工艺交出单(根据具体实际情况),登高时需办理高处作业证。

3. 检修过程中的要求

(1)首先落实检修所需的备件,备件应与所更换或维修的热电阻的规格、型号、材质、长度等相一致。

(2)准备好使用的工具,工具必须合适、完好、齐全。

(3)相关票证办理齐全,在得到调度、操作工及相关人员的同意后方可施工。

(4)检修热电阻时必须确认是否带调节阀及联锁、报警装置,如带联锁报警需提前拆除联锁并提醒要求操作工给予确认,同时要求操作工加强监控;如带调节阀自控装置,需要求操作工将调节阀打到手动状态,同时操作工现场监护。

(5)在拆卸或维修热电阻套管前,必须确认工艺处理合格,操作工现场监护。

(6)更换或维修热电阻套管时身体必须避开热电阻安装口,同时站在上风向处。

(7)更换热电阻套管时要求操作工将管线内介质、压力排净,检修负责人检查确认后方可拆卸,佩戴好安全防护器材,做好安全防护措施。

(8)更换热电阻套管时,一并将缠绕垫进行更换,缠绕垫需确认材质正确,密封面压正。

(9)更换热电阻芯子或检查接线时,要注意检查套管内应清洁、无锈蚀、无污物,套管无泄漏;注意更换的热电阻芯子应与原芯子长度一致,将热电阻芯子固定好,接线要紧固,接线处无毛刺。

(10)在拆接信号线时,需注意信号线不能出现短路、接地现象,3 根信号线用胶布包好,同时屏蔽层也要检查防止出现接地现象。

(11)将热电阻接线盒进线口处用防爆泥密封好,做好防水措施。

(12)检查热电阻故障时,要一并检查、测量信号线的完好情况,确认信号线是否有中间接头,是否存在接触不良、氧化、松动等情况,确认模块通道的正常情况。

4. 检修质量要求

维修或更换的热电阻套管(芯子)安装应规范、牢固,各部件连接处及接线处紧固,缠绕垫密封面压正,材质正确,温度显示准确,做好防水措施。

5. 检修后的要求

(1)检修任务完成后,及时将现场清理干净,做到工完料净场地清。

(2)检修完成后,观察温度显示准确正常后,要求操作工及时将检修时拆除的联锁报警装置投入,带调节阀的及时将调节阀投入正常使用状态。

6. 检查与维护

(1)每天巡检时对热电阻外观进行检查:接线盒、保护管是否完好,防水措施是否完善。

(2)各信号线连接是否松动、磨损,有无毛刺过长接地现象。

(3)各信号线穿线管、防爆管是否完好,固定是否牢固,连接是否完好。

(4)热电阻保护套管与工艺管道连接密封处有无泄漏。

(5)停车时应及时检查热电阻保护管的腐蚀、冲刷情况,严重的予以更换。

(6)每次下雨后,应及时检查电缆沟内是否有存水,及时将积水抽干。

7. 常见故障现象及处理方法(表 10 - 3)

表 10 - 3　热电阻检修常见故障与处理方法

故障现象	可能原因	处理方法
显示仪表指示值比实际值低或示值不稳	保护套管内有金属屑、灰尘,接线柱间脏污及热电阻短路(水滴等)	除去金属屑,清扫灰尘、水滴等,找到短路点,加强绝缘
显示仪表指示为无穷大	热电阻或引出线断路及接线端子松开等	更换热电阻体或焊接及拧紧接线螺丝等
组织与温度关系有变化	热电阻丝材料受腐蚀变质	更换热电阻
显示仪表指示负值	显示仪表与热电阻接线有错,或热电阻有短路现象	改正接线,或找出短路处,加强绝缘

8. 安全注意事项

（1）对可能导致工艺参数波动或带联锁报警装置及调节阀的检修作业，必须事先取得工艺人员的认可。

（2）根据工艺介质正确选择测温套管及密封垫片的材质。

（3）检修时注意仪表接线不能出现短路、接地等现象，计算机电缆的屏蔽也不能出现接地现象。

10.4　温度测量仪表常见故障详解

10.4.1　热电阻温度计

工业热电阻的常见故障是工业热电阻断路和短路。一般断路更常见，这是热电阻丝较细所致。

断路和短路是很容易判断的，可用万用表的"×1 Ω"挡，如测得的阻值小于 R_0，则可能有短路的地方；若万用表指示为无穷大，则可判定电阻体已断路。电阻体短路一般较易处理，只要不影响电阻丝长短和粗细，找到短路处进行吹干，加强绝缘即可。电阻体断路修理必须要改变电阻丝的长短而影响电阻值，为此以更换新的电阻体为好，若采用焊接修理，焊接后要校验合格后才能使用。热电阻测温系统在运行中常见故障及处理方法见表 10 - 4。

表 10 - 4　热电阻温度计常见故障与处理方法

故障现象	可能原因	处理方法
显示仪表指示值比实际值低或示值不稳	保护管内有金属屑、灰尘，接线柱间脏污及热电阻短路（积水等）	除去金属屑，清扫灰尘、水滴等找到短路点，加强绝缘等
显示仪表指示无穷大	工业热电阻或引出线断路及接线端子松动	更换电阻体，或焊接及拧紧接线端子的螺丝等
显示仪表指示负值	显示仪表与热电阻接线有错，或热电阻有短路现象	改正接线，或找出短路处，加强绝缘
阻值与温度关系有变化	热电阻丝材料受腐蚀变质	更换电阻体（热电阻）

10.4.2　热电偶测温计

正确使用热电偶不但可以准确得到温度的数值，保证产品合格，而且还可节省热电偶的材料消耗，既节省资金又能保证产品质量。除了补偿导线接反、用错及接线松动引起的常见误差外（处理方法：正确使用补偿导线，紧固接线端子），安装不正确、热导率和时间滞后等是热电偶在使用中的主要误差。

1. 安装不当引入的误差

如热电偶安装的位置及插入深度不能反映炉膛的真实温度等，换句话说，热电偶不应装在太靠近门和加热的地方,插入的深度至少应为保护管直径的 8 ~ 10 倍;热电偶的保护套管与壁间的间隔未填绝热物质致使炉内热溢出或冷空气侵入,因此热电偶保护管和炉壁孔之间的空隙应用耐火泥或石棉绳等绝热物质堵塞,以免冷热空气对流而影响测温的准确性;热电偶冷端太靠近炉体使温度超过 100 ℃;热电偶的安装应尽可能避开强磁场和强电场,所以不应把热电偶和动力电缆线装在同一根导管内以免引入干扰造成误差;热电偶不能安装在被测介质很少流动的区域内,当用热电偶测量管内气体温度时,必须使热电偶逆着流速方向安装,而且充分与气体接触。

2. 绝缘变差而引入的误差

如热电偶绝缘了,保护管和拉线板污垢或盐渣过多致使热电偶极间与炉壁间绝缘不良,在高温下更为严重,这不仅会引起热电势的损耗而且还会引入干扰,由此引起的误差有时可达上百度。

3. 热惰性引入的误差

由于热电偶的热惰性使仪表的指示值落后于被测温度的变化,在进行快速测量时,这种影响尤为突出。所以应尽可能采用热电极较细、保护管直径较小的热电偶,测温环境许可时,甚至可将保护管取去。由于存在测量滞后,用热电偶检测出的温度波动的振幅较炉温波动的振幅小。测量滞后越大,热电偶波动的振幅就越小,与实际炉温的差别也就越大。当用时间常数大的热电偶测温或控温时,仪表显示的温度虽然波动很小,但实际炉温的波动可能很大。为了准确测量温度,应当选择时间常数小的热电偶。时间常数与传热系数成反比,与热电偶热端的直径、材料的密度及比热成正比,如要减小时间常数,除增加传热系数以外,最有效的办法是尽量减小热端的尺寸。使用中,通常采用导热性能好的材料,管壁薄、内径小的保护套管。在较精密的温度测量中,使用无保护套管的裸丝热电偶,但热电偶容易损坏,应及时校正及更换。

4. 热阻误差

高温时,如保护管上有一层煤灰、尘埃附在上面,则热阻增加,阻碍热的传导,这时温度示值比被测温度的真实值低。因此,应保持热电偶保护管外部的清洁,以减小误差。

工业热电偶常见故障及处理方法见表 10 - 5。

表 10 - 5　工业热电偶常见故障及处理方法

故障现象	可能原因	处理方法
热电势比实际值小(显示仪表指示值偏低)	热电极短路	找出短路原因,如因潮湿所致,则需进行干燥。如因绝缘子损坏所致,则需更换绝缘子,清扫积灰;补偿导线线间短路,找出短路点,加强绝缘或更换补偿导线
	工业热电偶热电极变质	在长度允许的情况下,剪去变质端重新焊接或重新更换热电偶
	补偿导线与工业热电偶极性接反	重新接正确

续表 10 – 5

故障现象	可能原因	处理方法
热电势比实际值小（显示仪表指示值偏低）	补偿导线与工业热电偶不配套	更换相配套的补偿导线
	工业热电偶安装位置不当或插入深度不符合要求	重新按规定安装
	工业热电偶冷端温度补偿不符合要求	调整冷端补偿器
热电势比实际值大（显示仪表指示值偏高）	工业热电偶与显示仪表不配套	工业热电偶或显示仪表使之相配套
热电势比实际值大（显示仪表显示值偏高）	补偿导线与工业热电偶不配套	更换相配套的补偿导线
	有直流干扰信号接入	排除直流干扰
	热电势输出不稳定	工业热电偶接线柱与热电极接触不良将接线柱螺丝拧紧
	工业热电偶测量线路绝缘破损，引起断续短路或接地	找出故障点，修复绝缘
	工业热电偶安装不牢或外部震动	紧固工业热电偶，消除振动或采取减震措施
	热电极将断未断	修复或更换工业热电偶
	外界干扰（交流漏电、电磁感应等）	查出干扰源，采取屏蔽措施
热电势误差大	热电极变质	更换热电极
	工业热电偶安装位置不当	改变安装位置
	保护管表面积灰	清除积灰

10.4.3　双金属温度计

双金属温度计的工作原理是利用两种不同温度膨胀系数的金属，一端焊接在固定点，另一端当温度变化时扭曲变形，将其转换成指针偏转角度，指示温度。

在使用中如出现线性误差，可通过调整温度计后面的指针旋钮来调整温度指示不准的问题，调整后的温度计经校验合格后方可使用。

10.4.4　压力式温度计

压力式温度计是利用液体的热胀冷缩来进行温度测量的，温包、毛细管和弹簧管组成的密闭系统内充满了测温介质——液体，当温包感受到温度变化时，密闭系统内的压力因液体体积发生变化而变化,引起弹簧管曲率变化使其自由端产生位移,再通过连杆和传动机构带动指针转动,在表度盘上指示出被测温度。这种仪表具有线性刻度、温包体积小、反应速度快、灵敏度高、读数直观等特点。

常用的压力式温度计一般故障为指针不动,指示偏差大,对于指针卡涩的可以用起针器拔出指针,重新定针校验合格后再使用。

1. 常见故障

温度控制仪表就是通过热电阻或者热电偶控制被测对象进行控制的仪器,其常见故障主要有以下几点:

(1)安装位置不当,使介质无法与测量元件充分地热交换,造成指示偏低。

(2)测温点保温不良,造成局部散热快,测温处偏低于系统温度。

(3)接线松动,接触不良造成指示不准,造成热电阻偏高,热电偶偏低。

(4)短路故障,造成热电阻偏低或最小,热电偶偏低或故障。

(5)断路(开路)故障,造成热电阻指示最大,热点偶无指示、最小。

此外,在对温度控制仪表系统故障进行分析时,要注意其系统仪表绝大多数选用的是电动仪表测量、指示以及控制,测量滞后性较大。

2. 常见故障分析方法

(1)首先检查温度仪表系统的指示值,如果其指示值变化到最大或者变化到最小,可以判定是仪表系统故障,其原因是温度仪表系统测量一般具有较大的滞后性,不会发生突然变化。温控仪表的故障一是在热电偶、热电阻以及补偿导线断线上;二是其变送器放大器出现失灵而导致故障。

(2)检查温度控制仪表系统指示值是不是不停地快速振荡,这种现象一般是可是控制参数 PID 调整不当导致的故障。

(3)检查温度控制仪表系统指示值是否是大幅缓慢地波动,这种现象一般是工艺操作变化造成的,如果没有工艺操作变化状态存在,可以判定为仪表控制系统自身出现了故障。

(4)判定温度控制系统的故障后,先对仪表的调节阀输入信号进行检查,看是否有变化,如果输入信号没有变化,而调节阀已经动作,可以判定是调节阀膜头膜片发生泄漏故障;检查调节阀定位器输入信号,如果输入信号没有发生变化,而输出信号在变化,则判定是仪表的定位器出现了故障;检查仪表定位器的输入信号与仪表的调节器输出信号,如果调节器输入信号没有变化,输出信号在变化,可以判定是仪表的调节器自身出了故障。

第11章 压力测量

11.1 压力变送器常见故障详解

1. 变送器无输出

(1)查看变送器电源是否接反。

解决办法:把电源极性接正确。

(2)测量变送器的供电电源,是否有 24 V 直流电压。解决办法:必须保证供给变送器的电源电压≥12 V(即变送器电源输入端电压≥12 V)。如果没有电源,则应检查回路是否断线、检测仪表是否选取错误(输入阻抗应≤250 Ω)等。

(3)如果是带表头的,检查表头是否损坏(可以先将表头的两根线短路,如果短路后正常,则说明是表头损坏)。

解决办法:表头损坏的则需另换表头。

(4)将电流表串入 24 V 电源回路中,检查电流是否正常。

解决办法:如果正常则说明变送器正常,此时应检查回路中其他仪表是否正常。

(5)电源是否接在变送器电源输入端。

解决办法:把电源线接在电源接线端子上。

2. 变送器输出≥20 mA

(1)变送器电源是否正常。

解决办法:如果小于 12 VDC,则应检查回路中是否有大的负载,变送器负载的输入阻抗应符合 $R_L \leq$(变送器供电电压 $-$ 12 V)$/$(0.02 A)Ω。

(2)实际压力是否超过压力变送器的所选量程。

解决办法:重新选用适当量程的压力变送器。

(3)压力传感器是否损坏,严重的过载有时会损坏隔离膜片。

解决办法:需发回生产厂家进行修理。

(4)接线是否松动。

解决办法:接好线并拧紧。

(5)电源线接线是否正确。

解决办法:电源线应接在相应的接线柱上。

3. 变送器输出≤4 mA

(1)变送器电源是否正常。

解决办法:如果小于 12 VDC,则应检查回路中是否有大的负载,变送器负载的输入阻抗应符合 $R_L \leq$(变送器供电电压 $-$ 12 V)$/$(0.02 A)Ω。

(2)实际压力是否超过压力变送器的所选量程。

解决办法:重新选用适当量程的压力变送器。

(3)压力传感器是否损坏,严重的过载有时会损坏隔离膜片。

解决办法:需发回生产厂家进行修理。

4. 压力指示不正确

(1)变送器电源是否正常。

解决办法:如果小于 12 VDC,则应检查回路中是否有大的负载,变送器负载的输入阻抗应符合 $R_L \leqslant$ (变送器供电电压 -12 V)/(0.02 A)Ω。

(2)参照的压力值是否一定正确。

解决办法:如果参照压力表的精度低,则需另换精度较高的压力表。

(3)压力指示仪表的量程是否与压力变送器的量程一致。

解决办法:压力指示仪表的量程必须与压力变送器的量程一致。

(4)压力指示仪表的输入与相应的接线是否正确。

解决办法:压力指示仪表的输入为 4~20 mA,则变送器输出信号可直接接入;如果压力指示仪表的输入为 1~5 V,则必须在压力指示仪表的输入端并接一个精度在千分之一及以上、阻值为 250 Ω 的电阻,然后再接入变送器的输入。

(5)变送器负载的输入阻抗应符合 $R_L \leqslant$ (变送器供电电压 -12 V)/(0.02 A)Ω。

解决办法:如不符合,则根据其不同可采取相应措施,如升高供电电压(但必须低于 36 VDC)、减小负载等。

(6)多点纸记录仪没有记录时输入端是否开路。

解决办法:如果开路则不能再带其他负载,或改用其他没有记录时输入阻抗≤250 Ω 的记录仪。

(7)相应的设备外壳是否接地。

解决办法:设备外壳接地。

(8)是否与交流电源及其他电源分开走线。

解决办法:与交流电源及其他电源分开走线。

(9)压力传感器是否损坏,严重的过载有时会损坏隔离膜片。

解决办法:需发回生产厂家进行修理。

(10)管路内是否有沙子、杂质等堵塞管道,有杂质时会使测量精度受到影响。

解决办法:需清理杂质,并在压力接口前加过滤网。

(11)管路的温度是否过高,压力传感器的使用温度是 -25~85 ℃,但实际使用时最好在 -20~70 ℃。

解决办法:加缓冲管以散热,使用前最好在缓冲管内先加些冷水,以防过热蒸汽直接冲击传感器,从而损坏传感器或降低使用寿命。

5. 压力上去,压力变送器输也上不去

解决办法:先应检查压力接口是否漏气或者被堵住,如果确认不是,检查接线方式,如接线无误再检查电源,如电源正常再查看传感器零位是否有输出,或者进行简单加压看输出是否变化,有变化证明传感器没有损坏,如果无变化传感器即已经损坏。出现这种情况的其他原因还可能是仪表损坏,或者整个系统其他环节的问题。

6. 加压力变送器输出不变化,再加压变送器输出突然变化,泄压变送器零位回不去

解决办法:极有可能是压力传感器密封圈引起的。一般是因为密封圈规格原因(太软或太厚),传感器拧紧时,密封圈被压缩到传感器引压口里面堵塞传感器,加压时压力介质进不去,但是压力是很大时突然冲开密封圈,压力传感器受到压力而变化,而压力再次降低时,密封圈又回位堵住引压口,残存的压力释放不出,因此传感器零位又下不来。排除此原因的最佳方法是将传感器卸下,直接查看零位是否正常,如果正常更换密封圈再试。

7. 变送器输出信号不稳

信号不稳的原因有以下几种:

(1)压力源本身是一个不稳定的压力。

(2)仪表或压力传感器抗干扰能力不强。

(3)传感器接线不牢。

(4)传感器本身振动很厉害。

(5)传感器故障。

8. 变送器接电无输出

压力变送器可能的原因有:

(1)接错线(仪表和传感器都检查)。

(2)导线本身的断路或短路。

(3)电源无输出或电源不匹配。

(4)仪表损坏或仪表不匹配。

(5)传感器损坏。

9. 变送器与指针式压力表对照偏差大

首先,出现偏差是正常的现象;其次,确认正常的偏差范围,确认正常的误差范围。

计算出压力表的误差值,例如:压力表量程为 30 bar(1 bar = 10^5 Pa)、精度为 1.5%、最小刻度为 0.2 bar,正常的误差为 30 bar×1.5% + 0.2 bar×0.5(视觉误差) = 0.55 bar。

10. 压力变送器的误差值

解决办法:例如,压力传感器量程为 20 bar、精度为 0.5%、仪表精度为 0.2%,正常的误差为 20 bar×0.5% + 20 bar×0.2% = 0.14 bar。整体对照时出现的可能性误差范围应以大误差值的设备的误差范围为准,以上例来说,传感器与变送器偏差值在 0.55 bar 内可视为正常。如果偏差非常大,应使用高精度仪表(至少此仪表高于压力表和传感器)进行参照。

11. 微差压变送器安装位置对零位输出的影响

微差压变送器由于其测量范围很小,变送器中传感元件的自重即会影响到微差压变送器的输出,因此在安装微差压变送器出现的零位变化情况属正常情况。安装时应使变送器的压力敏感件轴向垂直于重力方向,如果安装条件限制,则应安装固定后调整变送器零位到标准值。

11.2 压力变送器检维修规范

11.2.1 总则

1. 简介

本检修作业指导书规定了某厂现使用的各种型号的压力变送器维护、检修、投运及其安全注意事项的具体要求和检修步骤。

2. 性能指标与规格

基本误差：±0.5%；±1.0%。

线性误差：±0.5%；±1.0%。

稳定性：±0.2%；±0.3%；±0.4%。

测量范围：0~0.1 MPa 至 0~25 MPa。

负载能力：250~350 Ω。

输出信号：4~20 mADC。

电源：24 VDC。

使用温度：-20~85 ℃。

环境湿度：0~95%。

3. 适用范围

差压变送器的检查校验方法与压力变送器相同。

本检修作业指导书适用于电仪车间仪表工段全体仪表人员。

11.2.2 检修

1. 检修目的

为了使压力变送器能够准确显示检测点实际压力值，确保压力变送器各部件完好，相关附件齐全。

2. 检修前的准备工作

（1）人员分工。

①负责人。根据仪表元件的故障现象，确定检修项目，负责检修质量，确认更换或校验的压力变送器校验合格，零点量程设定准确，保证更换或校验的压力变送器处于完好状态；确保检修工作保质保量完成。

②安全负责人。负责检修期间的安全监护，落实安全措施是否完善，防护器材是否准备齐全，佩戴是否规范，提醒检修负责人在检修时应注意的事项；确保安全防护措施到位，保证检修工作安全顺利完成。

（2）工作时间。

（3）检修工具。10寸、12寸活口各1把，调试器1台，钳子1把，螺丝刀1把。

（4）检修备件。压力变送器、连接丝头和密封垫。

（5）票证的办理。需办理检修通知单、检修任务书，登高时需办理高处作业证。

3. 检修过程中的要求

（1）首先落实检修所需的备件，备件应与所更换的压力变送器的规格、型号、量程等相一致，备件应完好、各部件齐全。

（2）准备好使用的工具，工具必须合适、完好、齐全。

（3）相关票证办理齐全，必须得到调度、操作工及相关人员的同意后方可施工。

（4）在拆卸压力变送器前，必须确定是否带调节阀及联锁、报警装置，如带联锁报警需提前拆除联锁并提醒要求操作工给予确认，同时要求操作工加强监控；如带调节阀自控装置，需要求操作工将调节阀打到手动状态，同时操作工现场监护。

（5）更换压力变送器时身体必须站在上风向处，拆接信号线时一定要将两根信号线分开，分别用绝缘胶布包好，防止短路或接地时烧坏模块通道。

（6）拆卸压力变送器时需使用两个活口扳手，一个扳手打住压力变送器四方丝扣处，另一个扳手打住压力变送器与阀门丝头连接处，严禁使用一个扳手进行压力变送器拆卸、安装作业。

（7）先将压力变送器根部阀门关闭，打开排污阀或将压力变送器缓缓松动，微机上观察压力变送器指示是否下降，确认阀门是否内漏，是否还有残存余压、介质。

（8）待确认好压力变送器根部阀门不内漏，无残余介质压力后再将压力变送器拆卸更换。

①变送器受压部件的检修。

a. 卸下变送器支架，旋开四根法兰螺栓将受压室解体。用乙醇或水将压室清洗干净，清洗时要特别注意不要将膜盒（膜片）碰伤。

b. 清洗后应首先检查膜盒（膜片），如发现膜盒（膜片）有损伤（损坏）或漏油，则必须进行更换。如果不是明显的损坏，应进行全面测试认为可用时方可再用。

c. 检查膜盒（膜片）受压侧和受压接头下面的两个"O"型圈是否有损坏和严重变形，如有损坏、变质和严重变形应进行更换。旋下排气/排液阀，检查阀体和螺纹有无缺损，如有缺损应进行必要的修整或更换。排气/排液阀的六角扭位如有严重秃角也应进行修整或更换。

d. 检查导压接头螺纹有无损坏，如有损坏应进行修整或更换新品。

e. 紧固受压室体法兰的螺栓及其零件，如螺纹有严重损坏，六角扭位有严重秃角、严重锈蚀应进行更换。

f. 解体后受压室的所有金属件经清洗和修改后，表面应均匀地涂覆防锈油剂。各类"O"型密封圈表面应涂覆硅油。

g. 经清洗检修后认为所有零部件都不存在问题时，可重新组装受压室体。组装时要使墨盒（膜片）在法兰的相对位置中，用扳手成对角方向逐步拧紧螺栓，保证两只法兰平行不翘起。螺栓的拧紧力矩应在 2 000 ~ 5 000 N·cm 之间。

②变送器电气部分检修。

a. 旋开变送器端盖，卸下变送器的固定螺钉，小心地将放大器打开，检查放大器的印刷电路有无破损和断裂，如有破损和断裂可用焊锡将其破损断裂点修复。

b. 变送器内接插件有无接触不良、表面氧化变形等现象，如有应修复或更换新品。

c. 检查放大器上的电子器件有无老化变质，如有可与厂家联系更换线路板。

d. 检查调零、调量程等电位器的工作情况,注意观察电位器在转动时的阻值变化是否均匀平滑,如发现性能变坏可用相同规格、型号的电位器代换。

e. 检查变送器内部的接线、焊点有无接触不良、间接短路等现象,如有则更新导线和处理短路。

(9)压力变送器安装方向必须规范,方向正向,不能任意角度随意安装。

(10)更换的压力变送器如有导压管,需检查导压管有无振动、是否通畅、与管线有无摩擦、是否锈蚀,如有以上问题应及时进行处理。

(11)校验压力变送器零点、量程时,需将变送器通大气,变送器膜片未受压,变送器放正,不能倾斜(差压变送器校验时需将正、负压室引压管根部阀门关闭,将三阀组处的正、负压室阀门打开,将三阀组平衡阀打开,通大气)。

①零点校对。仪表按说明书的要求接好线后,通电预热 15 min。零点校准时,变送器的测压室应对大气处于自然平衡状态,即相当于测量范围 0% 的压力加至变送器。这时数字电流表指示应为 4 mA,如偏差大于技术指标,应通过零点调整旋钮或者调试器进行零点调整。

②量程校对。变送器的零点校对合格后,即可向变送器的正压室加入相当于 100% 测量范围的压力,这时数字电流表的示值应为 20 mA。如偏差大于 20 mA 应通过量程调整旋钮或者调试器进行量程调整。

③线性度校对。变送器的量程和零点校对好后,应进行线性度校对。变送器的线性度校对应不少于全量程的五个等分点,即 0%、25%、50%、75%、100%,其数字电流表对应的示值为 4、8、12、16、20(mA)。校对时如中间某点出现偏差大于 0.5% 满量程,应通过线性旋钮进行调整。变送器进行线性调整后,应重新校准零点和量程。

4. 检修质量要求

更换或检修后的压力变送器安装应规范、牢固,各连接处无泄漏,压力变送器根部阀门开关自如、灵活,配件齐全,压力指示准确;零点、量程校验符合使用要求,压力变送器导压管无振动、无阻塞,做好防水措施。

5. 检修后的要求

(1)检修任务完成后,及时将现场清理干净,做到工完料净场地清。

(2)压力变送器安装好后,将阀门打开,检查压力变送器及各连接丝头处密封情况,达到各连接处无泄漏,压力显示正常、稳定。

(3)及时做好压力变送器的校验、更换记录。

6. 压力变送器日常维护

(1)向当班人员了解仪表的运行及显示情况,及时清理保护箱内的杂物。

(2)发现并及时处理松动的接线和紧固件,定期进行变送器外部清扫,对导压管及根部阀门进行防腐。

(3)查看变送器的指示和现场的压力表指示及二次表指示是否一致。

(4)查看变送器(包括导压管、阀门)有无泄漏、损坏及腐蚀。

(5)发现问题应及时处理,并做好巡回检查记录。

(6)做好压力变送器的防水、防振措施。

(7)冬季时做好压力变送器及导压管、相关设备的防冻保温措施,确保准确显示。

7. 安全注意事项

（1）进行拆、装或调整带联锁装置的变送器时，须首先切除联锁装置，以防出现事故。

（2）在有毒、有害场所安装的变送器，必须彻底切除有害、有毒物质后才能进行检修，或将仪表拆下搬运到安全区进行检修。

（3）在检修用于氧气及其他禁油测量介质的变送器时，一定要保持变送器的压室内及倒压接头排除阀处无油。

（4）具有强腐蚀性的介质或蒸汽温度过热的介质不应与变送器直接接触，应加隔离措施。

（5）防止渣子等细小颗粒物质在引压管内沉淀，堵塞管路。

（6）在测量蒸汽或其他高温介质时，不应使变送器的工作温度超过 85 ℃，超过 85 ℃必须加装冷凝圈，冷凝圈内要充满冷凝水，以防变送器与蒸汽直接接触。必要时可加装冷凝罐。

11.3　工作原理与应用

压力传感器是工业实践中最为常用的一种传感器，其广泛应用于各种工业自控环境，涉及水利水电、铁路交通、智能建筑、生产自控、航空航天、军工、石化、油井、电力、船舶、机床、管道等众多行业，下面简单介绍一些常用传感器原理及其应用。

1. 应变片压力传感器原理与应用

力学传感器的种类繁多，如电阻应变片压力传感器、半导体应变片压力传感器、压阻式压力传感器、电感式压力传感器、电容式压力传感器、谐振式压力传感器及电容式加速度传感器等。但应用最为广泛的是压阻式压力传感器，它具有极低的价格、较高的精度以及较好的线性特性。下面主要介绍这类传感器。

（1）电阻应变片的定义。

在了解压阻式力传感器时，首先认识一下电阻应变片这种元件。电阻应变片是一种将被测件上的应变变化转换成为一种电信号的敏感器件，它是压阻式应变传感器的主要组成部分之一。电阻应变片应用最多的是金属电阻应变片和半导体应变片两种。金属电阻应变片又有丝状应变片和金属箔状应变片两种。通常是将应变片通过特殊的黏合剂紧密地黏合在产生力学应变基体上，当基体受力发生应力变化时，电阻应变片也一起产生形变，使应变片的阻值发生改变，从而使加在电阻上的电压发生变化。这种应变片在受力时产生的阻值变化通常较小，一般这种应变片都组成应变电桥，并通过后续的仪表放大器进行放大，再传输给处理电路（通常是 A/D 转换和 CPU）显示或执行机构。

（2）金属电阻应变片的内部结构。

电阻应变片由基体材料、金属应变丝或应变箔、绝缘保护片和引出线等部分组成。根据不同的用途，电阻应变片的阻值可以由设计者设计，但电阻的取值范围应注意：阻值太小，所需的驱动电流太大，同时应变片的发热致使本身的温度过高，不同的环境中使用，使应变片的阻值变化太大，输出零点漂移明显，调零电路过于复杂；而电阻太大，阻抗太高，抗外界的电磁干扰能力较差，一般均为几十欧至几十千欧。

（3）电阻应变片的工作原理。

金属电阻应变片的工作原理是吸附在基体材料上应变电阻随机械形变而产生阻值变化的

现象,俗称为电阻应变效应。金属导体的电阻值可用下式表示:

$$R = \frac{\rho L}{S}$$

式中,ρ 为金属导体的电阻率($\Omega \cdot cm^2/m$);S 为导体的截面积(cm^2);L 为导体的长度(m)。

以金属丝应变电阻为例,当金属丝受外力作用时,其长度和截面积都会发生变化,从上式中可以很容易看出,其电阻值即会发生改变,假如金属丝受外力作用而伸长时,其长度增加,而截面积减少,电阻值便会增大;当金属丝受外力作用而压缩时,长度减小而截面增加,电阻值则会减小。只要测出加在电阻的变化(通常是测量电阻两端的电压),即可获得应变金属丝的应变情况。

2. 陶瓷压力传感器原理及应用

抗腐蚀的陶瓷压力传感器没有液体的传递,压力直接作用在陶瓷膜片的前表面,使膜片产生微小的形变,厚膜电阻印刷在陶瓷膜片的背面,连接成一个惠斯通电桥(闭桥),由于压敏电阻的压阻效应,因此电桥产生一个与压力成正比的高度线性,与激励电压也成正比的电压信号,标准的信号根据压力量程的不同标定为 2.0/3.0/3.3 mV/V 等,可以和应变式传感器相兼容。通过激光标定,传感器具有很高的温度稳定性和时间稳定性,传感器自带温度补偿 0 ~ 70 ℃,并可以和绝大多数介质直接接触。

陶瓷是一种公认的高弹性、抗腐蚀、抗磨损、抗冲击和振动的材料。陶瓷的热稳定特性及它的厚膜电阻可以使它的工作温度范围高达 – 40 ~ 135 ℃,而且具有测量的高精度、高稳定性。电气绝缘程度 > 2 kV,输出信号强,长期稳定性好。高特性、低价格的陶瓷传感器将是压力传感器的发展方向,在欧美国家有全面替代其他类型传感器的趋势,在中国有越来越多的用户使用陶瓷传感器替代扩散硅压力传感器。

3. 扩散硅压力传感器原理及应用

被测介质的压力直接作用于传感器的膜片上(不锈钢或陶瓷),使膜片产生与介质压力成正比的微位移,使传感器的电阻值发生变化,用电子线路检测这一变化,并转换输出一个对应于这一压力的标准测量信号。

4. 蓝宝石压力传感器原理与应用

利用应变电阻式工作原理,采用硅 – 蓝宝石作为半导体敏感元件,具有无与伦比的计量特性。

蓝宝石系由单晶体绝缘体元素组成,不会发生滞后、疲劳和蠕变现象;蓝宝石比硅要坚固,硬度更高,不怕形变;蓝宝石有着非常好的弹性和绝缘特性(1 000 ℃以内),因此,利用硅 – 蓝宝石制造的半导体敏感元件,对温度变化不敏感,即使在高温条件下,也有着很好的工作特性;蓝宝石的抗辐射特性极强;另外,硅 – 蓝宝石半导体敏感元件,无 p – n 漂移,因此,从根本上简化了制造工艺,提高了重复性,确保了高成品率。

用硅 – 蓝宝石半导体敏感元件制造的压力传感器和变送器,可在最恶劣的工作条件下正常工作,并且可靠性高、精度好、温度误差极小、性价比高。

表压压力传感器和变送器由双膜片构成:钛合金测量膜片和钛合金接收膜片。印刷有异质外延性应变灵敏电桥电路的蓝宝石薄片,被焊接在钛合金测量膜片上。被测压力传送到接收膜片上(接收膜片与测量膜片之间用拉杆坚固地连接在一起)。在压力的作用下,钛合金接收膜片产生形变,该形变被硅 - 蓝宝石敏感元件感知后,其电桥输出会发生变化,变化的幅度与被测压力成正比。

传感器的电路能够保证应变电桥电路的供电,并将应变电桥的失衡信号转换为统一的电信号输出(0 ～ 5、4 ～ 20 mA 或 0 ～ 5 V)。在绝压压力传感器和变送器中,蓝宝石薄片与陶瓷基极玻璃焊料连接在一起,起到了弹性元件的作用,将被测压力转换为应变片形变,从而达到压力测量的目的。

5. 压电压力传感器原理与应用

压电传感器中主要使用的压电材料包括有石英、酒石酸钾钠和磷酸二氢胺。其中石英(二氧化硅)是一种天然晶体,压电效应就是在这种晶体中发现的,在一定的温度范围之内,压电性质一直存在,但温度超过这个范围之后,压电性质完全消失(这个高温就是所谓的"居里点")。由于随着应力的变化电场变化微小(也就说压电系数比较低),所以石英逐渐被其他的压电晶体所替代。而酒石酸钾钠具有很大的压电灵敏度和压电系数,但是它只能在室温和湿度比较低的环境下才能够应用。磷酸二氢胺属于人造晶体,能够承受高温和相当高的湿度,所以已经得到了广泛的应用。

现在压电效应也应用在多晶体上,比如现在的压电陶瓷,包括钛酸钡压电陶瓷、PZT、铌酸盐系压电陶瓷、铌镁酸铅压电陶瓷等。

压电效应是压电传感器的主要工作原理,压电传感器不能用于静态测量,因为经过外力作用后的电荷,只有在回路具有无限大的输入阻抗时才得到保存。实际的情况不是这样的,所以这决定了压电传感器只能够测量动态的应力。

压电传感器主要应用在加速度、压力和力等的测量中。压电式加速度传感器是一种常用的加速度计,它具有结构简单、体积小、质量轻、使用寿命长等优异的特点。压电式加速度传感器在飞机、汽车、船舶、桥梁和建筑的振动和冲击测量中已经得到了广泛的应用,特别是航空和宇航领域中更有它的特殊地位;压电式传感器也可以用来测量发动机内部燃烧压力的测量与真空度的测量;也可以用于军事工业,例如用它来测量枪炮子弹在膛中击发的一瞬间的膛压的变化和炮口的冲击波压力;它既可以用来测量大的压力,也可以用来测量微小的压力。

11.4　3051 和 EJA 型压力变送器

1. 3051 压力变送器

(1)罗斯蒙特 3051 压力变送器的工作原理。

3051 系列差压变送器是由 Fisher - Rosemount 公司生产的一种高性能两线制变送器。它属于一种智能型的电容式变送器(具体见前节的电容式压力传感器),由传感组件和电子组件两部分组成(图 11 - 1)。

(2)变送器的安装。

①液体流量测量(图 11 - 2)。

a. 在管线侧安装龙头以防止沉淀物质沉积在变送器过程隔离器上。

b. 将变送器安装在龙头旁边或龙头下方,使气体能排入过程管线。

c. 将排液/排气阀朝上安装以方便气体排放。

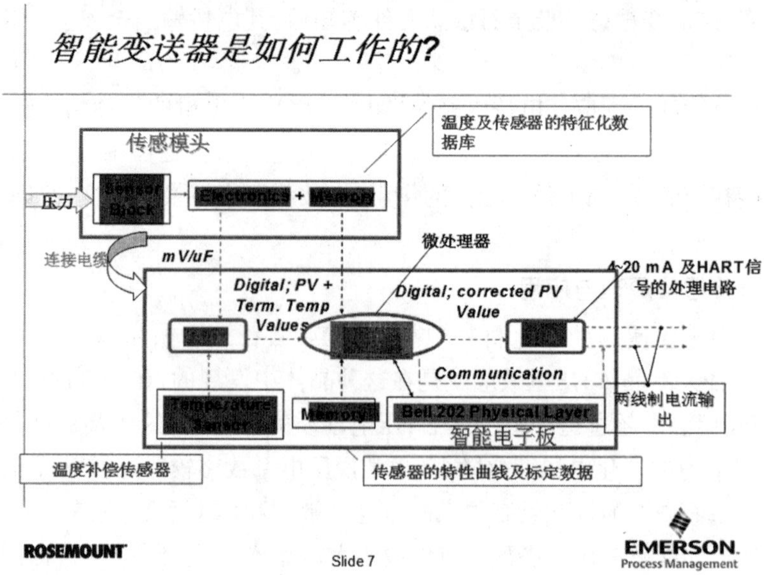

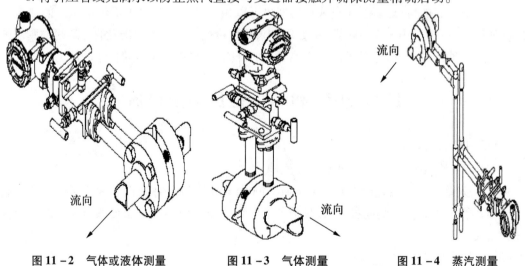

图 11 - 1　智能型的电容式变送器工作原理

②气体流量测量(图 11 -3)。

a.将龙头安装在管线顶端或侧边。

b.将变送器安装在龙头旁边或上方使液体排入过程管线。

③蒸汽流量测量(图 11 -4)。

a.将龙头安装在管线侧边。

b.将变送器安装在龙头下方以确保引压管线始终充满冷凝水。

c.将引压管线充满水以防止蒸汽直接与变送器接触并确保测量精确启动。

图 11 - 2　气体或液体测量　　　图 11 - 3　气体测量　　　图 11 - 4　蒸汽测量

注释:

在蒸汽或其他高温测量中,对于硅油灌充变送器,共面过程法兰处的温度不能超过 250 ℉(121 ℃),对于惰性液灌充变送器,不能超过 185 ℉(85 ℃)。在真空测量中,这些温度极限下降到:对于硅油灌充变送器为 220 ℉(104 ℃)且对于惰性液灌充变送器为 160 ℉(71 ℃)。3051L 型、3051H 型和传统法兰可经受更高温度。

(3)设置跳线。

用于 3051 型变送器的安全方法有三种:

①安全跳线。严禁对变送器组态进行写操作。

②本机键(本机零点与量程)软件锁定。严禁通过本机零点与量程调整键修改变送器量程点。本机键安全设置激活后,对组态的修改要通过 HART 进行。

③拆除本机键(本机零点与量程)磁性按钮实体。消除利用本机键调整变送器量程点的能力。本机键安全设置激活后,对组态的修改要通过 HART 进行。

可采用写保护跳线防止对变送器组态数据进行修改。安全控制功能通过电子线路板或显示面板上的安全(写保护)跳线执行。将变送器电路板上的跳线设置在"ON"(开)位置以防止意外或故意改变组态数据。

如果变送器写保护跳线处于"ON"(开)位置,变送器不接受任何对存储器进行的"写操作",诸如数字微调和重置量程等组态改变在变送器安全设置处于打开状态下都不能进行。

(4)使用 HART375 对 3051 系列压力变送器进行组态。

3051C 或其他压力变送器与 HART375 手操器的接线如图 11 – 5 所示,现场可接在表的电源端子处,控制室可接在信号端子处。回路电阻应保证在 250 ~ 1 000 Ω 范围内。

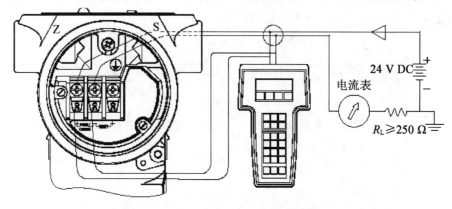

图 11 – 5　HART375 手操器与变送器的连接

进入在线画面,打开电源开关,等待 HART375 进入主菜单画面,HART375 主界面如图 11 – 6 所示,此界面有五个选项栏,分别为:HART 应用、现场总线应用、手操器设置、与 PC 通信和写字板。

图 11 – 6　HART375 主界面

使用光标笔双击"HART 应用栏",如果手操器与变送器通信正常,则画面应转入在线画面(图 11 –7),这个界面会显示在线变送器的各个实时参数,比如实时的过程变量值、电流输出值、量程上限与下限值,其中最重要的是仪表设置这个选项,它是变送器能够进行组态的关键菜单。

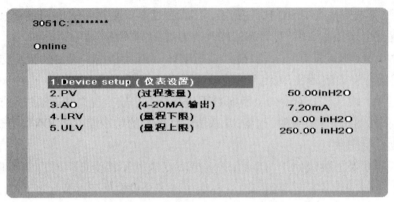

图 11 –7　与变送器连接在线画面

组态过程:在变送器与手操器通信正常的情况下,可以双击"仪表设置"菜单即可进入变送器的组态菜单,仪表组态画面有 5 个选项(图 11 –8)。

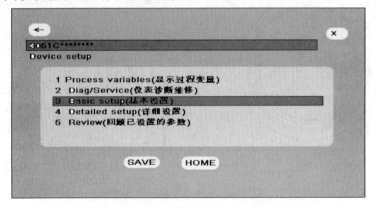

图 11 –8　仪表设置菜单选项

①双击"显示过程变量"后,可以查看与变送器相关的所有测量参数。

②进入诊断画面,可以对仪表进行各种校验及回路测试,另外仪表的各项报警也可以查看。

③进入"基本设置"可以修改位号、单位、量程值、传输函数和阻尼时间,因此,这是最常用的菜单。可以双击 5 个选项的任一个进入该菜单,图 11 –9 所示为菜单 3"基本设置"的子菜单。

单击左箭头可以退回上一级菜单,单击"×"图标退回主菜单(此时可以关机)。单击"HOME"退回在线菜单(此菜单为实时更新画面)。

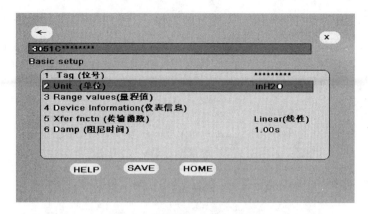

图 11 - 9　基本设置子菜单

双击"单位"进入修改工程单位子菜单,如图 11 - 10 所示,该子菜单中拥有几十种国际、国内通用的使用单位,可以根据实际使用情况进行选择。

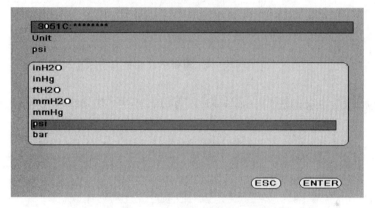

图 11 - 10　修改工程单位子菜单

使用光标笔单击所选定的单位,然后单击"ENTER",这时候会出现一个提示,告诉你当前过程变量在该选定单位尚未发送至变送器之前仍然为原单位,提示你应在下随菜单中进行发送(SEND)。因此,见到提示后,即按"OK"则出现下随菜单,如图 11 - 11 所示。

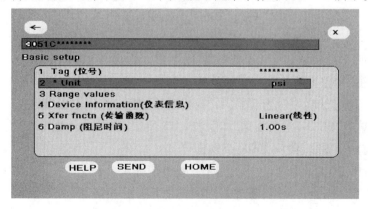

图 11 - 11　下随菜单

此时单击"SEND",并在见到提示后按"OK",修改后的单位即下装到变送器中。最后见提示单击"OK"完成该操作。(注意,单位 Unit 左上角"＊"在发送成功后,应消失)

在基本设置中,用光标笔选中"3 量程"并双击,则进入量程修改菜单,如图 11 - 12 所示,在此菜单中,有两种修改方式。

①直接键盘输入,这是最方便的方式。

②提供标准压力值并将该压力确认为 4 mA 或 20 mA 的设定点。

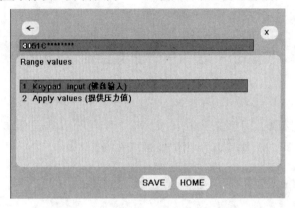

图 11 - 12　量程修改菜单

直接键盘输入方式:双击图 11 - 12 选项 1,可以直接进入图 11 - 13 所示界面。

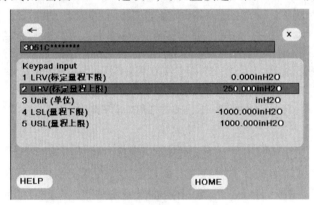

图 11 - 13　量程修改选项

一般来说,如不做迁移,则只需修改量程上限。因此,双击"URV"进入键盘画面,图 11 - 14 所示为输入数值界面。

可以使用光笔,点击数字键直接输入希望修改的量程。然后点击"ENTER"确认。当返回上一级菜单后,单击"SEND"进行发送,如图 11 - 15 所示(URV 左上角 ＊ 号表示该参数尚未发送)。发送后,有两个提示,请单击 OK 确认即可。

在基本设置中,图 11 - 16 所示中的选项 2 是专门针对仪表的调校及故障诊断设置的。一般来说,变送器完成现场安装后,须进行读数的清零。此功能在 375 菜单中称之为" ZERO RTIM"。

选项框中"仪表诊断维修"菜单可以进入和完成" ZERO RTIM",双击,则进入诊断维护子菜单,如图 11 - 17 显示。

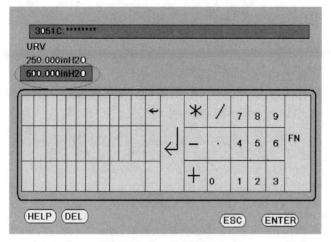

图 11 - 14 输入数值界面

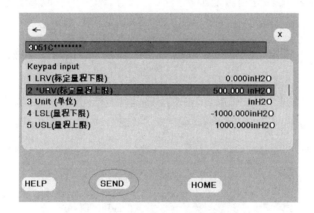

图 11 - 15 量程修订值发送选项

图 11 - 16 仪表设置界面诊断维护

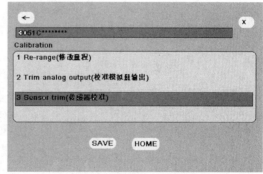

图 11 - 17 诊断维护子菜单

选中 3 并双击,弹出图 11 - 18 所示的菜单。

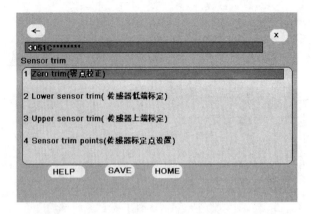

图 11 – 18　Zero trim 选项

　　选择 1 并双击,然后点击"OK"。对两个提示进行确认,注意,此项校准应确认在控制系统处于手动状态下进行。

　　接下来,375 将提示仪表应确认处于零点压力状态,即应该在现场操作人员配合下进行压力平衡或放空操作。确认完成上述工作后,点击"OK"(图 11 – 19)。

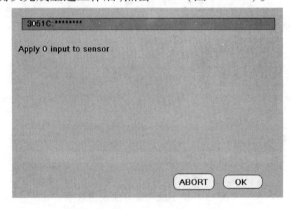

图 11 – 19　确认处于零点压力状态

　　接下来的提示,告诉您仪表需确认零点读数的稳定, 然后,点击"OK"结束操作(图 11 – 20)。

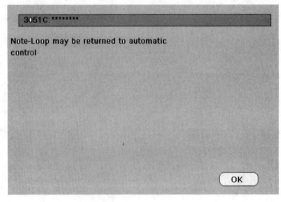

图 11 – 20　仪表值已稳定

最后的操作,应单击"HOME"键返回在线显示。此时,PV 值应为零点值并且 AO(4 ~ 20 mA)应为 4.00 mA。

如 PV 仍有误差,可再进行一次。如 PV 正确,但 4.00 mA 有误差,则需进行校验菜单的第 2 项 – Trim analog output/校准模拟量输出。

以下为操作菜单(图 11 – 21)。

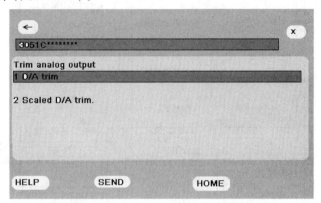

图 11 – 21　进入校准模拟量输出子菜单

双击选项 1,确认系统处于手动状态,并将标准电流表串入变送器回路然后点击"OK"3 次,进入编辑菜单(图 11 – 22)。

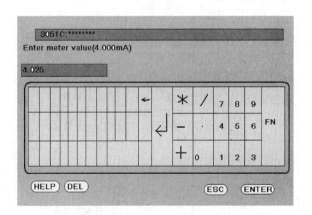

图 11 – 22　进入输出量编辑菜单

使用光笔点击数字键,输入标准表的读数,例如:4.025 mA,点击"ENTER"确认。接下来的提示将问你此时的输出是否与标准表一致,如一致,则选"1/Yes"。如不一致,则需重做,选"2/No"。

下一步,将对 20 mA 点进行相同的校准。最后,使用"HOME"键退回在线菜单即可。

注意:为确保手操器与现场仪表通信正常,请确认回路负载电阻为 250 ~ 1 000 Ω,且对大多数变送器来说,输出端应保证 4 mA/12 V 的供电,如果变送器回路电缆受到强电干扰(例如与供电系统共用穿线管,则可能引起通信问题,或回路电缆单端对地绝缘不良等)。在有强干扰情况下,(例如有大功率变频器)应特别注意仪表的接地。

对于其他设置可根据通信图进行设置,例如阻尼、输出等,这里不做详细介绍。图 11 – 23

所示为 3051 压力变送器与 HART375 通信图。

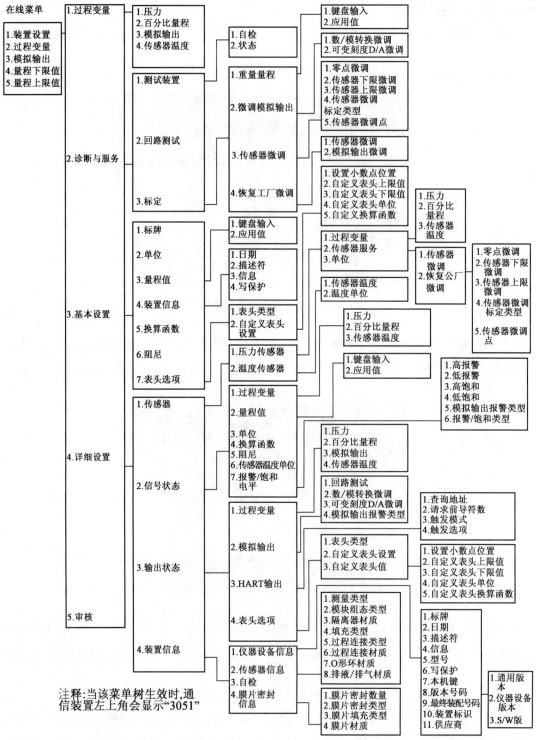

图 11 - 23　3051 压力变送器与 HART375 通信图

(5)3051 常见故障及纠正措施。

表 11-1 对多数常见运行问题给出了概括性的故障检修建议。

表 11-1　故障检修建议

故障	纠正措施
变送器毫安读数为零	检验信号端子是否接通电源 检查电源线的极性是否接反 检验端子电压是否处于 10.5~42.4 VDC 之间 检查开放式二极管是否与测试端子交叉
变送器不能用 HART 通信装置通信	检验输出是否在 4~20 mA 之间或是否为饱和电平 检验变送器的 DC 电源是否清洁(峰值与峰值之间最大 AC 噪声为 0.2 V) 检查回路电阻,最小为 250 Ω((电源电压-变送器电压)/回路电流) 检查单元地址是否正确
变送器毫安读数高或低	检验所施加的压力 检查 4~20 mA 量程点 检验输出不在报警状态 检验是否需要 4~20 mA 输出微调
变送器对所施加的压力变化没有响应	检查测试设备 检查引压管线或阀组是否阻塞 检验所施压力是否在 4~20 mA 设置点之间 检验输出不在报警状态 检验变送器不在回路测试模式
数字压力变量读数低或高	检查测试设备(检验精度) 检查引压管线是否阻塞或湿段较低部位被灌充堵塞 检验变送器是否正确标定 检验测量压力计算
数字压力变量读数不稳定	检查测量系统确定压力线路是否有故障设备 检验变送器对设备的开/关不能直接做出反应 检验测量阻尼是否正确设置
毫安读数不稳定	检验变送器的电源是否有足够的电压和电流 检查是否有外部电气干扰 检验变送器是否正确接地 检验双绞线的屏蔽是否只在一端接地

2. EJA 压力变送器

EJA 差压变送器是由日本横河电机株式会社于 1994 年最新开发的高性能智能式差压、压力变送器,采用了世界上最先进的单晶硅谐振式传感器技术,自投放市场以来,以其优良的性能受到客户好评。

（1）工作原理。

由单晶硅谐振式传感器上的两上 H 形的振动梁分别将差压、压力信号转换成频率信号，送到脉冲计数器，再将两频率之差直接传递到 CPU 进行数据处理，经 D/A 转换器转换为与输入信号相对应的 4~20 mADC 的输出信号，并在模拟信号上叠加一个 BRAIN/HART 数字信号进行通信。膜盒组件中内置的特性修正存储器存储传感器的环境温度、静压及输入/输出特性修正数据，经 CPU 运算，可使变送器获得优良的温度特性和静压特性及输入/输出特性。通过 I/O 口与外部设备（如手持智能终端 BT200 或 275 以及 DCS 中的带通信功能的 I/O 卡）以数字通信方式传递据，即高频 2.4 kHz（BRAIN 协议）或 1.2 kHz（HART 协议）数字信号叠加在 4~20 mA 信号线上，在进行通信时，频率信号对 4~20 mA 信号不产生任何的影响。

（2）特点及性能。

①结构原理。单晶硅谐振传感器的核心部分，即在一单晶硅芯片上采用微电子机械加工技术（MEMS），分别在其表面的中心和边缘做成两个形状、大小完全一致的 H 形状的谐振梁（H 形状谐振器有两个振梁），且处于微型真空腔中，使其即不与充灌液接触，又确保振动时不受空气阻尼的影响。

②谐振梁振动原理。硅谐振梁处于由永久磁铁提供的磁场中，与变压器、放大器等组成一正反馈回路，让谐振梁在回路中产生振荡。

③受力情况。当单晶硅片的上下表面受到压力并形成压力差时将产生形变，中心处受到压缩力，边缘处受到张力，因而两个形状振梁分别感受不同应变作用，其结果是中心谐振梁受压缩力而频率减少，边侧谐振梁因受张力而频率之差对应不同的压力信号。

（3）EJA 变送器传感器与其他传感技术的比较（图 11-24）。

原理	电容式	压阻式	单晶硅谐振式
结构	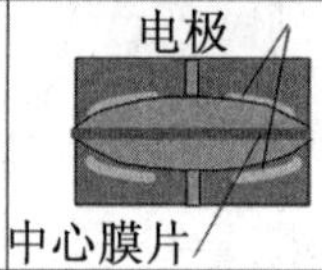 电极 中心膜片	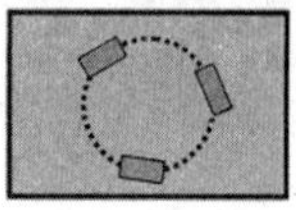	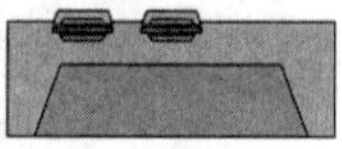
优点	• 结构简单 • 历史悠久	• 滞后小 • 复合传感	• 滞后小 • 温度影响小 • 静压影响小 • 复合传感 　　差压 　　静压 　　温度
缺点	• 滞后大 • 重复性差	温度误差大 （未补偿前）	

图 11-24　传感器传感技术的比较

（4）用 HART 进行参数设置。

按图 11-25 所示建立连接。

①输入位号（图 11-26）。

a. 主画面下选择"Device setup"。

b. Device setup 画面下选择"Basic Setup"（基本设置）。

c. Basic Setup 画面下选择"Tag"。

d. Tag 画面下输入位号。

e. 确认并发送。

f. 完成。

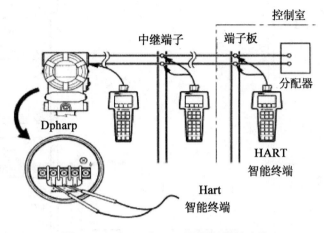

图 11 – 25　EJA 与 HART 通讯器的连接

②选择单位（图 11 – 27、图 11 – 28）。

a. 主画面下选择"Devier setup"。

b. Device setup 画面下选择"Basic Setup"（基本设置）。

c. Basic Setup 画面下选择"Unit"。

d. Unit 画面下选择需要的单位。

e. 确认并发送。

f. 完成。

③设置量程（图 11 – 29）。

a. 主画面下选择"LRV"。

b. 设置下限值，输入量程下限数值。

c. 确认。

d. 选择"URV"。

e. 设置上限值，输入量程上限数值。

f. 确认并发送。

④设置输出模式（图 11 – 30、图 11 – 31）。

a. 主画面下选择"Device setup"。

b. Device setup 画面下选择"Basic Setup"（基本设置）。

c. Basic Setup 画面下选择"Xfer fnctn"

d. Xfer fnctn 画面下选择需要输出形式,有限性和开方两种供选择。

e. 确认并发送。

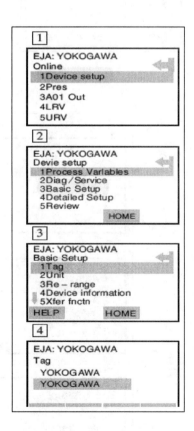

图 11 – 26　输入位号设置

f.完成。

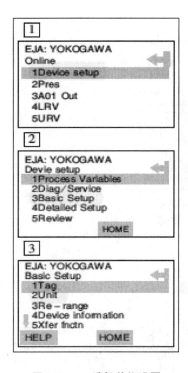

图 11-27 选择单位设置

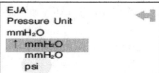

图 11-28 选择单位

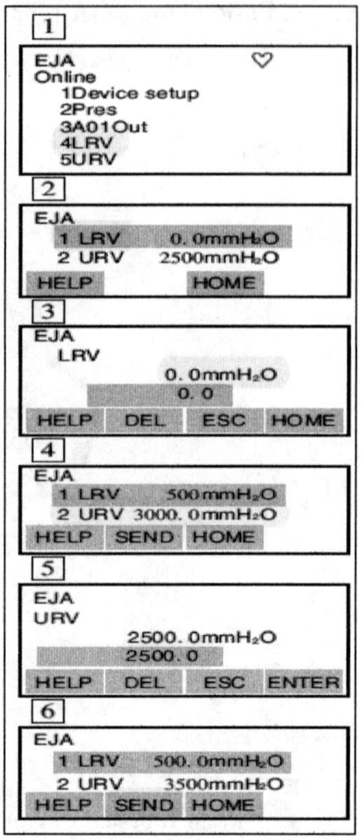

图 11-29 量程设置

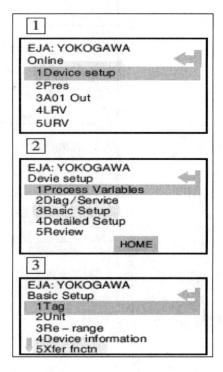

图 11-30 EJA 输出设置

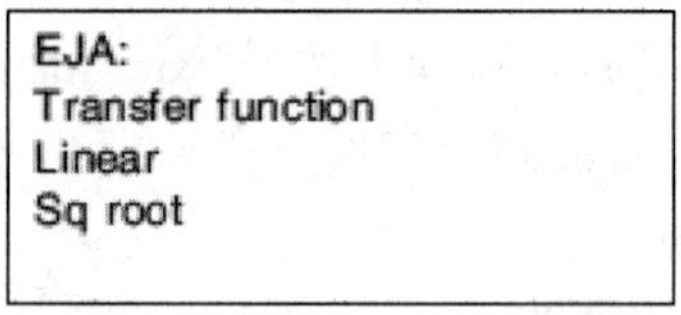

图 11-31 EJA 输出形式选择

此外,阻尼、表头显示模式、低端信号切除、传感器微调等,可以参考图 11－32 菜单树进行操作,在这里就不具体演示了。

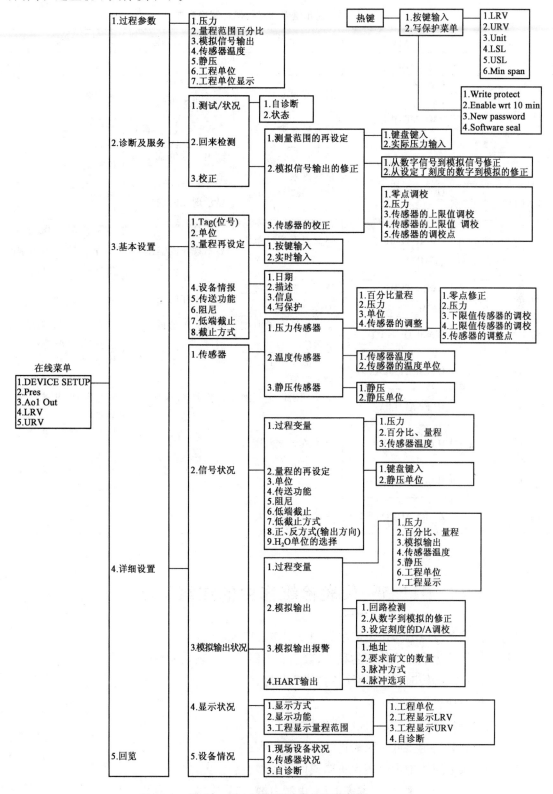

图 11－32　EJA 变送器组态菜单树

⑤表头显示错误信息代码及解决办法。显示错误信息代码与解决方法见表 11 - 2。

表 11 - 2　显示错误信息代码与解决方法

内藏显示指示针	概要	原因	错误期间的输出	对策
无	GOOD			
Er. 01	CAP MODULE FAULT	膜盒故障	使用参数 D53 设定的模式输出信号	交换膜盒
Er. 02	AMP MODULE FAULT	放大板故障	(保持高或低)同上	交换放大器
Er. 03	OUT FO RANGE	输入超过膜盒测量量程极限	输出上限值或下限值	检查输入
Er. 04	OUT OF SP RANGE	静压超过规定的范围	显示现在的输出	检查管道压力(静压)
Er. 05	OVER TEMP (CAP)	膜盒温度超过范围 (-50~130 ℃)	显示现在的输出	为了使温度保持在量程范围内,使用隔热材料或保温材料
Er. 06	OVER TEMP (AMP)	放大器温度超过范围(-50~95 ℃)	显示现在的输出	同上
Er. 07	OVER OUTPUT	输出超过上限值或下限值	输出上限值或下限值	检查输入和量程设定,根据需要变更
Er. 08	OVER DISPLAY	显示值超出上限值和下限值	显示上限值或下限值	检查输入和显示条件,根据需要变更
Er. 09	HLEGAL LRV	LRV 超出设定范围外	在生产错误之前,输出保持	检查 LRV,根据需要变更
Er. 10	ILEGAL URV	URV 在设定范围外	在生产错误之前,输出保持	检查 URV,根据需要变更
Er. 11	ILLEGAL SPAN	量程在设定范围之外	错误发生之前,输出保持	检查量程,根据需要变更
Er. 12	ZERO ADJ OVER	零点调整值过大	显示现在的输出	再调整零点

11.5　仪表检维修中的注意事项

(1)切勿把信号电缆与供电电缆混用一根多芯电缆。

(2)氧管线仪表设备维护切勿粘油,禁油变送器及压力表切勿与普通表混装。

(3)维修仪表拆线时,一定得注意把线头包好,防止短路。

(4)电缆不应有中间接头。

(5)点的屏蔽接地,一般在控制室侧屏蔽接地。

(6)防护软管一定要低于仪表进线口防止仪表进水。

(7)漏天仪表应该增设仪表保护箱或用尼龙塑料袋包裹。

(8)电缆在槽架中敷设时,本安电缆、电源电缆、信号电缆要用隔板分开。

（9）在接线时，补偿导线不能用接线鼻子（片），避免两种不同导体接触，引起测量误差。

（10）生产时，如果仪表要处理问题，包括室内和室外，一定要按手续或规程办理，尤其要通知到操作人员，有时还必须要有书面签字。

（11）遇有防雷地区现场仪表经浪涌保护器后接入安全栅再接入 DCS、SIS 等控制系统，为避免多余的柜间接线，现场机柜室内的浪涌保护器与相应回路的安全栅在机柜内尽可能同侧安装。

（12）控制室一定要做好防小动物的措施，就因为老鼠在 ESD 卡件上面撒尿引起整个装置停车，损失太大。

（13）仪表安装前一定要完成单体调试，安装完成后一定要完成回路调试才能联调。

（14）在装置运行时，对仪表的维修，工艺人员一定要在场。此点切记，否则问题很严重。

（15）仪表现场维护一定要和工艺人员联系，问明工艺状况。带电源的仪表拆卸时一定要先关闭电源，再用万用表确定电源是否关闭。

（16）流量仪表设计时，一定要根据测量介质、温度、压力选用合适的流量计类型，做好流量补偿。安装时应注意流量仪表的各种特殊要求。

（17）仪表设计进控制室的槽板时，为了防止雨水进入控制室，必须考虑上下弯，且做好密封处理。

（18）仪表风从总管引进时，阀门必须在管线正中心以上，最好在管线上方 90° 的位置，避免风线中的脏物进入仪表阀门中。

（19）屏蔽层不得两头均接地，室外电缆保护管口应有防雨措施，防爆环境注意管口的密封。

（20）报警仪器、音响设备一定要维护好并正常投用，否则一旦工艺出现事故，仪表操作人员责任最重，原因就是因为报警器坏了，操作人员没有发现。

（21）涉及氨的场合，禁用铜及铜合金；DCS 系统供电，应设计双路电源进入。

（22）热电阻测温，远距离传输不能采用两线制。

（23）电缆的绝缘电阻应大于 5 MΩ；电缆转弯半径一般应大于 10 倍电缆直径，光缆为 15 倍；仪表电缆与电气电缆平行敷设应保持一定间距（大于 0.8 m），与设备和管道的间距大于 150 mm。

（24）仪表管道液压试验，对于奥氏体不锈钢管道进行试验时，水中氯离子质量浓度不得超过 25×10^{-6} mg/L，仪表工作接地应小于 1 Ω，其他接地小于 4 Ω。

（25）仪表的保护应该用防火布"石棉布"，不应用塑料袋。

（26）在氢气单元的使用的仪表必须达到防爆等级和防护等级的要求，缺一不可。本安信号（电缆）和隔爆信号（电缆）不可以进同一个现场中间接线箱。

（27）FF 总线设计时，要在电源调节器和现场总线接线箱的终端加装终端器（电阻和电容串联连接）。

（28）联锁用的电磁阀应采用故障安全型的，正常情况下带电，联锁时断电。

（29）仪表设计和安装时，如果温度仪表安装的管线在 DN80 以下，要采用温度计扩大管使管线扩至 80 以上。

（30）流量测量元件不参加电厂水压试验。

（31）测量蒸汽流量,正负导压管线使用冷凝器时,两个冷凝罐的安装高度要保持一致。

（32）现场仪表导压管的煨制使用冷煨,不能使用气焊等热煨。

（33）在设计和选用控制阀、设计管路、确定压力分配等过程中都要充分考虑闪蒸的发生。从控制阀看,应注意下列事项。

①提高材质的硬度。

②降低流体的流速。

③选用合适的控制阀类型和流向。例如,对于易于汽化的流体,不宜选用高压力恢复的球阀和蝶阀,可选用低压力的恢复的单座阀等。

（34）消除和降低气蚀发生的措施。

①控制压降,使气蚀不发生。例如采用多级降压的方法,使控制阀的压降分为几级。

②减少气蚀影响。采用与防止闪蒸发生类似的方法,例如提高材质的硬度,降低流速等,使气蚀发生造成的影响减少。

③合理分配管路压力,提高下游压力。

（35）电缆、电线架空敷设进入控制室要注意的问题。

①在进入控制室前,要给槽板一个固定支点,以防气候变化,产生应力作用于室内设备。

②槽板进入控制室前要有一个 1/100 以上的坡度,坡向室外,以防雨水顺槽板流进控制室。

③进出控制室的穿墙出要封死,以防止老鼠和蚊虫类进入。

（36）就地压力表的选择一定要分清楚压力源的性质:究竟是冲击性负荷还是一般压力。就地温度计的安装尺寸一定要与工艺沟通,对不满管的液体进行测量时一定要选好尺寸;设计时对高温高压的材质选择一定要与常温常压有区别。

（37）不能带电拆建设备,随身带试电笔,防止触电危险。

（38）DCS 一定要做好防静电工作,不要因静电引起事故。

（39）检修联锁设备一定要 DCS 打强制才能行动。

（40）电磁阀线圈不得在得电的情况下拔下,否则会烧坏线圈。

（41）转子、轮流量计垂直安装时,一定要注意流体从下向上。

（42）新装的调节阀后,其气源管线要先放空一段时间再连接到阀门定位器上,防止带油进入造成损坏定位器。

（43）乙炔气用仪表也要禁铜,所以在乙炔气场合使用时除了防爆等级的要求外还应注意有的器件铭牌上会标有"不适用于乙炔气"。

（44）DCS 和电气之间的电流信号。因为电气送过来的一般是有源的,最好经过一个隔离器隔离一下,一方面不致把仪表 I/O 卡串进电气回路,另一方面如果不用隔离器,可能双方调试不通。

（45）给仪表管路的蒸汽伴热,伴热管最好用 12 O.D. 以上的,否则一旦路线长,很容易出现蒸汽不热、伴热效果不佳的情况。

（46）有人不管系统是哪种防爆系统,统一都加安全栅。事实上,安全栅是用于本安防爆系统的。对于本安防爆系统:

①现场仪表必须为本安型仪表。

②控制室侧必须有安全栅。

③中间的电缆必须是本安信号电缆。

(47)对于增安仪表和隔爆仪表如有必要可以用隔离器进行信号隔离。

(48)齐纳式安全栅必须要注意接地问题。

(49)其实仪表和工艺是密不可分的,仪表在线维护一定要注意尽可能减少对工艺过程的干扰。

(50)流量仪表的选择问题:被测工艺介质的导电率低时,不能选用电磁流量计;厂级计量要求很高的测量时,应选用质量流量计。

(51)测量介质压力时,被测介质的温度大于 60 ℃时要加冷凝管或虹吸气。

(52)气动调节阀安装后,千万注意气开式与气闭式在 DCS 上的作用设置不能弄反。

(53)温度仪表系统的指示值突然变到最大或最小,一般为仪表系统故障。因为温度仪表系统测量滞后较大,不会发生突然变化。此时的故障原因多是热电偶、热电阻、补偿导线断线或变送器放大器失灵造成。

(54)仪表接线时一定要做好线号标示。温度一次部件若安装在管道的拐弯处或倾斜安装,应逆着流向。

(55)同一条管线上若同时有压力一次点或温度一次点,压力一次点应在温度一次点的上游侧。

(56)转子流量计必须垂直地安装在管道上,并且介质流向必须由下向上。

(57)直管道要求在上游侧 5DN,下游侧 3DN(DN 是管道的通径)。

11.6 常用变送器的通信协议

智能变送器的可靠性与稳定性非常高,但经常遇到通信方面的问题。由于智能变送器诞生时国际上没有制定出统一的通信协议标准,所以各生产厂家生产的变送器用的通信协议不尽相同。典型的如罗斯蒙特的 3051 用的是 HART 协议,霍尼韦尔的 ST3000 用的是 DE 协议,横河川仪的 EJA 系列为 BRAIN(布朗)协议或者是 HART 协议。

1. HART 协议

HART 可寻址远程传感器高速通道的开放通信协议,是美国 ROSEMOUNT 公司于 1985 年推出的一种用于现场智能仪表和控制室设备之间的通信协议。后于 20 世纪 90 年代初移交到 HART 基金会,其 HART 基金会的成员也非常多,其中也包括了横河电机和霍尼维尔,所以横河的变送器也有 HART 协议的,其中 EJA 变送器中的选项"E"开头的是 HART 协议,"D"开头的是布朗协议。

HART 协议是基于贝尔 202 通信标准的移频键控(FSK)技术,通过在 4~20 mA 电流上叠加频率信号实现数字通信。2 个不同频率(1 200 Hz 和 2 200 Hz)代表"0"和"1",以正弦波的形式叠加在 4~20 mA 直流信号上,因这些正弦波的平均值为零,所以不产生直流分量,不会对 4~20 mA 过程信号产生影响,它是在不中断传输信号的情况下完成了真正的同步通信。

HART 协议的参量一部分在仪表侧,一部分在上位机或手操器内(图 11-33),对于不同版本的 HART 协议,可能在读写中有限制,需要相应的软件对 HART 进行支持,若对于版本差别较大的仪表与手操器,必须有相应的升级软件包来支持,即 HART 协议是需要升级的。

2. BRAIN 协议

BRAIN 协议是横河智能仪表的协议,在横河变送器、涡街、电磁流量计等仪表都有这个协议,在仪表的输出信号栏上的代码为"D"。和 BRAIN 协议配套使用的手持智能终端是 BT200,使用 BT200 在 BRAIN 协议的支持下可对变送器设定、更改、显示、打印参数、调零等。

BRAIN 的协议的参量均是写入在现场仪表端,即在表内,使用任何一款 BRAIN 协议的上位机或手操器(图 11-34),可以读写(如果允许写的话)所有 BRAIN 协议的现场表内的参数。BRAIN 协议软件不需要升级。

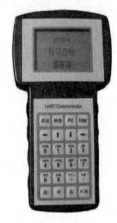

图 11-33　HART 协议变送器

图 11-34　BRAIN 协议变送器

3. DE 协议

DE 协议由霍尼韦尔公司开发的,主要用于霍尼韦尔变送器(图 11-35)。DE 协议是数字增加协议该协议,使用一个 220 波特率的低频电流脉冲,数据用浮点串行形式送入标准对绞线。信号使用两个独立的电流脉冲 4 mA 和 20 mA 之间的回路电流来进行通信,因此在进行数字通信时,回路电流值不代表测量值。以脉冲电流的多少来代表"1"和"0"的,数字信号和模拟信号是分开传输的,当传送数字信号时,模拟信号须中断。HART 通信频率较高(1~2 kHz),要求网络的时间常数不大于 0.65 μs,这样 HART 通信设备及网络

图 11-35　DE 协议变送器

的最大电容限制了通信的最大距离,一般为不大于 400 m。而 DE 协议通信频率较低,网络的最大时间常数为 104 μs,允许的电缆分布电容比 HART 协议宽的多,所以,就会出现同一套装置中用 DE 通信协议的仪表通信正常而用 HART 协议的智能变送器却不能通信的现象。

4. FF 总线协议

(1)现场总线的概念。

现场总线是应用在生产现场、在微机化测量控制设备之间实现双向串行多节点数字通信的系统,也被称为开放式、数字化、多点通信的底层控制网络。

现场总线技术将专用微处理器置入传统的测量控制仪表,使它们各自具有了数字计算和

数字通信能力,采用可进行简单连接的双绞线等作为总线,把多个测量控制仪表连接成网络系统,并按公开、规范的通信协议,在位于现场的多个微机化测量控制设备之间及现场仪表与远程监控计算机之间,实现数据传输与信息交换,形成各种适应实际需要的自动控制系统。

现场总线是 20 世纪 80 年代中期在国际上发展起来的。随着微处理器与计算机功能的不断增强和价格的降低,计算机与计算机网络系统得到迅速发展。现场总线可实现整个企业的信息集成,实施综合自动化,形成工厂底层网络,完成现场自动化设备之间的多点数字通信,实现底层现场设备之间以及生产现场与外界的信息交换。

（2）现场总线的发展趋势。

1983 年,Honeywell 推出了智能化仪表,它在原模拟仪表的基础上增加了计算功能的微处理器芯片,在输出的 4~20 mA 直流信号上叠加了数字信号,使现场与控制室之间的连接模拟信号变为数字信号。之后,世界上各大公司推出了各种智能仪表。智能仪表的出现为现场总线的诞生奠定了基础。

智能仪表的出现为现场信号的数字化提供了条件,但不同厂商提供的设备通信标准不统一,束缚了底层网络的发展。现场总线要求不同的厂商遵从相同的制造标准,组成开放的互联网络是现场总线的发展趋势。

（3）现场总线的特点与优点。

现场总线系统打破了传统控制系统采用的按控制回路要求,设备一对一的分别进行连线的结构形式。把原先 DCS 系统中处于控制室的控制模块、各输入输出模块放入现场设备,加上现场设备具有通信能力,因而控制系统功能能够不依赖控制室中的计算机或控制仪表,直接在现场完成,实现了彻底的分散控制。

现场总线控制系统既是一个开放通信网络,又是一种全分布控制系统。它把作为网络节点的智能设备连接成自动化网络系统,实现基础控制、补偿计算、参数修改、报警、显示、监控、优化的综合自动化功能,是一项以智能传感器、控制、计算机、数字通信、网络为主要内容的综合技术。

①系统具有开放性和互用性。通信协议遵从相同的标准,设备之间可以实现信息交换,用户可按自己的需要,把不同供应商的产品组成开放互联的系统。系统间、设备间可以进行信息交换,不同生产厂家的性能类似的设备可以互换。

②系统功能自治性。系统将传感测量、补偿计算、工程量处理与控制等功能分散到现场设备中完成,现场设备可以完成自动控制的基本功能,并可以随时诊断设备的运行状况。

③系统具有分散性。现场总线构成的是一种全分散的控制系统结构,简化了系统结构,提高了可靠性。

④系统具有对环境的适应性。现场总线支持双绞线、同轴电缆、光缆、射频、红外线、电力线等,具有较强的抗干扰能力,能采用两线制实现供电和通信,并可以满足安全防爆的要求。

由于现场总线结构简化,不再需要 DCS 系统的信号调理、转换隔离等功能单元及其复杂的接线,节省了硬件数量和投资。简单的连线设计,节省了安装费用。设备具有自诊断与简单故障处理能力,减少了维护工作量。设备的互换性、智能化、数字化提高了系统的准确性和可靠性,还具有设计简单、易于重构等优点。

（4）几种有影响的现场总线技术。

①基金会现场总线。基金会现场总线(FF)于1994年由美国Fisher – Rosemount和Honey-well为首成立。它以ISO/OSI开放系统互联模型为基础,取其物理层、数据链路层、应用层为FF通信模型的相应层次,并在应用层上增加了用户层。基金会现场总线分H1和H2两种通信速率。H1的传输速率为31.25 kbps,可支持总线供电和本质安全防爆环境,支持双绞线、光缆和无线发射,协议符号IEC1158 – 2标准。传输信号采用曼彻斯特编码。

②LonWorks。它由美国Echelon公司推出,它采用ISO/OSI模型的全部7层通信协议,采用面向对象的设计方法,通过网络变量把网络通信设计简化为参数设置。支持双绞线、同轴电缆、光缆和红外线等多种通信介质,并开发了本质安全防爆产品,被誉为通用控制网络。采用LonWorks技术和神经元芯片的产品,被广泛应用在楼宇自动化、家庭自动化、保安系统、办公设备、交通运输、工业过程控制等行业。

③PROFIBUS。PROFIBUS是德国标准(DIN19245)和欧洲标准(EN50170)的现场总线标准,由PROFIBUS – DP、PROFIBUS – FMS、PROFIBUS – PA组成。DP用于分散外设间高速数据传输,适用于加工自动化领域。FMS适用于纺织、楼宇自动化、可编程控制器、低压开关等。PA用于过程自动化的总线类型,服从IEC1158 – 2标准。

④CAN。CAN是控制局域网络的简称,由德国BOSCH公司推出,它广泛用于离散控制领域。CAN的信号传输采用短帧结构,传输时间短,具有自动关闭功能,具有较强的抗干扰能力。

⑤HART。HART最早由Rosemount公司开发,其特点是在现有模拟信号传输线上实现数字信号通信,属于模拟系统向数字系统转变的过渡产品。由于它采用模拟数字信号混合,难以开发通用的通信接口芯片。HART能利用总线供电,可满足本质安全防爆的要求,并可用于由手持编程器与管理系统主机作为主设备的双主设备系统。

5. 结语

现场总线是当今自动化领域技术发展的热点之一,被誉为自动化领域的计算机局域网。它的出现标志着工业控制技术领域又一个新时代的开始,并将对该领域的发展产生重要影响。

第12章　液位测量

12.1　常用液位开关的优缺点

12.1.1　浮球液位开关

1. 浮球液位开关的优点

浮球液位开关不含导致故障发生的波纹管、弹簧、密封等部件,而是采用直浮子驱动开关内部磁铁,浮球液位开关简捷的杠杆使开关瞬间动作。浮子悬臂角限位设计,防止浮子垂直。浮球液位开关是一种结构简单、使用方便、安全可靠的液位控制器。它比一般机械开关速度快、工作寿命长;与电子开关相比,它又有抗负载冲击能力强的特点,一件产品可以实现多点控制,易于维护。它广泛用于造船、造纸、印刷、发电机设备、石油化工、食品工业、水处理、电工、染料工业、油压机械等方面。

2. 浮球液位开关的缺点

浮球液位开关是简单的被动器件,并且不具有自检查功能,因此建议对其进行定期检查与维护。浮球或浮筒物位计是活动部件,因此用在更浓或黏稠液体中时会被弄脏。测量精度较差,黏度 <0.8 mPa·s 时不能工作。对容器内压力、密度、介电常数有要求,安装需停产、清罐、开孔、动火。

3. 浮球液位开关技术指标

最大电缆长度为 30 m;工作温度:标准型为 0~80 ℃,中温型为 0~120 ℃,环境温度为 -40~70 ℃;工作压力为 -0.1~2.5 MPa,常压介质密度 ≥0.6 g/cm;触点容量为 220 VAC,10 A;电气接口为 M20×1.5;防护等级为 IP65;过程连接 HG20592~20635-97 DN100 以上;其他法兰标准(如 GB、JB/T、HGJ、ANSI、DIN 等);接液材质为不锈钢。

12.1.2　音叉液位开关

1. 音叉液位开关优点

音叉液位开关能真正地免受流量、气泡、湍流、泡沫、振动、固体含量、沾敷、液体特性以及产品变化的影响,并且不需要校准,只需要经历最短的安装过程便能完成安装。无活动零件或缝隙真正实现免维护。强大的自检查与诊断功能保证了高低物位测量的高可靠性,某些型号的物位计甚至可以在出现故障之前,绘出性能曲线和发送故障趋势信号。

2. 音叉液位开关缺点

音叉液位开关不适合用于非常黏的介质。导致叉子被连接在一起的叉间物料堆积,将干扰物位检测。

3.音叉液位开关技术指标

电源为 DC12～24 V,AC220 V;功率消耗 1 W;振动频率为 200 Hz;输出为 NPN 型、晶体管输出,最大 30 V、100 mA(过压和过流有可能烧坏);材质为 316 不锈钢;防护 IP68;最大压力 1 MPa;密度为液体≥0.8 g/cm^3,粉料≥0.2 g/cm^3;液体黏度最高为 1 000 m^2/s;检测时间为输出动作(停振)0.5 s,输出关闭(起振)3 s;工作温度为 -10～+85 ℃。

12.1.3　电容式液位开关

1.电容式液位开关优点

防挂料、耐腐蚀,可适用各种环境,如塑料、水泥等非金属罐体,耐酸耐碱。

2.电容式液位开关缺点

校准困难、精度较差,介电常数需 >2,对容器内压力、密度、介电常数有要求,安装需停产、清罐、开孔、动火。

12.1.4　外测液位开关

1.外测液位开关优点

(1)安全。在测量有毒害、有腐蚀、有压力、易燃爆、易挥发、易泄漏的液体时,不使用阀门、连通管、接头,没有漏点,不接触罐内的液体和气体,非常安全。即使在仪表损坏或维修状态下,也绝无引起泄漏、毒害和爆炸的可能。

(2)安装、维修方便。安装维修时不动火、不清罐,不影响生产。

(3)可靠耐用。传感器和仪表中无机械运动部件,并严格密封,与外界隔离,不会磨损或腐蚀。

(4)适用广泛。与被测介质的压力、温度、密度、介电常数、黏度及有无腐蚀性无关。可广泛用于石化、化工、油库、石油、电力、液体储运、医药等行业。

2.外测液位开关缺点

对罐体的材质要求为不能是非硬质材料。对安装要求较高,测量探头安装间距为 1 m 左右,两个探头中间不能有焊缝(即在同一块钢板上)。

12.1.5　射频导纳液位开关

1.射频导纳液位开关优点

(1)通用性强。可测量液位及料位,可满足不同温度、压力、介质的测量要求,并可应用于腐蚀、冲击等恶劣场合。

(2)防挂料。独特的电路设计和传感器结构,使其测量可以不受传感器挂料影响,无须定期清洁,避免误测量。

(3)免维护。测量过程无可动部件,不存在机械部件损坏问题,无须维护。

(4)抗干扰。接触式测量,抗干扰能力强,可克服蒸汽、泡沫及搅拌对测量的影响。

(5)准确可靠。测量量多样化,使测量更加准确,测量不受环境变化影响,稳定性高,使用寿命长。

2. 射频导纳液位开关适用范围

化工、油田、水及污水处理、造纸、制药、电厂、冶金、水泥、粮食等行业。

12.1.6　阻旋式液位开关

1. 阻旋式液位开关优点

(1)小料斗专业型技术,三个轴承支撑,运行更可靠。

(2)独创的密封设计可防止粉尘渗入(专利实际)。

(3)扭力稳定可靠且扭力大小可调节。

(4)叶片承受过重负载,离合器自动打滑,保护电机不受损坏。

(5)机电分离式结构,整体免拆卸易维护。

2. 阻旋式液位开关技术指标

(1)物料为干式粉状、颗粒状,允许物料粒度最大尺寸为 20 mm。

(2)物料容重≥0.5 g/cm^3。

(3)物料温度:①常温;②高温≤185 ℃。

(4)控制方式:位式。

(5)供电电源:220 VAC,50 Hz。

(6)输出接点容量:250 VAC,5 A。

(7)寿命:机械 5×10^7 次,电气 5×10^5 次。

(8)旋转速度:6 r/min。

(9)功率消耗:4 W。

(10)使用环境温度:-10 ~ +55 ℃。

(11)相对湿度:不大于85%。

12.1.7　电磁式液位开关

电磁式液位开关有过压保护功能,电磁式漏电电流保护可到 300 mA,分断范围多级、应用量大。

12.1.8　电子式液位开关

1. 电子式液位开关优点

耐污、耐倾摇、耐颠簸、抗摔性强、耐盐雾、耐酸碱,不怕磁场影响、不怕金属体影响、不怕水压变化影响、不怕光线影响,没有盲区,外部无可动部件,不怕固体漂浮物的影响。

2. 电子式液位开关适用范围

清水、各种污水、酸碱水、海水、水处理药剂、河涌水、纺织印染水和工业废水,还适合做船舶水位开关等。

12.1.9　光电式液位开关

1. 光电式液位开关优点

没有机械运动部件,可靠性高;体积小、性价比高;液位控制精度高、可重复性好。

2. 光电式液位开关缺点

不适用于冷冻液体和结晶液体。

12.1.10　超声波液位开关

1. 超声波液位开关优点

超声波液位计是非接触测量方式,精度为 $\pm 0.2\%$,量程为 $1\sim 25$ m,$5°$ 声束角,多种传感器材质,内置全量程温度补偿。超声波液位计可测量有腐蚀(酸、碱)的介质、有污染的场合,或易产生黏附物的物质,适合于那些无法用物理方式接触的液体。

2. 超声波液位开关缺点

(1)与被测介质黏度有关,被测介质黏度较大时不能测量。

(2)受温度影响,当温度高时,传播速度回发生变化,仪表反应迟缓,会延迟报警。

12.2　液位计种类及原理

12.2.1　常用液位计

1. 浮球液位开关(图 12 –1)

浮球液位开关结构主要基于浮力和静磁场原理设计生产的。带有磁体的浮球(简称浮球)在被测介质中的位置受浮力作用影响:液位的变化导致磁性浮子位置的变化。浮球中的磁体和传感器(磁簧开关)作用,产生开关信号。

2. 音叉液位开关(图 12 –2)

音叉液位开关的工作原理是通过安装在基座上的一对压电晶体使音叉在一定共振频率下振动。当音叉液位开关的音叉与被测介质相接触时,音叉的频率和振幅将改变,音叉液位开关的这些变化由智能电路来进行检测,处理并将之转换为一个开关信号,达到液位报警或控制的目的。为了让音叉伸到罐内,通常使用法兰或者带螺纹的工艺接头将音叉开关安装到罐体的侧面或者顶部。

3. 电容式液位开关 (图 12 –3)

电容式液位开关的测量原理是固体物料的物位高低变化导致探头被覆盖区域大小发生变化,从而导致电容值发生变化。探头与罐壁(导电材料制成)构成一个电容。探头处于空气中时,测量到的是一个小数值的初始电容值。当罐体中有物料注入时,电容值将随探头被物料所覆盖区域面积的增加而相应地增大,开关状态发生变化。

4. 外测液位开关(图 12-4)

外测液位开关是一种利用"变频超声波技术"实现的非接触式液位开关,广泛使用于各种液体的液体检测。其测量探头安装在容器外壁上,属于一种从罐外检测液位的完全非接触检测仪表。仪表测量探头发射超声波,并检测其在容器壁中的余振信号,当液体漫过探头时,此余振信号的幅值会变小,这个改变被仪表检测到后输出一个开关信号,达到液位报警的目的。

图 12-1　浮球液位开关

图 12-2　音叉液位开关

图 12-3　电容式液位开关

图 12-4　外测液位开关

5. 射频导纳液位开关(图 12-5)

射频导纳物位控制技术是一种从电容式物位控制技术发展起来的防挂料、更可靠、更准确、适用性更广的物位控制技术,"射频导纳"中"导纳"的含义为电学中阻抗的倒数,它由阻性成分、容性成分、感性成分综合而成,而"射频"即高频,所以射频导纳技术可以理解为用高频测量导纳。高频正弦振荡器输出一个稳定的测量信号源,利用电桥原理,以精确测量安装在待测容器中的传感器上的导纳,在直接作用模式下,仪表的输出随物位的升高而增加。射频导纳技术与传统电容技术的区别在于测量参量的多样性、驱动三端屏蔽技术和增加的两个重要的电路。射频导纳技术由于引入了除电容以外的测量参量,尤其是电阻参量,使得仪表测量信号信噪比上升,大幅度地提高了仪表的分辨力、准确性和可靠性,测量参量的多样性也有力地拓展了仪表的可靠应用领域。

6. 阻旋式液位开关(图 12-6)

物料对旋转叶片的阻旋作用,使开关的过负载检测器动作,继电器发出通、断开关式信号,从而使外接控制电路发出信号报警,同时控制给料机。如当开关作为高位控制时,在物料触及叶片的情况下,开关发出报警信号,同时停止给料机;当开关作为低位控制时,在物料离开叶片的情况下,开关发出报警信号,同时启动给料机。

图 12 - 5　射频导纳液位开关　　　　　　　　图 12 - 6　阻旋式液位开关

7. 电磁式液位开关(图 12 - 7)

电磁式接近开关又称电感式接近开关,在通电时,振荡回路(线圈等)在磁芯 CORE 的辅助下向前方发射电磁波,后又回到接近开关,当接近开关前端有金属时,由于金属吸收了电磁,接近开关通过电磁的衰减转换成开关信号,信号处理完成后再控制输出。

8. 电子式液位开关(图 12 - 8)

电子式液位开关工作电压是 DC 5 ~ 24 V,通过内置电子探头对水位进行检测,再由芯片对检测到的信号进行处理,当被测液体的液位到达动作点时,输出 DC 5 ~ 24 V,可以直接与 PLC 配合使用或者与控制板配合使用,从而实现对液位的控制。

图 12 - 7　电磁式液位开关　　　　　　　　图 12 - 8　电子式液位开关

9. 光电式液位开关(图 12 - 9)

光电液位开关使用红外线探测,利用光线的折射及反射原理,光线在两种不同介质的分界面将产生反射或折射现象。当被测液体处于高位时则被测液体与光电开关形成一种分界面,当被测液体处于低位时,则空气与光电开关形成另一种分界面,这两种分界面使光电开关内部光接收晶体所接收的反射光强度不同,即对应两种不同的开关状态。

10. 超声波液位开关(图 12 - 10)

超声波液位开关内部压电晶体的叉形探头中间被空气隔开,一个振动频率为 1.5 MHz 的晶体把声音信号传到空气间隙中间,探头浸入液体时,晶体、声波偶合,超声波液位开关改变状态。

图 12 - 9　光电式液位开关　　　　　　　图 12 - 10　超声波液位开关

12.2.2　常用液位计的工作原理

1. 磁翻板液位计(图 12 - 11)

磁翻板液位计,又称为磁浮子液位计、磁翻柱液位计。原理:连通器原理,根据浮力原理和磁性耦合作用研发而成,当被测容器中的液位升降时,浮子内的永久磁钢通过磁耦合传递到磁翻柱指示面板,使红白翻柱翻转 180°,当液位上升时翻柱由白色转为红色,当液位下降时翻柱由红色转为白色,面板上红白交界处为容器内液位的实际高度,从而实现液位显示。

2. 浮球液位计

浮球液位计结构主要基于浮力和静磁场原理设计生产的。带有磁体的浮球(简称浮球)在被测介质中的位置受浮力作用影响:液位的变化导致磁性浮子位置的变化。浮球中的磁体和传感器(磁簧开关)作用,使串联入电路的元件(如定值电阻)的数量发生变化,进而使仪表电路系统的电学量发生改变,也就是使磁性浮子位置的变化引起电学量的变化。通过检测电学量的变化来反映容器内液位的情况。

3. 钢带液位计(图 12 - 12)

钢带液位计是利用力学平衡原理设计制作的。当液位改变时,原有的力学平衡在浮子受浮力的扰动下,将通过钢带的移动达到新的平衡。液位检测装置(浮子)根据液位的情况带动钢带移动,位移传动系统通过钢带的移动策动传动销转动,进而作用于计数器来显示液位的情况。

图 12 - 11　磁翻板液位计　　　　　　　图 12 - 12　钢带液位计

4. 雷达液位计(图 12 - 13)

雷达液位计是基于时间行程原理的测量仪表,雷达波以光速运行,运行时间可以通过电子部件被转换成物位信号。探头发出高频脉冲并沿缆式探头传播,当脉冲遇到物料表面时反射回来被仪表内的接收器接收,并将距离信号转化为物位信号。

5. 磁致伸缩液位计(图12-14)

磁致伸缩液位计的传感器工作时,传感器的电路部分将在波导丝上激励出脉冲电流,该电流沿波导丝传播时会在波导丝的周围产生脉冲电流磁场。在磁致伸缩液位计的传感器测杆外配有一浮子,此浮子可以沿测杆随液位的变化而上下移动。在浮子内部有一组永久磁环。当脉冲电流磁场与浮子产生的磁环磁场相遇时,浮子周围的磁场发生改变从而使得由磁致伸缩材料做成的波导丝在浮子所在的位置产生一个扭转波脉冲,这个脉冲以固定的速度沿波导丝传回并由检出机构检出。通过测量脉冲电流与扭转波的时间差可以精确地确定浮子所在的位置,即液面的位置。

图 12-13　雷达液位计

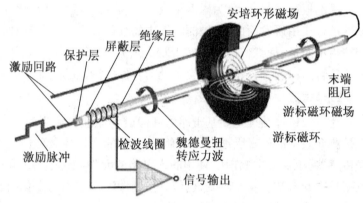

图 12-14　磁致伸缩液位计

6. 射频导纳液位计(图12-15)

射频导纳液位仪由传感器和控制仪表组成,传感器可采用棒式、同轴或缆式探极安装于仓顶。传感器中的脉冲卡可以把物位变化转换为脉冲信号送给控制仪表,控制仪表经运算处理后转换为工程量显示出来,从而实现了物位的连续测量。

7. 音叉物位计(图12-16)

音叉式物位计的工作原理是通过安装在音叉基座上的一对压电晶体使音叉在一定共振频率下振动。当音叉与被测介质相接触时,音叉的频率和振幅将改变,这些变化由智能电路来进行检测,处理并将之转换为一个开关信号。

8. 玻璃板液位计(玻璃管液位计,图12-17)

玻璃板液位计是通过法兰与容器连接构成连通器,透过玻璃板可直接读得容器内液位的高度。

9. 压力液位计(图12-18)

压力液位计采用静压测量原理,当液位变送器投入到被测液体中某一深度时,传感器迎液面受到的压力的同时,通过导气不锈钢将液体的压力引入到传感器的正压腔,再将液面上的大气压 p_0 与传感器的负压腔相连,以抵消传感器背面的 p_0,使传感器测得压力为 $\rho g H$,通过测取压力 p,可以得到液位深度。

图 12 – 15　射频导纳液位计

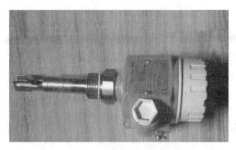

图 12 – 16　音叉物位计

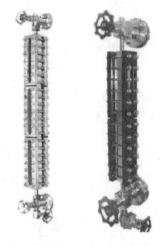

图 12 – 17　玻璃板液位计（玻璃管液位计）

图 12 – 18　压力液位计

10. 电容式液位计（图 12 – 19）

电容式液位计是采用测量电容的变化来测量液面高低的。一根金属棒插入盛液容器内，金属棒作为电容的一个极，容器壁作为电容的另一极，两电极间的介质即为液体及其上面的气体。由于液体的介电常数 ε_1 和液面上的介电常数 ε_2 不同，比如：$\varepsilon_1 > \varepsilon_2$，则当液位升高时，电容式液位计两电极间总的介电常数值随之加大因而电容量增大；反之当液位下降，ε 值减小，电容量也减小。所以，电容式液位计可通过两电极间电容量的变化来测量液位的高低。

11. 智能电浮筒液位计

智能电浮筒液位计是根据阿基米德定律和磁耦合原理设计而成的液位测量仪表，仪表可用来测量液位、界位和密度，负责上下限位报警信号输出。

12. 浮标液位计（图 12 – 20）

浮标液位计是利用力学平衡原理设计制作的。当液位改变时，原有的力学平衡在浮子受浮力的扰动下，将通过钢带（绳）的移动达到新的平衡。液位检测装置（浮子）根据液位的情况带动钢带（绳）移动，位移传动系统通过钢带（绳）的移动带动现场指示装置，进而在显示装置上显示液位的情况。

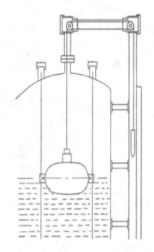

图 12-19　电容式液位计　　　　　　　　图 12-20　浮标液位计

13. 浮筒液位液位计(图 12-21)

浮筒浸没在浮筒室内的液体中,与扭力管系统刚性连接,扭力管系统承受的力是浮筒自重减去浮筒所受的浮力的净值,在这种合力作用下的扭力管扭转一定角度。浮筒室内液体的位置、密度或界位高低的变化引起浸没在液体中的浮筒受到的浮力变化,从而使扭管转角也随之变化。该变化被传递到与扭力管刚性连接的传感器,使传感器输出电压变化,继而被电子部件放大并转换为 4~20 mA 电流输出。浮筒液位变送器采用微控制器与相关的电子线路测量过程变量,提供电流输出,驱动 LCD 显示及提供 HART 通信能力。

14. 电接点液位计(图 12-22)

电接点液位计根据水与汽电阻率不同而设计。测量筒的电极在水中对筒体的阻抗小,在汽中对筒体的阻抗大。随着水位的变化,电极在水中的数量产生变化,转换成电阻值的变化,传送到二次仪表,从而实现水位的显示、报警、保护联锁等功能。

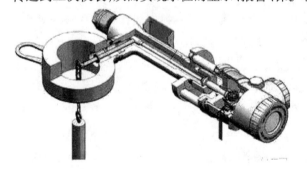

图 12-21　浮筒液位液位计　　　　　　　　图 12-22　电接点液位计

15. 磁敏双色电子液位计

磁敏双色电子液位计选用优质不锈钢及进口电子元件制造,显示部位采用高亮度 LED 双色发光管,组成柱状显示屏,通过 LED 光柱的红绿变化,可实现液位上、下限报警和控制。

16. 外测液位计(图 12-23)

外测液位计是一种利用声呐测距原理和"微振动分析"技术从容器外测量液位的仪表。

将两个小巧的外测液位计超声波传感器一个安装在罐体的底部,另一个安装在罐体的侧壁来进行密度变化的补偿。外测液位计传感器的信号经过微处理器转变,输出到本地显示或用户控制系统,可以计算出罐内液体的高度和罐内液体的容积。

17. 静压式液位计(图 12－24)

静压式液位计将扩散硅充油芯体封装在不锈钢壳体内,前端防护帽起保护传感器膜片的作用,也能使液体流畅地接触到膜片,防水导线与外壳密封连接,通气管在电缆内与外界相连,内部结构防结露设计。

图 12－23　外测液位计

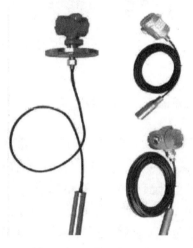

图 12－24　静压式液位计

18. 超声波液位计(图 12－25)

超声波液位计/物位计由一个完整的超声波传感器和控制电路组成。通过超声波传感器发射的超声波经液体表面反射,返回需要的时间用于计算,通过温度传感器对超声波传输过程中的温度影响进行修正,换算成液面距超声波传感器的距离,通过液晶显示并输出 4～20 mA DC 模拟信号,实现现场仪表远程读取。

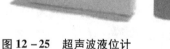

图 12－25　超声波液位计

19. 差压式液位计(双法兰液位计,图 12－26)

差压液位变送器是通过测量高低压力差,再由转换部件转换成电流信号传送到控制室的电器元件。差压式液位计主要用于密闭有压容器的液位测量,差压的大小同样代表了液位高度的大小,用差压计测量气、液两相之间的差压值来得知液位高低。

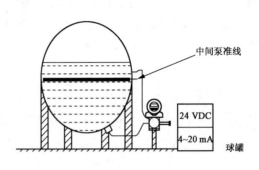

图 12-26　差压式液位计(双法兰液位计)

12.3　液位计使用注意事项

1. 玻璃管液位计的安装和使用注意事项

(1)在运输安装时要谨防机械撞击,以免玻璃破碎。

(2)液位计都有各自的规格和型号,一定要选一个适合的型号,比如一些介质要用无色透光式液位计,还有一些可能就要用带蒸汽夹套的液位计,用来保温。

(3)液位计安装后,当容器液体温度很高时,不能马上打开阀门,要预热一段时间,待玻璃管液位计有一定温度之后再开启阀门,目的是防止玻璃热胀冷缩导致破裂。

(4)液位计使用过程中要定期清洗玻璃管内外壁,以免视线模糊,清洗时一定要把上下两个阀门关紧,以免容器液体流出,然后再把拆下来的玻璃管用水冲洗,或者用酒精浸泡。安装时要小心。

(5)如果是玻璃管破裂需要更换,就要注意拆卸和安装了,安装好后试一下是否会出现渗漏,只有不出现渗漏的情况下才可投入使用。

(6)在使用时要时常检修维护,以免生锈腐蚀导致渗漏,同时要做好使用记录和维修记录。

2. 磁性浮子液位计的安装使用注意事项

(1)测量对象要考虑,如被测介质的物理和化学性质以及工作压力、温度、安装条件、液位变化的速度等;另外是测量和控制要求,如测量范围、测量精确度、显示方式、现场指示、远距离指示以及与计算机的接口、安全防腐、可靠性、施工方便性等,充分考虑这些便于选择适合使用的。

(2)安装时要保证液位计垂直,同时要保证浮子能够活动自如,不能安装反,其他事宜与玻璃板玻璃管液位计类似。因此,只有知道各种液位计的安装使用方法才能够真正地安装好它。

3. 磁翻板液位计的安装使用注意事项

(1)使用之前,要用校正磁钢把液位计零位以下的小球设置成红色的,其他部位的小球则要设置成白色。

(2)在用户自行添装伴热管路时,要选择非导磁的材料,如紫铜管之类的材质,而伴热管路的温度则要根据具体的介质来确定。磁翻板液位计的安装位置要注意避开或者远离介质的进出口处,否则会因为局部区域介质的快速变化影响测量数据的准确性。同时还需要注意的是,在介质内不要含有固体的杂质,或者说带有磁性的物质,这些会对浮球的工作造成阻碍。

(3)在磁翻板液位计的周围不允许有带导磁性的物质接近,也不要使用铁丝来固定液位计,这样会影响液位计的正常工作。

(4)在安装时,首先要注意的是打开液位计的底部,将浮球装入,需要注意把带磁性的一端向上,不能装反。

(5)在安装完毕之后,调试时应该首先打开液位计上面的引管阀门,然后缓慢开启下面的阀门,让介质缓慢平稳地进入检测导管之内,并观察液位计上的红白球翻转是否正常,如果正常,把下面的引管阀门关闭,之后打开排污阀,让主导管之内的液体位置逐渐下降,这样重复操作三次,等到确认液位计的工作正常之后,就可以投入正常的运行工作。

4. 电容式液位计的安装使用注意事项

(1)露天安装时,探极线不能裸露于容器以外,以免雨天探极线着水出现测量误差。

(2)外壳或接线盒下部的不锈钢过程连接部件,必须可靠与容器外壁连接(接地),其接触电阻不能大于 2 Ω。

(3)在正常工作中,探极线在容器内不能有较大的摆动幅度,否则会出现信号不稳定现象。探极线安装时,应尽量远离容器内壁,最小距离不能 < 100 mm。当受条件限制,距离 < 100 mm 时,探极线与容器的距离必须保证相对固定。

(4)对单线软探极,多余部分可通过过程连接件上端拉出后剪掉,然后拧紧压紧螺栓,而双绞线探极,多余部分可盘扎在被测液面以上,绝对不允许将多余部分盘绕在容器底部或有效测量段。

(5)在容器内有搅拌或液体可能产生大量气泡时,为保护探极线和避免液体波动及气泡而产生的虚假液位,可在容器内放置一内径 > 80 mm 的金属或非金属管,管的下端应开口获流进液孔,液面以下留排气孔,使用金属管时,应保证探极线在管内位置相当稳定,必要时对探极线加支撑拉直。

5. 浮标液位计的安装使用注意事项

(1)导向钢丝下支承焊接安装。在容器底部按照浮标液位计浮子运动方向要求确定位置,焊接或铆接好固定导向钢丝下支承。如设备不具备焊接条件,可采用重锚固定方式固定导向钢丝下支承;如容器内液面波动不大,可不安装导向钢丝。

(2)导向钢丝的安装。

①用力使钢丝拉直,并固定在下支承上,注意不要使钢丝有弯曲或打结现象,以免影响浮标上下移动。

②导向钢丝通过浮标液位计浮标的导向耳勾,后穿入吊勾螺钉,把钢丝的终端固定并用导线夹头夹紧,并旋紧吊勾螺母,使其处于紧张状况,再将上螺母拼紧,以防松动,然后盖好封盖。

③两根导向钢丝要垂直地面,而且相互平行,保证两者之间距离为 300 mm。

(3)标尺的安装。浮标液位计标尺的长度是按用户在订货时所提供的测量范围而确定的,在安装时要求如下。

①标尺的连接部分应做到平直、光滑,不应有凹凸现象,以免影响重锤指针的正常运行,或

引起测量的误差。

②标尺应与储罐内液面相垂直,不应有倾斜现象,标尺安装的垂直度不能大于5°,以免造成重锤指针卡死,使测量失败。

③在焊接标尺脚架时,应尽量做到安装表面在同一平面上,安装孔在同上直线上,即做到确保标尺的刻度面及重锤指针两侧导向均要平直称为直线,使重锤指针在标尺上灵活升降。注意:二标尺脚架之间互相距离为1 m。

6. 超声波液位计的安装使用注意事项。

(1)超声波液位计选择量程。如果测量液体,可以按照标称量程选型;如果是测量固体(请事先咨询厂家销售人员),需要将量程加大如果是松软的物体(比如面粉、棉花、海绵)将不能使用;如果测量液位有覆盖面大的气泡,也要加大量程气泡厚度,超过5 cm将不推荐使用;空气中有粉尘或者蒸汽,请事先咨询厂家技术人员要加大量程使用。

(2)超声波液位计选择探头材料,主要看环境是否有腐蚀性。一般的弱酸弱碱环境可以用普通探头,腐蚀性强的要用防腐的探头。强酸碱的场合还要考虑是否会形成雾气,会形成雾气的场合,还要求加大量程使用。

(3)探头的安装位置,根据发射角和可能产生的虚假反射回波。超声波波束通过探头聚焦,脉冲波束的发射就好像手电筒的光束一样,不同类型不同量程的探头的发射角不同。在发射角内的任何物体,如:管道、容器支架和其他装置,都会造成很强的虚假回波,特别是发射内距离探头最近的几米处。

(4)当换能器发射超声波脉冲时,都有一定的发射角。从换能器发射表面到被测介质表面之间,有发射的超声波波束所辐射的区域内,不得有障碍物。因此,选择换能器安装位置时应尽可能地避开障碍物,如人梯、支架、泵阀设备等。无法避开的情况下,可通过程序调整滤掉虚假回波。换能器应与被测介质表面垂直,以保证能接收到反射回波信号。此外,换能器发射面距最高液位需有足够距离,最高液位不得进入测量盲区。

7. 雷达液位计的安装使用注意事项

(1)雷达液位计测量范围要从它接触到波束时开始计算,但是如果雷达液位计的罐底部位是凹形,则要从它的最低点算起。

(2)使用时要注意其介质电常数,如果介质为低介电常数,当其处于低液位时,最好将零点定在低高度为C的位置,这样能够获得更好的测量精度。

(3)在测量时要考虑腐蚀及黏附的影响,测量范围的终值应距离天线的尖端至少100 mm。

(4)天线会对最小测量范围产生影响。

(5)设置一段安全距离附加在盲区上,能够起到过溢保护作用。

12.4 故障现象及处理

1. 磁翻板液位计

(1)面板无显示。

①检查浮子是否损坏、是否消磁。

②检查面板翻柱是否消磁。

（2）远传输出不稳定。

①检查线路电压。

②是否有间歇短路、开路或多点接地。

③模块电路板故障。

2. 钢带液位计

（1）仪表无法正常工作。

①检查计数器是否被卡。

②检查浮子。

③检查孔带。

（2）远传输出不稳定。

①检查远传与链轮连接处。

②模块电路板故障。

3. 浮球液位计

（1）现场变化,显示不随液位变化。

①检查转轴与变送器是否接触良好。

②检查电源电压。

③检查零点、量程。

④传感器故障。

⑤电路板故障

（2）实际液位变化,现场不变化。

①外平衡杆与转轴脱开。

②重锤未调整好。

③内连接件松动脱落。

④球杆变形。

⑤浮球脱落。

⑥浮球破裂。

⑦介质汽化。

4. 差压式液位计

（1）液位变化较大。

①介质波动大或汽化严重。

②上引压线或下引压线不畅通。

③介质有结晶。

④毛细管内传压介质跑损。

⑤膜盒损坏。

⑥伴热温度过高。

（2）显示不变化。

①切断阀未打开。

②引压线堵塞。

③量程、零点未调整好。

④膜盒处有杂物堆积。

⑤毛细管被挤压不通。

⑥电路板故障。

5. 导波雷达液位计

(1)液位、输出百分数与回路值波动。

①重新组态探头长度和偏差。

②依靠其他设备确认准确液位。

③调整阻尼系数。

④重新组态回路值。

(2)不论液位高低,输出为同一数值。

①确认探头长度。

②调整偏置值,已达到精确数值。

(3)无液位信号。

①检查介质介电常数。

②液位在顶部过渡区,组态时没有设置。

③线路板或16针连接器工作不正常。

④探头长度组态。

⑤可能有介质在探头上搭桥。

⑥介电常数选择不正确。

(4)输出或最大,或最小,不精确。

①介质不纯,如油带水。

②介质或杂物在探头上搭桥。

③导波杆堵塞。

④有泡沫或黏稠物。

⑤探头顶部密封处有杂物。

12.5　双室平衡容器在汽包液位中的应用

12.5.1　简介

汽包水位是锅炉及其控制系统中最重要的参数之一,双室平衡容器在其中充当着不可或缺的重要角色。但是由于一些用户对于双室平衡容器及其测量补等方面缺少全面、必要的了解,因此应用中时有错误发生,甚至形成安全隐患。例如:胜利油田胜利发电厂一期工程,该工程投入运行早期其汽包水位测量系统的误差竟达70～90 mm,特殊情况下误差将会更大(曾因此造成汽包满水停机事故)。迄今为止,据不完全了解,仍有个别用户存在一些类似的问题或者其他问题。汽包水位是涉及机组安全与和运行的重要参数和指标,因此不允许任何人为的误差。

12.5.2　双室平衡容器的工作原理

1. 结构与组成

双室平衡容器是一种结构巧妙,具有一定自我补偿能力的汽包水位测量装置。双室平衡容器的工作原理如图 12 – 27 所示。在基准杯的上方有一个圆环形漏斗结构将整个双室平衡容器分隔成上下两个部分,为了区别于单室平衡容器,故称为双室平衡容器。为便于介绍,这里结合各主要部分的功能特点,将它们分别命名为凝汽室、基准杯、溢流室和连通器,另外书中把双室平衡容器汽包水位测量装置简称为容器。

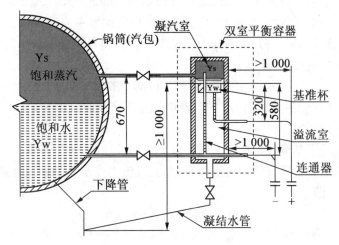

图 12 – 27　双室平衡容器的工作原理(单位:mm)

2. 凝汽室

理想状态下,来自汽包的饱和水蒸气经过这里时释放掉汽化潜热,形成饱和的凝结水供给基准杯及后续环节使用。

3. 基准杯

基准杯的作用是收集来自凝汽室的凝结水,并将凝结水产生的压力导出容器,传向差压测量仪表——差压变送器(后面简称变送器)的正压侧。基准杯的容积是有限的,当凝结水充满后则溢出流向溢流室。由于基准杯的杯口高度是固定的,因此称为基准杯。

4. 溢流室

溢流室占据了容器的大部分空间,它的主要功能是收集基准杯溢出的凝结水,并将凝结水排入锅炉下降管,在流动过程中为整个容器进行加热和蓄热,确保与汽包中的温度达到一致。正常情况下,由于锅炉下降管中流体的动力作用,溢流室中基本上没有积水或少量的积水。

5. 连通器

倒 T 字形连通器,其水平部分一端接入汽包,另一端接入变送器的负压侧。毋庸置疑,它的主要作用是将汽包中动态的水位产生的压力传递给变送器的负压侧,与正压侧的(基准)压力比较以得知汽包中的水位。它之所以被做成倒 T 字形,是因为可以保证连通器中的介质具有一定的流动性,防止其延伸到汽包之间的管线冬季发生冻结。连通器内部介质的温度与汽包中的温度很可能不一致,致使其中的液位与汽包中不同,但是由于流体的自平衡作用,对使汽包水位测量没有任何影响。

6. 差压的计算

通过前面的介绍可以知道,凝汽室、基准杯及其底部位于容器内部的导压管中的介质温度与汽包中的介质温度是相等的,即 $\gamma_w = \gamma_w'$,$\gamma_s = \gamma_s'$。故不难得到容器所输出的差压。本节以东方锅炉厂 DG670 - 13.73 - 8A 型锅炉所采用的测量范围为 ±300 mm 双室平衡容器为例加以介绍(图 12 - 27)。

通过图 12 - 27 可知,容器正压侧输出的压力等于基准杯口所在水平面以上总的静压力,加上基准杯口至 L 形导压管的水平轴线之间这段垂直区间的凝结水压力,再加上 L 形导压管的水平轴线至连通器水平轴线之间,位于容器的外部的这段垂直管段中的介质产生的压力。显而易见,其中的最后部分压力,由于其中的介质为静止的且距容器较远,因此其中的介质密度应为环境温度下的密度,因此

$$p_+ = p_J + 320 \cdot \gamma_w + (580 - 320) \cdot \gamma_c$$

式中,p_+ 为容器正压侧输出的压力;γ_w 为容器中的介质密度;γ_c 为环境温度下水的密度;p_J 为基准杯口以上总的静压力。

负压侧的压力等于基准杯口所在水平面以上总的静压力,加上基准杯口水平面至汽包中汽水分界面之间的饱和水蒸气产生的压力,再加上汽包中汽水分界面至连通器水平轴线之间饱和水产生的压力,即

$$p_- = p_J + (580 - h_w) \cdot \gamma_s + h_w \cdot \gamma_w$$

式中,p_- 为容器负压侧输出的压力;h_w 为汽水分界线至连通器水平管中心线之间的垂直高度;γ_s 为汽包中饱和水蒸气的密度。

因此差压为

$$\Delta p = p_+ - p_- = 320 \cdot \gamma_w + 260 \cdot \gamma_c - (580 - h_w) \cdot \gamma_s - h_w \cdot \gamma_w$$

即

$$\Delta p = 320 \cdot \gamma_w + 260 \cdot \gamma_c - 580 \cdot \gamma_s - (\gamma_w - \gamma_s) \cdot h_w \tag{1}$$

这里有一点需要说明,式(1)中环境温度下水的密度 γ_c,通常情况下会随着季节的变化而变化,它的变化将会影响汽包水位测量的准确性。就本例中的容器而言,当环境温度由 25 ℃升高到 50 ℃时,由于密度的变化对于差压产生的影响为 -2.3 mm 水柱,经过补偿系统补偿后对最终得到的汽包水位的影响将为 +2.3 ~ 5.5 mm 之间。通常情况下这样的误差可以忽略,也就是说可以认为这里的温度是恒定的。但是为了尽量减小误差,必须恰当地确定这里的温度。确定温度可以遵循这样一条原则,就高不就低,视当地气候及冬季伴热等因素确定。比如此处的环境温度一年当中通常在 0 ~ 50 ℃之间变化,平均温度为 25 ℃,则可以令这里的温度为 35 ℃。这是因为水的密度随着温度升高它的变化梯度越来越大,确定的温度高些,将会使环境温度变化对整个系统的影响更小。就本例中的容器而言,当温度从 0 ℃升高到 25 ℃时,温度的变化对测量系统的最终结果影响只有 1 mm 左右,而环境温度从 25 ℃升高到 50 ℃所带来的影响却为 +2.3 ~ 5.5 mm 之间。因此,确定温度应就高不就低。

12.5.3　双室平衡容器的工作特性

容器的工作特性对于汽包水位测量和补偿系统来说非常重要,了解这种特性利于用户的

应用和掌握应用中的技巧。查《饱和水与饱和水蒸气密度表》可以获得各种压力下饱和水与饱和水蒸气的密度。把 0、±50、±100(mm)等汽包水位分别代入式(1),可得到容器输出的一系列差压,双室平衡容器固有补偿特性参照表见表 12 - 1。通过表 12 - 1 可以得知双室平衡容器的工作特性。

表 12 - 1　双室平衡容器固有补偿特性参照表

压力/MPa	水位/mm								
	−300	−200	−100	−50	0	+50	+100	+200	+300
0 *	515.0	415.0	315.0	265.0	215.0	165.0	115.0	15.0	−85.0
	504	408.3	312.5	264.6	216.8	168.9	121.0	25.2	−70.5
2.4	466.6	384.2	302.0	260.7	219.7	178.6	137.4	55.2	−27.1
4.4	449.2	372.7	296.2	257.9	219.7	181.4	143.1	66.6	−9.9
6.5	432.9	361.6	290.3	254.7	219.0	183.4	147.7	76.4	5.1
8.5	417.8	351.2	284.6	251.3	218.0	184.7	151.4	84.8	18.3
10.5	402.3	340.4	278.5	247.6	216.7	185.7	154.8	92.9	31.0
12.5	385.9	328.9	271.9	243.4	214.9	186.4	157.9	100.9	43.9
14.5	367.9	316.1	264.4	238.5	212.6	186.7	159.4	109.0	57.3
16.5	347.1	311.3	255.5	232.5	209.6	186.7	163.8	118.0	72.1

从表 12 - 1 中可以看到,各水位所对应的由容器所输出的差压(mmH$_2$O)随着压力的变化(相关饱和汽、水密度)各自发生着不同的变化。这里首先注意 0 水位所对应的差压,它的变化规律较其他水位有明显不同,只在一个较小的范围内波动。由于该容器的设计压力为13.73 MPa,因此 14.5 MPa 以下它的波动范围更小,仅在 ±5 mm 水柱以内。也就是说当汽包中的水位为 0 水位时,无论压力如何变化,即使在没有补偿系统的情况下,对 0 水位测量影响都极小或者基本没有影响。关于其他水位,则当汽包水位越接近于 0 水位,其对应的差压受压力的变化影响越小,反之则大。

因此,双室平衡容器是一种具有一定自我补偿能力的汽包水位测量装置。它的这种能力主要体现在,当汽包中的水位越接近于 0 水位,其输出的差压受压力变化的影响越小,即对汽包水位测量的影响越小。毫无疑问,容器特性是由容器的自身结构决定的,故又称为固有补偿特性。表 12 - 1 中,0 MPa 对应两行差压值,其原因后面将会提到。之所以双室平衡容器会有这种特性其实质,是由于双室平衡容器在设计制造时采取了特殊的结构,这种结构最大限度地削弱了汽水密度变化对常规运行水位差压的影响。但是尽管如此,它并不能完全满足生产的需要,仍然需要继续补偿。

12.5.4　补偿系统

1. 基础知识与基本概念

从容器的特性中可以看到,双室平衡容器不能完全满足生产的需要。究其原因,是介质密度的变化造成的。因此,必须要采取一定的措施,进一步消除密度变化对汽包水位测量的影响。这种被用来消除密度变化带来的影响的措施称为补偿,通过补偿以准确地测定汽包中的水位。

汽包水位测量补偿的方法通常有两种,一种是压力补偿,另一种是温度补偿,无论采取哪种方法补偿效果都一样。但是它们之间略有区别,即温度补偿可以从 0 ℃开始,而压力补偿只能从 100 ℃开始。这是因为温度可以一一对应饱和密度以及 100 ℃以下时的非饱和密度,而压力却只能一一对应饱和密度,即最低压力 0 MPa 只能对应 100 ℃时的饱和密度。因此,由这两种方法构成的补偿系统各自对应的补偿起始点有所不同,即差压变送器量程有所不同。表 12-1 中 0 MPa 对应两行差压值,其原因即在于此;其中上一行对应的是温度补偿,下一行对应压力补偿。很显然,温度补偿也可以从 100 ℃开始。

2. 建立补偿系统的步骤

(1)确定双室平衡容器的 0 水位位置。

容器的 0 水位的位置一般情况下比较容易确定,通过查阅锅炉制造厂家有关汽包(学名锅筒)及附件方面的图纸和资料,进行比较和计算即可获得。书中列举的容器 0 水位位置位于连通器水平管轴线以上 365 mm 处,即基准杯口水所在的平面下方 215 mm 处。但是,偶尔由于图纸的疏漏缺少与确定 0 水位相关的数据,无法计算出 0 水位的位置,那么确定起来就比较复杂。如图 12-27 中就缺少数据。这种情况下就只有根据容器的自我补偿特性在 0 水位所体现的特点通过反复验算来获得。由于容器本身就是用这样的方法经反复验算而设计制造的,只要验算的方法正确通过验算得到的数据会很准确可靠,当然这只限于图纸不详的情况下。限于篇幅,这里只提供思路,具体的验算方法不予介绍。对此感兴趣的读者可以试一试。

(2)确定差压变送器的量程。

差压变送器的量程是由汽包水位的测量范围、容器的 0 水位位置以及补偿系统的补偿起始点三方面因素决定的。一些用户一般只考虑了前两方面因素,而忽略了补偿起始点因素,甚至极个别的用户只简单地根据汽包水位的测量范围确定变送器的量程,造成很大的测量误差。一般情况下,忽略容器的 0 水位位置所造成的误差在 70~90 mm 之间,忽略补偿起始点所产生的误差在 30 mm 以下,特别情况下误差都将会更大。此外,这里特别提醒用户,在进行汽包水位测量工作时,关于变送器的量程,在没有得到确认的情况下,切不可单纯依赖设计部门的图纸。事实上,多数情况下,设计部门在进行此类设计,对变送器选型时,只确定基本量程,而不给出应用量程。

下面来确定变送器的量程。

本节的例子中容器的 0 水位位置位于连通器水平管轴线以上 365 mm 处。由于该容器的量程为 ±300 mm,因此式(1)中的 h_w 的最大值和最小值分别为 665 mm 和 65 mm。如果采用压力补偿,从《饱和水与饱和水蒸气密度表》中查出 100 ℃时的饱和水与饱和水蒸气的密度代入式(1),再分别将 665 mm 和 65 mm 代入式(1),即得最小差压

$$\Delta p_{min} = -70.5 \text{ mm 水柱}$$

和最大差压

$$\Delta p_{max} = 504 \text{ mm 水柱}$$

这两个差压值就是变送器的量程范围(见表 12-1 中 0 MPa 对应的下行),即 -70.5~504 mm 水柱。如果采用温度补偿,且从 0 ℃开始补偿,则由于水的密度极其接近 1 mg/mm³,

误差可以忽略,令蒸汽的密度为 0。用同样方法即可得到变送器的量程为 −85 ~ 515 mm 水柱(见表 12 −1 中 0 MPa 对应的上行)。实际上,从 0 ℃开始补偿是完全没有必要的,其原因这里无须赘述。

(3)确定数学模型。

数学模型是补偿系统中的最重要环节。由式(1)得

$$h_w = \frac{260\gamma_c - \Delta p + 320\gamma_w - 580\gamma_s}{\gamma_w - \gamma_s} \tag{2}$$

由于相对于规定的 0 水位的汽包水位 $h = h_w - 365$ mm,所以

$$h = \frac{260\gamma_c - \Delta p + 320\gamma_w - 580\gamma_s}{\gamma_w - \gamma_s} - 365 \tag{3}$$

式中,h 为相对于规定的 0 水位的汽包水位;γ_w 为饱和水的密度;γ_s 为饱和水蒸气的密度;γ_c 为环境温度下水的密度;Δp 为差压。

式(3)即为补偿系统的数学模型。式中 γ_c 为常数,令环境温度为 30 ℃,则 $\gamma_c = 0.995\ 6$ mg/mm³,所以

$$h = \frac{258.9 - \Delta p + 320\gamma_w - 580\gamma_s}{\gamma_w - \gamma_s} - 365 \tag{4}$$

式(4)为最终的数学模型。显然,它与式(3)的作用完全一样,在补偿系统中可以任选其一。

(4)确定函数,完成系统。

在式(3)和式(4)中含都有"$320\gamma_w - 580\gamma_s$"和"$\gamma_w - \gamma_s$"关于饱和水与饱和水蒸气密度的两个子式。查《饱和水与饱和水蒸气密度表》,可以获得这两个子式关于压力或温度的函数曲线。将所得到的曲线以及式(3)或者式(4)输入用以执行运算任务硬件设备,补偿系统即完成。

从补偿系统的建立过程可以发现,补偿系统是根据某一特定构造的容器而建立的。因此,建立补偿系统时应根据不同的容器,建立不同的补偿系统。建立补偿系统时,当确定差压的计算公式以后,只需重复这里的步骤即可得到新的汽包水位测量补偿系统。

12.5.5　关于容器保温问题的释疑

众所周知,为了使容器达到理想工作状态,容器的外部必须做适当的保温。然而,关于容器的凝汽室及顶部的保温问题目前有些争议,部分用户认为这里的保温可有可无。作者通过多年观察发现,在这里没有保温的情况下,冬季由仪表显示的汽包水位会比夏季低将近 10 mm,因为一般情况下凝汽室的温度都要比环境高 300 ℃左右,甚至更高,所以它的热辐射能力很强。当凝汽室外部没有保温或者保温条件比较差时,尽管凝结水的速度会加快并导致更多的饱和水蒸气流到这里补充这里的热量,但是由于这里的介质处于自然对流状态且受到管路等的阻力的制约,因此补充的热量难以维持这里的温度,进而影响了测量的准确性。对于额定工作压力为 13.73 MPa 的锅炉而言,如果冬季由仪表显示的汽包水位比真实水位低 10 mm,将意味着容器内部的温度比饱和温度低 7 ℃左右。所以,为确保其包水位测量的准确性,这里必须加以适当的保温。作者认为,这里的保温以保温层的外层温度不超过 120 ℃为佳。

第13章　流量测量

13.1　流量计概述

测量流体流量的仪表统称为流量计或流量表,它是工业测量中重要的仪表之一。随着工业生产的发展,对流量测量的准确度和范围的要求越来越高,流量测量技术日新月异,为了适应各种用途,各种类型的流量计相继问世,目前已投入使用的流量计已超过100种。

每种产品都有其特定的适用性,也都有其局限性。按测量原理分类可分为力学原理、电学原理、声学原理、热学原理、光学原理、原子物理学原理和其他原理。

按流量计的结构原理分类可分为差压式流量计、孔板流量计、浮子流量计、容和式流量计、污水流量计、涡轮流量计、涡街流量计、电磁流量计、超声波流量计、质量流量计、热式质量流量计、科里奥利质量流量计、明渠流量计、静电流量计、复合效应流量仪表和转速表式流量传感器。

按测量对象分类可分为封闭管道和明渠两大类;按测量目的又可分为总量测量和流量测量,其仪表分别称为总量表和流量计。总量表测量一段时间内流过管道的流量,是以短暂时间内流过的总量除以该时间的商来表示,实际上流量计通常亦备有累积流量装置,做总量表使用,而总量表亦备有流量发信装置。因此,以严格意义来分总量表和流量计已无实际意义。

13.1.1　按测量原理分类

(1)力学原理。

属于力学原理的流量计有利用伯努利定理的差压式、转子式;属于动量定理的冲量式、可动管式;属于牛顿第二定律的直接质量式;属于流体动量原理的靶式;属于角动量定理的涡轮式;属于流体振荡原理的旋涡式、涡街式;属于总静压力差的皮托管式、容积式和堰、槽式等。

(2)电学原理。

属于电学原理的流量计有电磁式、差动电容式、电感式和应变电阻式等。

(3)声学原理。

属于声学原理进行流量测量的有超声波式、声学式(冲击波式)等。

(4)热学原理。

属于热学原理测量流量的有热量式、直接量热式和间接量热式等。

(5)光学原理。

属于光学原理的流量计有激光式、光电式等。

(6)原于物理学原理。

属于原子物理学原理的流量计有核磁共振式、核辐射式等。

（7）其他原理。

有标记原理（示踪原理、核磁共振原理）、相关原理等。

13.1.2 按流量计的结构原理分类

按当前流量计产品的实际情况,根据流量计的结构原理,大致上可归纳为以下类型。

1. 差压式流量计

差压式流量计是根据安装于管道中流量检测件产生的差压,已知的流体条件和检测件与管道的几何尺寸来计算流量的仪表。

差压式流量计由一次装置（检测件）和二次装置（差压转换和流量显示仪表）组成。通常以检测件形式对差压式流量计进行分类,如孔板流量计、文丘里流量计、均速管流量计等。

差压式流量计的检测件按其作用原理可分为:节流装置、水力阻力式、离心式、动压头式、动压头增益式及射流式几大类。

检测件又可按其标准化程度分为两大类:标准的和非标准的。所谓标准检测件是只要按照标准文件设计、制造、安装和使用,无须经实流标定即可确定其流量值和估算测量误差;非标准检测件是成熟程度较差的,尚未列入国际标准中的检测件。

二次装置为各种机械、电子、机电一体式差压计,差压变送器及流量显示仪表。它已发展为三化（系列化、通用化及标准化）程度很高的、种类规格庞杂的一大类仪表,它既可测量流量参数,也可测量其他参数（如压力、物位和密度等）。

差压式流量计是一类应用最广泛的流量计,在各类流量仪表中其使用量占居首位。近年来,由于各种新型流量计的问世,它的使用量百分比逐渐下降,但目前仍是最重要的一类流量计。

差压式流量计的优点:

（1）应用最多的孔板流量计,结构牢固、性能稳定可靠、使用寿命长。

（2）应用范围广泛,至今尚无任何一类流量计可与之相比。

（3）检测件与变送器、显示仪表分别由不同厂家生产,便于规模生产。

差压式流量计的缺点:

（1）测量精度普遍偏低。

（2）范围度窄,一般仅 4:1 ~ 3:1。

（3）现场安装条件要求高。

（4）压损大（指孔板、喷嘴等）。

差压式流量计的应用概况:

差压式流量计应用范围特别广泛,在封闭管道的流量测量中各种对象都有应用,如流体方面（单相、混相、洁净、脏污和黏性流等）、工作状态方面（常压、高压、真空、常温、高温、低温等）、管径方面（从几毫米到几米）、流动条件方面（亚音速、音速和脉动流等）。它在各工业部门的用量占流量计全部用量的 1/4 ~ 1/3。

2. 孔板流量计（图 13 - 1）

孔板流量计的优点:

（1）标准节流件是全世界通用的,并得到了国际标准组织的认可,无须实流校准即可投用,在流量计中亦是唯一的。结构易于复制、简单、牢固、性能稳定可靠、价格低廉。

(2)应用范围广,包括全部单相流体(液、气和蒸汽)、部分混相流,一般生产过程的管径、工作状态(温度、压力)皆有产品。

(3)检测件和差压显示仪表可分开不同厂家生产,便与专业化规模生产。

孔板流量计的缺点:

(1)测量的重复性、精确度在流量计中属于中等水平,由于众多因素的影响错综复杂,精确度难以提高。

(2)范围度窄,由于流量系数与雷诺数有关,一般范围度仅 4:1 ~ 3:1。有较长的直管段长度要求,一般难以满足。尤其对较大管径,问题更加突出;压力损失大,通常为维持一台孔板流量计正常运行,水泵需要附加动力克服孔板的压力损失。该附加耗电量可直接由压力损失和流量计算确定。一年约需多耗电数万度,折合人民币数万元。

孔板以内孔锐角线来保证精度,因此对腐蚀、磨损、结垢和脏污敏感,长期使用精度难以保证,需每年拆下强检一次。采用法兰连接,易产生跑、冒、滴、漏问题,大大增加了维护工作量。

图 13 - 1　孔板流量计

3. 浮子流量计

浮子流量计,又称为转子流量计,是变面积式流量计的一种,在一根由下向上扩大的垂直锥管中,圆形横截面的浮子的重力是由液体动力承受的,从而使浮子可以在锥管内自由地上升和下降。浮子流量计是应用范围仅次于差压式流量计的一类流量计,特别在小、微流量方面有举足轻重的作用。

20 世纪 80 年代中期,其在日本、美国、西欧国家的销售金额占流量仪表的 15% ~ 20%。我国 1990 年产量在 12 万 ~ 14 万台,其中 95% 以上为玻璃锥管浮子流量计。

浮子流量计的特点:

(1)玻璃锥管浮子流量计结构简单、使用方便,但耐压力低,有玻璃管易碎的风险。

(2)适用于小管径和低流速。

(3)压力损失较低。

4. 容积式流量计(图 13 - 2)

容积式流量计(Positive Displacement Flowmeter,PDF),又称为定排量流量计,简称 PD 流量计,是流量仪表中是精度最高的一类。它利用机械测量元件把流体连续不断地分割成单个已知的体积部分,根据测量室逐次重复地充满和排放该体积部分流体的次数来测量流体体积总量。

容积式流量计按其测量元件分类,可分为椭圆齿轮流量计、刮板流量计、双转子流量计、旋转活塞流量计、往复活塞流量计、圆盘流量计、液封转筒式流量计、湿式气量计及膜式气量计等。

容积式流量计的优点:

(1)计量精度高。

(2)安装管道条件对计量精度没有影响。

(3)可用于高黏度液体的测量。

(4)范围度宽。

图 13-2　容积式流量计

(5)直读式仪表无须外部能源可直接获得累计总量,清晰明了,操作简便。

容积式流量计的缺点:

(1)结果复杂,体积庞大。

(2)被测介质种类、口径及介质工作状态局限性较大。

(3)不适用于高、低温场合。

(4)大部分仪表只适用于洁净单相流体。

(5)产生噪声及振动。

容积式流量计的应用概况:

容积式流量计与差压式流量计、浮子流量计并列为三类使用量最大的流量计,常应用于昂贵介质(油品、天然气等)的总量测量。

工业发达国家近年 PD 流量计(不包括家用煤气表和家用水表)的销售金额占流量仪表的 13%～23%;我国约占 20%,1990 年产量(不包括家用煤气表)约为 34 万台,其中椭圆齿轮式和腰轮式分别约占 70% 和 20%。

5. 污水流量计

污水流量计按计量原理分类:

(1)有节流式流量计、毕托管流量计、均速管流量计、转子流量计和靶式流量计,这些流量计是利用伯努利方程原理,通过测量流体差压信号反映流量的。

(2)有涡轮流量计、涡街流量计、电磁流量计、多普勒超声波流量计和热线测速流量计,这些是通过测量流休流速来反映流量的。

(3)有齿轮式流量计、刮板式流量计和旋转活塞式流量计,这些是通过测量一个个标准体积的小容积来反映流量的。

(4)有热式质量流量计、差压式质量流量计、叶轮式质量流量计、哥力式质量流量计和间接式质量流量计,这些是通过测量流体质量来反映流量的。

(5)有堰槽式流量计,它是通过测量液位来反映流量的。

污水流量计的特点:

(1)结构简单、牢固可靠、使用寿命长。

(2)测量管内无活动部件和阻力部件、无压损、不会产生阻塞、测量可靠、抗干扰能力强、体积小、质量轻、安装方便、维护量小、测量范围宽,测量不受流体温度、密度、压力、黏度和电导率等变化的影响,可在老管道上开孔改造安装,施工安装简单,工程量小。

6. 涡轮流量计(图 13 -3)

涡轮流量计是速度式流量计中的主要种类,它是采用多叶片的转子(涡轮)感受流体平均流速,从而且推导出流量或总量的仪表。涡轮流量计一般由传感器和显示仪两部分组成,也可做成整体式。

涡轮流量计和容积式流量计、科里奥利质量流量计称为流量计中三类重复性、精度最佳的产品,作为十大类型流量计之一,其产品已发展为多品种、多系列批量生产的规模。

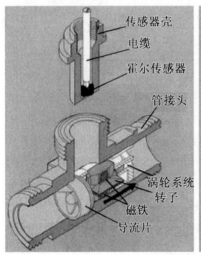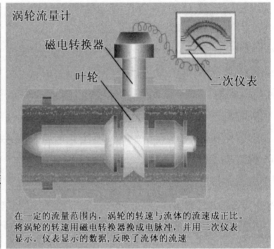

图 13 -3　涡轮流量计

涡轮流量计的优点:

(1)精度高,在所有流量计中属于最精确的流量计。

(2)重复性好。

(3)无零点漂移,抗干扰能力好。

(4)范围度宽。

(5)结构紧凑。

涡轮流量计的缺点:

(1)不能长期保持校准特性。

(2)流体物性对流量特性有较大影响。

涡轮流量计的应用概况:

涡轮流量计在测量以下一些对象中获得广泛的应用:石油、有机液体、无机液体、液化气、天然气和低温流体。在欧洲国家和美国,涡轮流量计在用量上是仅次于孔板流量计的天然计量仪表,仅荷兰在天然气管线上就采用了 2 600 多台各种尺寸、压力从 0.8 ~ 6.5 MPa 的气体涡轮流量计,它们已成为优良的天然气计量仪表。

7. 涡街流量计(Vortex Flowmeter,USF)(图 13 -4)

涡街流量计是在流体中安放一根非流线型旋涡发生体,流体在发生体两侧交替地分离释放出两串规则交错排列的旋涡的仪表。当通流截面一定时,流速与导容积流量成正比。因此,测量振荡频率即可测得流量。涡街流量计按频率检出方式可分为:应力式、应变式、电容式、热敏式、振动体式、光电式及超声式等。这种流量计是 20 世纪 70 年代开发和发展起来的,由于它兼具无转动部件和脉冲数字输出的优点,很有发展前途。

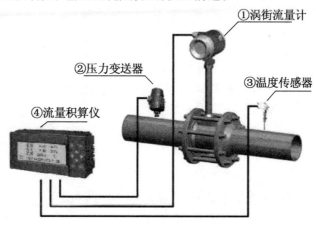

①涡街流量计

②压力变送器

③温度传感器

④流量积算仪

图 13 − 4　涡街流量计

涡街流量计的优点:

(1)无可动部件,测量元件结构简单、性能可靠、使用寿命长。

(2)测量范围宽,量程比一般能达到 1:10。

(3)体积流量不受被测流体的温度、压力、密度或黏度等热工参数的影响,一般不需单独标定。它可以测量液体、气体或蒸汽的流量。

(4)造成的压力损失小。

(5)准确度较高,重复性为 0.5%,且维护量小。

涡街流量计的缺点:

(1)涡街流量计工作状态下的体积流量不受被测流体温度、压力和密度等热工参数的影响,但液体或蒸汽的最终测量结果应是质量流量,对于气体,最终测量结果应是标准体积流量。质量流量或标准体积流量都必须通过流体密度进行换算,必须考虑流体工况变化引起的流体密度变化。

(2)造成流量测量误差的因素主要有:管道流速不均;不能准确确定流体工况变化时的介质密度;将湿饱和蒸汽假设成干饱和蒸汽进行测量。这些误差如果不加以限制或消除,涡街流量计的总测量误差就会很大。

(3)抗振性能差。外来振动会使涡街流量计产生测量误差,甚至不能正常工作。通道流体高流速冲击会使涡街发生体的悬臂产生附加振动,使测量精度降低,大管径影响更为明显。

(4)对测量脏污介质适应性差。涡街流量计的发生体极易被介质脏污或被污物缠绕,改变几何体尺寸,对测量精度造成极大影响。

(5)直管段要求高。专家指出,涡街流量计直管段一定要保证前 40D 后 20D,才能满足测量要求。

(6)耐温性能差。涡街流量计一般只能测量 300 ℃以下介质的流体流量。

USF 在 20 世纪 60 年代后期进入工业应用,20 世纪 80 年代后期起在各国流量仪表销售金额中已占 4% ~6%。1992 年世界范围销售量约为 3.5 ~4.8 万台,同期国内产品在 8 000 ~ 9 000 台。

8. 电磁流量计（Electromagnetic Flowmeter，EMF）（图 13 -5）

电磁流量计是根据法拉第电磁感应定律制成的一种测量导电性液体的仪表。

电磁流量计有一系列优良特性,可以解决其他流量计不易应用的问题,如脏污流、腐蚀流的测量。

20 世纪七八十年代电磁流量在技术上的重大突破,使它成为应用广泛的一类流量计,在流量仪表中其使用量百分比不断上升。

电磁流量计的优点:

（1）测量通道是段光滑直管,不会阻塞,适用于测量含固体颗粒的液固二相流体,如纸浆、泥浆及污水等。

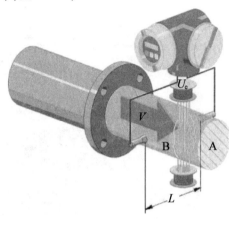

图 13 -5　电磁流量计

（2）不产生流量检测所造成的压力损失,节能效果好。

（3）所测得体积流量实际上不受流体密度、黏度、温度、压力和电导率变化的明显影响。

（4）流量范围大、口径范围宽。

（5）可应用于腐蚀性流体。

电磁流量计的缺点:

（1）电磁流量计的应用有一定局限性,它只能测量导电介质的液体流量,不能测量非导电介质的流量,例如气体和水处理较好的供热用水。另外,在高温条件下其衬里需考虑耐温性。

（2）电磁流量计通过测量导电液体的速度确定工作状态下的体积流量。按照计量要求,对于液态介质,应测量质量流量,测量介质流量应涉及流体的密度,不同流体介质具有不同的密度,而且随温度变化。如果电磁流量计转换器不考虑流体密度,仅给出常温状态下的体积流量是不合适的。

（3）电磁流量计的安装与调试比其他流量计复杂,且要求更严格。变送器和转换器必须配套使用,两者之间不能用两种不同型号的仪表配用。在安装变送器时,从安装地点的选择到具体的安装调试,必须严格按照产品说明书要求进行。安装地点不能有振动,不能有强磁场。在安装时必须使变送器和管道有良好的接触及接地,变送器的电位与被测流体等电位。在使用时,必须排尽测量管中存留的气体,否则会造成较大的测量误差。

（4）电磁流量计用来测量带有污垢的黏性液体时,黏性物或沉淀物附着在测量管内壁或电极上,使变送器输出电势发生变化,造成测量误差,电极上污垢物达到一定厚度,可能导致仪表无法测量。

（5）供水管道结垢或磨损改变内径尺寸,将影响原定的流量值,造成测量误差,如 100 mm 口径仪表内径变化 1 mm 会带来约 2% 附加误差。

（6）变送器的测量信号为很小的毫伏级电势信号,除流量信号外,还夹杂一些与流量无关的信号,如同相电压、正交电压及共模电压等。为了准确测量流量,必须消除各种干扰信号,有效放大流量信号。应该提高流量转换器的性能,最好采用微处理机型的转换器,用它来控制励磁电压,按被测流体性质选择励磁方式和频率,可以排除同相干扰和正交干扰。但改进的仪表结构复杂,成本较高。

(7)价格较高。

电磁流量计的应用概况:

电磁流量计应用领域广泛,大口径仪表较多应用于给排水工程;中小口径常用于高要求或难测场合,如钢铁工业高炉风口冷却水控制,造纸工业测量纸浆液和黑液,化学工业的强腐蚀液,有色冶金工业的矿浆;小口径、微小口径常用于医药工业、食品工业和生物化学等有卫生要求的场所。EMF 从 20 世纪 50 年代初进入工业应用以来,使用领域日益扩展,20 世纪 80 年代后期起在各国流量仪表销售金额中已占 16% ~ 20%。我国近年发展迅速,1994 年销售为 6 500 ~ 7 500 台。国内已生产最大口径为 2 ~ 6 m 的 EMF,并有实流校验口径 3 m 的设备能力。

9. 超声波流量计(图 13 - 6)

超声波流量计是基于超声波在流动介质中传播的速度等于被测介质的平均流速和声波本身速度的几何和的原理而设计的,它也是由测流速来反映流量大小的。超声波流量计虽然在 20 世纪 70 年代才出现,但由于它可以制成非接触形式,并可与超声波水位计联动进行开口流量测量,对流体又不产生扰动和阻力,所以很受欢迎。

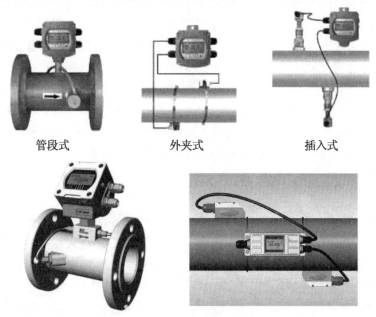

管段式　　　　　　外夹式　　　　　　插入式

图 13 - 6　超声波流量计

超声波流量计按测量原理分可分为时差式和多普勒式。利用时差式原理制造的时差式超声流量计近年来得到广泛的关注和使用,是目前企业使用最多的一种超声波流量计。利用多普勒效应制造的超声多普勒流量计多用于测量介质有一定的悬浮颗粒或气泡介质,使用有一定的局限性,但却解决了时差式超声波流量计只能测量单一清澈流体的问题,也被认为是非接触测量双相流的理想仪表。

超声波流量计的优点:

（1）超声波流量计是一种非接触式测量仪表，可用来测量不易接触、不易观察的流体流量和大管径流量。它不会改变流体的流动状态，不会产生压力损失，且便于安装。

（2）可以测量强腐蚀性介质和非导电介质的流量。

（3）测量范围大，管径范围为 20 mm ~ 5 m。

（4）可以测量各种液体和污水流量。

（5）体积流量不受被测流体的温度、压力、黏度及密度等热物性参数的影响。可以做成固定式和便携式两种形式。

超声波流量计的缺点：

（1）温度测量范围不高，一般只能测量温度低于 200 ℃ 的流体。

（2）抗干扰能力差。易受气泡、结垢、泵及其他声源混入的超声杂音干扰，影响测量精度。

（3）直管段要求严格，为前 20D，后 5D。否则离散性差，测量精度低。

（4）安装的不确定性，会给流量测量带来较大误差。

（5）测量管道因结垢，会严重影响测量准确度，带来显著的测量误差，甚至在严重时仪表无流量显示。

（6）可靠性、精度等级不高（一般为 1.5 ~ 2.5 级），重复性差。

（7）使用寿命短（一般精度只能保证一年）。

（8）超声波流量计通过测量流体速度来确定体积流量，对液体应该测量它的质量流量，仪表测量质量流量是通过体积流量乘以人为设定的密度后得到的，当流体温度变化时，流体密度是变化的，人为设定密度值，不能保证质量流量的准确度。只能在测量流体速度的同时，又测量了流体密度，才能通过运算得到真实质量流量值。

超声波流量计的应用概况：

传播时间法应用于清洁、单相液体和气体。典型应用有工厂排放液、怪液和液化天然气等；气体应用方面在高压天然气领域已有使用良好的经验。

多普勒法适用于异相含量不太高的双相流体，如未处理污水、工厂排放液和脏流程液，通常不适用于非常清洁的液体。

10. 质量流量计

由于流体的容积受温度、压力等参数的影响，用容积流量表示流量大小时需给出介质的参数。在介质参数不断变化的情况下，往往难以达到这一要求，而造成仪表显示值失真。因此，质量流量计就得到广泛的应用和重视。质量流量计分直接式和间接式两种。直接式质量流量计利用与质量流量直接有关的原理进行测量，目前常用的有量热式、角动量式、振动陀螺式、马格努斯效应式和科里奥利力式等。间接式质量流量计是用密度计与容积流量直接相乘求得质量流量的。

在现代工业生产中，流动工质的温度、压力等运行参数不断提高，在高温高压的情况下，由于材质和结构等方面的原因，直接式质量流量计的应用遇到困难，而间接式质量流量计由于密度计受湿度和压力适用范围的限制，往往也不好实际应用。因此，在工业生产中广泛采用的是温度压力补偿式质量流量计。可把它看作一种间接式质量流量计，不是配用密度计，而是利用温度、压力与密度间的关系，用温度、压力信号经函数运算为密度信号，与容积流量相乘而得到质量流量。目前温度、压力补偿式质量流量计虽已实用化，但当被测介质参数变化范围很大或很迅速时，正确地补偿将很困难或不可能，因此进一步研究在实际生产中适用的质量流量计和密度计仍是一个课题。

11. 热式质量流量计(Thermal Mass Flowmeter,TMF)

热式质量流量计的优点：

(1)球阀安装、拆卸方便,并可以带压安装。

(2)基于金氏定律,直接测量质量流量。测量值不受压力和温度影响。

(3)响应迅速。

(4)量程范围大,管道式安装最小可以测量8.8 mm管道的流量,最大可以测到30″。

(5)插入式类型的流量计,一支流量计可以用于测量多种管径。

热式质量流量计的缺点：

(1)精度不及其他类型流量计,一般为3% 。

(2)适用范围小,只能用于测量干燥的非爆炸性的气体,如压缩空气、氮气、氩气及其他中性气体。

12. 科里奥利质量流量计(Coriolis Mass Flowmeter,CMF)(图13-7)

科里奥利质量流量计(以下简称CMF)是利用流体在振动管中流动时,产生与质量流量成正比的科里奥利力原理制成的一种直接式质量流量仪表。

国外CMF已发展30余系列,各系列开发在技术上着眼点在于:流量检测测量管结构上设计创新;提高仪表零点稳定性和精确度等性能;增加测量管挠度、提高灵敏度;改善测量管应力分布、降低疲劳损坏、加强抗振动干扰能力等。

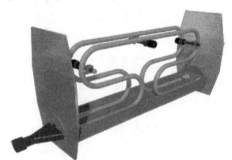

图13-7　科里奥利质量流量计

13. 明渠流量计(Open Channel Flowmeter,OCF)

与前述几种不同,明渠流量计是在非满管状敞开渠道测量自由表面自然流的流量仪表。

非满管态流动的水路称为明渠,测量明渠中水流流量的称作明渠流量计。

明渠流量计除圆形外,还有U字形、梯形和矩形等多种形状。

明渠流量计应用场所有城市供水引水渠;火电厂引水和排水渠、污水治理流入和排放渠;工矿企业水排放以及水利工程和农业灌溉用渠道。有人估计1 995台,约占流量仪表整体的1.6% ,但是国内应用尚无估计数据。

14. 静电流量计(Electrostatic Flowmeter,EF)

日本东京技术学院研制了适用于石油输送管线、低导电液体流量测量的静电流量计。

静电流量计的金属测量管绝缘地与管系连接,测量电容器上静电荷便可知道测量管内的电荷。他们分别做了内径为4~8 mm,铜、不锈钢等金属和塑料测量管仪表的实流试验,试验表明流量与电荷之间的关系接近于线性。

15. 复合效应流量仪表(Combined Effects Meter,CEM)

复合效应流量仪表的工作原理是基于流体的动量和压力作用于仪表腔体产生的变形,测量复合效应的变形求取流量。本仪表由美国GMI工程和管理学院开发,已申请两项专利。

16. 转速表式流量传感器(Tachmetric Flowrate Sensor, TFS)

转速表式流量传感器由俄罗斯科学工程中心工业仪表公司开发,是基于悬浮效应理论研制的。该仪表已在若干现场成功地应用(例如在核电站安装 2 000 余台测量热水流量,连续使用 8 年),且还在改进以扩大应用领域。

13.2　孔板流量计与楔形流量计的对比

13.2.1　工作原理

孔板流量计、楔形流量计属于恒截面、变压差型流量计,也就是说它们的概念相同。

孔板流量计(图 13 - 8)就是在管道内部加装一个中间开孔的圆板,然后测量蒸汽在孔板前后的压力差,经过计算换算出蒸汽的流量。

因为蒸汽的流速在节流件处(孔板)形成局部收缩,静压力降低,流速增加,于是在节流件前后便产生了压差。根据流动连续性方程(质量守恒定律)和伯努利方程(能量守恒定律),流量的大小与差压的大小存在一定的比例关系: $M^2 \propto \Delta p$。式中,M 为流量;Δp 为差压。

通过引压管将差压信号引入差压变送器,差压变送器将差压信号送入流量积算仪,流量积算仪将差压信号换算成流量信号。同时通过温度和压力传感器测出蒸汽的温度和压力,积算仪根据当时的温度和压力计算出补偿后的流量。

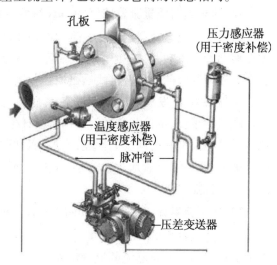

图 13 - 8　孔板流量计

楔形流量计(图 13 - 9)是流体通过楔形流量计时,由于楔块的节流作用,在其上、下游侧产生了一个与流量值成平方关系的差压,将此差压从楔块两侧取压口引出,送至差压变送器转变为电信号输出,再经专用智能流量积算仪运算后,即可获知流量值。

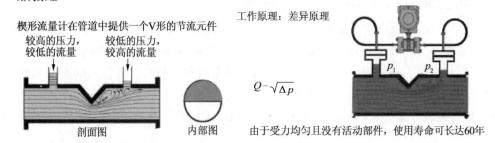

图 13 - 9　楔形流量计

13.2.2　优缺点

1. 孔板流量计（图 13 - 10）

孔板流量计的优点：

（1）节流装置结构易于复制、简单、牢固、性能稳定可靠、使用期限长。

（2）适用于较大口径管道的计量（目前口径大于 DN 600 mm 的流量计一般只能选用孔板）。

（3）经久耐用。

（4）标定全面。

（5）价格便宜。

孔板流量计的缺点：

（1）对节流装置、引压管和冷凝罐安装要求很高，安装较为复杂。

（2）孔板流量计整体校验比较困难，目前只能对差压传感器、压力传感器和温度传感器单独进行校验，整体的精度难以确保。

（3）孔板的结构决定了流体流经孔板时流体的静压明显减小，流速显著加大，造成流体冲刷孔板严重，侵蚀孔板中心的锐口金属边缘，致使孔板精度不断下降。在液化气、丙烯等易汽化的液体流量测量中，流体物理形态的改变使得孔板侵蚀更加严重。

（4）孔板的结构形式决定了流体流过孔板后有较大的静压损失，从整体上看孔板流量计是一个耗能较大的仪表，使机泵机械功率的损失加大，不利于装置的能效提高，对于越来越严格的节能要求来说是一个不利因素。

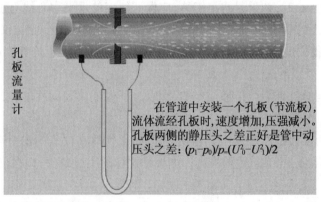

孔板流量计

在管道中安装一个孔板（节流板），流体流经孔板时，速度增加，压强减小。孔板两侧的静压头之差正好是管中动压头之差：$(p_1-p_0)/\rho = (U_0^2-U_1^2)/2$

图 13 - 10　孔板流量计

2. 楔形流量计（图 13 - 11）

楔形流量计的优点：

（1）特别适合于高黏度、低雷诺数、带悬浮颗粒或气泡的介质测量。

（2）测量精度不受流体介质介电常数等特性的影响和限制。

（3）楔形件结构设计特殊，有导流作用，防堵塞。

（4）具有流体黏度变化、温度变化和密度变化等补偿功能。

（5）抗振动、抗冲击、抗脏污、抗腐蚀。

（6）具有双向流量测量功能。

（7）结构简单、牢固，可靠性高，安装方便，运行维护费用低。

（8）无运动部件、无磨损，长期使用时不需要重新标定。

楔形流量计的缺点：

相对于孔板流量计来说，楔形流量计还存在价格高、必须每台标定等不足，无论是在设计、制造、计算，还是安装使用等方面，楔形流量计尚缺乏相应的数据和规范。

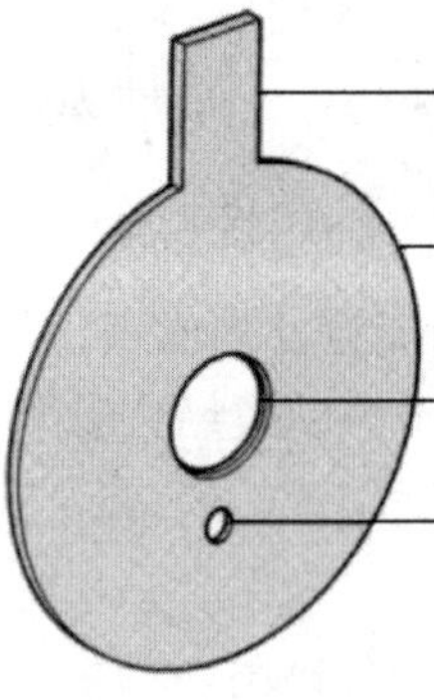

3. 总结

就目前而言，楔形流量计与孔板流量计共存，发挥各自的优势，但从长远来看，楔形流量计是新一代差压式流量计的发展趋势。

图 13 - 11　楔形流量计

13.2.3　安装注意事项

1. 孔板流量计安装前的十条注意事项

（1）仪表安装前，工艺管道应进行吹扫，防止管道中滞留的铁磁性物质附着在仪表里，影响仪表的性能，甚至损坏仪表。如果不可避免，应在仪表的入口安装磁过滤器。仪表本身不参加投产前的气扫，以免损坏仪表。

（2）仪表在安装到工艺管道之前，应检查其有无损坏。

（3）仪表的安装形式分为垂直安装和水平安装，如果是垂直安装形式，应保证仪表的中心垂线与铅垂线夹角小于 2°；如果是水平安装，应保证仪表的水平中心线与水平线夹角小于 2°。

（4）仪表的上、下游管道应与仪表的口径相同，连接法兰或螺纹应与仪表的法兰和螺纹匹配。仪表上游直管段长度应保证至少是仪表公称口径的 5 倍，下游直管段长度大于或等于 250 mm。

（5）由于仪表是通过磁耦合传递信号的，所以为了保证仪表的性能，安装周围至少 250 px 处，不允许有铁磁性物质存在。

（6）测量气体的仪表是在特定压力下校准的，如果气体在仪表的出口直接排放到大气，将会在浮子处产生气压降，并引起数据失真。如果是这样的工况条件，应在仪表的出口安装一个阀门。

（7）安装在管道中的仪表不应受到应力的作用，仪表的出入口应有合适的管道支撑，可以使仪表处于最小应力状态。

（8）安装 PTFE（聚四氟乙烯）衬里的仪表时，要特别小心。因为在压力的作用下 PTFE 会变形，所以法兰螺母不要随意拧得过紧。

（9）带有液晶显示的仪表，安装时要尽量避免阳光直射显示器，降低液晶使用寿命。

（10）低温介质测量时，需选夹套型。

2. 孔板流量计安装过程中的二十八条注意事项

孔板流量计安装示意图如图 13 - 12 所示，注意事项如下：

（1）仪表开孔应避免在成型管道上开孔。

（2）注意流量计前后直管段长度。

（3）如有接地要求的电磁、质量等流量计,应按说明进行接地。

（4）工艺管道焊接时,接地线应避开仪表本体,防止接地电流流经仪表本体入地,损坏仪表。

（5）工艺焊接时,避免接地电流流经单、双法兰仪表的毛细导压管。

（6）中、高压引压管能采用氩弧焊或承插焊的,应采用氩弧焊或承插焊。风速 > 2 m/s,应有防风措施,否则应采用药皮焊丝;风速 > 8 m/s,必须有防风措施,否则应停止施焊。

（7）注意流量计节流装置取压口的安装方向。

（8）不锈钢引压管严禁热煨;严禁将引压管煨扁。

（9）仪表引压管、风管及穿线管的安装位置,应避免将来妨碍工艺生产操作,应避开高温腐蚀场所,应固定牢固;从上引下的穿线管,其最低引线端应低于所接仪表的接线进口端;穿线管最低端应增加滴水三通;靠近仪表侧宜增加 Y 形或锥形防爆密封接头;仪表主风线最低处应加排凝(污)阀。

（10）仪表使用的铜垫片,如无退火处理,使用前应退火,并注意各种材质垫片的许用温度、介质和压力等条件。

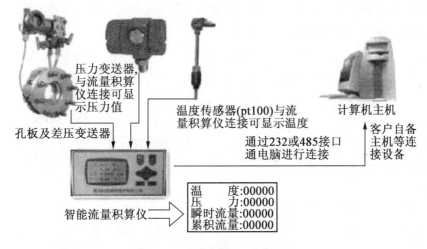

图 13 - 12　孔板流量计安装示意图

（11）现场仪表接线箱内,不同接地系统的接地不能混接,所有仪表的屏蔽线应单独连接上、下屏蔽层,严禁拧在一起连接上、下屏蔽层。

（12）仪表处于不易观察、检修位置时,改变位置或加装平台。

（13）仪表线中间严禁接头,并做好隐蔽记录,补偿导线接头应采用焊接或压接。

（14）不锈钢焊口应进行酸洗、钝化及中和处理。

（15）需要进行脱脂的仪表、管件,应严格按照规范进行脱脂处理,并做好仪表、管件脱脂后的密封、保管工作,严防保管和安装过程中被二次污染。

（16）不锈钢管线严禁与碳钢直接接触。

（17）镀锌、铝合金电缆桥架严禁用电、气焊切割和开孔,应采用无齿锯及专用开孔器等类似机械切割和开孔。

（18）不锈钢管严禁用电、气焊切割和开孔，应采用等离子或机械切割、开孔。

（19）大于 36 V 的仪表穿线管、柜、盘等应接地，接地仪表穿线管丝扣用导电膏处理；小于或等于 36 V 的仪表穿线管丝扣至少应有防锈处理；外露丝扣不宜大于一个丝扣。

（20）爆炸危险区域的仪表穿线管，应保持电气的连续性。

（21）100 V 以下绝缘仪表线路应用 250 V 摇表测量线路绝缘电阻，且 ≥5 MΩ。

（22）铝合金桥架应跨接短接线，镀锌桥架应不少于两个防松螺丝拧紧，长度 30 m 以内应两端可靠接地，超过 30 m 的应每隔 30 m 增加一个接地点。

（23）不同接地系统的仪表线或仪表线与电源线共用一个槽架时，应用金属隔板隔开。

（24）仪表盘、柜、箱、台的安装及加工中严禁使用气焊方法，安装固定不应采用焊接方式，开孔宜采用机械开孔方法。

（25）仪表伴热、回水的盲端不应大于 100 mm。

（26）变送器排污阀下口宜增加防阀泄漏的管帽（特别在防爆区）。

（27）仪表及其穿线管、引压管一端固定于热膨胀区（如塔、随塔热膨胀移动的附件），一端固定于非热膨胀区（如劳动保护间），连接仪表时应根据现场实际情况，其柔性管、穿线管、引压管必须留出一定热膨胀裕度。

（28）附塔桥架、穿线管应根据现场实际情况留有热膨胀伸缩节或柔性连接。

3. 楔形流量计安装使用中四条注意事项

（1）要按照楔形流量计标注的方向进行安装。

虽然有的文章及资料上说，楔形流量计安装没有方向要求，可用于反向流的测量，从楔形流量计的测量原理看，如果是标准的 V 形楔块，其对于流体的节流正反都一样。但在楔形流量计的表体上，生产厂家都标注了楔形流量计流体的流向箭头，从楔形流量计的两端法兰看进去，其楔块的安装位置也不在楔形流量计的正中，因此要按照楔形流量计的标注方向进行安装，防止安装方向错误加大测量误差。

（2）关于取压接口的方向问题。

按照测量仪表取压引压规范，测量气体流量时，取压口在节流元件的中上部，测量液体流量时取压口在节流元件的中下部，测量脏污介质时取压口在节流元件的中部位置。但楔形流量计与孔板流量计的不同之处在于节流楔块在表体内腔不是均匀分布的，取压口的位置生产厂家已给固定预制好，其在楔块焊接处的前后上方。

若严格按照取压规范，当测量液体时，如果取压口安装在管线的中下部，那么其楔形流量计内部的楔块也在管线的中下部，而流体要从楔形流量计的上方流过，这种方式会造成流体内介质杂质颗粒的沉淀在楔形流量计的下部表体内腔，有堵塞楔块前方取压口的隐患，易造成流量计失灵，因此在现场安装过程中要根据实际情况区别对待。

（3）垂直管道安装。

楔形流量计建议水平安装，尽可能地减少垂直安装方式，因为在垂直安装过程中，楔形流量计零点的校准无法进行。

楔形流量计零点校准的要求是：工况介质充满楔形流量计后关闭管线前后阀门，在确保楔形流量计内部流体静止状态下，进行流量计的校准。由于节流元件的流量表普遍不设计副线切除设施，因此节流元件前后普遍无工艺切断阀门，这种状况下校准楔形流量计就比较困难。

如果楔形流量计水平安装,可以认为静止的流体对于楔形流量计检测的差压没有附加影响,因此只需把楔形流量计的前后取压阀门关闭同时泄压通大气即可实现流量计的零点校准。

若楔形流量计垂直安装,此时静止的介质在楔形流量计内腔会产生一个静止的静压力,这个静压作用于变送器的正压室会增大差压变送器的压差值,使楔形流量计的零点差压值不再是零,且负压侧引压管内也会产生静压附件误差,所以此时对于零点的校准变得困难。即使使用双法兰变送器,负压侧的静压附加可以算出,但被测介质的密度只能通过设计时的理想值进行计算;而粗略地算出楔形流量计测量管内的静压,再进行校准修订,这种方法其零点的可信度就会降低。

因此实际安装中最好不要垂直安装楔形流量计,若工艺无法满足水平安装,垂直安装过程中除保证楔形流量计满管的情况下,还要对楔形流量计零点的修正压差进行准确的换算,而不能只关闭正负取压阀门后就进行零点校准。

(4)安装排污减压阀。

楔形流量计 + 双法兰变送器(图 13 – 13、图 13 – 14)的流量检测模式,在取压阀门与双法兰连接部件之间要设置排污泄压阀门。这个阀门非常重要,在流量计校准过程中既可以保证正负双法兰之间的受压一致(都为大气压确保校准可靠),更能保证维修人员的安全。

若双法兰变送器损坏需要更换,通过排污泄压阀门能够判断取压一次阀门是否渗漏,只有在确保安全的情况下,才能拆卸双法兰变送器。很多工程安装过程中,省略了排污泄压阀门的安装,这是不正确的,一定要进行整改。

总结:无论哪一种流量计的安装使用都需要按照说明书所写并结合它自身的特性来操作。

图 13 – 13 楔形流量计

图 13 – 14 双法兰变送器

4. 应用范围

孔板流量计可广泛应用于石油、化工、天然气、冶金、电力、制药、食品、农药和环境保护等行业中各种液体、气体、天然气以及蒸汽的体积流量或质量流量的连续测量。

楔形流量计是一种新型节流差压式流量测量仪表,它可以在高黏度、低雷诺数、雷诺数500 即可使用的流体情况下进行高精度的流量测量,在流速较低、流量小、管径大的流量测量场合有无可比拟的优势和不可替代的作用。如在石化/煤化工行业的应用:炼油装置、乙烯装置、高黏度和很脏的介质、高温和高压、高磨损的介质、水煤浆(黑水、灰水)及油煤浆等。

13.3　流量计的选择技巧

要正确选择适合的流量仪表并不容易,不仅要熟悉流量仪表和生产过程流体特性这两方面的技术,还要考虑经济因素,归纳起来有五个方面因素,即性能要求、流体特性、安装要求、环境条件和费用(图13-15)。

13.3.1　性能要求和仪表规范方向的考虑

选择仪表在性能要求上考虑的内容有:测量流量还是总量(累计流量)、精确度、重复性、线性度、流量范围、范围度、压力损失、输出信号特性、响应时间和可维护性等。不同测量对象有各自测量目的的,在仪表性能方面有其不同侧重点。

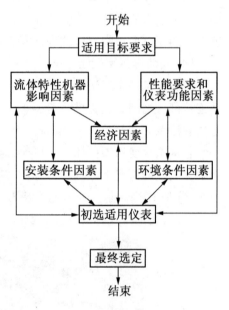

图13-15　正确选择流量计的流程

1. 测量流量还是总量

使用对象测量的目的有两类,即测量流量和计量总量。管道连续配比生产或过程控制使用场所主要测量瞬时流量;灌装容器批量生产以及商贸核算、储运分配等使用场所大部分只要取得总量或辅以流量。两种不同功能要求,在选择测量方法上就有不同侧重点。

有些仪表如容积式流量计、涡轮流量计等,测量原理上就以机械技术或脉冲频率输出,直接得到总量,因此具有较高精确度,适用于计量总量。

电磁流量计、超声流量计和节流式流量计等仪表原理上是以测量流体流速推导出流量,响应快,适用于过程控制,但装有积算功能环节后也可获得总量。

涡街流量计具有上者优点,但其抗震、抗干扰性能差,不适用于过程控制而适用于计量总量。

2. 精确度(图13-16)

整体的测量精确度要求多少? 在某一特定流量下使用,还是在某一流量范围内使用? 在什么测量范围内保持上述精确度? 所选仪表的精确度能保持多久? 是否易于重新校验? 是否要(或能)现场在线核对仪表精确度? 这些问题必须细致地考虑。

若不是单纯计量总量,而是应用在流量控制系统中,则检测仪表精确度的确定要在整个系统控制精确度要求下进行,因为整个系统不仅有流量检测的误差,还包含信号传输、控制调节、操作执行等环节的误差和各种影响因素,如操作执行环节

图13-16　高精度差压计

往往有 2% 左右的回差,对测量仪表确定过高的精确度(比如说 0.5 级)是不合理和不经济的。就流量仪表本身而言,检测元件(或传感器)和转换/显示仪表之间的精确度亦应适当,如未经实流标定均速管、楔形管和弯管等差压装置误差在 1% ~5% 之间,选用高精度差压计与之相配也就没有意义了。

3. 重复性

重复性在过程控制应用中是重要的指标,由仪器本身原理与制造质量所决定,而精确度除取决于重复性外,尚与量值标定系统有关。严格来说,重复性是指环境条件、介质参量等不变情况下,对某一流量值段时间内同方向进行多次测量的一致性。然而在实际应用中,仪表优良的重复性被许多因素包括流体黏度、密度等变化所干扰,这些变化因素还未到需要进行专门检测修正的地步,这些影响往往被误认为仪表重复性不好。例如:浮子流量计受流体密度影响,小口径仪表还受黏度影响;涡轮流量计用于高黏度范围时的黏度影响;有些未做修正处理的超声波流量计流体温度对声速影响等。若仪表输出特性是非线性的,则这种影响更为突出。

4. 线性度

流量仪表输出主要有线性和平方根非线性两种。大部分流量仪表的非线性误差不列出单独指标,而包含在基本误差内。然而对于宽流量范围脉冲输出用作总量积算的仪表,线性度是一个重要指标,使有可能在流量范围内用同一个仪表常数,线性度差就要降低仪表精确度。随着微处理器技术的发展,采用信号适配技术修正仪表系统非线性,从而提高仪表精确度和扩展流量范围。

5. 上限流量

上限流量也称为满度流量。选择流量仪表的口径应按被测管道使用的流量范围和被选仪表的上限流量和下限流量来选配,而不是简单地按管道通径配用。虽然通常设计管道流体最大流速是按经济流速来确定的。因为流速选择过低,管径粗投资大;过高则输送功率大,增加运行费用。

然而同一口径不同类型的仪表上限流量(也可以说上限流速)受各自工作原理和结构的约束,差别很大。以液体为例,上限流量的流速以玻璃管浮子流量计最低,在 0.5 ~1.5 m/s 之间,容积式流量计在 1.5 ~2.5 m/s 之间,涡街流量计较高在 5.5 ~7 m/s 之间,电磁流量计则在 1 ~7 m/s(甚至 0.5 ~10 m/s)之间。

6. 范围度

范围度为上限流量和下限流量的比值,其值愈大流量范围愈宽。线性仪表有较大范围度,一般为 10:1;非线性仪表则较小,通常仅为 3:1,能满足一般过程控制用流量测量和商贸核算总量计量。但有些商贸核算用仪表要求较宽的范围度,例如公用事业水量出荷计量的昼夜和冬夏季节差很大,就要求很宽的范围度。若选用文丘利管差压式仪表就显得不能适应。然而差压式仪表范围度拓宽近年有一些突破,主要在差压变送器及微机技术应用方面采取措施,亦可达 10:1。某些型号的电磁流量计用户可自行调整流量上限值,上限可调比(最大上限值和最小上限值之比)可达 10:1,再乘上所设定上限值 20:1 的范围度,一台仪表扩展意义的范围度(即考虑上限可调比)可达(50 ~200):1,还有些型号仪表具有自动切换上限流量值的功能。

7. 压力损失

除无阻碍流量传感器(电磁式、超声式等)外,大部分流量传感器或要改变流动方向,或在流通通道中设置静止的或活动的检测元件,从而产生随流量而变得不能恢复的压力损失,其值有时高达数十千帕。首先应按管道系统泵送能力和仪表进口压力等条件,确定最大流量时容许的压力损失,据此选定仪表。因选择不当而产生过大的压力损失往往影响流程效率。管径大于 500 mm 输水用仪表,应考虑压损所造成能量损耗,勿使其过大而增加泵送费用。

8. 输出信号特性

输出信号往往左右仪表的选择。流量仪表的信号输出和显示归纳为:①流量(体积流量或质量流量);②总量;②平均流速;④点流速。

有些仪表输出电流(或电压)模拟量,另一些输出脉冲量。模拟量输出一般认为适合于过程控制,易于和调节阀等控制回路单元接配;脉冲量输出适用于总量和高精度测量流量。长距离信号传输脉冲量输出与模拟量输出相比有较高传送准确度。输出信号的方式和幅值还应有与其他设备相适应的能力,如控制接口、数据记录器、报警装置、断路保护回路和数据传送系统等。

9. 响应时间

应用于脉动流动场所应注意仪表对流动阶跃变化的响应。有些使用场所要求仪表输出跟随流动变化,而另一些为获得综合平均只要求有较慢响应的输出。瞬态响应常以时间常数或响应频率表示,其值前者从几毫秒到几秒,后者在数百赫兹以下,配用显示仪表可能相当大地延长响应时间。仪表的流量上升和下降动态响应不对称会急剧增加测量误差。

10. 可维护性

当实际工况与设计选型差距巨大或仪表发生故障时,有没有方法就地维修和修正应该得到重视,因为流量仪表一旦安装再拆下维护会很麻烦而且需要时间。在这方面表现最好的是差压式测量方法,因为其与流体接触元件为免维护不动件,测量用电气元件为可拆可调的通用差压变送器。所以差压式测量方式的正常运转率最高,据统计在全球差压节流式测量方式占所有测量方式的 45% 以上。

13.3.2　流体特性方面的考虑

1. 流体温度和压力

必须界定流体的工作温度和压力,特别在测量气体时温度压力造成过大的密度变化,可能要改变所选择的测量方法。如温度或压力变化造成较大流动特性变化而影响测量性能时,要进行温度和(或)压力修正。

2. 密度

大部分液体应用场合,液体密度相对稳定,除非密度发生较大变化,一般不需要修正。

在气体应用场合,某些仪表的范围度和线性度取决于密度。低密度气体对某些测量方法,如利用气体动量推动检测元件(如涡轮)工作的仪表呈现困难。

3. 黏度和润滑性

有些仪表性能随着雷诺数而变,而雷诺数又与黏度有关。在评估仪表适应性时,要掌握液体的温度–黏度特性。气体与液体不同,其黏度不会因温度和压力变化而显著地变化,其值一般较低,除氢气外各种气体黏度差别较小。因此,确切的气体黏度并不像液体那样重要。

黏度对不同类型流量仪表范围度影响趋势各异,例如对大部分容积式仪表黏度增加范围度增大,涡轮式和涡街式则相反,黏度增加范围度缩小。

润滑性是不易评价的物性。润滑性对有活动测量元件的仪表非常重要,润滑性差会缩短轴承寿命,轴承工况又影响仪表运行性能和范围度。

4. 化学腐蚀和结垢

流体的化学性有时成为选择测量方法和仪表的决定因素。流体腐蚀仪表接触件,表面结垢或析出结晶,均将降低使用性能和寿命。仪表制造厂为此常提供变型产品,例如开发防腐型、加保温套防止析出结晶及装置除垢器等防范措施。

5. 压缩系数和其他参量

测量气体需要知道压缩系数,按工况下压力温度求取密度。若气体成分变动或工作接近超临界区,则只能在线测量密度。

某些测量方法要考虑流体特性参量,如热式流量计的热传导和比热容,电磁流量计的液体电导率。

6. 多相和多组分流

测量多相和多组分流动应十分谨慎对待。经验表明,单相通用流量仪表用于多组分或多相流体,测量性能会改变(或大幅度改变)。单工质流体有时也会呈现双相,例如湿蒸汽中水微粒随着蒸汽流动,环境温度或介质压力偏离原定状态,仪表就可能不适应。

测量两种或两种以上不相容液体汇流混合液流量时,应注意存在流速不均匀,使流动成为分层或块状流等带来的问题;测量液固双相流时要了解固相含量、粒子大小和固体性质以及流动状况(悬浮流、管底流、动床流还是淤积流);测量气液双相流时尽可能采用分离后分相测量,以保证获得最小测量不确定度,然而对有些场合这种方法不切实可行或不符合要求。

13.3.3　安装方面的考虑

不同原理的测量方法对安装要求差异很大。例如对于上游直管段长度,差压式和涡街式需要较长,而容积式浮子式无要求或要求很低。

1. 管道布置和仪表安装方向

有些仪表水平安装或垂直安装在测量性能会有差别。仪表安装有时还取决于流体物性,如浆液在水平位置可能沉淀固体颗粒。

2. 流动方向

有些流量仪表只能单向工作,反向流动会损坏仪表。使用这类仪表应注意在误操作条件下是否可能产生反向流,必要时需装逆止阀保护之。能双向工作的仪表,正向和反向之间测量性能亦可能有些差异。

3. 上游和下游管道工程

大部分流量仪表或多或少受进口流动状况的影响,必须保证有良好流动状况。上游管道布置和阻流件会引入流动扰动,例如两个(或两个以上)空间弯管引起旋涡,阀门等局部阻流件引起流速分布畸变。这些影响能够以适当长度上游直管或安装流动调整器予以改善。

除考虑紧接仪表前的管配件外,还应注意更往上游若干管道配件的组合,因为它们可能是产生与最接近配件扰动不同的扰动源。尽可能拉开各扰动产生件的距离以减少影响,不要靠近连接在一起,像常常看到单弯管后紧接部分开启的阀。仪表下游也要有一小段直管以减小影响。气穴和凝结常是不良管道布置所引起的,应避免管道直径上或方向上的急剧改变。管道布置不良还会产生脉动。

4. 管径

有些仪表的口径范围并不是很宽,限制了仪表的选用。测量大管径、低流速或小管径、高流速,可选用与管径尺寸不同口径的仪表,并以异径管连接,使仪表运行流速在规定范围内(图 13 – 17)。

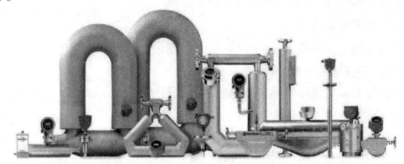

图 13 – 17   不同管径安装仪表

5. 维护空间

维护空间的重要性常被忽视。一般来说,人们应能进入到仪表周围,易于维修和能有调换整机的位置。

6. 管道振动

有些仪表(如压电检测信号的涡街式、科里奥利质量式)易受振动干扰,应考虑仪表前后管道做支撑等设计。脉动缓冲器虽可清除或减小泵或压缩机的影响,然而所有仪表还是尽可能远离振动或振动源为好。

7. 阀门位置

控制阀应装在流量仪表下游,避免其所产生气穴和流速分布畸变影响,装在下游还可增加背压,减少产生气穴的可能性。

8. 电气连接和电磁干扰

电气连接应有抗杂散电平干扰的能力。制造厂一般提供连接电缆或提出型号和建议连接方法。信号电缆应尽可能远离电力电缆和电力源,将电磁干扰和射频干扰降至最低水平。

9. 防护性配件

有些流量仪表需要安装保证仪表正常运行的防护设施。例如:跟踪加热以防止管线内液体凝结或测气体时出现冷凝;液体管道出现非满管流的检测报警;容积式和涡轮式仪表在其上游装过滤器等。

10. 脉动流和非定常流

常见产生脉动的源有定排量泵、往复式压缩机、振荡着的阀或调节器等。大部分流量仪表来不及跟随记录脉动流动,带来测量误差,应尽量避开。使用时应重视并分别处置检测仪表和显示仪表,检测仪表方面在管线中装充气式缓冲器(用于液体)或阻流器(用于气体)。

13.3.4 环境条件方面的考虑

1. 环境温度

环境温度超过规定要影响仪表电子元件而改变测量性能,因此某些现场仪表需要有环境受控的外罩。如果环境温度变化要影响流动特性,管道需包上绝热层。此外在环境或介质温度急剧变化的场合,要充分估计仪表结构材料或连接管道布置所受的影响。

2. 环境湿度

高湿度会加速仪表的大气腐蚀和电解腐蚀,降低电气绝缘;低湿度容易产生静电。

3. 安全性

应用于爆炸性危险环境,按照气氛适应性、爆炸性混合物分级分组、防护电气设备类型以及其他安全规则或标准选择仪表。若有化学侵蚀性气体,仪表外壳应具有防腐性和气密性。某些流程工业要定期水冲洗整个装置,因此要求仪表外壳防水,需用尘密防喷水级 IP65,甚至尘密防强喷水级 IP66 或尘密防浸水级 IP67。

4. 电磁干扰环境

应注意电磁干扰环境以及各种干扰源,如:大功率电机、开关装置、继电器、电焊机、广播和电视发射机等。

13.3.5 经济方面的考虑

经济方面只考虑仪表购置费是不全面的,还应调查其他费用,如附件购置费、安装费、维护和流量校准费、运行费和备件费等。此外,应用于商贸核算和存储交接还应评估测量误差造成经济上的损失。

1. 安装费用

安装费用应包括做定期维护所需旁路管和运行截止阀等辅助件的费用。

2. 运行费用

流量仪表运行费用主要是工作时能量消耗,包括电动仪表电力消耗或气动仪表的气源耗能(现代仪表的功率极小,仅有几瓦到几十瓦),以及测量过程中推动流体通过仪表所消耗的能量,亦即克服仪表因测量产生压力损失的泵送能耗费。泵送费用是一个隐蔽性费用,往往被忽视。

3. 校准费用

定期校准费用取决于校准频度和所校准仪表精度的要求。为了经常在线校准石油制品存储交接贸易结算用仪表,常在现场设置标准体积管式流量标准装置。

4. 维护费用

维护费用是仪表投入运行后保持测量系统正常工作所需费用,主要包括维护劳务和备用件费用。

13.4 罗斯蒙特 1000、2000 系列变送器的质量流量计

下面将介绍用 375 通讯器和变送器上的按键进行组态,组态菜单树及按键顺序如下(以

1700/2700CIO 型为例），其组态方式有以下几种：

（1）使用 Prolink Ⅱ 软件进行组态。

（2）使用 375 手操器进行组态。

（3）使用显示器菜单进行组态。

使用 375 手操器进行组态：手操器必须通过一个 250～600 Ω 的电阻器进行连接（图 13 − 18）。

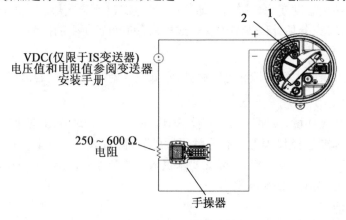

图 13 − 18　HART 连接图

按图连接后，进入菜单后，进入设备设置菜单（图 13 − 19），进行相关的组态。

图 13 − 19　设备设置菜单

第14章 执行机构与调节阀

14.1 常用定位器调校方法

阀门定位器(Valvepositioner)是调节阀的主要附件,通常与气动调节阀配套使用,它接收调节器的输出信号,然后以它的输出信号去控制气动调节阀,当调节阀动作后,阀杆的位移又通过机械装置反馈到阀门定位器,阀位状况通过电信号传给上位系统。

阀门定位器能够增大调节阀的输出功率,减少调节信号的传递滞后的情况发生,加快阀杆的移动速度,提高阀门的线性度,克服阀杆的摩擦力并消除不平衡力的影响,从而保证调节阀的正确定位。

14.1.1 阀门定位器的分类

1. 按输入信号分类

阀门定位器按输入信号可分为气动阀门定位器、电气阀门定位器和智能阀门定位器。

(1)气动阀门定位器的输入信号是标准气信号,例如,20~100 kPa 气信号,其输出信号也是标准的气信号。

(2)电气阀门定位器的输入信号是标准电流或电压信号,例如,4~20 mA 电流信号或 1~5 V 电压信号等,在电气阀门定位器内部将电信号转换为电磁力,然后输出气信号到拨动控制阀。

(3)智能阀门定位器它将控制室输出的电流信号转换成驱动调节阀的气信号,根据调节阀工作时阀杆摩擦力,抵消介质压力波动而产生的不平衡力,使阀门开度对应于控制室输出的电流信号,并且可以进行智能组态设置相应的参数,达到改善控制阀性能的目的。

2. 按动作的方向分类

阀门定位器按动作的方向可分为单向阀门定位器和双向阀门定位器。

单向阀门定位器用于活塞式执行机构时,阀门定位器只有一个方向起作用;双向阀门定位器作用在活塞式执行机构气缸的两侧,在两个方向起作用。

3. 按输出和输入信号的增益符号分类

阀门定位器按输出和输入信号的增益符号可分为正作用阀门定位器和反作用阀门定位器。

正作用阀门定位器的输入信号增加时,输出信号也增加,因此,增益为正;反作用阀门定位器的输入信号增加时,输出信号减小,因此,增益为负。

4. 按输入信号是模拟信号或数字信号分类

阀门定位器按输入信号是模拟信号或数字信号可分为普通阀门定位器和现场总线电气阀

门定位器。

普通阀门定位器的输入信号是模拟气压或电流、电压信号;现场总线电气阀门定位器的输入信号是现场总线的数字信号。

5. 按是否带 CPU 分类

阀门定位器按是否带 CPU 可分为普通电气阀门定位器和智能电气阀门定位器。

普通电气阀门定位器没有 CPU,因此不具有智能,不能处理有关的智能运算。智能电气阀门定位器带 CPU,可处理有关智能运算,例如,可进行前向通道的非线性补偿等,现场总线电气阀门定位器还可带 PID 等功能模块,实现相应的运算。

6. 按反馈信号的检测方法分类

例如,用机械连杆方式检测阀位信号的阀门定位器;用霍尔效应检测位移的方法检测阀杆位移的阀门定位器;用电磁感应方法检测阀杆位移的阀门定位器等。

14.1.2 定位器的作用原理

阀门定位器是控制阀的主要附件。它将阀杆位移信号作为输入的反馈测量信号,以控制器输出信号作为设定信号进行比较,当两者有偏差时,改变其到执行机构的输出信号,使执行机构动作,建立了阀杆位移量与控制器输出信号之间的一一对应关系。因此,阀门定位器组成以阀杆位移为测量信号,以控制器输出为设定信号的反馈控制系统。该控制系统的操纵变量是阀门定位器去执行机构的输出信号。

(1)用于对调节质量要求高的重要调节系统,以提高调节阀的定位精确及可靠性。

(2)用于阀门两端压差大($\Delta p > 1$ MPa)的场合。通过提高气源压力增大执行机构的输出力,以克服液体对阀芯产生的不平衡力,减小行程误差。

(3)当被调介质为高温、高压、低温、有毒、易燃、易爆时,为了防止对外泄漏,往往将填料压得很紧,因此阀杆与填料间的摩擦力较大,此时用定位器可克服时滞。

(4)被调介质为黏性流体或含有固体悬浮物时,用定位器可以克服介质对阀杆移动的阻力。

(5)用于大口径($D_g > 100$ mm)的调节阀,以增大执行机构的输出推力。

(6)当调节器与执行器距离在 60 m 以上时,用定位器可克服控制信号的传递滞后,改善阀门的动作反应速度。

(7)用来改善调节阀的流量特性。

(8)一个调节器控制两个执行器实行分程控制时,可用两个定位器,分别接收低输入信号和高输入信号,则一个执行器低程动作,另一个执行高程动作,即构成了分程调节。

14.1.3　常见定位器调校方法集锦

1. ABB 定位器(图 14-1)

调校步骤:

(1)定位器面板设置。

图 14-1　ABB 定位器

(2)内部接线(4 根)反馈和指令线。

(3)调校前的重要参数切换方式。

①切换就地、远方。按住"MODE"键不要松开,再点击"↑""↓"键可以进行切换。

②用(1)的方式进入 1.1(远方控制)、1.2(就地控制)。

③若要实现快开,则先按住"↑"键再按键"↓"键;若要实现快关,则先按住"↓"键再按住"↑"键,方可完成操作。

④用(1)的方式进入 1.3,出现单词"SENS - POS",其意思是显示调节定位器后连杆与后旋钮弧度保持在对称的范围内。

(4)调校步骤。

①P1.0:将"↑""↓"键同时按下,然后点击"ENTER"键,出现单词"LINEAR"调节角行程和直行程。

②P1.1:按住"MODE"键,点击"↑""↓"键,进入 P1.1 菜单。长按"ENTER"键 3 s,然后面板显示倒数计时为 0 后松开,就出现自整定,直到出现完成"COMPIETE"单词。

③P1.4:退出(EXIT)会显示"保存"和"不保存",按住"ENTER"3 s,则保存调校,若不保存,直接按"↑"键,退出到"放弃"单词,然后再按住"ENTER"3 s,退出。

④P2.3 出现"REVERSE"单词,显示的是调节阀门和定位器的正反作用。

⑤P3.2 出现"CW/CCW"单词,调节的是 DCS 和就地定位器指令的正反作用。

⑥P3.3 出现"EXIT"单词,意思为退出。

⑦P8.2 出现"DIGEET"单词,则调节的是 DCS 和就地定位器反馈的正反作用。

以上参数为重要参数调校步骤,详情请查看说明书。

2. 费希尔(FISHER)阀门定位器(图 14-2)

DVC6000 调校步骤:

打开 275/375 手操器,从主菜单(Main Menu)选择 Hart 应用(HART Application),从"On line"找到该定位器。依次进入" Setup&Diag"—"Detailed Setup"—"Mode"—"Instrument Mode"(或者按手操器上快捷键直接进入)—"警告! in service 模式被送到仪

图 14-2　费希尔(FISHER)阀门定位器

表当中时阀门也许会动"（WARNING！ Valve may move when in Service mode is sent to the instrument.）按"OK"后进入"仪表模式"（Instrument Mode）选择"Out of service"后按"ENTER"—提示"Instrument mode is already out of service！"后回到主界面依次进入"Setup&Diag"—"Basic Setup"—"Auto setup"—"Setup Wizard"：

（1）选择你所使用的压力单位（Pressure Units（psi））后按"ENTER"。

（2）输入最大供气压力（Max Supply Press（psi））后按"ENTER"。

（3）选择执行机构的生产厂家（Actuator Manufacture）后按"ENTER"，如果以上品牌都没有选"OTHER"。

（4）如果执行机构单作用带弹簧选"3"，双作用带弹簧选"4"，双作用不带弹簧选"2"。

（5）选"ROTARY"，下一步阀门零信号时，选"2"关，选"1"开，下一步再选"1"，下一步选"YES"自动选择阀门转向及其增益大小。

（6）选择"是否有加速器或者快速释放阀"（Is a Volume Booster or Quick Release Present?）。

（7）提示"执行机构的信息正被发送到仪表当中，请稍等"（Actuator information is being sent to the instrument. Please wait…）。

（8）选择"使用出厂默认设置"（Use Factory defaults for setup?）（Yes is recommended for Initial Setup）"Yes"后"ENTER"。

（9）提示"出厂默认设置正被发送到仪表当中，请稍等"（Factory default are being sent to the instrument. Please wait…）。

（10）继续自动设置，选择"放大器调整"（To continue Auto Setup. select Relay Adjust）。

（11）你是否希望现在进行放大器调整？（Do you wish to run Relay Adjustment Calibration now?）假如是双作用选择"Yes"，单作用选择"No"后按"ENTER"。

（12）选择"行程标定"（To continue. select Auto Calib Travel），按"OK"。

（13）你希望现在进行自动行程标定吗？（Do you wish to run Auto Travel Calib now? Select YES if initial setup）选择"Yes"后按"ENTER"。

（14）警告！标定将导致仪表的输出突然变化，按"OK"。

（15）选择"交点的调整"（Select Crossover Adjust），Manual/Last Value/Default，正常情况下选择"default"后"ENTER"，假如默认的调整后精度比较差才会选择"Manual"手动。

（16）下面进入自动行程标定的过程，完成后仪表模式恢复到 In service！

3. 梅索尼兰 SVI - II 定位器（图 14 - 3）

调校步骤：

（1）检查接线及阀门安装情况是否完整。

（2）切换到人工模式（Manual）。

（3）检查并调整好所有的结构参数（CONFIGuration）。

（4）运行全开、全关点（STOPS）自动搜索。

（5）运行自动调整功能（autoTUNE），得到新的动态响应参数。

图 14 - 3　梅索尼兰 SVI - II 定位器

（6）检查是否有错误提示。

（7）手动操作看看是否可以正常运行。

退出人工状态，回到自动控制状态。

4. 韩国永泰 YTC 定位器（图 14 - 4、图 14 - 5）

调校步骤：

（1）条件。

①稳定的气源：压力≥0.3 MPa（角行程定位器压力≥0.5 MPa）；

②4 ～ 20 mA 信号输入设备。

（2）调校。

①打开定位器前盖，打开电源接线盒。

图 14 - 4　韩国永泰 YTC 定位器

图 14 - 5　YTC 定位器内部构造

②把稳定气源接入过滤减压阀并密封严紧。

③区分正负输入端，接好信号输入设备。

④打开气源开关，向下调节调"0"旋钮，直至排气压力表指针不为 0，然后反方向缓慢旋转调"0"旋钮，使压力表指针刚好处于 0 位置。

⑤输入 25%（8 mA）、50%（12 mA）、75%（16 mA）、100%（20 mA）信号，观察指针下降（上升）行程：

a. 若单次行程超过刻度盘的 1/4，说明定位器量程过大，此时应调节量程调节旋钮（先松开螺丝，然后调节下方的旋钮，向" - "方向调节。根据实际情况确定调节的程度，单次微调，边试边调）。

b. 若单次行程过小或不足刻度盘的 1/4，说明定位器量程过小，操作与 a 相同，方向相反。

⑥每次调节量程调节旋钮后，重新进行试验，若实际行程与理论行程差距仍然很大，则再调节量程调节旋钮；若实际行程与理论行程差距较小，则调节调"0"旋钮，使指针移动到对应的刻度上，再输入信号观察指针移动是否正确。

注：通过量程调节旋钮和调"0"旋钮的配合来调节量程和行程，已达到调校的目的。

注意事项：

（1）当输入信号为 20 mA 时，定位器排气压力必须 >3 kg（球阀为 5 kg），一般为 3.2 ～ 4 kg。

若压力不足,则调节阀开启/关闭不严,无法正常工作。

(2)气开阀:当输入信号为 0 时,排气压力必须为 0,否则阀门没有完全关闭。

5. 西门子定位器(图 14 - 6)

调校步骤:

(1)调校前准备工作。

①接气源,再接电源,将电流给到 4 mA 以上。

②如定位器没有调校过,这时显示屏中应出现 P 进入组态,先按" + "再同时按" - ",反之相同,看阀门的最大点或最小点。

③看最小点应在 5 ~ 9 之间,不对调定位器的黑色齿轮。看最大点应不超过 95,调最小点尽量接近 5。

图 14 - 6 西门子定位器

④用" + "" - "键将阀门行程调到 50%,调校前准备工作完成。

注意:如果定位器调校过必须清零,清零步骤为:按手键进入(新出的为 50,最初的为 55),再按" + "5 s 出现 OCAY,再按手键 5 s,出现 C4 抬手出现 P,进入组态后调校步骤同以上②、③、④相同。

(2)初始化的调校步骤。

①执行机构的自动初始化。

注:自动初始化前一定要正确设定阀门的开关方向,否则初始化无法进行。

a. 正确移动执行机构,离开中心位置,开始初始化。

直行程选择如图 14 - 7 所示。角行程选择如图 14 - 8 所示。

图 14 - 7 直行程选择图

图 14 - 8 角行程选择

用" + "" - "键切换。

b. 短按功能键,切换到第二参数(图 14 - 9、图 14 - 10)。

图 14 - 9 第二参数图 1

图 14 - 10 第二参数图 2

用" + "" - "键切换。

注:这一参数必须与杠杆比率开关的设定值相匹配。

c. 用功能键切换到参数三(图 14 - 11)。

如果希望在初始化阶段完成后,计算的整个冲程量用 mm 表示,这一步必须设置。为此,你需要在显示屏上选择与刻度杆上驱动钉设定值相同的值。

d. 用功能键切换参数四(图 14 - 12)。

图 14 - 11　参数三选择　　　　　　　　图 14 - 12　参数四选择

e. 按下" + "键超过 5 s,初始化开始(图 14 - 13)。

初始化进行时,"RUN1" ~ "RUN5"一个接一个出现于显示屏下行。

注:初始化过程依据执行机构,可持续 15 min。

有图 14 - 14 显示时,初始化完成。

图 14 - 13　初始化　　　　　　　　　图 14 - 14　初始化完成

在短促下压功能键后,出现显示(图 14 - 15)。

图 14 - 15　初始化倒计时

通过按下功能键超过 5 s,退出组态方式。约 5 s 后,软键显示将出现。松开功能键后,装置将在 Manual 方式,按功能键将方式切换为 AUTO,此时可以远控操作。

②执行器手动初始化。利用这一功能,不需要硬性驱动执行机构到终点位置即可进行初始化。杆的开始和终止位置可手工设定,初始化剩下的步骤(控制参数最佳化)如同自动初始化一样自动进行。

直行程执行机构手动初始化的顺序步骤如下。

a. 对直行程执行机构实行初始化。通过手工驱动保证覆盖全部冲程,即显示电位计设定处于 P5.0 和 P95.0 的允许范围中间。

b. 按下功能键 5 s 以上,将进入组态方式。

直行程选择如图 14 - 16 所示。

角行程选择如图 14 - 17 所示。

图 14 - 16　直行程选择　　　　　　　图 14 - 17　角行程选择

用"＋""－"键切换。

c. 短按功能键,切换到第二参数(图 14 - 18、图 14 - 19)。

图 14 - 18　第二参数 1　　　　　　　图 14 - 19　第二参数 2

用"＋""－"键切换。

注:这一值必须与传送速率选择器的设定相对应(33°或 90°)。

d. 用功能键切换到参数三(图 14 - 20)。

如果你希望初始化过程结束时,测定的全冲程用 mm 表示,你需要在显示器中选择与驱动销钉在杆刻度上设定的值相同,或对介质调整来说下一个更高的值。

e. 通过按下功能键,选择参数五(图 14 - 21)。

图 14 - 20　参数三　　　　　　　　　图 14 - 21　选择参数五

（a）先按住"－"再同时按住"＋"键,快关阀门(显示在 6.5 左右),否则调节黑色旋钮调节,使其在范围内。

注:如果按此操作显示的数是减小的,请先调整执行器的开关方向。

（b）然后先按住"＋"再同时按住"－"键,快开阀门。开展后观察显示应在 95 以内,否则调节黑色旋钮,使其在正常范围内,然后按下功能键确认。

（c）先按住"－"再同时按住"＋"键快关阀门,显示应在 5~9 之间,然后按下功能键确认。

（d）初始化自动开始。

（e）初始化的停止是自动出现的。RUN1~RUN5 顺序出现在显示屏的下行。当初始化已全部完成时,出现如图 14－22 所示显示。

按下功能键超过 5 s,离开杆组态方式。接近 5 s 后,软键显示将出现。松开功能键后,装置将在 Manual 方式,按功能键将方式切换为 AUTO,此时可以远控操作。

注:改变调整门的开关方向,需要调整定位器的 7 和 38 项,两项同时用"＋""－"键更改,两项的设置必须要相同。

手动初始化时,出现如图 14－23 所示显示。

图 14－22　初始化完成

图 14－23　手动初始化

f. 按下"＋"键 5 s 以上,开始初始化显示。

g. 5 s 之后,显示改变:用增加键(＋)和减少键(－)驱动执行机构到你规定的两个终端位置的第一个位置,然后按下方式键。用这种方法,当前位置被终点位置 1 取代,并将切换到下一步。

注:如果信息 RANGE 有出现,所选终点位置在规定测量范围之外,可通过以下措施纠正这一错误。

（a）调整摩擦夹紧单元,直到出现 OK,然后再按一次方式键。

（b）用增加键和减少键驱动到另一个结束位置。

（c）按下方式键,中断初始化,切换到手动方式,按照第一步校正行程和测量位置。

h. 第 7 步完成后,出现下列显示:用增加(＋)和减少(－)键驱动执行机构到你希望规定的第二终点位置,然后按下方式键,当前位置将被终点位置 2 取代。

6. 山武定位器(图 14-24)

调校步骤：

(1)调整。

自动设定是一种独特的程序,可用来自动进行定位器的各种调整。

用开度开关进行自动设定,执行自动设定和零点 - 量程调整时需要对定位器进行观察。

开度按钮用来启动自动设定和进行手动零点 - 量程标定,步骤如下：

图 14-24　山武定位器

①将定位器的输入信号设定为 DC 18 ± 1 mA。

②打开 SCP 的前盖,按住开度按钮到"UP"位置(对于 Flowing Rotary VFR 阀门为"DOWN")。

③按住此按钮,直到阀门开始动作(约 3 s),将启动自动设定程序,松开此按钮。

④阀门从全关到全开往返两次,之后,阀门开启到50%的位置,并保持 3 min。

⑤通过改变输入信号确认自动设定程序已经完成。整个自动设定过程约需 3 min。

注：执行自动设定过程中,请勿将输入型号设定到 4 mA 以下(只要信号在 4 ~ 20 mA 范围内,自动设定过程中改变输入信号不会影响程序的执行)。如果输入信号跌到 4 mA 以下,则自动设定将无效,且必须重新开始。自动设定完成后,信号维持在至少 4 mA 的水平,并至少保持 30 s,以确保数据和参数被保存到 SVP 内存中。操作结束后,通过改变输入信号检查阀门的动作,并确认阀门是否移到与信号相对应的正确位置。如满度位置发生偏移,再执行满度调整。

(2)零点 - 量程调整。

自动设定后,定位器已将其自身标定到阀门的全关(零点)和全开(量程)值。如果阀门不能获得其开度与定位器控制信号之间的正确关系,则按以下步骤手动调整零点 - 量程。

注：只有关闭和全开输入信号(例:4 ~ 20 mA)与存储在定位器中的,或工厂中设定于定位器中的关闭和全开输入信号设定相同,开度开关才会工作。

①将阀门调整到关闭位置(零点)的步骤。

a. 从控制器输入对应阀门全关位置的电流信号(例:4 mA)。

b. 通过按开度按钮"UP"或"DOWN",调整阀门全关位置。强制关闭功能默认值设定为 0.5%。

②将阀门调整到全开位置(量程)的步骤。

a. 从控制器输入对应阀门全关位置的电流信号(例:20 mA)。

b. 通过按开度按钮"UP"或"DOWN",调整阀门全关位置,直至调整阀门位置到位。

注：完成零点 - 量程调整后,改变输入信号以确认阀门工作是否准确。

(3)维修。

①滤网的更换和节气喷嘴的维修。可在维修过程中清除积累在定位器节气喷嘴中的仪表空气污染物,步骤如下：

a. 切断通向定位器的供气。

b. 从 A/M 开关铭牌部分拧下固定螺丝(注:拧下螺丝时,小心勿弄丢 A/M 开关盖板垫圈和防栓垫圈)。

c. 从 A/M 开关转到 MAN(手动)位置。

d. 用镊子或其他工具去除夹具,取出旧过滤网。

e. 用铁丝(直径为 0.3 μm)清除节气喷嘴中的污染物(清除污染物时,勿让油污或油脂弄脏节气喷嘴)。

f. 将新过滤网缠在 A/M 开关上,用夹具将其压到原位。

g. 将 A/M 开关拧到底。

h. 用固定螺丝将 A/M 开关部分铭牌固定在 A/M 开关盖板上。

②清洁挡板。若仪表空气中的污染物积在挡板上(注:若向定位器施加气压,则清洁挡板和喷嘴背压会改变,引起阀门位置突然变化),清洁步骤如下:

a. 拆下盖子。

b. 拧下盖板上的四颗螺丝。

c. 将盖板滑到左侧,然后拆下。

d. 准备好厚度为 0.2 mm 的纸片,普通名片即可。

e. 用纸片清洁 EPM 喷嘴和挡板之间间隙内的脏物。

f. 清洁间隙后,将盖板和盖子重新装上。

(4)故障排除。

①定位器不能工作(无输出气压)。

a. 确认定位器反馈杆的转动角度未超过 20°。若超过该角度,请在反馈杆上添加一个加长杆,以获得足够的反馈长度。

b. 检查供气是否存在泄露。

c. 检查电器输入信号。

d. 检查自动/手动开关是否处于自动位置。

e. 检查挡板和滤网的清洁状况。

②不能获得全行程,或影响速度慢。

a. 检查零点(全开)和量程(全开)的调整是否正确。

b. 检查滤网和挡板的清洁状况。

③乱调或超程。检查反馈杆转动的允许角度。

7. 横河定位器(图 14 – 25)

调校步骤:

(1)检查气路、电路是否满足定位器工作要求。

(2)给定 12 mA 信号,将反馈杆调整至水平位置,并紧固。

图 14 – 25　横河定位器

(3)给定 8 mA 信号,通过零位调节螺母将零位调节至对应值。

(4)给定 16 mA 信号,通过量程调节螺母将量程调节至对应值。

(5)给定 4 mA 信号,检查阀门全关位置,必要时进行微调。

(6)给定 20 mA 信号,检查阀门全开位置,必要时进行微调。

(7)给定 4 mA(或 20 mA)、8 mA(或 16 mA)、12 mA、4 mA(或 20 mA)、16 mA(或 8 mA)、20 mA(或 4 mA)进行刻度验证,必要时进行微调。

说明:

(1)通过量程调节螺母可以改变定位器的作用方式。

(2)取用 8 mA 和 12 mA 信号,分别调整零位和量程,是因为 8 mA 和 12 mA 均有上、下刻度值,可以明显反映零位和量程的位置;而 4 mA 向下没有刻度(和 20 mA 向上也没有刻度值),不宜采用 4 mA 和 20 mA 来调节零位和量程。

(3)定位器调校时,必须保证阀门能够完全关闭,有时虽然给定 4 mA(或 20 mA)信号,阀门仍然有开度。

(4)气动阀门定位器和电气阀门均属机械式阀门定位器,因此调校方法类似,不再详细介绍。

14.1.4 定位器的常见故障

1. 阀门定位器有输入信号但是没有输出信号

(1)电磁铁组件发生故障,建议换电磁铁组件。

(2)供气压力不对,建议检查气源压力。

(3)气动放大器挡板零点调节过高,挡板远离喷嘴。

(4)气路堵塞。

(5)气路连接有误(包括放大器)。

(6)电/气定位器输入信号线正负极接反。

2. 阀门定位器没有输入信号但是输出信号一直最大

(1)气动放大器挡板零点调节过低,挡板过于压紧喷嘴。

(2)喷嘴堵塞。

(3)输出压力缓慢或不正常。

以上情况会导致调节阀的膜头受损、漏气,造成有输入信号但调节阀动作缓慢的故障,使调节阀达不到及时调节的效果,处理办法是检查膜室,更换膜片。

3. 定位器线性不好

(1)反馈凸轮或弹簧选择不当或者方向不对。

(2)反馈连杆机构安装不好或者在某些位置有卡住的现象。

(3)喷嘴或挡板有异物。

(4)背压有轻微泄漏现象。

14.2　电磁阀的工作原理及选型

电磁阀是用来控制流体的方向的自动化基础元件,属于执行器,通常用于机械控制和工业阀门上,对介质方向进行控制,从而达到对阀门开关的控制(图 14 – 26、图 14 – 27)。

图 14 – 26　电磁阀 1　　　　　　　　图 14 – 27　电磁阀 2

14.2.1　工作原理

电磁阀里有密闭的腔,在不同位置开有通孔,每个孔都通向不同的油管,腔中间是阀,两面是两块电磁铁,哪面的磁铁线圈通电,阀体就会被吸引到哪边,通过控制阀体的移动来挡住或漏出不同的排油的孔,而进油孔是常开的,液压油就会进入不同的排油管,然后通过油的压力来推动油缸的活塞,活塞又带动活塞杆,活塞杆带动机械装置动。这样通过控制电磁铁的电流就控制了机械运动。

14.2.2　电磁阀的分类

1. 从原理上分类

(1)直动式电磁阀。

原理:通电时,电磁线圈产生电磁力把关闭件从阀座上提起,阀门打开;断电时,电磁力消失,弹簧把关闭件压在阀座上,阀门关闭。

特点:在真空、负压及零压时能正常工作,但通径一般不超过 25 mm。

(2)分布直动式电磁阀。

原理:直动和先导式相结合,当入口与出口没有压差时,通电后,电磁力直接把先导小阀和主阀关闭件依次向上提起,阀门打开。当入口与出口达到启动压差时,通电后,电磁力先导小阀,主阀下腔压力上升,上腔压力下降,从而利用压差把主阀向上推开;断电时,先导阀利用弹簧力或介质压力推动关闭件,向下移动,使阀门关闭。

特点:在零压差或真空、高压时亦能可靠动作,但功率较大,要求必须水平安装。

(3)先导式电磁阀。

原理:通电时,电磁力把先导孔打开,上腔室压力迅速下降,在关闭件周围形成上低下高的压差,流体压力推动关闭件向上移动,阀门打开;断电时,弹簧力把先导孔关闭,入口压力通过旁通孔迅速腔室在关阀件周围形成下低上高的压差,流体压力推动关闭件向下移动,关闭阀门。

特点:流体压力范围上限较高,可任意安装(需定制),但必须满足流体压差条件。

2. 从阀结构和材料上的不同与原理上的区别分类

电磁阀从阀结构和材料上的不同与原理上的区别,可分为六个分支小类:直动膜片结构、分步重片结构、先导膜式结构、直动活塞结构、分步直动活塞结构、先导活塞结构。

14.2.3　电磁阀在选型时的注意事项

1. 适用性

(1)管路中的流体必须和选用的电磁阀系列型号中标定的介质一致。

(2)流体的温度必须小于选用电磁阀的标定温度。

(3)电磁阀允许液体黏度一般在 20 CST 以下,大于 20 CST 应注明。

(4)工作压差,管路最高压差在小于 0.04 MPa 时应选用如 ZS、2W、ZQDF、ZCM 系列等直动式和分步直动式;最低工作压差大于 0.04 MPa 时可选用先导式(压差式);最高工作压差应小于电磁阀的最大标定压力;一般电磁阀都是单向工作,因此要注意是否有反压差,如有应安装止回阀。

(5)流体清洁度不高时应在电磁阀前安装过滤器,一般电磁阀对介质要求清洁度要好。

(6)注意流量孔径和接管口径;电磁阀一般只有开关两位控制;条件允许请安装旁路管,便于维修;有水锤现象时要定制电磁阀的开闭时间调节。

(7)注意环境温度对电磁阀的影响。

(8)电源电流和消耗功率应根据输出容量选取,电源电压一般允许 ±10% 左右,必须注意交流起动时 VA 值较高。

2. 可靠性

(1)电磁阀分为常闭和常开两种,一般选用常闭型,通电打开,断电关闭;但在开启时间很长,关闭时间很短时要选用常开型。

(2)寿命试验,工厂一般属于型式试验项目,选择电磁阀厂家时需慎重。

(3)动作时间很短、频率较高时,一般选取直动式,大口径选用快速系列。

3. 安全性

(1)一般电磁阀不防水,在条件不允许时请选用防水型,工厂可以定做。

(2)电磁阀的最高标定公称压力一定要超过管路内的最高压力,否则使用寿命会缩短或产生其他意外情况。

(3)有腐蚀性液体的应选用全不锈钢型,强腐蚀性流体宜选用塑料王(SLF)电磁阀。

(4)处于爆炸性环境必须选用相应的防爆产品。

4. 经济性

有很多电磁阀可以通用,但在能满足以上三点的基础上应选用最经济的产品。

14.3 防喘振调节阀典型气路图

防喘振调节阀典型气路图如图 14 - 28 所示,整个气路的功能在正常情况下实现精确的阀位控制,快开慢关;在紧急情况(失气、失电)下快速打开阀门以保护风机。

正常情况下,两个电磁阀带电,对三通电磁阀,1 和 2 通;对两通电磁阀,1 和 2 断开。这时经过过滤减压后的空气分成三路,一路经单向阀到四通,然后到 2625、储气罐、377 的 F 口;一路经三通电磁阀后,到 377 的 SUP 口,SUP 口的气压压缩 377 内部弹簧,这样在 377 内部气路中,A 口和 B 口通,D 口和 E 口通;另一路到 DVC6020 的 SUP 口,作为 DVC 的气源。当控制信号(控制系统 DCS/PLC 输出到 DVC6020 的 4 ~ 20 mA 信号)增大时,定位器 A 口输出增大,B 口输出减小;增大的 A 口气压经 377A、B 口,快排阀后作用在汽缸(1061 执行机构)上腔;B 口的气压经 377D、E 口作为气路放大器 2625 的输入信号,控制 2625 输出到汽缸(1061 执行机构)下腔的压力;这时,汽缸活塞上部的压力≫下部的压力 + 管道风压作用在碟版上的力,活塞往下运动,由铭牌上 ACTION:PDTC 可知,阀门开口度减小。反之,控制信号减小,定位器 A 口输出减小,B 口增大,这时由于有快排阀和气路放大器 2625 的作用,活塞快速往上运动,阀门实现快开。

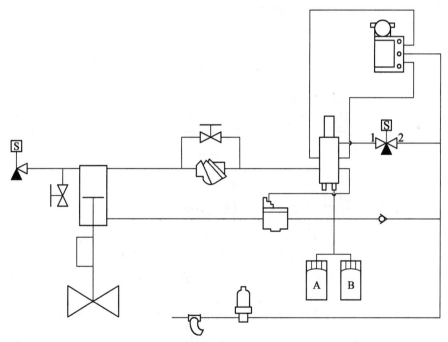

图 14 - 28 防喘振调节阀典型气路图

当电磁阀失电时,对三通电磁阀,1 和 3 通;对两通电磁阀,1 和 2 通。这时,377SUP 口的压力经三通电磁阀 3 口卸掉,377 在内部弹簧的作用下,气路发生转换,B 口和 C 口通,E 口和 F 口通;储气罐的气加上气源的气经 377FE 口作为气路放大器 2625 的控制信号,由于这时储气罐的气压很高(等于减压阀的出口压力),2625 全开,储气罐里的气和气源的气以最大流量经 2625 进入汽缸下腔,上腔的气经快排阀、两通电磁阀快速排向大气,阀门快速打开。

当失气时,由于有单向阀的存在,储气罐的压缩空气不致倒流。整个原理同失电一样,只是使阀门快开的只有储气罐里的压缩空气。

液压保护模块采用液压锁紧方式控制电液伺服阀的进出油路和负载油路(详见液压保护模块液压原理图(图 14 – 29))。该模块主要有以下三种功能:

(1)锁位功能。

当系统处于正常状态时,液压锁处于导通状态,电液伺服控制系统随调节器信号及负载情况及时调节静叶角度或阀门开度。当由于非常原因(伺服控制系统中某控制原件发生故障,或其他干扰因素),静叶角度或阀门开度与设定值偏差较大或完全失控时,电磁阀 Y_1 通电,使液压锁处于关闭状态,切断电源伺服阀进出口油路和负载油路,即时将静叶或阀门就地锁定。此时,受控对象的位置将锁定在故障发生时的位置,使用户可进行故障的判断和处理。

(2)点动功能。

当自动控制回路处于锁定状态时,如果静叶角度与或阀门开度所要求的位置偏差较大,可以启动电磁调节系统,以点动方式对静叶角度或阀门开度进行修正。即使电磁阀 Y_2 的两个电磁铁通电,控制伺服油缸左、右缓慢移动,达到指定的位置(这时静叶或阀门不受伺服系统的控制),以使静叶或阀门不会完全失控,可以继续维持系统工作。

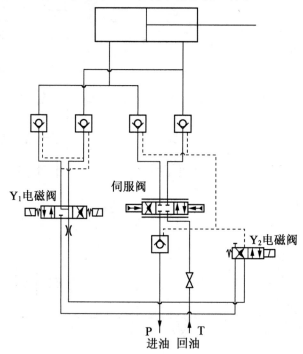

图 14 – 29 液压保护模块液压原理图

电液伺服控制油路和电磁调节油路并联使用,通过液压锁进行切换,两种工作状态之间不会互相干扰。

(3)在线更换系统其他设备。

当电液伺服控制系统中某些设备(如伺服阀等)出现故障时,不需停泵即可对其进行在线更换,这样就可以保证生产的正常进行。

14.4　检修气动调节阀作业指导书

本检修作业指导书规定了在线使用的气动调节阀的日常维护、故障排除、更换时需注意的安全事项以及具体的技术要求和实施步骤,其他类型调节阀亦可参照使用。

1. 基本组成

气动调节阀由气动薄膜执行机构和阀体部件两部分组成。执行机构由上下膜盖、波纹薄膜、托盘、支架、推杆、弹簧和调节件等零部件构成;阀体部分由阀体、阀芯、阀座、阀杆和法兰等组成。

2. 气动调节阀工作原理

当信号压力输入薄膜气室中时,在波纹膜片上产生推力,使推杆移动,并压缩弹簧,直到与弹簧的反作用力相平衡,推杆的移动量即气动执行机构行程。气动薄膜执行机构作用方式分为正作用式及反作用式:正作用式是当信号压力增大时,推杆部件向下移动;反作用式是当信号压力增大时,推杆部件向上移动。

3. 调节阀分类

调节阀按结构形式可分为:直通单座阀、直通双座阀、角形阀、三通阀、隔膜阀和蝶阀。

4. 适用范围

本检修作业指导书适用于电仪车间仪表工段全体仪表人员。

5. 检修目的

使调节阀能够完好使用,不内漏,不卡滞,开关动作灵活、自如;各连接处无泄露,使调节阀能够在各种开关位置都能够有效地调节、控制管线和设备内的介质,起到平稳生产的作用。

6. 检修前的准备工作

(1)人员分工。

①检修负责人。根据仪表元件的故障现象,确定检修项目,负责检修质量,确认需更换的备件质量是否合格,更换的阀门定位器及其他元件是否适用于该调节位置,保证维修或更换后的阀门处于完好状态;确保检修工作保质保量完成。

②安全负责人。负责检修期间的安全监护,落实安全措施是否完善,防护器材是否准备齐全,佩戴是否规范,提醒检修负责人在检修时应注意的事项;确保安全防护措施到位,保证检修工作安全顺利完成。

(2)工作时间。

(3)检修工具。12 寸活口 2 把、钳子、螺丝刀、胶布、细砂纸和信号发生器。

(4)检修备件。调节阀、阀门定位器、膜片、弹簧及相关配件。

(5)票证的办理。需办理检修通知单、检修任务书及工艺交出单(根据具体实际情况),登高时需办理高处作业证。

7. 检修过程中的要求

(1)首先落实检修所需的备件,备件应与所更换或维修的调节阀及其零部件的规格、型号、材质、公称压力、作用方式等相一致。

(2)准备好使用的工具,工具必须合适、完好、齐全。

(3)相关票证办理齐全,必须得到调度、操作工及相关人员的同意后方可施工。

(4)在拆卸调节阀或维修调节阀零部件前,必须确认工艺处理合格,操作工现场监护。

(5)维修调节阀定位器及其他零部件时,应要求操作工将调节阀前后阀门关严,待操作工用近路阀门将工艺调整稳定后,得到操作工同意,并与操作工一同确认工艺处理合格。调节阀的开关动作不影响生产,调节阀阀体内无残余的介质、压力后方可进行维修及调整。

(6)拆卸更换调节阀时,应佩戴好防毒面具、防护手套等安全防护器材后,先对角拆卸连接螺丝,使调节阀阀体法兰与管线连接法兰之间慢慢松动,离开间隙,确认调节阀内无介质压力后方可拆卸。

(7)安装调节阀时,调节阀的箭头必须与介质的流向保持一致,更换用螺纹连接的小口径调节阀时必须要有可拆卸的活动连接件,调节阀要固定好。

(8)调节阀普通定位器的调校方法。

①将空气直接接在另备的空气过滤减压阀送入执行机构膜室,调节气压,使执行机构的推杆移至全行程的中间位置。

②当推杆停在全行程中间位置时,调整定位器使反馈杆与定位器成直角。

③把气源接在定位器上的减压过滤器的输入口上,定位器的输出口与膜室相连。

④输入 4 mA 信号,转动调零螺钉,使执行机构刚好启动。

⑤调节输出信号至 20 mA,使执行机构走完全行程,若行程不足,可松开行程调整锁紧螺钉,调整完毕后,将锁紧螺钉锁紧。

⑥反复调整使执行机构的始终点在许可误差的范围内。

(9)调节阀智能定位器的调校方法。

①将 AVP(即定位器)的输入信号设定为 DC18 ± 1 mA。

②使用平头螺丝刀顺时针旋转零点 – 满度调整螺丝,直到转不动为止。

③保持该位置直到阀门开始动作(约 3 s),将启动自动设定程序,松开螺丝刀。

④阀门将从全关到全开往返 2 次,然后阀门停止在 50% 的位置并保持 3 min。

⑤通过改变输入信号确认自动设定程序是否完成,整个自动设定程序约需 3 min。

⑥当正在执行自动设定程序时若输入信号降至 4 mA 以下,自动设定将失败,需要重新启动自动设定程序,完成自动设定程序后,要将至少 4 mA 以上的信号(电源)至少保持 30 s,使数据和参数保存到 AVP 的 EEPROM 中。

(10)拆检调节阀时,应重点检查阀体、阀座及阀芯(阀杆)等的腐蚀磨损情况,检查执行机构中的膜片或气缸 O 形圈是否老化或裂损;检查填料的密封性及其他附件完好情况,严重的予以更换。

(11)调节阀调校完毕后,调节阀在任何开度时,标尺与阀门开度指示都应相符。

8. 检修质量要求

维修或更换的调节阀及其附件安装应规范、牢固,各连接处无泄漏,阀门开关自如、灵活,动作稳定,零点、量程调校符合使用要求,指示准确;配件齐全;材质正确,各部件清洁,做好校验检修记录,做好防水措施。

9. 检修后的要求

(1)检修任务完成后,及时将现场清理干净,做到工完料净场地清。

(2)要求操作工将调节阀前、后阀门打开,观察各连接处应无泄漏,调节阀完好投入使用。

10. 日常检查与维护

(1)调节阀外观进行检查,各连接处有无泄漏、各连接部件有无松动,各附件齐全、完好。

(2)各信号线连接是否松动、磨损。

(3)气缸或膜头是否漏气,各气源连接丝头处有无泄漏。

(4)定期对活动部件及螺栓上油防腐。

(5)有检修机会随时进行校验、拆检。

(6)各防护管是否完好,各进线口处防水措施是否完好。

(7)每半年检查一次阀门定位器气源过滤减压器膜片清洁情况,气源球阀及气源管路排气。

(8)各气源压力表应完好,指示准确。

11. 故障排除(表 14 – 1)

表 14 – 1　故障排除

故障现象	可能原因	处理方法
阀体磨蚀	1. 流体速度太高 2. 流体中有颗粒 3. 空化和闪蒸	1. 增大阀体内件尺寸,以降低流体速度 2. 阀体改为流线型结构,以减小流体的撞击 3. 阀体材料增加硬度 4. 改变阀内件结构,以降低流速 5. 避免空化作用,改用低压力恢复的阀门 6. 用不锈钢材料焊接修理
阀内件磨蚀	1. 流体速度太高 2. 流体中有颗粒 3. 空化和闪蒸	1. 增大阀门或阀内件尺寸,以降低流体速度 2. 改用硬质阀内件 3. 改变阀内件结构,以降低流速 4. 避免空化作用,改用阀门和阀内件 5. 改用流线型结构,避免冲击
阀芯、阀座之间泄漏	1. 阀芯、阀座表面情况不好(磨损、被腐蚀) 2. 执行机构作用力太小 3. 阀座螺纹被腐蚀、松动	1. 改善接合面 2. 调节执行机构和阀杆的连接架以调整 3. 拧紧或修理、更换阀芯、阀座

续表 14 - 1

故障现象	可能原因	处理方法
阀座环和阀体之间泄漏	1. 拧紧力矩太小 2. 表面不好(不干净、光洁度差) 3. 垫片不适合 4. 阀体有小孔	1. 加大拧紧力矩 2. 重新加工,清洗干净 3. 修理或更换垫片 4. 铸件有时容易产生小孔,磨掉后焊接修理
填料泄漏	1. 阀杆光洁度不好 2. 阀杆弯曲 3. 填料盖没有压紧 4. 填料类型或结构不好 5. 填料层堆得太高 6. 填料腐蚀、有坑 7. 填料压盖变形、损坏	1. 阀杆磨光 2. 阀杆压直 3. 重新拧紧 4. 重选填料并更换填料 5. 安装间隔环,减少填料高度 6. 改用性能好的填料 7. 修理或更换压盖及有关的法兰、螺母
滑动磨损	1. 系统不稳定 2. 接触应力过大 3. 不对中 4. 表面光洁度不好 5. 材料选用不好	1. 改善稳定性 2. 增大轴承尺寸 3. 重新加工修理 4. 重磨表面 5. 选择更好的导向件及材料
上阀盖与阀体之间泄漏	1. 拧紧力矩小 2. 表明不光洁 3. 双头螺栓漏	1. 拧紧力大一些 2. 垫片表面干净、光洁 3. 双头螺体附近的阀体不能有小孔
阀杆连接脱开或折断	1. 力矩太大 2. 销连接不好 3. 振动或不稳定	1. 改用阀芯阀杆整体件,或用焊接阀芯 2. 正确安装 3. 按要求换密封环 4. 根据高温,进行设计 5. 更换密封环
阀门没有动作	1. 气源压力不足 2. 执行机构或附件故障或泄漏 3. 调节器无输出信号 4. 供气管断裂、变形 5. 气源接头损坏、漏气、卡住 6. 流动方向不正确,受力过大使阀芯脱落 7. 阀杆或轴卡死 8. 阀门定位器或电 - 气换转换器故障 9. 阀内件损坏、卡死 10. 阀芯在阀座中卡死	1. 检查并修理气源 2. 修理故障元件 3. 修理故障元件 4. 更换 5. 修理或更换 6. 按箭头方向安装 7. 修理或更换 8. 修理或更换 9. 摩擦过大卡住时,松开、润滑、重装 10. 重新加工、修理或更换

续表 14 - 1

故障现象	可能原因	处理方法
阀门不能达到额定行程	1.气源压力不足	1.调整气源压力
	2.执行机构或附件泄漏	2.检查出执行机构及其附件的泄漏处修复好
	3.定位器没有校准	3.校准定位器
	4.行程调整不当	4.重新调整行程
	5.执行机构弹簧额定值太小	5.更换弹簧
	6.轴或阀杆弯曲	6.修理或更换
	7.阀内件损坏或不干净	7.修理或更换并清洗干净
	8.流动方向不正确	8.调换方向
	9.执行机构太小	9.更换执行机构
	10.填料摩擦力太大	10.松开填料加润滑油
	11.手动操作机构,限位块位置不准	11.重新调整
阀门动作迟钝或行程缓慢	1.填料摩擦大,填料变质老化	1.更换填料,重新调整
	2.轴或阀杆弯曲	2.修理或更换
	3.气源压力太低	3.增大气源压力
	4.起源容量不足	4.增大气源管及气源容量
	5.附件尺寸太小	5.增大附件规格及容量
	6.活塞执行机构摩擦太大	6.清洗干净后,研磨气缸及活塞
	7.轴承摩擦力大	7.修理或更换定位器
	8.定位器响应性能差	8.修理或更换定位器
	9.活塞环磨损	9.修理活塞环
阀振动	1.由于密封调料的黏 - 滑作用	1.松开压盖,润滑填料,调整
	2.旁路没有调好	2.调整旁路
	3.定位器损坏	3.修理或更换
	4.定位器增益太高	4.调整定位器增益或选用低增益型
	5.流动方向安装错误	5.改换方向
	6.支撑不好,有振动源	6.支撑牢,避开振动源
旋转式阀门不转到	1.限位块装错,约束传动机构	1.调整限位块
	2.轴断裂,传动件损坏	2.修理或更换
	3.严重超行程,零件损坏	3.调整行程,更换零件
	4.腐蚀或脏物造成	4.更换零件,清洗
	5.过高的压力或压盖,力矩太大	5.改换力矩大的执行机构
	6.管线拧得过紧,摩擦力过大	6.松开管道螺栓

12. 检修安全注意事项

（1）正确使用工作条件,气源干燥、无油、无尘、保持清洁。

（2）介质温度符合调节阀使用条件。

（3）正确选择流向、校对前后压差。

（4）仪表人员必须经操作人员同意办理相关票证后，方可维修、校对调节阀。

（5）使用中需拆检阀体时，前、后切断阀必须有操作人员确认切死后，方可进行拆检。

13. 常见故障

（1）有一台正在运行中的气关阀总是关不死，有以下几种原因。

①阀芯、阀座间磨损严重。

②调节阀膜头漏气。

③阀芯、阀座间有异物卡住。

④调节阀前后压差过大。

⑤零点弹簧预紧力过大。

⑥定位器输出达不到最大。

⑦阀杆太短。

（2）定位器和调节阀阀杆连接的反馈杆脱落时，定位器的输出如何变化。

定位器和调节阀阀杆连接的反馈杆脱落时，定位器就没有了反馈，成了高放大倍数的气动放大器，如果定位器是正作用式，即信号增加，输出也增加，则阀杆脱落，输出跑最大；如果是反作用式，则跑零。

（3）阀门定位器有以下作用。

①改善调节阀的静态特性，提高阀门位置的线性度。

②改善调节阀的动态特性，减少调节信号的传递滞后。

③改变调节阀的流量特性。

④改变调节阀对信号压力的响应范围，实现分程控制。

⑤使阀门动作反向。

14.5　自力式压力调节阀

自力式调节阀（图 14-30）是一种无须外来能源，依靠被测介质自身压力或温度或流量变化，按预先设定值，进行自动调节的控制装置，是一种节能型仪表。它集控制、执行诸多功能于一身，自成一个独立的仪表控制系统；集变送器、控制器及执行机构的功能于一体，不同于一般含义上的控制阀。

自力式调节阀有自力式压力（微压）调节阀、自力式（压差）流量调节阀、自力式温度调节阀等几类。自力式压力调节阀是其家族成员之一，由于它具有无须外来能源、产品结构简单、使用方便、维护工作量少等优点，特别适用于城市供热、供暖及没有供电、供气又需控制的场合。

14.5.1　自力式压力调节阀的组成

自力式压力调节阀（图 14-31）是自成一体的压力控制器阀门。一般来讲，介质压力随着介质流量的变化而变化。当介质流量发生变化时，为保证压力恒定，则需要自力式调节阀来控制。

图 14 – 30　自力式调节阀

图 14 – 31　自力式压力调节阀

自力式压力调节阀由三大组成元素构成,分别如下。

(1)限流元素。阀门等。

(2)测量元素。压力表、阀膜、活塞等。

(3)荷载元素。弹簧、重物、人力等。

14.5.2　自力式压力调节阀的分类

按阀后、阀前控制分为自力式阀后(减压)控制阀、自力式阀前(泄压)控制阀;按是否带指挥器分为直接作用型自力式调节阀和指挥器操作型自力式调节阀。

(1)直接作用型自力式调节阀。

直接作用式自力式调压阀就是通过介质本身直接控制阀门,达到调压的作用。直接作用式调压阀有阀后取压形式与阀前取压形式。

阀后取压,保持阀后的压力在设定范围内,达到阀后减压的功效;阀前取压,保持阀前的压力在设定范围内,达到阀前泄压的功效。

(2)指挥器操作型自力式调节阀。

指挥器操作型自力式调节阀是通过两个阀门之间的相互控制,来达到自动调压的作用。

14.5.3　工作原理

1. 自力式阀后压力调节的工作原理(图 14 – 32)

阀前压力 p_1 经过阀芯、阀座的节流后,变为阀后压力 p_2。p_2 经过管线输入上膜室内作用在顶盘上,产生的作用力与弹簧的反作用力相平衡,决定了阀芯、阀座的相对位置,控制阀后压力。当 p_2 增加时,p_2 作用在顶盘上的作用力也随之增加。此时,顶盘上的作用力大于弹簧的反作用力,使阀芯关向阀座的位置。这时,阀芯与阀座之间的流通面积减少,流阻变大,p_2 降低,直到顶盘上的作用力与弹簧反作用力相平衡为止,从而使 p_2 降为设定值。同理,当 p_2 降低时,作用方向与上述相反,这就是阀后压力调节的工作原理。

2. 自力式阀前压力调节的工作原理(图 14 – 33)

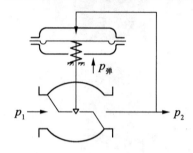
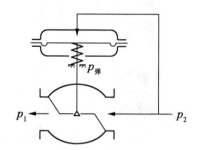

图 14 – 32　自力式阀后压力调节的工作原理　　　图 14 – 33　自力式阀前压力调节的工作原理

14.5.4　自力式压力调节阀与控制阀的区别

自力式压力调节阀与控制阀的区别主要在于控制阀既需要外界能源(如电源或气源)作为驱动能,又需要接收外来控制仪表信号才能改变阀内截流件相对位置,从而实现改变流体流量。而自力式压力调节阀则既不需外来能源,又不需要接收外来控制仪表信号,仅靠被调介质的压力信号,便可实现压力调节。自力式压力调节阀主要特点如下:

(1)无须外加能源,能在无电无气的场合工作,既方便又节约能源。

(2)压力分段范围细且互相交叉,调节精度高。

(3)压力设定值在运行期间可连续设定。

(4)对阀后压力调节,阀前压力与阀后压力之间比为 10:1 ~ 10:8。

(5)橡胶膜片式检测,执行机构检测精度高、动作灵敏。

(6)采用压力平衡机构,使调节阀反应灵敏,控制精确。

14.5.5　安装注意事项

(1)取压点应取在调压阀适当位置,阀前调压应大于 2 倍管道直径,阀后调压应大于 6 倍管道直径。

(2)根据计算,自力式阀通径可以小于管道直径,而截止阀、切断球阀、旁通阀和过滤器则不能小于管道直径。

(3)为便于现场维修及操作,调压阀四周应留有适当空间。

(4)介质为洁净气体或液体时,阀前过滤器可不安装。

14.5.6　日常维护

投入运行后,一般维护工作很少,平时只要观察阀前、阀后压力示值是否符合工艺所需要求即可。另外,观察填料函与执行机构是否渗漏,若渗漏应拧紧或更换填料及膜片。

14.6　山武 SVP3000 智能定位器的安装及调校

14.6.1　定位器的安装(图 14 –34)

将反馈杆安装到定位器上,智能定位器的包装中反馈杆和定位器主体是分别包装的,用包装内提供的内六角螺栓将反馈杆组装到定位器主体上。反馈杆可以在水平位置上下转动 20°(40°行程)。如果超出这个范围定位器将不能正常工作,对于大的执行机构,可以采用可选的延长杆。

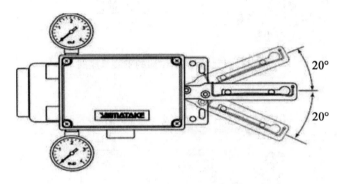

图 14 –34　定位器的安装

14.6.2　SVP 安装步骤

定位器将带有一只合适阀门和执行机构的安装板(订货前提供阀门型号)或自行加工,用提供的两个六角螺栓及垫片将安装板紧固在定位器上。根据提供的安装板不同,执行机构安装的圆孔可能是可以选择的。请正确安装,即保证在阀门开度达到 50% 时反馈杆保持水平。使用 1/4 英寸(6 mm)的螺栓将定位器固定在阀门的执行机构上,此时将反馈针要穿过反馈杆的开槽,注意反馈针要位于弹簧的上方。如图 14 –34 所示反馈针要与反馈杆保持直角。

14.6.3　智能定位器的安装

智能定位器可以安装到不同的执行机构上,下面是一个安装例子。如果需要安装板请提供执行机构的安装尺寸。图 14 –35、图 14 –36 是将智能阀门定位器安装到传统的单座阀上(PSA 执行机构,AGVB 调节阀)。

安装过程中的这一步主要是确定供气与反馈杆位置的正确的初始对应关系。

(1)使用平头螺丝刀将 A/M 转换开关逆时针旋转 180°,将定位器切换到手动(或称为旁路)状态,这时可以通过过滤减压阀来调节阀门开度,定位器的进气和出气压力表读数相同。

(2)通过调节过滤减压阀将阀位调整到行程的 50% 。

(3)调节反馈针的阀杆连接器将反馈杆调整到水平,并且保证反馈针同反馈杆保持 90°。

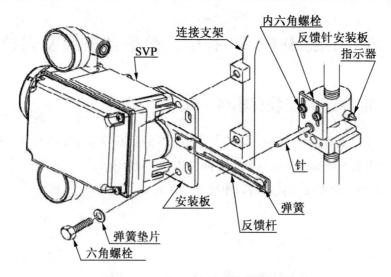

图14-35　智能定位器的安装单座阀

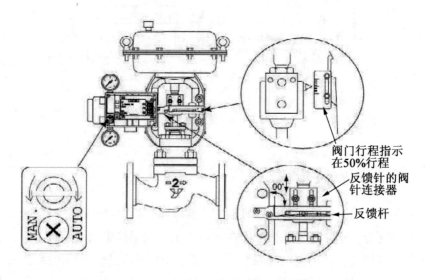

图14-36　智能定位器安装单座阀过程示意图

(4)通过将定位器的 A/M 切换开关顺时针旋转180°,将定位器切换回自动状态。

安装在无弹簧执行机构上的双作用智能阀门定位器(反向继动器),当智能定位器需要安装在具有无弹簧执行机构(双作用)的阀门上时,气源压力需要从气缸的上下两个方向进入执行机构,使执行机构的动作按照控制信号控制而动作(图14-37)。

注意:确认供气管路连接和安装在定位器上的反向继动器底部标明的压力范围。

反向继动器共有两个气压输出口:气压输出口1(OUT1)是定位器输出的气压通过反向继动器的输出;气压输出口2(OUT2)经过气源供应的平衡气压。(减去 SVP 的输出气压)

将反向继动器安装到智能阀门定位器上取下气压输出口上防尘帽,将继动器气源连接口旋进定位器的气压输出口,采用密封带防止气体泄漏,注意密封带不要进入气路。将双作用智能阀门定位器安装到膜片执行机构上反作用执行机构。将反向继动器 OUT1 输出口连接到执行机构底部的气口;将反向继动器 OUT2 输出口连接到执行机构顶部的气口。

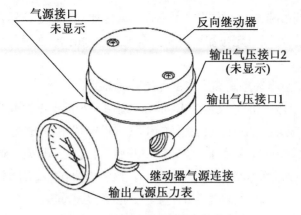

气源接口
未显示

反向继动器

输出气压接口2
(未显示)

输出气压接口1

继动器气源连接

输出气源压力表

图 14 - 37　双作用智能阀门定位器

正作用式执行机构:

将反向继动器 OUT1 输出口连接到执行机构顶部的气口;将反向继动器 OUT2 输出口连接到执行机构底部的气口。

将双作用智能阀门定位器安装到转角执行机构上反作用式执行机构(压力升高向顺时针方向),将反向继动器 OUT1 输出口连接到执行机构的反向膜盒(气压增高顺时针转动),将反向继动器 OUT2 输出口连接到执行机构的正向膜盒(气压增高逆时针转动)正作用执行机构(压力升高向逆时针方向),将反向继动器 OUT1 输出口连接到执行机构的正向膜盒(气压增高逆时针转动);将反向继动器 OUT2 输出口连接到执行机构的反向膜盒(气压增高顺时针转动),如果实际的气路连接与上述不同,定位器的功能将无法保证。然而,各式各样的阀门,智能定位器所整定出来的参数(可用 SFC 读出修改)不一定准确。为了发挥智能型定位器的功能,气管连接必须适合膜盒并且参数设定必须按照本手册操作。

14.6.4　调校步骤

自动整定是特定程序,它可以自动完成多种定位器的调节。当定位器安装完成后,自动整定程序就可以进行了。行程调整用的零点量程开关可以无干扰地分别进行零位满度的调整。自整定程序可以自动检测出以下的执行机构的特性参数:

(1)零点量程调节。

(2)输入信号的最小及最大值。

(3)执行机构尺寸设定。

(4)阻尼设定。

(5)阀位上下限。

如果智能阀门定位器安装到指定的执行机构上,定位器的程序为了保证阀门关死会提供一定超调量。保证阀门关死的关闭超调最大小于行程的 1%。如果不指定执行机构的类型或执行机构非山武产品,请输入执行机构类型,保证关死需要合适的超调。

1. 使用行程开关进行自动整定

在进行零点量程调整和自动整定前请先进行确认。如果智能定位器在订货时并未提供阀门或执行机构的详细情况,而且定位器要用在一台流开型阀门上,在运行自整定之前要先设定阀门的作用形式。

行程按钮是两只执行自动整定和零点量程调整的开关。

(1)将输入定位器的输入信号设定为 18 mA(采用 4～20 mA 作为电源和控制信号)。

(2)打开定位器的前端盖,按下行程按钮"UP"("DOWN"用在凸轮扭曲阀 VFR 上),保持到定位器开始动作(大约 3 s),这时自动整定程序开始运行,放开开关。阀门将经历两次从全关到全开的过程,然后停留到 50% 左右保持 2 min。最终停留在 87.5%,输入不同的输入信号以确认自动整定已经完成,整个自动整定的过程大约要经历 3 min。

注意:在某些情况下,自动整定程序不能正确检测出阀门的参数,尤其是当阀门的执行机构小于山武公司的 HA1 执行机构(膜头容量 850 cm³)或者阀门行程小于 14.3 mm 时。如需帮助请和山武公司的代表联系。

自动整定和零点/量程的调整是根据输入信号的不同来区分的。全开(零点)和全关(满度)的调整也是根据不同输入信号加以区别。如果全开和全关时输入信号精度不在 ±1 mA 范围内,定位器的调整精度将不能保证,同时可能产生不可预测的结果。进行完自整定后,可以输入不同的控制信号检查阀门的控制精度。如果在自整定的过程中输入信号掉到 4 mA 以下,自整定将无法完成,必须重新进行。在自整定完成后,必须保持 30 s 输入信号(电源)4 mA 以上,确保自整定的参数保存到定位器的存储器中。如果智能手操器(SFC)在线连接的情况下,用零点量程调节按钮进行了自动整定,请重新按键进行通信,读出定位器的参数。

2. 零点量程调整(图 14 - 38、图 14 - 39)

在进行完自整定后,智能阀门定位器将会自动地计算出阀门的零点和满度。如果阀门的零点和满度并未与控制信号对应起来,这时可以按照以下步骤通过零点量程调节来校正。

注意:零点量程调节开关仅在输入信号与定位器设置的零点或量程信号相同时起作用。

零点调整步骤(以 4～20 mA 为例):

(1)如果需要正确校准智能阀门定位器的零点,强制关闭特性(低于某一点后强制完全关闭)需要设置为 0%(使用手操器 SFC 时),可以通过计算出高于强制关闭特性的最小输入信号,计算正确的零点对应的电流值。

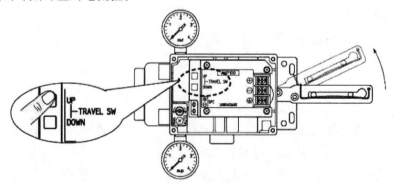

图 14 - 38　零点量程 I

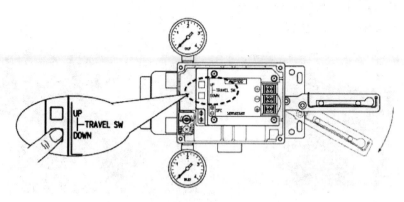

图 14 - 39   零点量程 Ⅱ

（2）经过控制器或者一个电流源，提供正确的对应零点的电流信号（并非强制全关）。如果通过手操器将强制全关设定为 0%，这时电流信号应为 4 mA，否则为 4.085 mA。

（3）按住"UP"键，直到阀门位置少许上升。这时，按住"DOWN"键，直到定位器的输出压力完为 0。

（4）如果零点调整时改变了阀门的强制关闭特性，在调节完毕后更改回来。

满度（量程）调整步骤：

（1）经过控制器或者一个电流源，提供正确的对应满度的电流信号（例如：20 mA）。

（2）通过零点/量程调整按钮"UP"或"DOWN"来微调阀门开度。

注意：调整完毕后，输入不同的电流信号检验定位器精度。

14.6.5   AVP 系列自整定方法

1. 全自动配置程序

顺时针旋转开关并保持 3 s，自动设定开始。

（1）零/量程调整。

（2）整定开始。

①执行机构的尺寸。

②填料的摩擦参数。

（3）执行机构的动作（正/反）。

（4）阀的上、下限。

组态需要 2 ~ 3 min。

2. 自动设定

（1）设定输入信号 18 mA 作为自动设定的触发信号。

（2）顺时针旋转开关。

（3）保持 3 s。

3. 自/手动转换开关

（1）开关安装在 SVP3000 的右边。

（2）旋转开关盖露出开关。

（3）旋转开关到"Man"位置。

图 14 - 40　AVP 系列定位器

14.7　调节阀常见故障处理

14.7.1　出现故障时调节阀的重点检查部位

（1）阀体内壁。对于使用在高压差和腐蚀性介质场合的调节阀，阀体内壁经常受到介质的冲击和腐蚀，必须重点检查耐压、耐腐的情况。

（2）阀座。调节阀在工作时，因介质渗入，固定阀座用的螺纹内表面易受腐蚀而使阀座松动，检查时应予注意。对高压差下工作的阀，还应检查阀座的密封面是否被冲坏。

（3）阀芯。阀芯是调节阀工作时的可动部件，受介质的冲刷，腐蚀最为严重，检修时要认真检查阀芯各部分是否被腐蚀、磨损，特别是高压差的情况下阀芯的磨损更为严重（因汽蚀现象），应予注意。阀芯损坏严重时应进行更换。另外还应注意阀杆是否也有类似的现象，或与阀芯连接松动等。

（4）"O"形密封圈和其他密封垫是否老化、裂损。

（5）应注意聚四氟乙烯填料、密封润滑油脂是否老化，配合面是否被损坏，应在必要时更换。

14.7.2　提高寿命的方法

1. 大开度工作延长寿命法

让调节阀一开始就尽量在最大开度上工作，如 90%。这样，汽蚀、冲蚀等破坏发生在阀芯头部上。

随着阀芯的破坏，流量增加，相应阀再关一点，这样不断破坏，逐步关闭，使整个阀芯全部充分利用，直到阀芯根部及密封面破坏，不能使用为止。

同时，大开度工作节流间隙大，冲蚀减弱，这比一开始就让阀在中间开度和小开度上工作提高寿命 1～5 倍以上。如某化工厂采用此法，阀的使用寿命提高了 2 倍。

2. 减小 S (阀阻比) 增大工作开度提高寿命法

减小 S,即增大系统除调节阀外的损失,使分配到阀上的压降降低,为保证流量通过调节阀,必然增大调节阀开度,同时,阀上压降减小,使汽蚀、冲蚀也减弱。

具体办法如下。

(1)阀后设孔板节流消耗压降。

(2)关闭管路上串联的手动阀,至调节阀获得较理想的工作开度为止。对一开始阀选大处于小开度工作时,采用此法十分简单、方便、有效。

(3)缩小口径增大工作开度提高寿命法,通过把阀的口径减小来增大工作开度。具体办法如下:

①换一台小一档口径的阀,如 DN32 换成 DN25。

②阀体不变更,更换小阀座直径的阀芯阀座。

3. 转移破坏位置提高寿命法

把破坏严重的地方转移到次要位置,以保护阀芯阀座的密封面和节流面。

4. 增长节流通道提高寿命法

增长节流通道最简单的方法就是加厚阀座,使阀座孔增长,形成更长的节流通道。一方面可使流闭型节流后的突然扩大延后,起转移破坏位置,使之远离密封面的作用;另一方面又增加了节流阻力,减小了压力的恢复程度,使汽蚀减弱。

有的把阀座孔内设计成台阶式、波浪式,就是为了增加阻力,削弱汽蚀。这种方法在引进装置中的高压阀上和将老的阀加以改进时经常使用,也十分有效。

5. 改变流向提高寿命法

流开型向着开方向流,汽蚀、冲蚀主要作用在密封面上,使阀芯根部和阀芯阀座密封面很快遭受破坏;流闭型向着闭方向流,汽蚀、冲蚀作用在节流之后,阀座密封面以下,保护了密封面和阀芯根部,延长了寿命。

故作为流开型使用的阀,当延长寿命的问题较为突出时,只需改变流向即可延长寿命 $1 \sim 2$ 倍。

6. 改用特殊材料提高寿命法

为抗汽蚀(破坏形状如蜂窝状小点)和冲刷(流线型的小沟),可改用耐汽蚀和冲刷的特殊材料来制造节流件。这种特殊材料有 6YC – 1、A4 钢、司太莱和硬质合金等。

为抗腐蚀,可改用更耐腐蚀,并有一定机械性能、物理性能的材料。这种材料分为非金属材料(如橡胶、四氟、陶瓷等)和金属材料(如蒙乃尔、哈氏合金等)两类。

7. 改变阀结构提高寿命法

采取改变阀结构或选用具有更长寿命的阀的办法可达到提高寿命的目的,如选用多级式阀、反汽蚀阀、耐腐蚀阀等。

8. 减小行程以提高膜片寿命法

对于两位型调节阀,当动作频率十分频繁时,膜片会很快在做上下折叠中破裂,破坏位置常在托盘圆周。提高膜片寿命的最简单、最有效的办法是减小行程。减小后的行程值就为 $1/4dg$。如 dg125 的阀，其标准行程为 60 mm，可减小到 30 mm，缩短了 50%。

此外，还可以考虑如下因素。

(1)在满足打开与关闭的条件下尽量减小膜室压力。

(2)提高托盘与膜片贴合处光洁度。

9. 调节阀经常卡住或堵塞的防堵(卡)方法

(1)清洗法。

管路中的焊渣、铁锈、渣子等在节流口、导向部位及下阀盖平衡孔内造成堵塞或卡住使阀芯曲面、导向面产生拉伤和划痕，密封面上产生压痕等。这经常发生于新投运系统和大修后投运初期，是最常见的故障。

遇此情况，必须卸开进行清洗，除掉渣物，如密封面受到损伤还应研磨；同时将底塞打开，以冲掉从平衡孔掉入下阀盖内的渣物，并对管路进行冲洗。投运前，让调节阀全开，介质流动一段时间后再纳入正常运行。

(2)外接冲刷法。

对一些易沉淀、含有固体颗粒的介质采用普通阀调节时，经常在节流口、导向处堵塞，可在下阀盖底塞处外接冲刷气体和蒸汽。

当阀产生堵塞或卡住时，打开外接的气体或蒸汽阀门，即可在不动调节阀的情况下完成冲洗工作，使阀正常运行。

(3)安装管道过滤器法。

对小口径的调节阀，尤其是超小流量调节阀，其节流间隙特小，介质中不能有一点点渣物。遇此情况堵塞，最好在阀前管道上安装一个过滤器，以保证介质顺利通过。

带定位器使用的调节阀，定位器工作不正常，其气路节流口堵塞是最常见的故障。因此，带定位器工作时，必须处理好气源，通常采用的办法是在定位器前气源管线上安装空气过滤减压阀。

(4)增大节流间隙法。

如介质中的固体颗粒或管道中被冲刷掉的焊渣和锈物等因过不了节流口造成堵塞、卡住等故障，可改用节流间隙大的节流件——节流面积为开窗、开口类的阀芯、套筒，因其节流面积集中而不是圆周分布的，故障就能很容易地被排除。

如果是单、双座阀就可将柱塞形阀芯改为"V"形口的阀芯，或改成套筒阀等。

(5)介质冲刷法。

利用介质自身的冲刷能量，冲刷和带走易沉淀、易堵塞的东西，从而提高阀的防堵功能。

常见的方法如下。

①改作流闭型使用。

②采用流线型阀体。

③将节流口置于冲刷最厉害处，采用此法要注意提高节流件材料的耐冲蚀能力。

(6)直通改为角形法。

直通为倒 S 流动，流路复杂，上、下容腔死区多，为介质的沉淀提供了地方。角形连接，介质犹如流过 90°弯头,冲刷性能好,死区小,易设计成流线型。因此,使用直通的调节阀产生轻微堵塞时可改成角形阀使用。

14.7.3　调节阀外泄的解决方法

1. 增加密封油脂法

对未使用密封油脂的阀,可考虑增加密封油脂来提高阀杆密封性能。

2. 增加填料法

为提高填料对阀杆的密封性能,可采用增加填料的方法。通常是采用双层、多层混合填料形式,单纯增加数量,如将 3 片增到 5 片,效果并不明显。

3. 更换石墨填料法

人量使用的四氟填料,因其工作温度在 $-20 \sim +200$ ℃范围内,当温度在上、下限变化较大时,其密封性便明显下降,老化快、寿命短。

柔性石墨填料可克服这些缺点且使用寿命长,因此有的工厂全部将四氟填料改为石墨填料,甚至新购回的调节阀也将其中的四氟填料换成石墨填料后使用。但使用石墨填料的回差大,初时有的还产生爬行现象,对此必须有所考虑。

4. 改变流向,置 p_2 在阀杆端法

当 $\Delta p_{较}$ 大,p_1 又较大时,密封 p_1 显然比密封 p_2 困难。因此,可采取改变流向的方法,将 p_1 在阀杆端改为 p_2 在阀杆端,这对压力高、压差大的阀是较有效的。如波纹管阀就通常应考虑密封 p_2。

5. 采用透镜垫密封法

对于上、下盖的密封,阀座与上、下阀体的密封,若为平面密封,在高温高压下,密封性差,引起外泄,可以改用透镜垫密封,能得到满意的效果。

6. 更换密封垫片

至今,大部分密封垫片仍采用石棉板,在高温下,密封性能较差,寿命也短,易引起外泄。遇到这种情况,可改用缠绕垫片、"O"形环等,现在许多厂已采用。

7. 对称拧螺栓,采用薄垫圈密封方法

在"O"形圈密封的调节阀结构中,采用有较大变形的厚垫片(如缠绕片)时,若压紧不对称,受力不对称,易使密封破损、倾斜并产生变形,严重影响密封性能。

因此,在对这类阀维修、组装中,必须对称地拧紧压紧螺栓(注意不能一次拧紧)。厚密封垫如能改成薄的密封垫就更好,这样易于减小倾斜度,保证密封。

8. 增大密封面宽度,制止平板阀芯关闭时跳动并减少其泄漏量的方法

平板型阀芯(如两位型阀、套筒阀的阀塞)在阀座内无引导和导向曲面,由于阀在工作的时候,阀芯受到侧向力,从流进方靠向流出方,阀芯配合间隙越大,这种单边现象越严重,加之变形、不同心,或阀芯密封面倒角小(一般为 30°倒角来引导),因此接近关闭时,产生阀芯密封面倒角端面置于阀座密封面上,造成关闭时阀芯跳动,甚至根本关不到位的情况,使阀泄漏量大大增加。

最简单、最有效的解决方法就是增大阀芯密封面尺寸,使阀芯端面的最小直径比阀座直径小 1～5 mm,有足够的引导作用,以保证阀芯导进阀座,保持良好的密封面接触。

14.7.4　调节阀振动的解决方法(8 种方法)

1. 增加刚度法

对振荡和轻微振动,可增大刚度来消除或减弱,如选用大刚度的弹簧,改用活塞执行机构等办法都是可行的。

2. 增加阻尼法

增加阻尼即增加对振动的摩擦,如套筒阀的阀塞可采用"O"形圈密封,采用具有较大摩擦力的石墨填料等,这对消除或减弱轻微的振动还是有一定作用的。

3. 增大导向尺寸,减小配合间隙法

轴塞形阀一般导向尺寸都较小,所有阀配合间隙一般都较大,为 0.4～1 mm,这对产生机械振动是有帮助。因此,在发生轻微的机械振动时,可通过增大导向尺寸、减小配合间隙来削弱振动。

4. 改变节流件形状,消除共振法

因调节阀的所谓振源发生在高速流动、压力急剧变化的节流口,改变节流件的形状即可改变振源频率,在共振不强烈时比较容易解决。

具体办法是将在振动开度范围内阀芯曲面车削 0.5～1.0 mm。如某厂家属区附近安装了一台自力式压力调节阀,因共振产生啸叫影响职工休息,将阀芯曲面车掉 0.5 mm 后,共振啸叫声消失。

5. 更换节流件消除共振法

更换节流件消除共振法的方法如下。

(1)更换流量特性,对数改线性,线性改对数。

(2)更换阀芯形式。如将轴塞形改为"V"形槽阀芯、将双座阀轴塞型改成套筒型、将开窗口的套筒改为打小孔的套筒等。

6. 更换调节阀类型以消除共振

不同结构形式的调节阀,其固有频率自然不同,更换调节阀类型是从根本上消除共振的最有效的方法。

一台阀在使用中共振十分厉害———强烈地振动(严重时可将阀破坏)、强烈地旋转(甚至阀杆被振断、扭断),而且产生强烈的噪声(高达 100 多分贝)的阀,只要把它更换成一台结构差异较大的阀,立刻见效,强烈共振消失。

7. 减小汽蚀振动法

对因空化气泡破裂而产生的汽蚀振动,自然应在减小空化上想办法。让气泡破裂产生的冲击能量不作用在固体表面上,特别是阀芯上,而是让液体吸收。套筒阀就具有这个特点,因此可以将轴塞型阀芯改成套筒型。采取减小空化的一切办法,如增加节流阻力、增大缩流口压力、分级或串联减压等。

8. 避开振源波击法

外来振源波击引起阀振动,这显然是调节阀正常工作时所应避开的,如果产生这种振动,应当采取相应的措施。

14.7.5 调节阀噪声大的解决方法

1. 消除共振噪声法

只有调节阀共振时,才有能量叠加而产生 100 多分贝的强烈噪声。有的表现为振动强烈,噪声不大;有的振动弱,而噪声却非常大;有的振动和噪声都较大。

这种噪声产生一种单音调的声音,其频率一般为 3 000 ~ 7 000 Hz。显然,消除共振,噪声自然随之消失。

2. 消除汽蚀噪声法

汽蚀是主要的流体动力噪声源。空化时,气泡破裂产生高速冲击,使其局部产生强烈湍流,产生汽蚀噪声。

这种噪声具有较宽的频率范围,产生格格声,与流体中含有砂石发出的声音相似。消除和减小汽蚀是消除和减小噪声的有效办法。

3. 使用厚壁管线法

采用厚壁管是声路处理办法之一。使用薄壁可使噪声增加 5 dB,采用厚壁管可使噪声降低 0 ~ 20 dB。同一管径壁越厚,同一壁厚管径越大,降低噪声效果越好。

如 DN200 管道,其壁厚分别为 6.25 mm、6.75 mm、8 mm、10 mm、12.5 mm、15 mm、18 mm、20 mm、21.5 mm 时,可降低噪声分别为 − 3.5 dB、− 2 dB(即增加)、0 dB、3 dB、6 dB、8 dB、11 dB、13 dB、14.5 dB。当然,壁越厚所付出的成本就越高。

4. 采用吸音材料法

这也是一种较常见、最有效的声路处理办法。可用吸音材料包住噪声源和阀后管线。

必须指出,因噪声会经由流体流动而长距离传播,故吸音材料包到哪里,采用厚壁管至哪里,消除噪声的有效性就终止到哪里。

这种办法适用于噪声不很高、管线不很长的情况,因为这是一种较费钱的办法。

5. 串联消音器法

本法适用于作为空气动力噪声的消音,它能够有效地消除流体内部的噪声和抑制传送到固体边界层的噪声级。对质量流量高或阀前后压降比高的地方,本法最有效而又经济。

使用吸收型串联消音器可以大幅度降低噪声。但是,从经济上考虑,一般限于衰减到约 25 dB。

6. 隔音箱法

使用隔音箱、房子和建筑物把噪声源隔离在里面,使外部环境的噪声减小到人们可以接受的范围内。

7. 串联节流法

在调节阀的压力比高（$\Delta p/p_1 \geqslant 0.8$）的场合，采用串联节流法，就是把总的压降分散在调节阀和阀后的固定节流元件上。如用扩散器、多孔限流板，这是减少噪声办法中最有效的。

为了得到最佳的扩散器效率，必须根据每件的安装情况来设计扩散器（实体的形状、尺寸），使阀门产生的噪声级和扩散器产生的噪声级相同。

8. 选用低噪声阀

低噪声阀根据流体通过阀芯、阀座的曲折流路（多孔道、多槽道）的逐步减速，以避免在流路里的任意一点产生超音速。有多种形式，多种结构的低噪声阀（有为专门系统设计的）供使用时选用。

当噪声不是很大时，选用低噪声套筒阀，可降低噪声 10 ~ 20 dB，这是最经济的低噪声阀。

14.7.6　调节阀稳定性较差时的解决办法

1. 改变不平衡力作用方向法

在稳定性分析中，已知不平衡力作用同与阀关方向相同时，即对阀产生关闭趋势时，阀稳定性差。

对阀工作在上述不平衡力条件下时，选用改变其作用方向的方法，通常是把流闭型改为流开型，一般来说都能方便地解决阀的稳定性问题。

2. 避免阀自身不稳定区工作法

有的阀受其自身结构的限制，在某些开度上工作时稳定性较差。

双座阀，开度在 10% 以内，因上球处流开，下球处流闭，带来不稳定的问题；不平衡力变化斜率产生交变的附近，其稳定性较差。如蝶阀，交变点在 70° 左右；双座阀在 80% ~ 90% 开度上。当遇此类阀时，在不稳定区工作必然稳定性差，避免不稳定区工作即可。

3. 更换稳定性好的阀

稳定性好的阀其不平衡力变化较小，导向好。在常用的球形阀中，套筒阀就有这一大特点。当单、双座阀稳定性较差时，更换成套筒阀稳定性一定会得到提高。

4. 增大弹簧刚度法

执行机构抵抗负荷变化对行程影响的能力取决于弹簧刚度，刚度越大，对行程影响越小，阀稳定性越好。

增大弹簧刚度是提高阀稳定性的常见的简单方法，如将 20 ~ 100 kPa 弹簧范围的弹簧改成 60 ~ 180 kPa 的大刚度弹簧，采用此法主要是带了定位器的阀，否则，使用的阀要另配上定位器。

5. 降低响应速度法

当系统要求调节阀响应或调节速度不应太快时，阀的响应和调节速度却又较快，如流量需要微调，而调节阀的流量调节变化却又很大，或者系统本身已是快速响应系统而调节阀却又带定位器来加快阀的动作,这都是不利的。

这将会产生超调,产生振动等。对此,应降低响应速度,办法如下。

(1)将直线特性改为对数特性。

(2)带定位器的可改为转换器、继动器。

6. 调节阀其他故障的处理

(1)改变流向,解决促关问题,消除喘振法。

两位型阀为提高切断效果,通常作为流闭型使用。对液体介质,由于流闭型不平衡力的作用是将阀芯压闭的,有促关作用,又称抽吸作用,加快了阀芯动作速度,产生轻微水锤,引起系统喘振。

对上述现象的解决办法是只要把流向改为流开,喘振即可消除。类似这种因促关而影响到阀不能正常工作的问题,也可考虑采取这种办法加以解决。

(2)防止塑变的方法。

塑变使一种金属表面把另一种零件的金属表面擦伤,甚至粘在一起,造成阀门卡住、动作不灵、密封面拖伤、泄漏量增加、螺纹连接的两个件咬住旋不动(如高压阀的上、下阀体)等故障。

塑变与温度、配合材料、表面粗糙度、硬度和负荷有关。高温使金属退火或软化,进一步加剧塑变趋势。

解决塑变引起阀故障的方法如下。

①易擦伤部位采用高硬度材料,有 5~10RC 硬度差。

②两种零件改用不同材料。

③增大间隙。

④增加润滑剂。

⑤修复破坏面,提高光洁度和硬度。

⑥螺纹咬住旋不动时,只好一次性焊好用。

(3)改变流向以增大阀容量法。

因计算不准或产量增加等因素使阀的流量系数偏小,造成阀全开也保证不了流量时,不得已只好打开旁路流过部分流量。通常旁通流量小于 15%~20% 最大流量。

这里介绍一种开旁路的办法:因流闭型流阻小,比流开型流量系数大 10%~15%,所以,可用改变流向的办法,改通常的流开为流闭使用,即使阀多通过 10%~15% 的流量。这样既可避免打开旁路,又因处于大开度工作,稳定性问题也可不考虑。

(4)克服流体破坏法。

最典型的阀是双座阀,流体从中间进,阀芯垂直于进口,流体绕过阀芯分成上下两束流出。

流体冲击在阀芯上,使之靠向出口侧,引起摩擦,损伤阀芯与衬套的导向面,导致动作失常,高流量还可能使阀芯弯曲、冲蚀、严重时甚至断裂。

解决的方法如下。

①提高导向部位材料硬度。

②增大阀芯上下球中间尺寸,使之呈粗状。

③选用其他阀代用。如用套筒阀,流体从套筒四周流入,对阀塞的侧向推力大大减小。

（5）克服流体产生的旋转力使阀芯转动的方法。

对"V"形口的阀芯,因介质流入的不对称,作用在"V"形口上的阀芯切向力不一致,产生一个使之旋转的旋转力。特别是对 DN≥100 的阀更强烈。

由此,可能引起阀与执行机构推杆连接的脱开,无弹簧执行机构可能引起膜片扭曲。

解决的方法如下。

①将阀芯反旋转方向转一个角度,以平衡作用在阀芯上的切向力。

②进一步锁住阀杆与推杆的连接,必要时,增加一块防转动的夹板。

③将"V"形开口的阀芯更换成柱塞形阀芯。

④采用或改为套筒式结构。

⑤如系共振引起的转动,消除共振即可解决问题。

（6）调整蝶阀阀板摩擦力,克服开启跳动法。

采用"O"形圈、密封环、衬里等软密封的蝶阀,阀关闭时,由于软密封件的变形,因此,阀板关闭到位并包住阀板,能达到十分理想的切断效果。

但阀要打开时,执行机构要打开阀板的力不断增加,当增加到软密封件对阀板的摩擦力相等时,阀板启动。一旦启动,此摩擦力就急剧减小。

为达到力的平衡,阀板猛烈打开,这个力同相应开度的介质作用的不平衡力矩与执行机构的打开力矩平衡时,阀停止在这一开度上。这个猛烈而突然起跳打开的开度可高达 30% ~ 50%,这将产生一系列问题。

同时,关闭时因软密封件要产生较大的变化,易产生永久变形或被阀板挤坏、拉伤等情况,影响寿命。

解决方法是调整软密封件对阀板启动的摩擦力,这既能保证达到所需切断的要求,又能使阀较正常地启动。具体方法如下。

①调整过盈量。

②通过限位或调整执行机构预紧力、输出力的办法,减少阀板关闭过度给开启带来的困难。

14.8　调节阀填料泄漏故障处理

14.8.1　概述

控制阀是自动控制系统的终端控制元件之一,由于化工装置中,存在许多高温、高压工况,有些介质具有较强的腐蚀性和毒性,且易燃易爆,当阀门填料泄漏时,不仅造成原材料的浪费,而且对环境也会造成严重污染,甚至引起火灾、爆炸、中毒等危害生命的安全事故。因此,控制阀填料泄漏问题应引起足够的重视,在设计选型中合理选用密封填料是非常重要的。针对控制阀的填料密封,结合多年的工作经验和相关资料,通过对控制阀填料函结构形式分析,介绍聚四氟乙烯和柔性石墨填料的特性及应用场合,并对合理地选择控制阀的填料进行简单介绍。

14.8.2　控制阀填料作用和分类

控制阀阀门部分由阀的内件和阀体组成,阀的内件包括阀芯、阀杆、填料函和上阀盖等,其中填料函部件用于对阀杆的密封,用弹性方法防止工艺介质通过往复式或转动式运动而在阀杆表面产生泄漏,它是阀体不可分割的一部分,阀门的阀杆密封几乎都是利用填料函来实现的。

控制阀填料是动密封的填充材料,一般装在上阀盖的填料函中,其作用是阻止被控介质因阀杆运动而引起的泄漏。

常用的填料按材质主要分为两大类:聚四氟乙烯和柔性石墨。

1. 聚四氟乙烯(PTFE)

聚四氟乙烯(PTFE)是由四氟乙烯经聚合而成的高分子化合物,具有优良的化学稳定性、耐腐蚀性、密封性、高润滑不黏性、电绝缘性和良好的抗老化能力。其抗腐蚀能力甚至超过了玻璃、陶瓷,即使对强酸、强碱和强氧化剂也有很好的抗腐蚀能力,是一种理想的密封材料。但其耐温性能差,聚四氟乙烯在 200 ℃以上开始极微量的裂解,受压、受热蠕变,而影响密封性能,且不适用于熔融的碱液或氟化物场合。常用的聚四氟乙烯填料如下。

(1)聚四氟乙烯成型织装填料。聚四氟乙烯成型织装填料采用聚四氟乙烯散装编织压制而成,是一种开口材料,柔韧性好、持久耐用、密封效果好、更换方便,是应用最广泛的一种材料。

(2)V 形聚四氟乙烯填料。一般用聚四氟乙烯棒料车削加工而成,填料结构呈 V 形,在两端压紧情况下,由于聚四氟乙烯的摩擦系数小,有润滑作用、密封性能好等优点。V 形填料环的特点是:在阀内介质的压力作用下,填料外圈的唇边在张开时,始终紧贴填料函内壁,实现静密封。同样在压力作用下,填料内圈的唇边在张开时,始终紧贴阀杆保证动密封,这样即使阀杆上下运动,同样都能保证密封性。

(3)四氟 – 石墨填料。通过加入部分玻璃纤维、石墨、二硫化钼,以提高聚四氟乙烯抗蠕变和导热性能,但硬度变大,耐腐蚀能力下降,密封性能下降。

2. 柔性石墨

柔性石墨材料属于非纤维质材料,它是把天然鳞片石墨中的杂质除去,再经强氧化混合酸处理后成为氧化石墨,氧化石墨受热分解放出二氧化碳,体积急剧膨胀,变成了质地疏松、柔软而又有韧性的柔性石墨。是一种寿命长、密封性能好的材料。

(1)特点。

①有优异的耐热性和耐寒性。柔性石墨从 -250 ℃的超低温到 $+600$ ℃高温,其物理性质几乎没有变化。

②有优异的耐化学腐蚀性。柔性石墨除在硝酸、浓硫酸等强氧化性介质中有腐蚀外,在其他酸、碱和溶剂中几乎没有腐蚀。

③有良好的自润滑性。柔性石墨同天然石墨一样,当受外力作用,容易产生滑动,因而具有自润滑性,密封性能好。

④因其多孔疏松而又卷曲,故其回弹性柔韧性好。当轴或轴套因制造、安装等存在偏心而出现径向圆跳动时,具有足够的浮动性能,即使石墨出现裂纹,也能很好地密合,从而保证贴合紧密,防止泄漏。

(2)石墨填料种类(图14-41)。

①丝状或编织状。这种填料弹性好更能包住阀杆并净化阀杆表面。编织状石墨填料可克服其他类型石墨填料因磨损而造成的泄漏,但编织状石墨填料由于丝状结构导致空隙,从而易渗透。

②片状石墨。用若干片石墨板压制而成的填料环,其纹理和阀杆表面相垂直,形成方形断面,因此流体不易渗透,但它也减少了轴向压力与径向压力的比值,需用更大的压紧力才能密封。

图14-41　石墨填料

③弯片状石墨。其纹理与阀杆轴向平行,用若干个石墨片加工而成。弯片状石墨在压制时的压力比它工作时的压力高得多,因此它在填料函中不会再收缩。高温时由其原理可知容易渗透。但由于加工容易,价格低廉,目前被广泛采用。

(3)填料泄漏的主要原因。

控制阀在现场实际使用中发生填料泄漏的原因多种的样,在现场维护应针对阀门的实际使用情况进行具体分析、判断,进而从根本上消除泄漏产生的原因,解除安全隐患。根据发生泄漏的规律,归纳起来主要原因有以下几种:

①填料材质、类型选用不妥。如在150~200℃工况选用四氟填料,填料在临界工况下长时间工作会发生微小蠕变,受高压介质作用填料密封性能下降;又如液氨、焦油、燃料等渗透性强的介质选用了织状型填料,这些情况受高温高压介质影响,易产生泄漏。

②填料安装方法不当。填料装入填料函后,经压盖对其施加轴向压力,由于填料的塑性,使其产生径向力,并与阀杆紧密接触,如填料在安装中上紧下松,受力不匀,使这种接触非常不均匀,有的部分接触松,甚至没接触上,造成填料泄漏。

③控制阀在使用过程中,阀杆同填料之间存在着相对运动,这个运动称为轴向运动。在使用过程中,随着高温、高压和渗透性强的流体介质的影响,控制阀填料函也是发生泄漏现象较多的部位。造成填料泄漏的主要原因是界面泄漏,对于纺织填料还会出现渗漏(压力介质沿着填料纤维之间的微小缝隙向外泄漏)。阀杆与填料间的界面泄漏是填料接触压力的逐渐衰减,填料自身老化、失去弹性等原因引起的,这时压力介质就会沿着填料与阀杆之间的接触间隙向外泄漏。

④控制阀频繁动作、阀杆弯曲、磨损、腐蚀、光洁度下降造成填料磨损而泄漏。

⑤控制阀在使用工况发生变化,如在装置开车升温过程中,控制阀由冷态到热态过程中,热态介质变化大,阀杆受热膨胀作用影响,使填料间隙变大,填料泄漏严重。

⑥填料压盖不紧、偏斜,或控制阀卧式安装,会造成阀杆与填料接触不良,间隙过大或过小。

(4)防止填料泄漏对策。

①为使填料装入方便,在填料函顶端倒角,在填料函底部放置耐冲蚀的、间隙适当的金属

保护环(与填料的接触面不能为斜面),以防止填料被介质压力推出。

②提高阀杆和填料函表面精度、光洁度。如果各种可动部件之间的摩擦系数之和为零,则作用在填料压盖的力就能均匀地传递到整个填料上,无任何衰减。可实际摩擦力总和是存在的,不可能为零,作用在填料上的径向力就随着距压盖距离增减而减少,摩擦力越大,压力衰减越大。被密封的压力一旦超过填料上的作用力,就开始泄漏。因此在维修时阀杆与填料函不能有划痕、点蚀和磨损,光洁度要好。

③选用合适的材料,必须具有抵抗温度变化的能力,有抗蠕变,抗松弛及抗氧化的能力。一般情况下,条件满足优先选用四氟,不满足时选石墨。也可以选用混合填料:一是石墨填料和四氟填料混合使用;二是 O 形环和 V 形填料混合使用。渗透性强的介质可选用石墨填料。

④装填料时,应一圈一圈加,并用压具逐一压紧、压牢,使填料受力均匀。开口填料应上下错开 90°或 120°放置,填料加入圈数应以没有外漏为适宜。如果加少了填料压盖会进入填料函中,易造成泄漏。

⑤对于弹簧作用的聚四氟乙烯填料,压盖螺丝应均与对称拧紧,不能偏斜。其他类型填料不必要拧得太紧,以不漏为止。

⑥新阀或刚检修的控制阀在投用后,应检查填料有无泄漏,如有泄漏要及时处理,以防填料泄漏越来越大。

(5)使用中应注意的问题。

①成型填料切断时用 45°切口,安装时每圈切口相错 90°或 120°。

②在高压下使用聚四氟乙烯成型填料,要注意冷流特性。

③柔性石墨环单独使用,密封效果不好,应与石墨编织填料组合使用。

④石墨填料不能用于强氧化剂,如浓硫酸、浓硝酸等介质。

⑤填料函的尺寸精度、表面粗糙度、阀杆尺寸精度和表面粗糙度,是影响成型填料密封性的关键。

(6)结束语。

在多年的现场实际应用中,控制阀发生填料泄漏原因多种多样,只要我们勤于观察、对泄漏产生的原因认真分析,填料泄漏的问题还是能够消除的;但是也应该看到,有些控制阀产生填料泄漏的原因比较复杂、泄漏的因素较多,还需要在今后的实践工作中不断分析、探索。

第 15 章　西门子可编程序控制器(S7 – 300 系列)

15.1　编程软件的安装

西门子 S7 – 300 PLC 和 S7 – 400 PLC 的程序编制和硬件组态使用的是 STEP 7 编程软件。STEP 7 不是一个单一的应用程序,而是由一系列应用程序构成的软件包。图 15 – 1 所示为 STEP 7 标准软件包。

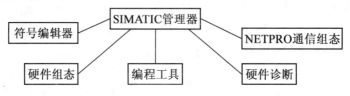

图 15 – 1　STEP 7 标准软件包

其中,一致的数据管理使所有 SI – MATIC 工具软件都从一个全局共享的统一的数据库中获取数据,它们具有统一的符号表和统一的变量名。例如 SIMTIC HMI 工具可以自动识别和使用 STEP 7 中定义的变量,并可以与 STEP 7 中的变量同步变化。这种统一的数据管理机制不仅可以减少输入阶段的费用,还可以降低出错率,提高系统诊断效率。

统一的编程和组态环境使得用户可以在【SIMATIC Manager】的统一界面下工作, 在 STEP 7 中直接调用其他软件,对自动化系统中的所有部件进行编程和组态。工程技术人员可以在一个平台下完成对 PLC 编程、对 HMI 进行组态以及定义通信连接等操作。这样使整个系统的组态变得更为简单,同时也变得相当快捷,从而更多地降低了成本。

标准化的网络通信实现了从控制级到现场级协调一致的通信,AS – Interface 总线、PRO-FIBUS 总线以及工业以太网等不同功能的网络涵盖了自动化系统几乎所有的应用。对于不同厂商的部件,只要使用相同的标准(PROFIBUS、OPC 或微软标准),就可以确保它们相互兼容、无差错地实现信息的传输。

本节将首先和读者一起来安装 STEP 7 软件的 SIMATIC 管理器,然后详细介绍 STEP 7 编程软件的编程界面和菜单应用。

15.1.1　STEP 7 编程软件的安装与卸载

1. 安装 STEP 7 对硬件的要求

在 Windows XP 专业版中安装 STEP 7 V5.5 软件时,PC 机需要至少 512 MB 的内存, 主频至少 600 MHz (推荐内存扩展到 1 GB)。

在 Windows Server 2003 中安装 STEP 7 V5.5 软件时,PC 机需要至少 1 GB 的内存, 主频至少 2.4 GHz。

在 Windows 7 操作系统中安装 STEP 7 V5.5 软件时,PC 机需要至少 1 GB 的内存,主频至少 1 GHz（推荐内存扩展到 2 GB）。另外,还必须有 CP5611 接口卡、MPI 卡、PC 适配器、老版本的存储器卡和编程适配器其中一种选件,用于下载。

2. 安装 STEP 7 对软件的要求

STEP 7 可以安装在 Windows 95/98/ME/2000/XP 系统上。

STEP 7 V5.5 可以安装在微软 32 位 Windows 7 旗舰版、专业版和企业版（标准安装）上,或微软 Windows XP 专业版 SP2 或 SP3 和微软 Windows Server 2003 SP2/R2SP2 工作站。

STEP 7 软件适用于 Windows XP Professional 32 位操作系统,但不能安装在 Windows XP Professional X64（64 位版本）系统。

15.1.2　STEP 7 编程软件的安装技巧

运行 STEP 7 安装光盘上的图标 ▇▇ 进行安装,安装程序将会一步一步地指导用户进行安装。

值得注意的是,安装 STEP 7 编程软件前,必须将 360 软件、杀毒软件和实时防火墙等软件关闭。安装时可以通过【选择安装程序的语言】中的下拉按钮,选择安装程序的语言（图 15 - 2）。

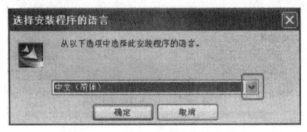

图 15 - 2　选择安装程序的语言

安装的进程可以通过小窗口进行查看（图 15 - 3）。

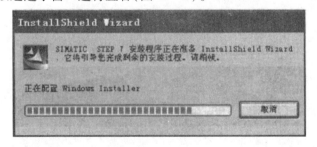

图 15 - 3　安装进程

安装时,可以通过【后退（B）】按钮和【下一步（N）】按钮来选择安装的内容,也可以在安装前阅读注意事项（图 15 - 4）。

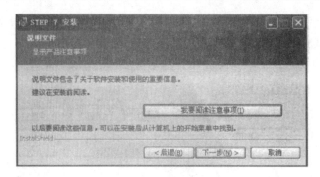

图 15 - 4　安装要注意的事项

选择【接受许可协议的条款(A)】后继续安装(图 15 - 5)。

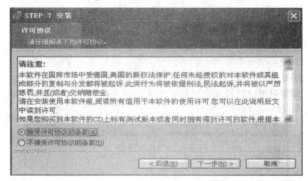

图 15 - 5　许可协议的条款

STEP 7 安装类型有三种,其中【典型的(T)】是安装所有语言、所有应用程序、项目示例和文档;【最小(M)】只安装一种语言和 STEP 7 程序,不安装项目示例和文档;【自定义(S)】是指用户可以选择所希望安装的程序、语言、项目示例和文档。这里选择的是【典型的(T)】安装类型,然后单击【下一步(N)】按钮进行安装(图 15 - 6)。

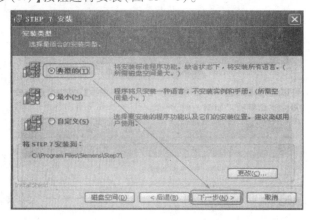

图 15 - 6　安装类型的选择

勾选【简体中文(C)】后,单击【下一步(N)】按钮继续安装(图 15 - 7)。

图 15－7 安装的语言选择

在安装过程中可以选择许可证 Key 在安装过程中进行传送，也可以选择在安装完成后进行传送，选择后单击【下一步(N)】按钮继续安装(图 15－8)。

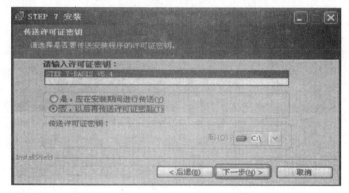

图 15－8 许可证 Key 的安装选择对话框

选择完毕后，单击【安装】按钮开始安装(图 15－9)。

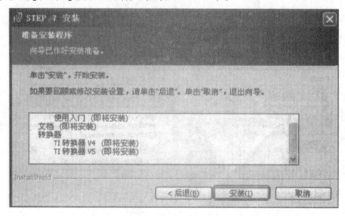

图 15－9 确定安装

确认安装后的状态显示图如图 15－10 所示。

创建文件夹的状态显示图如图 15－11 所示。

在随后弹出的安装窗口中，选择接口模块，单击【安装(I)】按钮后添加到安装软件中(图 15－12)。

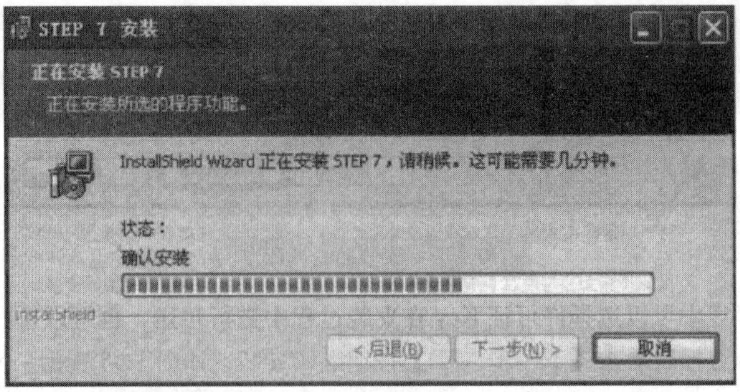

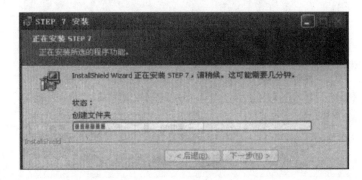

图 15 - 10 确认安装的状态显示图

图 15 - 11 创建文件夹的状态显示图

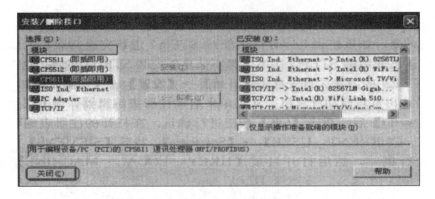

图 15 - 12 接口模块选择页面

如果计算机上安装的是 CP5611 通信卡,那么添加时选中这个卡并单击【安装(I)】按钮即可,安装完毕后关闭接口模块选择页面(图 15 - 13)。

在安装过程中,会提示用户设置 PG/PC 接口,这个接口是 PG/PC 和 PLC 之间进行通信连接的接口。安装完成后,可通过 SIMATIC 程序组或控制面板中的【Set PG/PC Interface】随时更改 PG/PC 接口的设置,在安装过程中也可通过【取消】按钮来忽略这步操作(图 15 - 14)。

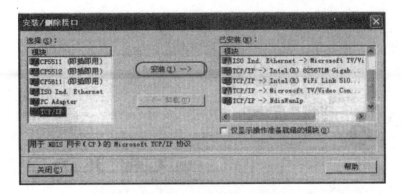

图 15－13　通信卡选择安装页面

图 15－14　设置 PG/PC 接口页

安装成功后，单击【完成（F）】按钮即可（图 15－15）。

安装完成后，在计算机桌面上会出现一个快捷图标。如果没有安装许可证（Key），运行 STEP 7 软件时，会出现图 15－16 所示的提示框，提示要安装许可证文件，单击【确定】按钮退出 STEP 7 的运行文件即可。

图 15－15　安装成功页面

图 15－16　许可证文件安装提示

STEP 7 软件的卸载可以通过 Windows 的控制面板的【添加/删除程序】来完成。打开【控制面板】→【添加/删除程序】，选中【SIMATIC STEP 7】，单击【删除】按钮，根据提示即可完成卸载。另外,如果需要完全卸载,则必须更改注册表中的信息,详细过程可在西门子网站"服务与支持"页面中找到。

值得注意的是,如果使用上述方法不能对 STEP 7 进行完全卸载,无论新安装的软件版本是否高于已安装的 STEP 7 版本,都不能重新安装 STEP 7 软件,这里介绍一种能够完全卸载 STEP 7 的方法。首先单击【开始】→【设置】→【控制面板】,卸载 SIMAT - IC 应用程序后,再重新启动计算机,从菜单来启动注册表编辑器,单击【开始】→【运行】,输入"regedit"后,单击【OK】按钮进行确认。在打开的注册表编辑器中,打开目录【HKEY_CURRENT_USER】→【Software】,找到【SIEMEN】子目录后选择这个目录并进行删除。然后打开目录【HKEY_LO-CAL_MACHINE】→【SOFT - WARE】,找到另一个【SIEMENS】目录后选择这个目录并进行删除,这样注册表中所有 SIEMENS 条目就都被删除了。退出注册表编辑器后,在 Windows 目录下安装 SI - MENS 的驱动盘下用【开始】→【搜索】→【文件或文件夹…】的功能寻找【S7 ∗ . ∗】文件,找到后进行删除。通过这样的操作,就能完全卸载 STEP 7 并能重新安装新的管理软件。

15.2　S7 - 300 基本指令的编程应用

15.2.1　基本指令的编程应用

西门子 S7 - 300、S7 - 400 PLC 的基本指令包括位逻辑指令等,如线圈驱动指令、触点串联指令,它们是用 PLC 替代继电器控制的基础。

梯形图中每个条件是否为 ON 或 OFF,取决于分配给它的操作数位的状态。一般来说,当该操作数位为 1 时,对应的继电器线圈通电,常开条件变为 ON,常闭条件变为 OFF;反之,当该操作数位为 0 时,对应的继电器线圈断电,常开条件变为 OFF,常闭条件变为 ON。一般情况下,基本逻辑指令最根本的就是触点和线圈,触点分为常开触点和常闭触点,线圈也分为常开线圈和常闭线圈。

基本指令中的位逻辑指令主要包括位逻辑运算指令、位操作指令和位测试指令。

RLO 是逻辑操作结果,用以赋值、置位和复位布尔操作数,同时 RLO 也用来控制定时器和计数器的运行。

位逻辑运算指令是与(AND)、或(OR)、异或(XOR)指令及其组合。它对 0 或 1 布尔操作数扫描,经逻辑运算后将逻辑操作结果送入状态字的 RLO 位。

位逻辑指令包括┤├常开触点(地址)、┤/├常闭触点(地址)、AND、OR、XOR、赋值、置位、复位、连接器、—(SAVE)、—( )、—(#)、—│NOT│—和—(S)等。

1. 与指令 AND

与指令 AND 在梯形图中是用串联的触点回路表示的,如果串联回路中的所有触点都闭合,该回路就通电。

从图 15 - 17 中的电路图可以看出,两个拨钮开关必须都闭合才能使灯泡 L1 和 L2 点亮。两个┤├常开触点的关系就是相与的关系,它们逻辑与的结果就是 RLO。与 AND 指令的应用如图 15 - 17 所示。

电路图
LAD
STL
FBD
AND
S1
I0.0
S2
I0.1
L1
Q5.0
L2
Q5.1
I0.0
I0.1
Q5.0
Q5.1
A I 0.0
A I 0.1
= Q 5.0
= Q 5.1
&
I0.0
I0.1
Q5.0
=
Q5.1
=

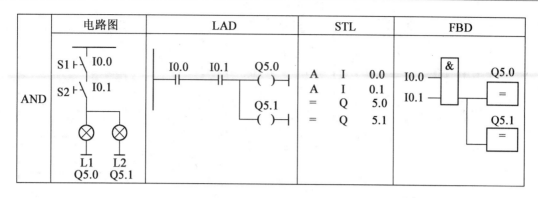

图 15－17　与指令 AND 的应用

2. 或指令 OR

或在梯形图中是用并联的触点回路表示的，如果并联回路中的一路触点闭合，该回路就通电。

从图 15－18 中的电路图可以看出，两个拨钮开关只要有一个闭合就能使灯泡 L3 点亮。两个┤ ├常开触点的关系就是相或的关系。或指令 OR 的应用如图 15－18 所示。

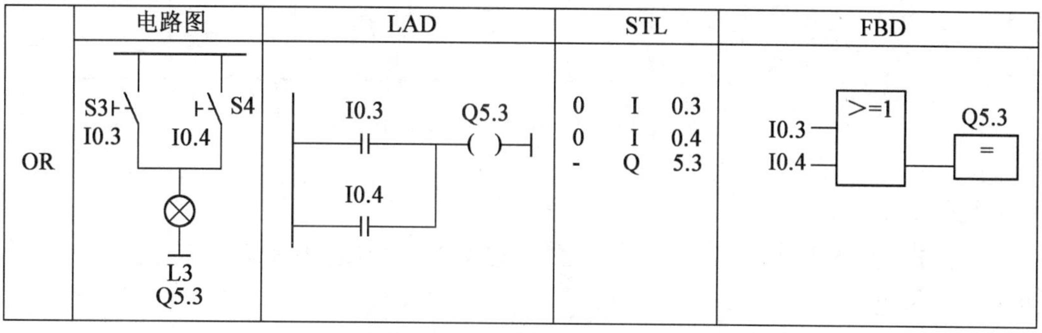

电路图
LAD
STL
FBD
OR
S3
I0.3
S4
I0.4
L3
Q5.3
I0.3
Q5.3
I0.4
0 I 0.3
0 I 0.4
- Q 5.3
>=1
I0.3
I0.4
Q5.3
=

图 15－18　或指令 OR 的应用

3. 异或指令 XOR

异或指令 XOR 的规则是当两个信号中仅有一个为真时，输出信号状态才是 1。但是这个规则不能使用于多个地址的异或逻辑操作。

有三个输入的异或指令时，第一个异或后的 RLO 和另一个输入再做异或运算即可。如果(I0.5＝1 AND I0.6＝0) OR (I0.5＝0 AND I0.6＝1)，则输出 Q5.4 为 1。

异或指令 XOR 的应用如图 15－19 所示。

4. 赋值指令

赋值指令是把逻辑操作结果 RLO 传送到指定的地址中去(如 Q、M)，当逻辑操作结果 RLO 变化时，相应地址的状态也会发生变化。

当实现 I0.2＝1 AND I0.7＝1 时，输出 Q5.5 的状态为 1；而当 I0.2 和 I0.7 的状态只要其中一个为 0 时，则地址 Q5.5 的状态也变化为 0。赋值指令的应用如图 15－20 所示。

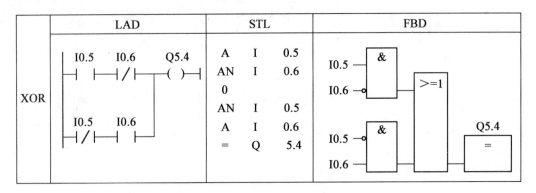

图 15 – 19　异或指令 XOR 的应用

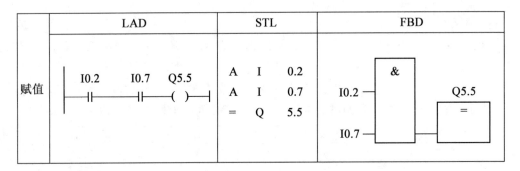

图 15 – 20　赋值指令的应用

5. 置位指令

置位的定义是如果 RLO = 1,指定地址的状态就会被设定为 1,而且一直保持到它被另一个指令复位为止。

当实现 I1.2 = 1 OR I1.3 = 1 时,输出 Q5.7 的状态被置为 1,并且 I1.2 和 I1.3 的状态即使变为 0,相应的地址 Q5.7 的状态仍旧为 1 不会发生变化,一直保持到它被另一个指令复位为止。置位指令的应用如图 15 – 21 所示。

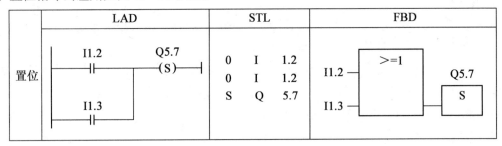

图 15 – 21　置位指令的应用

6. 复位指令

复位的定义是如果 RLO = 1,指定地址的状态就会被复位为状态 0,而且一直保持到它被另一个指令置位为止。

当实现 I1.0 = 1 AND I1.1 = 1 时,输出 Q5.6 的状态被置为 0,I1.0 和 I1.1 的状态即使变

为 0,相应的地址 Q5.6 的状态仍旧为 0 不会发生变化,一直保持到它被另一个指令置位为止。复位指令的应用如图 15 – 22 所示。

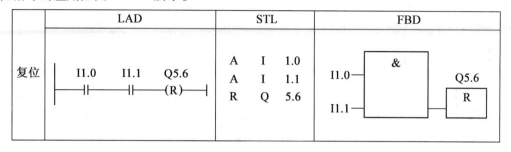

图 15 – 22　复位指令的应用

7. 触发器的置位复位指令

触发器有置位输入和复位输入,当输入端的逻辑操作结果的状态 RLO = 1 时,对存储器位进行置位或复位;如果两个输入端同时出现 RLO = 1,根据优先级决定。在 LAD 和 FBD 中,置位优先和复位优先有不同的符号;但在 STL 中,最后编写的指令具有高优先级。另外,如果用置位指令把输出置位,当 CPU 全启动时它将被复位。

编写程序时,如果要实现的是复位优先,例如当 I1.4 = 1 AND I1.5 = 0 时,存储位 M0.0 将被置位,输出 Q6.0 的状态为 1;相反,当 I1.4 = 0 AND I1.5 = 1 时,则存储位 M0.0 将被复位,输出 Q6.0 的状态为 0;若两个状态都为 0,则无变化;若两个状态都为 1,则根据顺序复位指令优先,M0.0 被复位,Q6.0 为 0。触发器的复位指令的应用如图 15 – 23 所示。

LAD	STL	FBD
复位优先　M0.0　I1.4 ┤├ S　SR　Q ─( )─　I1.5 ┤├ R	A　I　1.4 S　M　0.0 A　I　1.5 R　M　0.0 A　M　0.0 =　Q　6.0	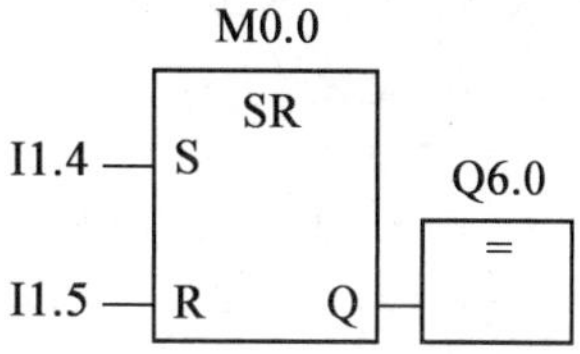 M0.0　I1.4 ─ S　SR　I1.5 ─ R　Q ─ Q6.0 =

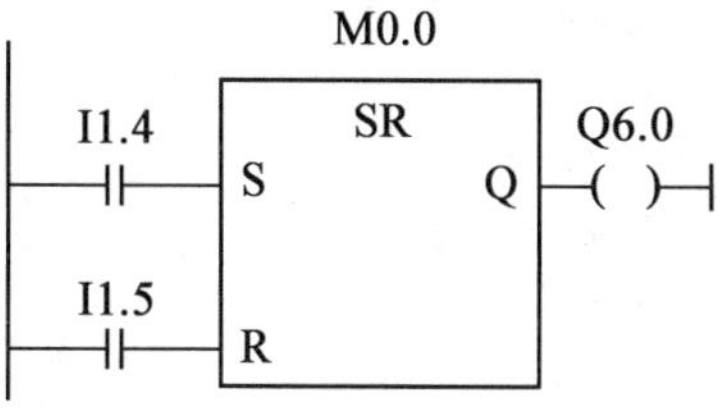

图 15 – 23　触发器的复位指令的应用

编写程序时,如果要实现置位优先,例如当 I1.5 = 1 AND I1.4 = 0 时,存储位 M0.0 将被复位,输出 Q6.0 的状态为 0;相反当 I1.5 = 0 AND I1.4 = 1 时,则存储位 M0.0 将被复位,输出 Q6.0 的状态为 1;若两个状态都为 0,则无变化;若两个状态都为 1,则根据顺序置位指令优先,M0.0 被置位,Q6.0 为 1。触发器的置位指令的应用如图 15 – 24 所示。

在上面的示例中,如果 M0.0 声明为掉电保持,当 CPU 全启动时,它就会一直保持置位状态,被启动复位的 Q6.0 会再次被赋值 1。

8. RLO 正负跳沿检测指令

正跳沿检测指令(P)是 RLO 的正跳沿检测,检测正跳沿前方程序 RLO 中 0 ~ 1 的信号变化,并在指令后将本指令对应的地址 RLO 设为 1。将 RLO 中的当前信号状态与地址的信号状态(边沿存储位)进行比较。如果在执行指令前地址的信号状态为 0, RLO 为 1,则在执行指令后 RLO 将是 1（脉冲），在所有其他情况下将是 0。指令执行前的 RLO 状态存储在地址中。

置位优先
LAD
STL
FBD
M0.0
I1.5
RS
R
Q
Q6.0
I1.4
S
A I 1.5
R M 0.0
A I 1.4
S M 0.0
A M 0.0
= Q 6.0
M0.0
RS
I1.5
S
Q6.0
=
I1.4
R
Q

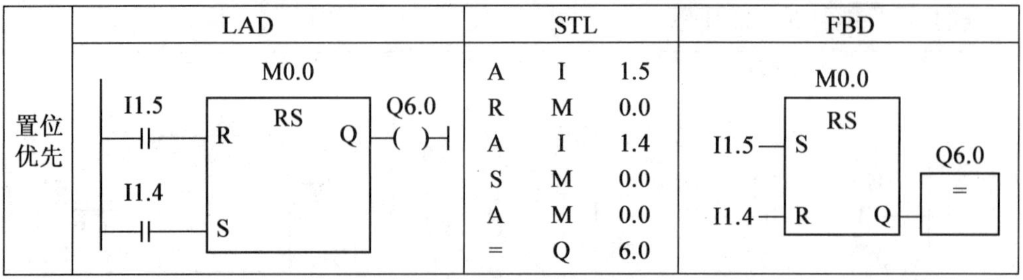

图 15－24　触发器的置位指令的应用

负跳沿检测指令（N）是 RLO 的负跳沿检测，检测负跳沿前方程序 RLO 中 1～0 的信号变化，并在指令后将本指令对应的地址 RLO 设为 1。将 RLO 中的当前信号状态与地址的信号状态（边沿存储位）进行比较。如果在执行指令前地址的信号状态为 1，RLO 为 0，则在执行指令后 RLO 将是 1（脉冲），在所有其他情况下将是 0。指令执行前的 RLO 状态存储在地址中。

9. 连接器指令

连接器是中间赋值元件，它把当前 RLO 保存到指定地址。当连接器和其他元件串联使用时，连接器指令像触点一样插入即可。值得注意的是，连接器不能直接连接到电源母线上，也不能在程序中直接连接一个分支结构或在分支结尾处使用连接器，但在程序中可以用“NOT”元件对连接器进行取反操作。

在图 15－25 所示的程序中，连接器把 I2.0＝1 与 I2.1＝1 这个 RLO 的状态保存到中间变量 M2.0 中，然后操作系统载入 M2.0 的状态，与 I3.0 的状态后再与 I3.1 的状态，即 RLO 的状态取反后保存到中间变量 M1.1 中。若 RLO（M1.1）＝1 输出 Q7.0 的状态为 1；若 RLO（M1.1）＝0，则输出 Q7.0 的状态也为 0。

连接器
I2.0
I2.1
M2.0
I3.0
I3.1
M1.1
Q7.0
(#)
NOT
(#)
( )
FBD
I2.0
I2.1
&
M2.0
#
&
I3.0
I3.1
M1.1
#
Q7.0
=
A I 2.0
A I 2.1
= M 2.0
A M 2.0
A I 3.0
A I 3.1
NOT
= M 1.1
A M 1.1
= Q 7.0

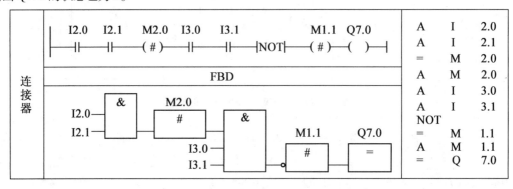

图 15－25　连接器指令的应用

10. 逻辑指令 SAVE

逻辑指令 SAVE 是可以影响 RLO 的命令之一，SAVE 指令是把 RLO 保存到状态寄存器中的“BR”中的指令，如图 15－26 所示。

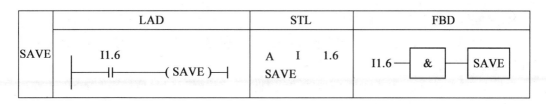

图 15 - 26　逻辑指令 SAVE 的应用

11. 检查指令 BR

检查指令 BR 是用来重新检查保存 RLO 的指令。下面使用 BR 指令根据图 15 - 26 所示程序中保存的 I1.6 的状态,来实现输出到 Q6.2 中。检查指令 BR 的应用如图 15 - 27 所示。

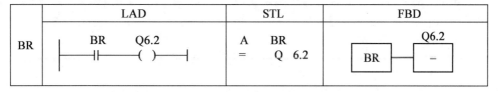

图 15 - 27　检查指令 BR 的应用

12. CLR 指令和 SET 指令

CLR 指令和 SET 指令仅仅用在 STL 编程语言中。CLR 指令是把 RLO 复位的指令,SET 指令是把 RLO 置位的指令。

在程序中可以使用 CLR 指令对 M20.0、M20.1 置 0,使用 SET 指令将 M20.0、M20.1 置 1,SET 指令和 CLR 指令的应用如图 15 - 28 所示。

```
SET
=      M      20.0      //将M20.0置1
=      M      20.1      //将M20.1置1
CLR
=      M      20.0      //将M20.0置0
=      M      20.1      //将M20.1置0
```

图 15 - 28　SET 指令和 CLR 指令的应用

13. 取反指令 NOT

NOT 指令是一个把逻辑操作结果 RLO 取反的命令。如果在程序中实现 I4.0 和 I4.1 的状态相与后,经过 NOT 指令把相与后的状态取反后再输出到相应的地址 Q6.1 当中,若 I4.0 = 0 AND I4.1 = 0,则它们的逻辑操作结果为 0,取反后为 1,输出到 Q6.1 的状态为 1。取反指令 NOT 的应用如图 15 - 29 所示。

	LAD	STL	FBD
NOT	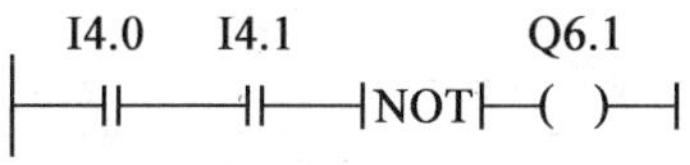 I4.0　I4.1　　　　Q6.1 ——┤├──┤├──┤NOT├──( )──	A　I　4.0 A　I　4.1 NOT =　Q　6.1	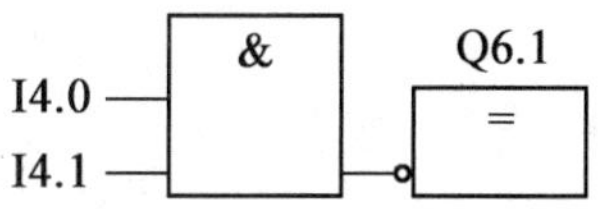 I4.0——&——Q6.1 I4.1——　——=

图 15 - 29　取反指令 NOT 的应用

14. 主控继电器功能 MCR

主控继电器功能 MCR 是一个用来接通或断开电流的逻辑主开关,中断的路径代表写入零值而不是计算值或不修改当前存储器的值。

如果 MCR 条件不满足,数 0 分配给输出线圈,"置位线圈"和"复位线圈"指令不改变当前值,MOVE 指令把数 0 传到指定目的地址。

MCRA 指令启动主控继电器功能,I4.2 为 1 时使用 MCR < 打开一个 MCR 区,并触发一个把 RLO 传到 MCR 堆栈的指令,堆栈最大有 8（对于 STL）级。这就是说,在 MCRA 指令和 MCRD 指令之间最多有 8 级嵌套。使用 MCR > 指令可结束一个 MCR 区。

对于 STL,MCRD 指令取消 MCR 功能,不再打开 MCR 区,直到另一个 MCRA 指令起作用。

使用 MCRA 指令启动主控继电器功能来实现当 I4.2 为 1 时,使用 MCR < 打开一个 MCR 区,此时 MCR 块内部的逻辑有效,当 I4.4 为 I 时 Q 7.2 为 1,当 I4.2 为 0 时 Q7.2 始终为零。主控继电器功能 MCR 的应用如图 15 - 30 所示。

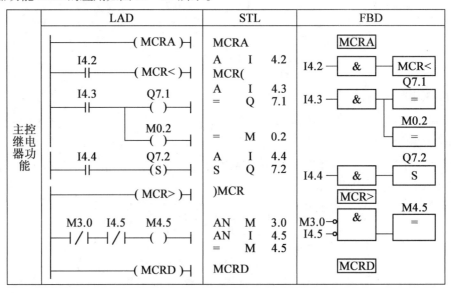

图 15 - 30　主控继电器功能 MCR 的应用

15. 跳转指令

（1）条件跳转指令。

条件跳转依赖于逻辑操作结果 RLO 的状态。只有当 RLO = 1 时,条件跳转指令 JC 才执行;如果 RLO = 0,不执行跳转;RLO 设定为 1,继续执行程序下一条指令。只有当 RLO = 0 时,条件跳转指令 JCN 才执行;如果 RLO = 1,不执行跳转,继续执行程序下一条指令。条件跳转指令的详细列表见表 15 - 1。

表 15 - 1　条件跳转指令的详细列表

指令	说明	指令	说明
JC	当 RLO = 1 时跳转	JO	当 OV = 1 时跳转
JCN	当 RLO = 0 时跳转	JOS	当 OS = 1 时跳转,指令执行时 OS 清零

指令	说明	指令	说明
JCB	当 RLO = 1 时 BR = 1 时跳转,指令执行时将 RLO 保存在 BR 中	JZ	累加器 1 中的计算结果为 0 跳转
		JN	累加器 1 中的计算结果为非 0 跳转
JNB	当 RLO = 0 且 BR = 0 时跳转,指令执行时将 RLO 保存在 BR 中	JP	累加器 1 中的计算结果为正跳转
		JM	累加器 1 中的计算结果为负跳转
JBI	当 BR = 1 时跳转,指令执行时 OR、FC 清零, STA 置 1	JMZ	累加器 1 中的计算结果小于等于 0 跳转
		JPZ	累加器 1 中的计算结果大于等于 0 跳转
JNBI	当 BR = 0 时跳转,指令执行时 OR、FC 清零, STA 置 1	JUO	试验溢出跳转

在程序中使用跳转指令时,如果要实现 I3.2 = 1 AND 17.6 = 1, JC 跳转;而当 13.2 = 0 AND 17.7 = 0 时,程序才执行跳转。条件跳转指令的应用如图 15 - 31 所示。

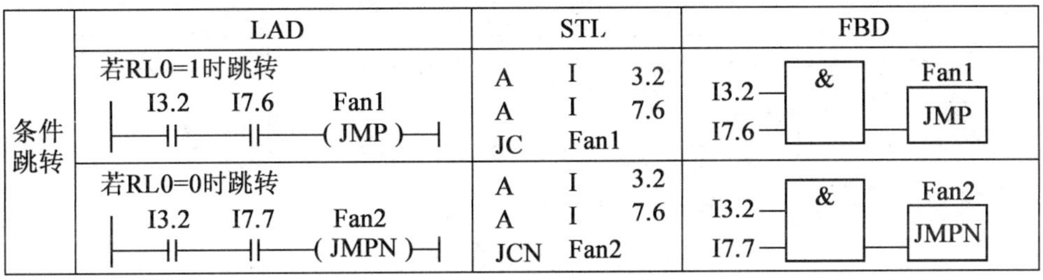

	LAD	STL	FBD
条件跳转	若RL0=1时跳转 I3.2　I7.6　Fan1 ──┤├──┤├──(JMP)──	A　I　3.2 A　I　7.6 JC　Fan1	3.2 & Fan1 17.6 JMP
	若RL0=0时跳转 I3.2　I7.7　Fan2 ──┤├──┤├──(JMPN)──	A　I　3.2 A　I　7.6 JCN　Fan2	3.2 & Fan2 17.7 JMPN

图 15 - 31　条件跳转指令的应用

(2)无条件跳转指令。

无条件跳转指令有 JU 和 JL。无条件跳转指令 JU 无条件中断正常的程序逻辑流,使程序跳转到目标处继续执行。跳转表格指令 JL 实质上是多路分支跳转语句,它必须与无条件跳转指令一起使用。多路分支的路径参数存放于累加器 1 中。

16. 信号边沿检测指令

当输入信号发生变化时,会产生信号边沿,可用于信号的上升沿和下降沿检测。

在程序中使用边沿检测指令时,如果要实现当输入 I6.5 作为静态允许而输入 I6.6 作为动态监视时检测每个输入信号的变化。信号边沿检测指令的应用如图 15 - 32 所示。

上升沿检测:I6.5 的信号状态是 1,当 I6.6 的信号状态从 0 变化到 1 时,POS 检查指令在输出上产生一个扫描周期的 1 状态,并将 I6.6 的信号状态保存到一个 M_BIT(位存储器或数据位)中,本例是保存到位 M3.6,然后相应输出地址 M5.0 的状态为 1。

下降沿检测:I6.5 的信号状态是 1,当 I6.6 的信号状态从 1 变化到 0 时,NEG 检查指令在输出上产生一个扫描周期的 1 状态。16.6 的信号状态必须保存到一个 M_BIT(位存储器或数据位)中,本例是保存到位 M3.7,然后相应输出地址 M5.1 的状态为 1。信号边沿检测时序图如图 15 - 33 所示。

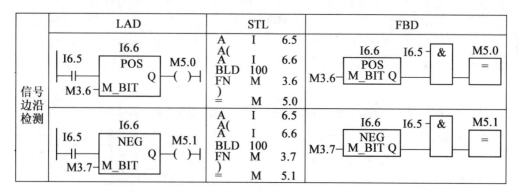

图15-32　信号边沿检测指令的应用

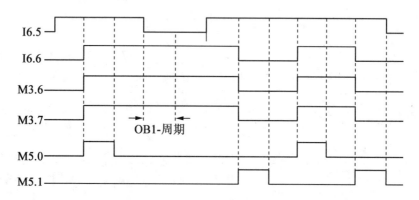

图15-33　信号边沿检测时序图

17. 数据移动指令 MOVE

数据移动指令 MOVE（LAD/FBD）：如果输入 EN 有效，输入 IN 处的值复制到输出 OUT中，ENO 与 EN 的状态相同。

装载和传递指令的执行与 RLO 无关，数据是通过累加器进行交换的。

装入指令 L 和传送指令 T 可以在存储区之间或存储区与过程输入、输出之间交换数据，CPU 执行这些指令不受逻辑操作结果 RLO 的影响。L 指令将源操作数装入累加器 1 中，而累加器 1 原有的数据移入累加器 2 中，累加器 2 中原有的内容被覆盖。T 指令将累加器 1 中的内容写入目的存储区中，累加器 2 的内容保持不变。L 和 T 指令可对字节、字和双字数据进行操作，当数据长度小于 32 位时，数据在累加器右对齐，其余各位填 0。累加器是 CPU 中的辅助存储器，用于不同地址之间的数据交换、比较和数学运算操作。

S7-300 CPU 有两个 32 位的累加器，即 ACCU1 和 ACCU2。ACCU1 是 CPU 中的中央寄存器，当执行装入指令时，要装入的值被写入 ACCU1；当执行传送指令时，要传输的值从 ACCU1读出。

S7-400 CPU 有 4 个累加器，即 ACCU1、ACCU2、ACCU3 和 ACCU4。同 S7-300 CPU 一样，执行 MOVE 指令时是依次传送的。

数学功能、移位和循环移位的结果也放在 ACCU1 里。当执行装载指令时，ACCU1 中的旧值先移到 ACCU2，在新值写入 ACCU1 前先被清零。另外，移动指令把指定字节、字或双字中的内容装入 ACCU1 中，当传递指令执行时，ACCU1 中的内容保持不变。相同的信息可以传到不同的目的地址。如果仅传递一个字节,只使用右边的 8 位。

在 LAD 和 FBD 中,可以使用 MOVE 的允许输入(EN)把装载和传递操作和 RLO 联系起来。

在 STL 中,总是执行装入和传递操作,而和 RLO 无关。但是,可以利用条件跳转指令来执行和 RLO 有关的装入和传递功能。数据移动指令 MOVE 的应用如图 15-34 所示。

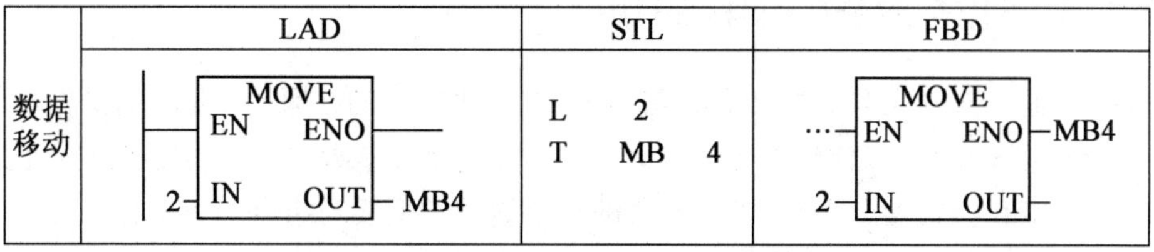

	LAD	STL	FBD
数据移动	MOVE EN　ENO 2─IN　OUT─ MB4	L　　2 T　MB　4	MOVE …─EN　ENO─MB4 2─IN　OUT─

图 15-34　数据移动指令 MOVE 的应用

15.2.2　移位传送指令的编程应用

当程序中移动指令的输入 EN 处的 RLO=1 时,就会执行移动指令。其中,整数右移指令 SHR_I、双整数右移指令 SHR_DI、字左移指令 SHL_W、字右移指令 SHR_W、双字左移指令 SHL_DW、双字右移指令 SHR_DW 是位移动指令。双字左循环指令 ROL_DW 和双字右循环指令 ROR_DW 是循环移位指令。

1. 移位指令(字/双字)

移位指令可以将输入侧 IN 中的内容向左或向右逐位移动。

SHL_W 指令把累加器的位 0~15 向左移动输入侧"N"所指定的位数,右面的位用 0 进行填充,SHR_W 指令把累加器的位 0~15 向右移动输入侧"N"所指定的位数,左面的位用"。"进行填充。

其中,ACCU1-H 累加器的位 16~31 不受影响,操作的结果存放在输出 OUT 指定的地址处。N 的范围是 0~15,如果 N>=16,输出的 OUT 为 0。

当 EN=1 时移位指令执行后,ENO 指示的是最后被移出位的状态。这就是说,如果最后被移出的位为 0,其他和 ENO 相连的指令(级联)将不再执行。

SHL_DW 指令或 SHR_DW 指令的操作过程与 SHL_W 指令或 SHR_DW 指令类似,ACCU1 的位是 0~31,移位指令执行后,所有位都按指定的位数向左或向右移动 N 中指定的位数。

2. 有符号整数右移位

有符号整数向右移位指令 SHR_I 只把 ACCU1-L(位 0~15)的位向右移动,空出的位用符号位(位 15)填充,位 16~31 不受影响。输入 N 指定的是要移动的位数,如果 N>16 则做 N=16 的处理。

如果指令执行(EN=1),ENO 指示的是最后移出位的状态。这就是说,如果最后被移出的位为 0,其他和 ENO 相连的指令(级联)将不再执行。

有符号双字右移指令 SHR_DI 是把 ACCU1 的位 0~31 的所有位向右移动 N 中指定的位数,N 的范围是 0~32。

3. 双字循环移位指令

双字循环左移指令 ROL_DW,把 ACCU1 中的内容循环地向左移动,空出的位用被移出的输入侧的 IN 位的信号状态进行填充,最后移出的位被装入状态字的 CC1 和 ENO。这就是说,如果最后被移出的位 =0,其他和 ENO 相连的指令(级联)将不再执行。

15.2.3　比较指令的编程应用

比较指令是比较输入 IN1 端和 IN2 端的值,如果比较后的结果为"真",则操作的 RLO =1,否则 RLO =0。CMP 可以比较整数 I(16 位定点数)、比较整数 D(32 位定点数)、比较浮点数 R(32 位 =IEEE 格式浮点数)。参与比较的两个数的类型要与指令的类型相一致。

其中,比较的条件是 = =(等于)、< >(不等于)、>(大于)、<(小于)、> =(大于等于)和 < =(小于等于)。

在程序中使用比较指令 CMP 时,如果在 M2.0 使用后,可以比较输入 IWO 是否等于 IW4,再与 M2.0 相与,最后将 RLO 的状态传输到 Q7.0 的状态里。比较指令的应用如图 15－35 所示。

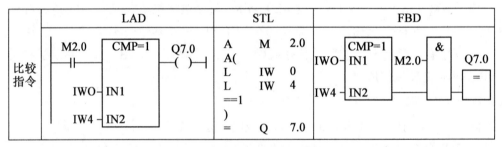

图 15－35　比较指令的应用

15.2.4　STEP 7 中的基本数学功能的编程应用

PLC 具有数学运算(含矩阵运算、函数运算和逻辑运算)、数据传送、数据转换、排序、查表和位操作等功能,可以完成数据的采集、分析及处理。数据处理一般用于如造纸、冶金和食品工业中的一些大型控制系统。

STEP 7 中的基本数学功能包括整数运算指令和浮点数运算指令。执行基本数学运算指令时,输入端参与运算的两个数的类型要与指令的类型相一致,结果的地址要与数据类型的长度相匹配。浮点数运算指令中三角函数类指令的角度单位为弧度。

在 STEP 7 中可以对整数、长整数和实数进行加、减、乘、除算术运算。算术运算指令在累加器 1 和累加器 2 中进行,在累加器 2 中的值作为被减数或被除数。算术运算的结果存在累加器 1 中,累加器 1 原有的值被运算结果覆盖,累加器 2 中的值保持不变。

其中,加法有整数加法(ADD_I)、双整数加法(ADD_DI)和实数加法(ADD_R)三个指令;减法有整数减法(SUB_I)、双整数减法(SUB_DI)和实数减法(SUB_R)三个指令;乘法有整数乘法(MUL_I)、双整数乘法(MUL_DI)和实数乘法(MUL_R)三个指令;除法有整数除法(DIV_I)、双整数除法(DIV_DI)和实数除法(DIV_R)三个指令。

如果输入 EN 处 RLO = 1，就执行转换，如果结果超出了数据类型允许的范围，溢出位 OV = "Overflow" 和 OS = "Stored Overflow" 将会被置位，输出 ENO = 0，以便防止和 ENO 有关的指令继续执行。

IN1 的值是第一个读入地址的值，IN2 处的值作为第二个读入地址的值。数学操作的结果存储在输出 OUT 的地址处。

整数算术运算指令表见表 15 - 2。

表 15 - 2　整数算术运算指令表

指令	说明
+I	将累加器 1、2 低字中的 16 位整数相加，16 位总数结果保存在累加器 1 低字中
-I	将累计 2 低字中的 16 位整数减去累加器 1 低字中的内容，结果保存在累加器 1 低字中
*I	将累加器 1、2 低字中的 16 位整数相乘，32 位整数结果保存在累加器 1 低字中
/I	将累加 1、2 低字中的 16 位整数除以 1 低字中的内容，商为 16 位整数并保存在累加器 1 低字中，余数存放在累加器 1 的高字中
+D	将累加器 1、2 中的 32 位整数相加，32 位整数结果保存在累加器 1 中
-D	将累加器 1 中的 32 位整数减去累加器 1 中的内容，结果保存在累加器 1 中
*D	将累加器 1、2 中的 32 位整数相乘，32 位整数结果保存在累加器 1 中
/D	将累加器 1、2 中的 32 位数整数除以累加器 1 中的内容，商为 32 位整数并保存在累加器 1 中，余数被丢掉
MOD	将累加器 2 中的 32 位整数除以累加器 1 中的内容，余数保存在累加器 1 中，商被丢掉
+	累加器 1 中加一个 16 位或 32 位整数常量，结果保存在累加器 1 中

实数算术运算指令表见表 15 - 3。

表 15 - 3　实数算术运算指令表

指令	说明
+R	将累计 1、2 中的 32 位实数相加，32 位结果保存在累加器 1 中
-R	将累加器 1 中的 32 位实数减去累加器 1 中的内容，结果保存在累加器 1 中
*R	将累加器 1、2 中的 32 位实数相乘，32 位乘积保存在累加器 1 中
/R	将累加器 1 中的 32 位数实数除以累加器 1 中的内容，商为 32 位实数，并保存在累加器 1 中
ABS	对累加器 1 中的 32 位实数取绝对值

在程序中使用加法指令，来实现当 EN = 1 时，使输入的 IN1 和 IN2 的值，即 MW2 和 MW4 的内容，经过加法计算后被存入输出地址 MW6 中，减法和乘除法的计算和存储依此类推。基本数学功能的应用如图 15 - 36 所示。

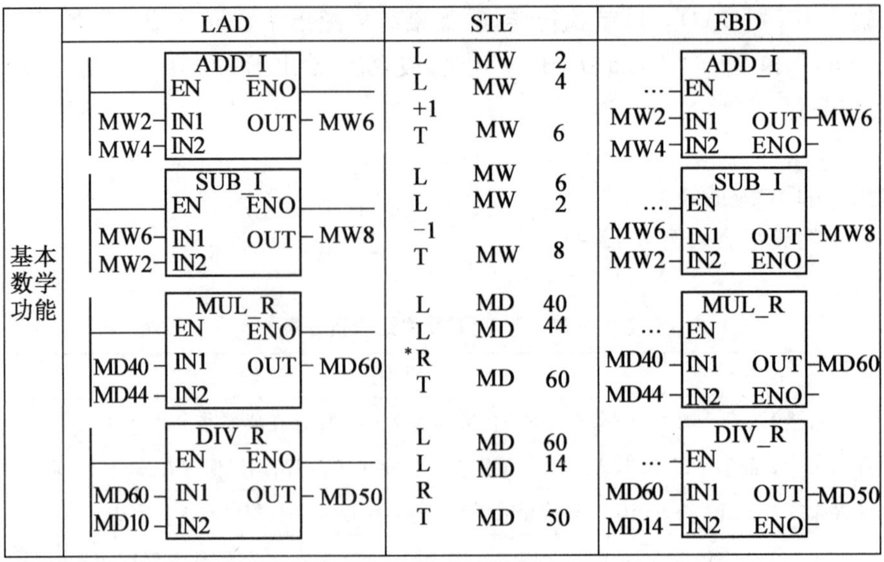

LAD	STL	FBD
基本数学功能 ADD_I / SUB_I / MUL_R / DIV_R 见图	见图	见图

图 15 - 36 基本数学功能的应用

15.2.5 数字逻辑指令的编程应用

字与 WAND_W 指令是对输入 IN1 和 IN2 处的数值的相应位用"与"真值表进行运算,操作结果存放在输出 OUT 的地址。

数字逻辑指令的应用如图 15 - 37 所示,当 EN = 1 时,执行该指令,即 IW12 与 W#16 # 5E1B 相与,其结果存储在字 OUT,即 MW22 中。

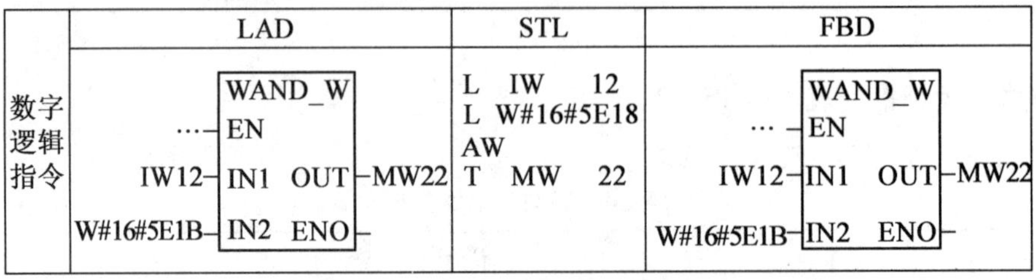

LAD	STL	FBD
数字逻辑指令 WAND_W IW12 IN1 OUT MW22 W#16#5E1B IN2 ENO	L IW 12 / L W#16#5E18 / AW / T MW 22	WAND_W IW12 IN1 OUT MW22 W#16#5E1B IN2 ENO

图 15 - 37 数字逻辑指令的应用

15.2.6 转换指令的编程应用

转换指令包括 BCD 转换整数指令 BCD_I,整数转换 BCD 指令 I_BCD、INV_I、NEG_I、TRUNC、ROUND、CEIL、FLOOR、INV_DI、NEG_DI、NEG_R、CAW 和 CAD。

(1)转换操作 BCD→整数。

BCD 转换整数指令 BCD_I 是将 3 位 BCD 码数(±999)读入到 IN 参数,把它转换成一个 16 位的整数。BCD_I 指令输入端的数据类型必须为 BCD 码,否则将引发 BCD 码转换错误,导致 CPU 停机故障。

整数转换 BCD 指令 I_BCD 是将 16 位整数读入 IN 参数,把它转换成一个 3 位 BCD 码数

(±999),如果出现溢出,则 ENO=0。I_BCD 指令输入端的数据如果超出允许的数值范围(±999),则转换不被执行,输入端的数据直接送入输出端。

BCD_DI 指令是把 BCD 码数(±9999999)转换成 32 位双整数,DI_BCD 指令把双整数转换成一个 7 位 BCD 码数(±9999999),如果出现溢出,则 ENO=0。

(2)转换指令 I→DI→REAL。

转换指令 I→DI→REAL 是将整数先转换成双整数再转换成实数的指令。因为编程过程中用户程序如果用到整数除法,可能会出现结果小于 1 的情形,这样只能用实数表示小于 1 的值,所以需要转换到实数,那么整数转换成实数前是需要把整数转换成双整数的,即 1_DI 整数到双整数转换,DI_R 双整数到实数转换。

值得注意的是,数据源地址和目的地址要与数据类型相匹配。

15.2.7　定时器指令的详述与应用

在项目中编程时根据不同的工艺要求,程序中会需要各种各样的定时功能。具有不同功能定时器的西门子 S7PLC 中的定时器是重要部件,它用于实现或监控时间序列,是一种由位和字组成的复合单元。定时器的触点由位表示,其定时时间值存储在字存储器中。

在 CPU 的存储器中留出了定时器区域,用于存储定时器的定时时间值。每个定时器为 2B,称为定时字。在 S7-300 中,最多允许使用 256 个定时器。

S7-300/400 的定时器不是在扫描周期开始或执行定时器指令时被刷新,而是由系统按基准时间进行刷新。当扫描周期大于定时器的基准时间时,在一个扫描周期里,该定时器可能被刷新多次,导致其当前值和触点状态在一个扫描周期里会前后不一致。

1. 定时器的组成

程序中的定时器应用如图 15-38 所示。

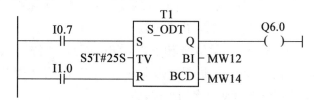

图 15-38　程序中的定时器应用

S7 中定时时间由时基和定时值两部分组成,如图 15-38 所示,定时时间等于时基与定时值的乘积。采用减计时,定时时间到达设定的时间后将会引起定时器触点的动作。

定时器的运行时间设定值由 TV 端输入,该值可以是常数(如 S5TS45S),也可以通过扫描输入字(如拨轮开关)来获得,或者通过处理输出字、标志字或数据字来确定。

时间设定值的格式是以常数形式输入定时时间,只需在字符串"S5T#"后以小时(h)、分钟(m)、秒(s)或毫秒(ms)为单位写入时间值即可。例如,定时时间为 2.5 s,则在 TV 端输入"S5T#2S_500MS"。而若以其他形式提供定时时间,就必须了解定时器字的数据格式。定时器字的长度是 16 位,从该字的右端起,前 12 位是时间值的 BCD 码,每 4 位表示一位十进制数,其表达范围为(0~999),随后的2位用来表示时间的基准(0~3),最后2位在设定时值时没有意义。

时间基准定义的是一个单位代表的时间间隔。当时间用常数(S5T#…)表示时,时间基准由系统自动分配。如果时间由拨码按钮或通过数据接口指定,用户必须指定时间基准。

当定时器启动时,定时时间值被传送到定时器的系统数据区中,一旦定时器启动,时间值便一个单位一个单位地递减,直到零为止,以什么单位递减则要根据所设定的时间基值而定。

2. 定时器的启动和复位

当输入端(S)的状态由0~1变化时,定时器启动,TV端用于设置定时时间。用STL编程时,紧跟在对启动条件的扫描操作(如AI0.7)之后,为设置定时时间(如LS5T#25S)和启动定时器(如SD T1)。

当输入端(R)的状态由0~1变化时,停止定时器。当前时间被置为0,定时器的触点输出端(Q)被复位。

定时器的实际时间值可分别从两个数字输出端BI(二进制数)和BCD(十进制数)上读出。定时器的触点输出端(Q)的信号状态(0或1),取决于定时器的种类及当前的工作状态。

注意:对定时器编程时,启动定时器的三条语句必不可少,而复位和扫描定时器输出的操作则可根据任务的要求取舍。当用STL形式编写的程序要转换为FBD/LAD的形式时,则每一个未赋值的输入和输出必须用NOP 0语句(空操作)进行编写。

3. 定时器的分类

西门子S7-300系列PLC提供的定时器有接通延时定时器SD、带保持接通延时定时器SS、断电延时定时器SF、脉冲定时器SP和扩展脉冲定时器SE。

(1)接通延时定时器SD。

当接通延时定时器的输入端S的RLO从0变到1时,定时器定时起作用。当到达指定的TV值并且S=1仍旧保持时,定时器启动,输出Q的信号变为1。如果在定时时间到达前输入端S从1变到0,定时器停止运行,这时输出Q=0。

当复位输入端R的RLO=1时,就清除定时器中的定时值,并将输出Q的状态复位。

当前时间值可以在BI输出端以二进制数读出,在BCD输出端以BCD码形式读出。当前时间值是TV的初值减掉定时器启动以来的经过时间。

(2)带保持接通延时定时器SS。

当定时器的输入端S的RLO从0变到1时,定时器定时启动。在定时过程中出现输入S=0的状态也不影响定时器的计时,输入TV设定定时时间。当定时器运行时,如果启动输入S再次从0变到1时,定时器将重新开始计时。

当复位输入端R的RLO=1时,就清除定时器中的定时值,并将输出Q复位。

当定时器时间到达时,输出Q的信号变为1,并且和输入端S的状态无关。

(3)关断延时定时器(SF)。

当定时器的输入端S的RLO从1变到0时,定时器启动。当时间到达TV设定的时间时,输出状态为0。当定时器运行时,如果输入端S的状态从0变到1,定时器停止运行。下次当S的状态从1变到0时,定时器重新启动。

当复位输入端 R 的 RLO =1 时，就清除定时器中的定时值，并将输出复位。如果两个输入端 S 和 R 都有信号 1，将不置位输出，直到优先级高的复位取消为止。

当输入端 S 处的 RLO 从 0 变到 1 时，输出为 1；如果输入 S 取消，输出 Q 继续保持 1，直到 TV 设定的时间到达为止。

（4）脉冲定时器 SP。

当脉冲定时器的输入 S 的状态从 0 变到 1 时，启动定时器，输出 Q 也置为 1。

定时器定时时间到达 TV 的设定值时，输出 Q 的状态将被复位。启动信号 S 的状态从 1 变到 0 时，也可复位输出 Q 的状态。复位输入端 R 的状态从 0 变到 1 时，也可复位输出 Q 的状态，而 BI 和 BCD 显示的是当前的时间值。

（5）扩展脉冲定时器 SE。

当扩展脉冲定时器的输入端 S 的状态从 0 变到 1 时，启动定时器，此时即使输入端 S 的状态从 1 变到 0，输出 Q 仍保持 1，输出 Q 也置为 1。当定时器正在运行时，如果启动输入状态 S 从 0 变到 1，则定时器被重新启动。

定时器输入 TV 设定的时间到达设定值后，或复位输入端 R 的状态由 0 变 1 时，将复位输出 Q 的状态，而 BI 和 BCD 显示的是当前的时间值。

（6）位指令（定时器）。

所有定时器都可以用简单的位指令启动，位指令（定时器）的应用如图 15 - 39 所示。

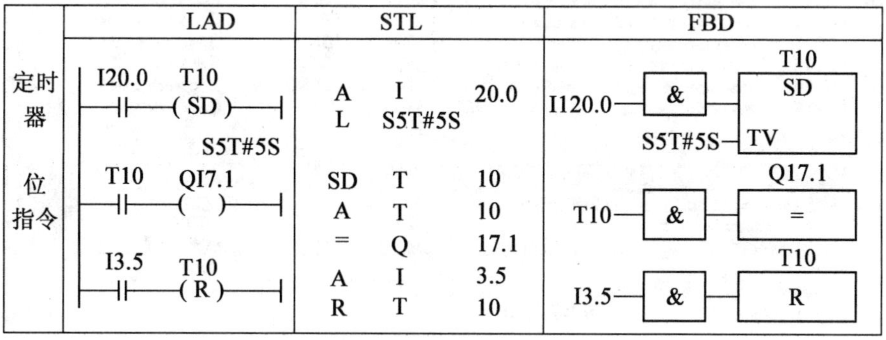

	LAD	STL	FBD
定时器 位 指令	I20.0　T10 ⊣⊢——(SD)—— S5T#5S T10　　QI7.1 ⊣⊢——( )—— I3.5　　T10 ⊣⊢——(R)——	A　　I　　　20.0 L　　S5T#5S SD　　T　　　10 A　　T　　　10 =　　Q　　　17.1 A　　I　　　3.5 R　　T　　　10	T10 I120.0—[&]—[SD] S5T#5S—TV Q17.1 T10—[&]—[=] T10 I3.5—[&]—[R]

图 15 - 39　位指令（定时器）的应用

当定时器的输入端 S（I20.0）的状态从 0 变到 1 时，启动定时器（T10）；如果时间已结束，输入 S（120.0）的状态仍为 1 时，则输出 Q17.1 的状态为 1。

如果定时器的输入端 S（I20.0）的状态从 1 变到 0，则定时器 T10 保持停止，此时输出 Q17.1 的状态为 0。如果复位端 R（I3.5）的状态从 0 变到 1，则复位定时器 T10，此时定时器停止，同时清零剩余时间值。

在使用 LAD 和 FBD 语言编程时，由于没有 BI 和 BCD 输出端，所以定时器不能检查当前时间值。

西门子 PLC 中定时器的数量是有限制的，不同 CPU 可使用的定时器的数量不同。这个限制可以在【硬件组态】画面中的【PLC】→【模块信息】中找到（图 15 - 40）。

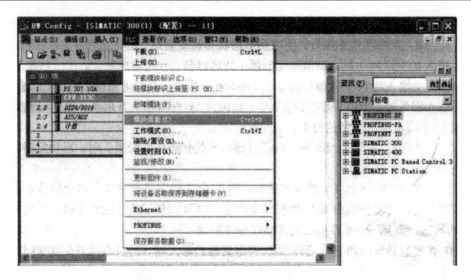

图 15 - 40　模块信息在线后的调用方式

在随后的对话框中,选择【Performance Data】可以看到定时器的数量(图 15 - 41)。

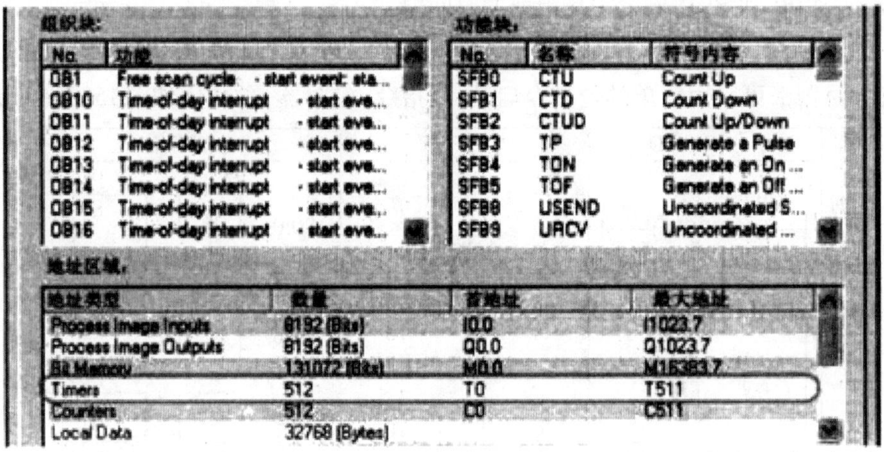

图 15 - 41　CPU 定时器的数量

15.2.8　计数器指令的详述与应用

STEP 7 中的计数器在 RLO 正跳沿进行计数,计数器由表示当前计数值的字及状态的位组成。

1.计数器的组成

在 PLC 中的 CPU 中保留一块存储区作为计数器计数值存储区,每个计数器占用 2 个字节,计数器字中的第 0 ~ 11 位表示计数值(二进制格式),计数范围是 0 ~ 999。当计数值达到上限 999 时,累加停止;当计数值到达下限 0 时,将不再减小。图 15 - 42 所示为累加器 1 低字的内容计数值 127。

无关:当计数器置数时这4位被忽略

图 15 - 42　累加器 1 低字的内容计数值 127

其中,CU 代表加计数输入,CD 代表减计数输入,S 代表计数器预置输入,PV 代表计数初始值输入(BCD 码),R 代表复位输入端,Q 代表计数器状态输出,CV 代表当前计数值输出(整数格式),CV_BCD 代表当前计数值输出(BCD 格式)。计数器功能图如图 15 - 43 所示。

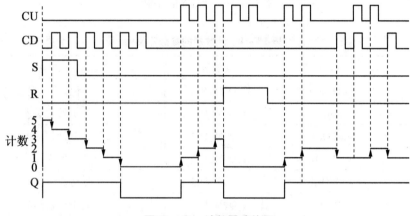

图 15 - 43　计数器功能图

如果为计数器输入十进制的数字,而没有用 C#标志值,此值自动地转换为 BCD 格式(137 变成 C#137)。

2. 计数器的分类及应用

计数器有加计数器(S_CU)、减计数器(S_CD)和加/减计数器(S_CUD)三种类型。

(1)计数器。

在置数计数器 PV 的输入端是用 BCD 码来指定设定值的,范围是 0 ~ 999,用常数 C#X 表示,如果是通过变量给定则必须用 BCD 码的格式。

CV 和 CV_BCD 的计数器值用二进制数或 BCD 数装入累加器,再传递到其他地址,计数器的状态在输出 Q 处体现。如果复位条件满足,计数器不能置数,也不能计数。

在使用加/减计数器的程序中,如果要实现当 CU 输入端 I0.1 的 RLO 从 0 变到 1 时,计数器的当前值加 1(最大值 = 999);当 CD 输入端 1.1 的 RLO 从 0 变到 1 时,计数器的当前值减 1(最小值 = 0);当 S 输入端 I0.2 的 RLO 从 0 变到 1 时,置数计数器就设定为 PV 输入的值 C# 10;当 R 输入端 I1.2 的 RLO = 1 时,计数器的值置为 0;计数器的当前值在 MW50 和 MW52 输出;计数值大于设置值时,Q21.0 变为 1。计数器的应用如图 15 - 44 所示。计数器的参数定义见表 15 - 4。

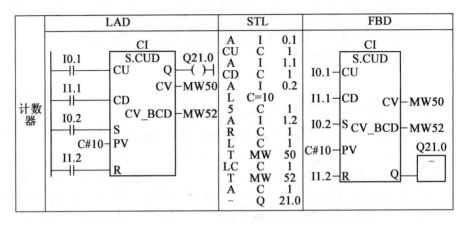

图 15 - 44 计数器的应用

表 15 - 4 计数器的参数定义

参数	数据类型	存储区	说明
NO	COUNTER	I,Q,M,D,L	计算器标识号
CU	BOOL	I,Q,M,D,L	加计数输入
CD	BOOL	I,Q,M,D,L	减计数输入
S	BOOL	I,Q,M,D,L	计算器预置输入
PV	WORD	I,Q,M,D,L	计算初始值(0~999)
R	BOOL	I,Q,M,D,L	复位计数器输入
Q	BOOL	I,Q,M,D,L	计算器状态输出
CV	WORD	I,Q,M,D,L	当前计数值输出(整数格式)
CV_BCD	WORD	I,Q,M,D,L	当前计数值输出(BCD格式)

(2)位指令(计数器)。

位指令的设定条件在输入 SC 处进行设置,不能检查计数器当前值(没有 BI 和 BCD 输出),没有图形表示中的位如果加计数和减计数同时输入,计数器保持不变。

如果计数器加计数达到 999 或减计数达到 0,那么计数值就保持不变,不对计数脉冲做出反应。

(3)PID 运算指令的编程应用。

PID 控制器是应用中最广泛的控制器,在项目中 PID 指令可以完成系统的恒压、恒温等方面的控制功能。在软件中,打开 Libraries/ Standard Library/PID Control Blocks/FB41,将其调入循环中断 OB35 中,首先分配背景数据块 DB41,再给各个引脚输入地址(图 15 -45)。

COM_RST——重启动 FB41。

MAN_ON——为 1 切换到手动,为 0 使用 PID 计算值。

PVPER_ON——如果 PID 反馈使用 PV_IN 此值为 0,使用 PV_PER 此值为 1。

P_SEL——默认设置为 1,激活比例环节。

I_SEL——默认设置为 1,激活积分环节。

INT_HOLD——此值为 1 冻结积分环节的积分时间常数。

I_ITL_ON——此值为 1 积分值清零。

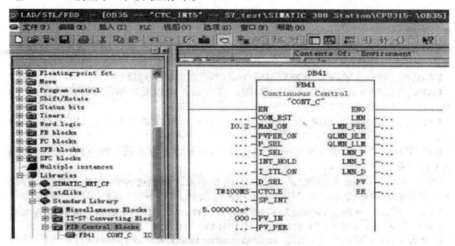

图 15 - 45　在程序中插入 FB41 块

D_SEL——默认为零,不使用微分环节。

SP_INT——PID 内部给定值,浮点数,可以是 ±100% 之间的值或以工程量为单位的值。

PV_IN——PID 反馈变量值,浮点数,可以是 ±100% 之间的值或以工程量为单位的值。

PV_PER——以过程变量作为 PID 反馈值,如模拟量模块第一通道 PIW288。

CYCLE——定时中断的调用时间,如 T#100MS。

MAN——不使用 PID, MAN_ON 为 1 时切换到手动的给定值,浮点数,可以是 ±100% 或以工程量为单位的值。

GAIN——比例部分的系数,比例系数越大,响应越快,但太大会产生超调,调试确定。

TI——积分时间,要大于等于 CYCLE 参数中的时间。积分时间越小,积分作用越强,需要通过调试才能确定。

TD——微分时间,要大于等于 CYCLE 参数中的时间,积分时间越小,一般使用默认值。

TM_LAG——微分滞后时间,要大于等于 CYCLE 的一半,用于调整微分起作用的时间。

DEADB_W——死区,为避免 PID 不必要的频繁动作而设。

LMN_HLM——控制输出的最大值,浮点数,可以是 +100% 或以工程量为单位的值。

LMN_LLM——控制输出的最小值,浮点数,可以是 -100% 或以工程量为单位的值。

PV_FAC——当使用模拟输入 PIW 时的调整系数,浮点数,默认值为 1.0,一般应用时不进行调整。

PV_OFF——当使用模拟输入 PIW 时的基准值。此值叠加到 PIW 输入值的调整系数上,浮点数,默认值为 0.0,一般应用时不进行调整。

LMN_FAC——用于调整控制输出的调整系数,REAL,浮点数,默认值为 1.0。

LMN_OFF——用于调整控制输出的基准值,REAL,浮点数,默认值为 0.0。

I_ITLVAL——积分出示值,浮点数,可以是 ±100% 之间的值或以工程量为单位的值。

DISV——干扰变量,浮点数,可以是 ±100% 之间的值或以工程量为单位的值。

LMN——控制量输出,可以是 ±100% 之间的值或以工程量为单位的值。

LMN_PER——如果控制量直接使用模拟量输出,如填入 PQW304。

QLMN_HLM——布尔量,如果为 1 表示控制量输出上限到达。

QLMN_LLM——布尔量,如果为 1 表示控制量输出下限到达。

LMN_P——比例控制部分计算后产生的部分控制量的输出,浮点数,调试时观察用。

LMN_D——积分控制部分计算后产生的部分控制量的输出,浮点数,调试时观察用。

PV——有效过程变量输出,浮点数,调试时观察用。

ER——实际值和给定值的差值,调试时观察用。

设定点以浮点格式在"SP_INT"端输入,"设定值通道"和"过程变量通道"中的参数应该有相同的单位。例如,如果使用 PV_IN 作为"过程物理值"或者"过程物理值百分比",SP_INT 必须使用相应相同的单位。如果使用 PV_PER 作为外部设备的实际数值,SP_INT 只能使用 $-100\% \sim +100\%$ 作为设定值。如果设定值是 SP_INT 是 $0 \sim 10$ MPa 中的 8 MPa,那么需要填写 0.8,PV_PER 填写硬件外部设备地址 IWXXX 的参数应该有相同的单位。

(1)实际数值操作。

过程变量可以在外围设备(I/O)或者浮点数值格式输入。"CRP_IN"功能可以将"PV_PER"外围设备数值转换为一个浮点格式的数值,在 $-100\% \sim +100\%$ 之间转换公式如下:

$$CPR\_IN \text{ 的输出} = PV\_PER \times 100/27\ 648$$

"PV_NORM"功能可以根据下述规则标准化"CRP_IN"的输出:

$$\text{输出 } PV\_NORM = (CPR\_IN \text{ 的输出}) \times PV\_FAC + PV\_OFF$$

"PV_FAC"的默认值为 1,"PV_OFF"的默认值为 0。

变量"PV_FAC"和"PV 二 OFF"为下述公式转化的结果:

$$PV\_OFF = (PV\_NORM \text{ 的输出}) - (CPR\_In \text{ 的输出}) \times PV\_FAC$$

$$PV\_FAC = (PV\_NORM \text{ 的输出}) - PV\_OFF/(CPR\_IN \text{ 的输出})$$

不必转换为百分比数值。如果设定点为物理确定,实际数值还可以转换为该物理数值。

(2)负偏差计算。

设定点和实际数值之间的区别便形成负值偏差。为了抑制由被控量的量化引起的小的、恒定的振荡(例如使用 PULSEGEN 进行脉冲宽度调制),在死区将施加一个死区(DEAD-BAND)。如果 DEADB_W = 0,则死区将关闭。

(3)受控数值的处理。

使用 LMNLIMIT 功能,受控数值可以被限制为一个所选择的数值。当输入变量超出极限值时,信号位将指示。"LMN = NORM"功能可以根据下述公式标准化"LMNLIMIT"的输出:

$$LMN = (LMNLIMIT \text{ 的输出}) \times LMN\_FAC + LMN\_OFF$$

"LMN_FAC"的默认值为 1,"LMN_OFF"的默认值为 0。

受控数值也适用于外部设备(I/O)格式。"CPR_OUT"功能可以将浮点值"LMN"转换为一个外部设备值,转换公式如下:

$$LMN\_PER = LMN \times 2764/10$$

工程应用中一般使用试凑法确定 P、I、D 的系数,因为大多数实际系统很难提供精确的控制模型。

手动调整 PID 的方法如下:

首先,去掉积分环节和微分环节,将 I_SEL 和 D_SEL 置 0,慢慢调大比例系数 GAIN 直到系统发生振荡,将 GAIN 设为振荡时比例系数的一半。

如果要求给定值和实际值无偏差,即无静差系统,需要加入比例环节。

调整比例环节后,再调整积分环节。将 TI 积分时间设置为较大的值(如 T#180S),然后将 I_SEL 置 1,观察系统的响应,逐步减小积分时间,直到系统响应满意为止。

如果加入积分环节后能消除静差但系统动态过程反复调整达不到要求,可加入微分环节。将 D_SEL 置 1,然后慢慢增大微分时间,直到动态过程满意为止。

一般来讲,增大比例系数 GAIN,会加快系统的响应,减小静差,但过大的值会导致振荡,系统稳定性不足;减小积分时间 TI,减小静差的速度变快,但过小的值会导致振荡;增大微分时间 TD,调节时间减小,快速性增强,但过大的值会导致振荡,因为系统对干扰抑制的能力减弱。

SFB43/FB43 是脉冲输出的 PID 控制块,用于数字量输出的场合。一般通过调节占空比表示输出控制量的大小。

在 Windows 操作系统中,调用【调试 PID 参数用户界面】的操作过程如下:单击【Start】→【SIMATIC】→【STEP 7】→【PID Control Parameter Assignment】(图 15 - 46)。

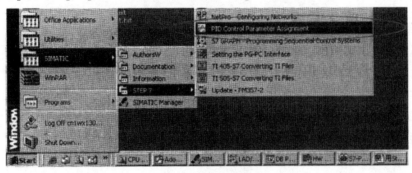

图 15 - 46　启动 PID

在打开的对话框中,可以打开一个已经存在的 FB41/SFB41【CONT_C】的背景数据块 DB1,也可以生成一个新的数据块,再分配给 FB41/SFB41【CONT_C】作为背景数据块(图 15 - 47)。

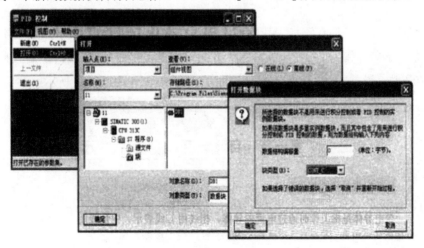

图 15 - 47　数据块 DB1

15.3 指令输入技巧

15.3.1 创建新的程序段

进入 STEP 7 中编辑指令时,西门子预先建立了一个[程序段1],用户可以通过选择工具条上的图标 ↳ 创建新的程序段,段号会自动加1,创建新的程序段,如图 15－48 所示。

图 15－48 创建新的程序段

15.3.2 工具条指令的输入方法

在没有选中程序中的任何图标时,工具条显示为灰色不可用的状态,如图 15－49 所示。

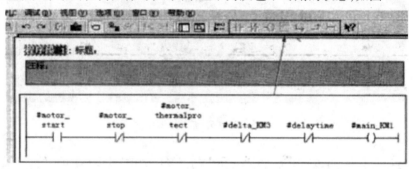

图 15－49 工具条显示为灰色不可用的状态

输入指令进行编程时,在添加完新的程序段后,选中要输入指令的程序段的路径,变成粗条后,工具条上的图标 ↳ 由灰色不可用的状态变成黑色可以使用的状态,然后按照逻辑单击要添加的常开触点或常闭触点,在空的程序段中编制程序,如图 15－50 所示。

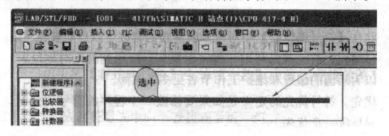

图 15－50 在空的程序段中编制程序

在程序段的结尾处添加线圈,如图 15－51 所示。

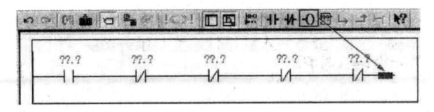

图 15 - 51　在程序的结尾处添加线圈

15.3.3　输入并联指令的方法

单击工具条上的【打开分支】图标↳编制并联触点,并联触点的程序编制方法如图 15 - 52 所示。

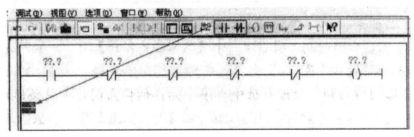

图 15 - 52　并联触点的程序编制方法

单击工具条上的常开触点或常闭触点进行触点添加(这里添加的是常开触点),添加完毕后,单击【关闭分支】图标↱,实现并联一个常开触点的操作,添加完成后的程序如图 15 - 53 所示。

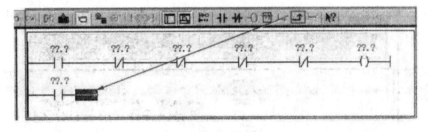

图 15 - 53　添加完成后的程序

15.3.4　输入编程元素的符号的方法

单击【??.?】输入编程元素的符号,可以在程序段上的灰色区域添加这个程序段的注释,如图 15 - 54 所示。

定义编程符号的方法是单击【??.?】后,在出现的编程元素输入框上单击鼠标右键,在随后出现的下拉菜单中选择【插入符号】,此时会弹出编制好的符号表,选择正确的符号即可,给编程元素定义符号如图 15 - 55 所示。

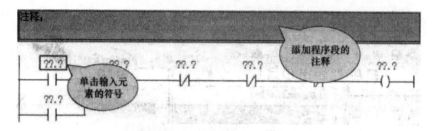

图 15-54　添加程序段的注释

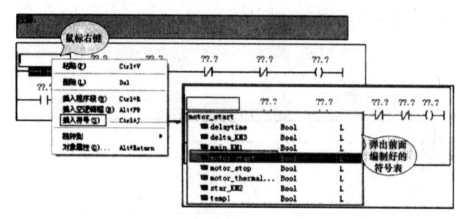

图 15-55　给编程元素定义符号

15.3.5　定时器指令的编辑技巧

在程序中添加定时器有两种方式。

①第一种方式。首先单击编程路径,使之变色变宽后,双击要添加的定时器或拖曳【程序元素】→【定时器】下要添加的定时器到编程路径上即可,如图 15-56 所示。

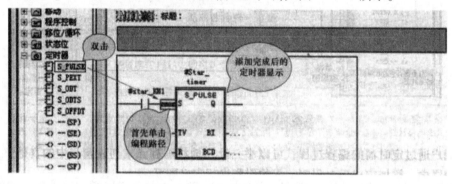

图 15-56　定时器的输入过程 1

②第二种方式。首先选中编程路径,然后双击要添加的定时器(本例添加的是脉冲定时器 S_PULSE),添加完成后添加定时器输入端的逻辑电路(本例为常开触点)。方法是单击定时器 S 端的编程路径,使之变色变宽后,单击工具条上的常开触点按钮,添加的过程如图 15-57 所示。

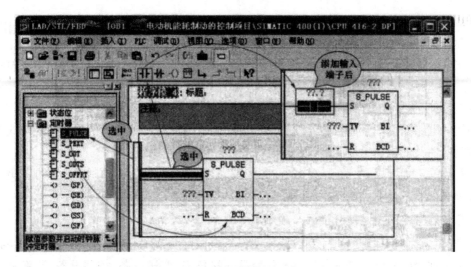

图 15 - 57　定时器的输入过程 2

复位逻辑的输入过程是单击定时器 R 端的编辑框后,再单击工具条上要添加的常闭触点的按钮,输入的过程如图 15 - 58 所示。

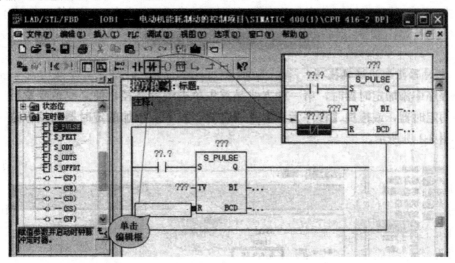

图 15 - 58　定时器的输入过程 3

通过定时器的编程过程可以举一反三地将编程元素列表窗口中的其他元素添加到程序中,在添加完成后对程序元素的引脚进行定义即可。

15.4　FC105 / FC106 的应用

15.4.1　国际通用标准信号

在电子技术和计算机技术快速发展的今天,工程中检测的传感器信号常常需要进行远距离传送,但是将纷繁复杂的物理量信号直接传送会大大降低仪表的适用性,而且大多数传感器属于弱信号型传感器,远距离传送的过程中信号很容易出现衰减、干扰的问题,这就是二次变送器和标准电传信号产生的推动力。

二次变送器的作用就是将传感器的信号放大成符合工业传输标准的电信号,如 $0 \sim 5$ V、$0 \sim 10$ V、$4 \sim 20$ mA,其中使用最多的是 $4 \sim 20$ mA。而变送器通过对放大电路的零点迁移以及增益调整,可以将标准信号准确地对应物理量的被测范围,如 $0 \sim 100$ ℃ 或 $-10 \sim 100$ ℃ 等,也就是用硬件电路对物理量进行数学变换。中央控制室的仪表将利用电信号驱动机械式的电压表、电流表,使其能显示出被测物理量。

在实际的工程应用中,对于不同的量程范围,只要更换指针后面的刻度盘即可。更换刻度盘不会影响仪表的根本性质,这就实现了仪表的标准化、通用性和规模化生产。

1. 标准信号变压器及其分类

标准信号是指物理量的形式和数值范围都符合国际标准的信号值。信号是信息的载体,它表现了物理量的变化。国际通用标准信号是连接仪表、变送设备、控制设备、计算机采样设备的一种标准信号,这些标准信号包括 $4 \sim 20$ mA、$0 \sim 20$ mA 的电流信号和 $0 \sim 5$ V、$0 \sim 10$ V 的电压信号等。

变送器在实际的工程应用中需要测量各类电量与非电物理量,如电流、电压、功率、频率、位置、压力、温度、质量、转数、角度和开度等,都需要转换成可接收的直流模拟电信号才能传输到几百米外的控制室或显示设备上。这种将被测物理量转换成可传输直流电信号的设备称为变送器。根据测量物理量的不同,变送器分为温度变送器、压力变送器、差压变送器等。

变送器的传统输出直流电信号有 $0 \sim 5$ V、$0 \sim 10$ V、$1 \sim 5$ V、$0 \sim 20$ mA、$4 \sim 20$ mA 等。

变送器一般分为四线制变送器、三线制变送器和两线制变送器。

①四线制变送器。这种变送器需要两根电源线和两根电流输出线,共要接四根线,因此称之为四线制变送器。

②三线制变送器。三线制变送器在设计时电流输出可以与电源共用一根线,即节省了一根线,因此称为三线制变送器。

③两线制变送器。采用 $4 \sim 20$ mA 电流本身为变送器供电时,变送器在电路中相当于一个特殊负载,变送器的耗电电流在 $4 \sim 20$ mA 之间根据传感器输出发生变化。这种变送器只需要外接两根线,因此称为两线制变送器。

两线制仪表是指仪表与外界的联系只需要两根线。在多数情况下,其中一根线(红色)为 $+24$ V 电源线,另一根线(黑色)既作为电源负极引线又作为信号传输线。

2. 标准信号 $4 \sim 20$ mA 变送器和 PLC/DCS 接口的应用方法

模拟传感器检测信号输入 PLC 和 PLC 输出的模拟控制信号都要进行电气屏蔽和隔离,电缆一定要采用屏蔽电缆,并且传感器侧、PLC 侧要实现远端一点接地。标准信号 $4 \sim 20$ mA 变送器的接线如图 15-59 所示。

PLC/DCS 接口的应用方法如下。

①输出 $4 \sim 20$ mA 标准电流信号的仪表(仪表有外接电源)。

②两线制变送器需要隔离端子供电。

③接口方式为电阻负载,其典型值为 250 Ω。

④ 4 V 电源和采样电阻可以构成两线制回路供电接线方式。

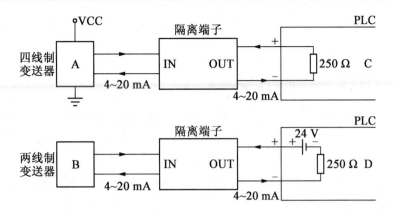

图 15 - 59　标准信号 4 ~ 20 mA 变送器的接线

3. 国际通用标准电流信号与电压信号的转换

标准电流信号 4 ~ 20 mA 是变送器的输出信号，相当于一个受输入信号控制的电流源，如在实际应用中需要的是电压信号而不是电流信号，那么转化一下即可。将电流信号 4 ~ 20 mA 转化为电压信号的方法是加带 250 Ω 精密电阻，即可将其转为 1 ~ 5 V 电压。

也就是说，在信号传输线的末端通过一只标准负载电阻（也称采样电阻）接地（也就是电源负极）可以将电流信号转变成电压信号。

电流信号转变电压信号的示意图如图 15 - 60 所示，电阻 $R_L = 250\ \Omega$，对应 4 ~ 20 mA 的输出电压 U_0 为 1 ~ 5 V。

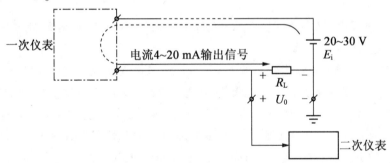

图 15 - 60　电流信号转变电压信号的示意图

另外，变送器输出的 4 ~ 20 mA 电流对应的电压与所连接的负载电阻息息相关，如果负载电阻是 250 Ω，则转换的电压是 1 ~ 5 V；如果负载电阻是 500 Ω，则转换的电压是 2 ~ 10 V。

4. 远距离传输模拟信号

在工业应用中，测量点一般在现场，而显示设备或者控制设备一般都在控制室或控制柜上，两者之间距离数十米至数百米，这就需要远距离地传输模拟信号。

在传输中因为线路消耗存在压降，所以在远距离传输模拟信号时一般不采用电压传输方式。只能采用电压传输方式传输时，必须以高传输阻抗的方式来减少传输电流，以降低压降的影响，即将电缆加粗，但这样成本太高，因此电压模拟信号在工程中基本不采用远距离传输。

将敏感元件的信号转换成电流信号来进行传输可以消除传输线带来的压降误差。线路阻抗很小，抗干扰能力较强，所以一般采用电流信号来实现模拟信号的远距离传输。但如果现场

4

有强电干扰时,最好将现场采集信号转换为光电信号来传输。国内可以买到这样的模块,但是成本较高。

15.4.2　有源与无源的概念

有源是指工作时设备或器件需要外部的能量源,通俗地说,有源就是设备或器件需要连接合适的电源。有源的设备或器件配备了输出接口,输出接口的输出信号是输入信号的一个函数。四线制有源热电偶的接线如图 15 - 61 所示。

反之,无源就是指在不需要外加电源的条件下就可以显示其特性的器件或设备。两线制无源热电偶的接线如图 15 - 62 所示。

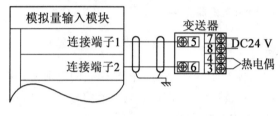 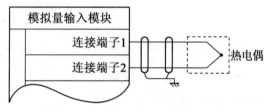

图 15 - 61　四线制有源热电偶的接线　　　　图 15 - 62　两线制无源热电偶的接线

15.4.3　STEP 7 中模拟量输入/输出模块的相关知识

1. FC105 功能块

FC105 是处理模拟量(1 ~ 5 V、4 ~ 20 mA 等常规信号)输入的功能块,用于将现场仪表所提供的模拟转换为工程量(实数)。

如果在项目中现场压力仪表输出的 4 ~ 20 mA 信号接入模拟量模块,此处接入槽 6 的块,用红线表示,输入模拟量模块 AI 的逻辑地址在硬件组态界面可以看到,逻辑地址是 PIW288…303,由 PIW288、PIW290、…、PIW302 共 8 个通道组成,每个通道占一个字,第一个通道为 PIW288,第二个通道为 PIW290,以此类推。本例调用 FC105 处理模拟量输入来转换成量程范围为 0 ~ 10 kgf 的工程量,那么 4 mA 对应的工程量为 0 kgf,20 mA 对应的工程量为 10 kgf。

在吗中打开 FC105,打开 Libraries\Standard Library\Ti - S7 Converting Blocks\FC105,将其调入 OB1 中,给各个引脚输入地址,FC105 的应用如图 15 - 63 所示。

FC105 IN 引脚填入硬件组态的地址,本例中使用的八通道模拟量输入模块为 6ES7 331 - 7KFOO - 0AB0,硬件组态中逻辑地址范围为 PIW288…303,每个字对应一个模拟量输入,PIW288 是第一个模拟量输入通道。

其中,FC105 功能块引脚定义如下。

①IN:模拟量模块的输入通道地址,在硬件组态时分配。

②HI_LIM:现场信号最大量程值。

③LO_LIM:现场信号最小量程值。

④BIPOLAR:极性设置,如果现场信号为 - 10 ~ 10 V(有极性信号),则设置为 1;如果现场信号为 4 ~ 20 mA(无极性信号),则设置为 0。

⑤OUT:现场信号值(带工程单位),信号类型是实数,所以要用双字(MD30)来存放。

⑥RET_VAL:FC105 功能块的故障字,可以存放一个字(如 LW14)中,也可存储在字 MW 中。

当现场仪表输出为 6 mA 时,经过 FC105 功能块转换后输出的压力值为 1.25 kgf;而当现场仪表输出为 20 mA 时,经过 FC105 功能块转换后输出的压力值为 10 kgf。

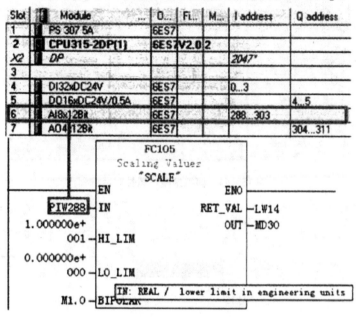

Slot		Module	...	O..	Fi..	M..	I address	Q address
1		PS 307 5A	6ES7					
2		CPU315-2DP(1)	6ES7	V2.0	2			
X2		DP					2047*	
3								
4		DI32xDC24V	6ES7				0...3	
5		DO16xDC24V/0.5A	6ES7					4...5
6		AI8x12Bit	6ES7				288...303	
7		AO4x12Bit	6ES7					304...311

```
                    FC105
                Scaling Values
                   "SCALE"

            EN              ENO
   PIW288 ─ IN        RET_VAL ─ LW14
 1.000000e+              OUT ─ MD30
     001 ─ HI_LIM
 0.000000e+
     000 ─ LO_LIM    ┌────────────────────────────────────────┐
                     │ IN: REAL / lower limit in engineering units │
    M1.0 ─ BIPOLAR   └────────────────────────────────────────┘
```

图 15 – 63　FC105 的应用

2. FC106 功能块

FC106 是将工程量(实数)转换成模拟量(1 ~ 5 V、4 ~ 20 mA 等常规信号)的功能块,与 FC105 对应。

使用 FC106 模拟量输出模块进行程序编制时,首先设置模拟量输出的量程(包括电压、电流的选择和电压、电流输出信号的范围)。双击输出模块 AO,弹出组态画面,在弹出的属性对话框中确定输出的模拟量类型,本例使用的是四通道输出模拟量模块 6ES7 322 – 5HD00 – 0AB0,硬件组态中逻辑地址范围为 PQW304…310,有 PQW304、PQW306、PQW308、PQW310 共 4 个字,每个字对应一个模拟量输出。

下面以第一通道为例,说明输出模拟量类型的选择,其余通道设置与此类似。

在硬件组态画面双击模拟量输出模块,然后单击【Output】,如图 15 – 64 所示。

单击图 15 – 65 中的【E】,设置 4 个通道的输出信号的方式是电压类型还是电流类型,本例选择【I current】。

输出信号的方式选择完成后,单击【Output Range】设置量程范围,本例选择【4 ~ 20 mA】,如图 15 – 66 所示。

然后调用 FC106 对模拟量输出进行编程,打开 Libraries\Standard Library\Ti – S7 Converting Blocks\FC106,将其调入 OB1 中,给各个引脚输入地址,FC106 的应用如图 15 – 67 所示。

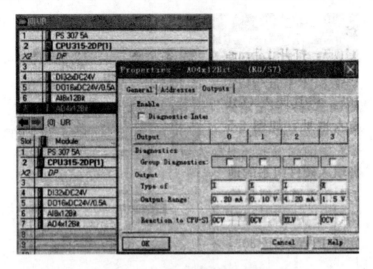

图 15 - 64　模拟量模块属性对话框

图 15 - 65　输出类型的选择

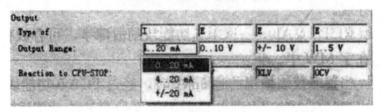

图 15 - 66　输出范围的选择

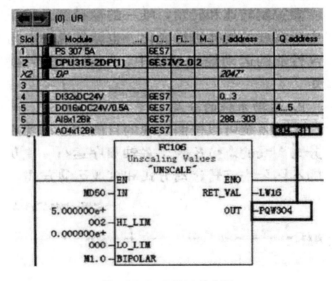

图 15 - 67　FC106 的应用

其中,FC106 功能块引脚定义如下。

①IN:现场信号值(带工程量单位),信号类型是实数,所以要用双字来存放,本例是 MD50。

②HI_LIM:现场信号最大量程值。

③LO_LIM:现场信号最小量程值。

④BIPOLAR:极性设置,如果现场信号为 – 10 ~ 10 V(有极性信号),则设置为 1;如果现场信号为 1 ~ 5 V(无极性信号),则设置为 0。

⑤OUT:模拟量模块的输出通道地址,在硬件组态时进行分配,本例是 PQW304。

⑥RET_VAL:FC105 功能块的故障字,可以存放在一个字(如 LW16)中,也可存储在字 MW 中。

本例中 IN 端子处的 MD50 是工程量 0 ~ 500,经过 FC106 功能块转换后输出的模拟量为 4 ~ 20 mA,最小值是 4 mA,最大值是 20 mA,并存储在 PQW304 中,可以用来作为变频器的速度输入,也可以用来控制风门开度的大小。

第3篇　技能实训篇

第16章　常规仪表实训

实训一　识别并使用常用工具

一、实训目的

1. 认知常用工具。
2. 学会使用常用工具。
3. 掌握常用工具使用过程中的注意事项。

二、工具准备

序号	名称	规格	数量及单位	备注
1	活动扳手	200 mm	1把	
2	梅花扳手	8件	1套	
3	开口扳手	8件	1套	
4	手锤	2磅	1把	
5	一字形螺钉旋具	250 mm	1把	
6	管钳	300 mm	1把	
7	钢锯	300 mm	1把	
8	锉刀	300 mm 中齿平锉	1把	
9	F形扳手	300 mm	1把	
10	套筒扳手	成套工具	1套	
11	游标卡尺	0～150 mm	1把	
12	卷尺	200 mm	1把	

三、操作程序

1. 操作程序说明

(1) 工具摆放整齐有序。
(2) 识别工具并用游标卡尺或卷尺确定工具规格,在评分记录表上填写相应的型号规格。
(3) 在设备上使用工具。
(4) 考核完毕后整理考核现场。

2. 考核规定说明

(1) 如操作违章或未按操作程序执行操作,将停止考核。
(2) 考核采用百分制。

四、考核时限

(1)准备时间:3 min(不计入考核时间)。

(2)正式操作时间:15 min。

五、评分记录表

实训二　　使用游标卡尺测量工件

一、实训目的

1.熟练使用游标卡尺测量工件。

2.学会使用游标卡尺读取数据。

3.掌握游标卡尺测量过程中的注意事项。

二、工具准备

序号	名称	规格	数量及单位	备注
1	工件		1个	
2	擦布		0.02 kg	
3	记录单		1张	
4	游标卡尺	0～150 mm	1把	精度0.02 mm
5	碳素笔		1支	

三、操作程序

1.操作程序说明

(1)准备工作。

(2)擦拭。擦净被测工件、游标卡尺测量爪和尺身刻度。

(3)检查游标卡尺。

a.检查游标卡尺外观有无损伤,检查主尺、副尺、锁紧螺钉、测量爪、深度尺。

b.合拢测量爪,检查主副尺零位线是否对齐。

(4)测量工件。

a.测量工件外径。

b.读值并记录,误差为±0.02 mm。

c.测量工件内径。

d.读值并记录,误差为±0.02 mm。

e.测量工件深度。

f. 读值并记录,误差为 ±0.02 mm。

(5)收游标卡尺。将游标卡尺擦拭干净,装入盒内归位。

2. 考核规定说明

(1)如操作违章或未按操作程序执行操作,将停止考核。

(2)考核采用百分制。

四、考核时限

(1)准备时间:1 min(不计入考核时间)。

(2)正式操作时间:6 min。

(3)提前完成操作不加分,到时停止操作考核。

五、评分记录表

实训三　正确佩戴安防用品

一、实训目的

1. 熟练掌握安全帽、五点式安全带、防毒面具的佩戴方法。

2. 学会使用安防用品的条件。

3. 掌握安防用品使用过程中的注意事项。

二、工具准备

序号	名称	规格	数量及单位	备注
1	安全帽		1个	
2	安全带	五点式	1个	
3	防毒面具		1个	
4	滤毒罐	4号防氨	1个	

三、操作程序

1. 操作程序说明

(1)准备工作(安全帽)。

(2)佩戴安全帽之前的检查。

(3)正确佩戴安全帽。

(4)考核完毕后整理考核现场。

(5)准备工作(安全带)。

(6)佩戴安全带之前的检查。

（7）正确佩戴安全带。

（8）腿部织带。

（9）胸部织带。

（10）调整松紧程度。

（11）考核完毕后整理考核现场。

（12）准备工作（防毒面具）。

（13）佩戴防毒面具之前的检查。

（14）防毒面具和滤毒罐的安装。

（15）打开滤毒罐。

（16）佩戴防毒面具。

（17）检查气密性。

（18）考核完毕后整理考核现场。

2.考核规定说明

（1）如操作违章或未按操作程序执行操作，将停止考核。

（2）考核采用百分制。

四、考核时限

（1）准备时间：2 min（不计入考核时间）。

（2）正式操作时间：15 min。

五、评分记录表

实训四　使用数字型万用表测量常用参数

一、实训目的

1.学会使用数字型万用表。

2.掌握数字型万用表使用过程中的注意事项。

二、工具准备

序号	名称	规格	数量及单位	备注
1	万用表	数字型	1 台	
2	可调电阻	$1 \sim 20$ MΩ	1 个	
3	直流电源	DC0 ~ 30 V	1 台	
4	交流电源	AC220 V	1 台	
5	一字形螺钉旋具	250 mm	1 把	
6	直流电流回路	$4 \sim 20$ mA	1 套	

三、操作程序

1. 操作程序说明

(1)准备工作。按工具准备表准备相应工具。

(2)测量电阻。

a.确认数字型万用表电源开关在 OFF 挡位。

b.将红表笔插入 V/Ω 插孔,黑表笔插入 COM 插孔。

c.检查表笔是否损坏。

d.根据被测参数选择挡位及量程。

e.测量及读取数值,填写评分记录表。

f.测量完毕将挡位开关调整至 OFF,取下表笔。

(3)测量交流电压。

a.将红表笔插入 V/Ω 插孔,黑表笔插入 COM 插孔。

b.检查表笔是否损坏。

c.根据被测参数选择挡位及量程。

d.测量及读取数值,填写评分记录表。

e.测量完毕将挡位开关调整至 OFF,取下表笔。

(4)测量直流电压。

a.将红表笔插入 V/Ω 插孔,黑表笔插入 COM 插孔。

b.检查表笔是否损坏。

c.根据被测参数选择挡位及量程。

d.测量及读取数值,填写评分记录表。

e.测量完毕将挡位开关调整至 OFF,取下表笔。

(5)测量直流电流。

a.将红表笔插入 V/Ω 插孔,黑表笔插入 COM 插孔。

b.检查表笔是否损坏。

c.关闭电源,将红表笔插入 mA 插孔,黑表笔插入 COM 插孔。

d.根据被测参数选择挡位及量程。

e.测量及读取数值,填写评分记录表。

f.测量完毕将挡位开关调整至 OFF,取下表笔。

(6)考核完毕后整理考核现场。

2. 考核规定说明

(1)如操作违章或未按操作程序执行操作,将停止考核。

(2)考核采用百分制。

四、考核时限

(1)准备时间:2 min(不计入考核时间)。

（2）正式操作时间：15 min。

五、评分记录表

实训五　拆卸差压变送器

一、实训目的

1. 认知差压变送器的结构及相关配件。
2. 学会拆卸差压变送器。
3. 掌握拆卸差压变送器过程中的注意事项。

二、工具准备

序号	名称	规格	数量及单位	备注
1	一字形螺钉旋具	150 mm	1 把	
序号	名称	规格	数量及单位	备注
2	活动扳手	12″	1 把	
3	呆扳手	22～24″	1 把	
4	擦布		若干	
5	塑料布		若干	
6	细铁丝		若干	
7	记号笔		1 支	
8	万用表	数字型	1 台	
9	差压变送器	罗斯蒙特	1 台	
10	信号标识签		若干	

三、操作程序

1. 操作程序说明

（1）工具准备。准备操作过程中需要使用的工具。

（2）拆除差压变送器。

a. 关闭电源并用数字型万用表确认差压变送器的带电情况。

b. 做好信号线的标识。

c. 拆下信号线并做好绝缘处理，从差压变送器上取下信号线。

d. 关闭一次阀。

e. 拆除相关设备。

f. 包裹引压管管口。

g. 整理相关配件并做好记录。

(3)考核完毕后整理考核现场。

2. 考核规定说明

(1)如操作违章或未按操作程序执行操作,将停止考核。

(2)考核采用百分制。

四、考核时限

(1)准备时间:2 min(不计入考核时间)。

(2)正式操作时间:10 min。

五、评分记录表

实训六　更换调节阀密封填料

一、实训目的

1. 认知调节阀,了解其工作原理。

2. 学会更换调节阀密封填料。

3. 掌握更换填料过程中注意事项。

二、工具准备

(1)设备准备。

序号	名称	规格	数量及单位	备注
1	模拟流程	DN50	1 套	

(2)材料准备。

序号	名称	规格	数量及单位	备注
1	润滑脂		0.1 kg	
2	密封填料	6 mm×6 mm	0.5 m	
3	擦布		0.02 kg	
4	木板		1 块	切割填料垫底

（3）工、用、量具准备。

序号	名称	规格	数量及单位	备注
1	活动扳手	200 mm × 24 mm	1 把	
2	一字形螺钉旋具	150 mm × 6 mm	1 把	
3	F 形扳手	500 mm	1 把	
4	密封填料钩		1 个	自制
5	密封填料压盖挂钩		1 个	自制
6	美工刀		1 把	
7	放空桶		1 个	

三、操作程序

1. 操作程序说明

（1）选择需要使用的工器具。

（2）切除流程。

a. 切除主线,投用副线。

b. 打开排净阀或导淋阀。

（3）更换填料。

a. 卸掉压盖并固定。

b. 取出旧填料并量取填料长度。

c. 按要求制作填料并加入新填料。

d. 紧固压盖。

（4）试压。投用(小开度)调节阀主线试压。

（5）投用主流程。投用主线,切除副线。

（6）考核完毕后整理考核现场。

2. 考核规定说明

（1）如操作违章或未按操作程序执行操作,将停止考核。

（2）考核采用百分制。

四、考核时限

（1）准备时间:2 min(不计入考核时间)。

（2）正式操作时间:15 min。

五、评分记录表

实训七　判断热电阻指示是否准确

一、实训目的

1. 认知热电阻,了解其原理、接线方式。
2. 学会使用数字型万用表测量热电阻的电阻值并会查找相对应温度值。
3. 掌握操作过程中的注意事项。

二、工具准备

序号	名称	规格	数量及单位	备注
1	热电阻(带温度变送器)	WZP – 240 PT100	1 只	
2	热电阻分度表		1 张	
3	万用表	数字型	1 台	
4	十字形螺钉旋具	250 mm	1 把	
5	一字形螺钉旋具	250 mm	1 把	

三、操作程序

1. 操作程序说明

(1)挑选使用工具。

(2)检查热电阻。

a. 切断电源并打开接线盒。

b. 检查接线情况。

c. 拆下信号线并检查绝缘情况。

(3)测量热电阻阻值。

a. 测量阻值。

b. 检查分度号并查取对应温度值。

c. 根据查取的温度值判断温度指示是否准确。

(4)恢复接线。恢复接线并送电。

(5)考核完毕后整理考核现场。

2. 考核规定说明

(1)如操作违章或未按操作程序执行操作,将停止考核。

(2)考核采用百分制。

四、考核时限

(1)准备时间:2 min(不计入考核时间)。

（2）正式操作时间：10 min。

五、评分记录表

实训八　安装热电阻

一、实训目的

1. 认知热电阻。
2. 学会安装热电阻。
3. 掌握安装过程中的注意事项。

二、工具准备

序号	名称	规格	数量及单位	备注
1	热电阻（带温度变送器）	WZP - 240 PT100	1 只	
2	热电阻分度表		1 张	
3	万用表	数字型	1 台	
4	十字形螺钉旋具	250 mm	1 把	
5	一字形螺钉旋具	250 mm	1 把	

三、操作程序

1. 操作程序说明

（1）挑选使用工具。

（2）检查热电阻。

a. 检查热电阻型号。

b. 用数字型万用表判断热电阻是否损坏。

c. 检查热电阻绝缘情况。

d. 检查热电阻安装螺纹。

（3）安装热电阻。

a. 注意安装角度。

b. 注意接线盒方向。

（4）剥去接线外皮。注意剥皮长度。

（5）接线操作。

a. 注意防爆胶垫。

b. 注意接线盒位置及固定接头。

c. 注意线标及颜色。

d. 安装接线盒盒盖。

（6）考核完毕后整理考核现场。

2. 考核规定说明

（1）如操作违章或未按操作程序执行操作,将停止考核。

（2）考核采用百分制。

四、考核时限

（1）准备时间:2 min(不计入考核时间)。

（2）正式操作时间:10 min。

五、评分记录表

实训九　检查运行中的差压变送器

一、实训目的

1. 认知差压变送器。

2. 学会使用数字型万用表等常用仪器,学会检查差压变送器的方法。

3. 掌握检查差压变送器过程中的注意事项。

二、工具准备

序号	名称	规格	数量及单位	备注
1	差压变送器	3051DP	1 台	
2	活动扳手	12″	1 把	
3	万用表	数字型	1 台	
4	一字形螺钉旋具	150 mm	1 把	
5	肥皂水		1 瓶	
6	毛刷		1 把	

三、操作程序

1. 操作程序说明

（1）工具准备。挑选操作过程中需要使用的工具。

（2）检查仪表本体指示情况。

a. 检查仪表指示。

b. 检查仪表引压管、阀门是否泄漏。

c. 检查仪表固定情况。

(3)停用检查变送器。

a. 操作三阀组,使变送器退出运行。

b. 打开正/负压室的排放螺钉。

c. 将数字型万用表红表笔插入 mA 插孔,黑表笔插入 COM 插孔。

d. 选择数字型万用表挡位及量程。

e. 将数字型万用表与变送器连接。

f. 检查零点。

(4)投用变送器。操作三阀组,使变送器投入运行。

(5)考核完毕后整理考核现场。

2. 考核规定说明

(1)如操作违章或未按操作程序执行操作,将停止考核。

(2)考核采用百分制。

四、考核时限

(1)准备时间:1 min(不计入考核时间)。

(2)正式操作时间:10 min。

五、评分记录

实训十　停运差压变送器

一、实训目的

1. 认知差压变送器及其相关部件。

2. 学会使用数字型万用表等常用工具,学会差压变送器的安装及拆卸规程。

3. 掌握停运差压变送器过程中的注意事项。

二、工具准备

序号	名称	规格	数量及单位	备注
1	差压变送器	3051DP	1 台	
2	直流电源	DC 24 V	1 台	
3	活动扳手	12″	1 把	
4	呆扳手		1 把	
5	万用表	数字型	1 台	
6	一字形螺钉旋具	150 mm	1 把	

三、操作程序

1. 操作程序说明

(1)工具准备。挑选操作过程中需要使用的工具。

(2)停运前检查差压变送器及断电。

a.检查现场变送器运行情况。

b.变送器断电并检查断电情况。

(3)操作三阀组。

a.关闭负压阀。

b.打开平衡阀。

c.关闭正压阀。

(4)关闭阀门。

a.关闭变送器正压室引压管一次阀门。

b.关闭变送器负压室引压管一次阀门。

(5)变送器排污。

a.排空正/负压室内介质。

b.拧紧排污螺钉。

(6)引压管泄压。旋松正、负压室引压管接头泄压后再拧紧。

(7)考核完毕后整理考核现场。

2. 考核规定说明

(1)如操作违章或未按操作程序执行操作,将停止考核。

(2)考核采用百分制。

四、考核时限

(1)准备时间:2 min(不计入考核时间)。

(2)正式操作时间:10 min。

五、评分记录表

实训十一　　投用差压变送器

一、实训目的

1.认知差压变送器的结构及相关配件。

2.学会投用差压变送器,学会三阀组的操作规程。

3.掌握投用差压变送器过程中的注意事项。

二、工具准备

序号	名称	规格	数量及单位	备注
1	一字形螺钉旋具	150 mm	1 把	
2	活动扳手	12″	1 把	
3	呆扳手	10 ~ 12″	1 把	
4	万用表	数字型	1 台	
5	差压变送器	罗斯蒙特 3051	1 台	
6	试漏液		1 瓶	
7	生料带		若干	

三、操作程序

1. 操作程序说明

(1)工具准备。挑选操作过程中需要使用的工具。

(2)检查吹扫。

a. 变送器安装是否牢固可靠。

b. 引压管接头是否连接牢固。

c. 检查三阀组状态,正、负压阀关闭,平衡阀打开。

d. 应用排污螺钉吹扫正、负压室,关闭相关阀门。

e. 拧紧排污螺钉。

f. 检查电气回路接线。

(3)仪表投用。

a. 连接数字型万用表测量工作电压,申请送电。

b. 打开正压阀。

c. 关闭平衡阀。

d. 打开负压阀。

(4)检查指示。

a. 检查仪表指示。

b. 检查接头渗漏情况。

(5)考核完毕后清理现场。

2. 考核规定说明

(1)如操作违章或未按操作程序执行操作,将停止考核。

(2)考核采用百分制。

四、考核时限

(1)准备时间:2 min(不计入考核时间)。

（2）正式操作时间：10 min。

五、评分记录表

实训十二　清理浮子液位计

一、实训目的

1. 认知浮子液位计及其相关部件。
2. 学会使用浮子液位计等常用工具及其清理方法。
3. 掌握清理浮子液位计过程中的注意事项。

二、工具准备

序号	名称	规格	数量及单位	备注
1	浮子液位计	JHC – YDSFH3WW1700	1 件	配套设施齐全
2	活动扳手	200 mm × 24 mm	1 把	
3	活动扳手	250 mm × 30 mm	1 把	
序号	名称	规格	数量及单位	备注
4	清洁杆		1 根	
5	松动剂		1 瓶	
6	钢丝钳	150 mm	1 把	
7	垫片		1 个	

三、操作程序

1. 操作程序说明

（1）准备工作。选择工、用具及材料。

（2）清理前准备。

a. 检查操作平台固定情况。

b. 侧身关闭浮子液位计上部阀、下部阀。

c. 打开下法兰排污阀门,将浮子液位计内的液体放净。

（3）清理操作。

a. 拆卸浮子液位计下法兰及浮子、垫片。

b. 用自来水清洗浮子、下法兰表面。

c. 用清洁杆及擦布制作浮子模具。

d. 用模具清洁浮子液位计内壁后用自来水管自下而上冲洗干净浮子液位计内壁。

（4）考核完毕后整理考核现场。

a. 按正确方向将浮子放入液位计内。

b. 对角紧固螺栓并固定法兰及更换新垫片。

c. 关闭下法兰排污阀门。

d. 侧身缓慢打开浮子液位计下阀门,再开上阀门,投用浮子液位计。

（5）气密检查。进行气密检查,如有泄漏进行处理。

（6）考核完毕后整理考核现场。

2. 考核规定说明

（1）如操作违章或未按操作程序执行操作,将停止考核。

（2）考核采用百分制。

四、考核时限

（1）准备时间:2 min(不计入考核时间)。

（2）正式操作时间:15 min。

五、评分记录表

实训十三　校验压力开关

一、实训目的

1. 认知压力开关及相关设备。

2. 学会使用压力校验仪和数字型万用表等相关仪器。

3. 掌握校验过程中的注意事项。

二、工具准备

序号	名称	规格	数量及单位	备注
1	精密压力表	0～0.6 MPa 和 0～0.4 MPa	各1台	
2	压力开关	0～0.6 MPa	1个	
3	压力泵		1套	
4	一字形螺钉旋具	250 mm	1把	
5	活动扳手	200 mm	2把	
6	万用表	数字型	1台	
7	擦布		若干	

三、操作程序

1.操作程序说明

(1)准备工作。选择工、用具及材料。

(2)选表。选取精密压力表。

(3)校验压力开关。

a.检查压力开关外观是否洁净、完好。

b.压力开关电气绝缘检查。

c.压力开关与压力源的连接。

d.静压密封试验。

e.连接数字型万用表。

f.升压,检查接点动作情况。

g.降压,检查接点动作情况。

h.泄压。

i.填写评分记录表。

(4)考核完毕后整理考核现场。

2.考核规定说明

(1)如操作违章或未按操作程序执行操作,将停止考核。

(2)考核采用百分制。

四、考核时限

(1)准备时间:2 min(不计入考核时间)。

(2)正式操作时间:15 min。

五、评分记录表

实训十四　调校 3051 压力变送器

一、实训目的

1.认知压力变送器及相关设备。

2.学会使用压力校验仪和数字型万用表等相关仪器。

3.掌握校验过程中的注意事项。

二、工具准备

序号	名称	规格	数量及单位	备注
1	精密压力表	0~0.6 MPa 和 0~0.4 MPa	各 1 台	
2	压力变送器	0~0.6 MPa	1 台	配置 DC24 V 电源
3	压力泵		1 套	
4	一字形螺钉旋具	250 mm	1 把	
5	活动扳手	200 mm	2 把	
6	万用表	数字型	1 台	
7	擦布		若干	

三、操作程序

1. 操作程序说明

(1)准备工作。选择工、用具及材料。

(2)选表。选取精密压力表。

(3)校验压力开关。

a. 连接压力变送器与校验装置。

b. 静压密封试验。

c. 选择电流挡挡位,将数字型万用表串联在电路中后,申请送电。

d. 操作校验台。

e. 调整零点。

f. 调整量程。

g. 上、下行程(三点)校验压力变送器。

h. 校验完毕后拆除校验设施。

(4)填写评分记录表。

a. 数据填写。

b. 误差、允许误差、基本误差计算。

c. 检定结果。

(5)考核完毕后整理考核现场。

2. 考核规定说明

(1)如操作违章或未按操作程序执行操作,将停止考核。

(2)考核采用百分制。

四、考核时限

(1)准备时间:2 min(不计入考核时间)。

（2）正式操作时间：15 min。

五、评分记录表

实训十五　按图连接控制回路

一、实训目的

1. 认知按钮开关、指示灯、继电器及相关设备。
2. 学会读电路图及按电路图接线。
3. 掌握接线过程中的注意事项。

二、工具准备

序号	名称	规格	数量及单位	备注
1	稳压电源	DC24 V	1 台	
2	按钮开关	DC24 V	2 个	
3	指示灯	DC24 V	2 个	
4	继电器	DC24 V	1 个	
5	十字形螺钉旋具	250 mm	1 把	
6	一字形螺钉旋具	250 mm	1 把	
7	剥线钳		1 把	
8	单芯导线	1.0 mm^2	若干	
9	万用表	数字型	1 台	

三、操作程序

1. 操作程序说明

（1）按图接线。
（2）检查接线情况。检查气源压力并连接信号发生器与电气阀门定位器。
（3）送电启动。
（4）考核完毕后整理考核现场。

2. 考核规定说明

（1）如操作违章或未按操作程序执行操作,将停止考核。
（2）考核采用百分制。

四、考核时限

（1）准备时间：2 min（不计入考核时间）。

（2）正式操作时间：15 min。

五、评分记录表

实训十六　按图连接显示报警回路

一、实训目的

1. 认知热电阻、安全栅、数显表及相关设备。

2. 学会读电路安装图、电路图及按电路图接线。

3. 掌握接线过程中的注意事项。

二、工具准备

序号	名称	规格	数量及单位	备注
1	稳压电源	DC24 V	1 台	
2	安全栅	DC24 V	1 个	
3	热电阻	三线制 Pt100	1 只	
4	数显表	220 V 无源 4~20 mA 输入	1 台	
5	十字形螺钉旋具	250 mm	1 把	
6	一字形螺钉旋具	250 mm	1 把	
7	剥线钳		1 把	
8	单芯导线	1.0 mm^2	若干	
9	万用表	数字型	1 台	
10	报警灯	DC 24 V	1 个	

三、操作程序

1. 操作程序说明

（1）按图接线。

（2）检查接线情况。

（3）送电启动。

（4）考核完毕后整理考核现场。

2. 考核规定说明

（1）如操作违章或未按操作程序执行操作，将停止考核。

（2）考核采用百分制。

四、考核时限

（1）准备时间：2 min（不计入考核时间）。

（2）正式操作时间：15 min。

五、评分记录表

各实训评分记录表

第17章 西门子 S7 - 300 PLC 实训

实训一 STEP 7 项目的硬件组态

一、硬件组态的基本技巧

通常所说的 STEP 7 项目的硬件组态要完成的任务,就是在 STEP 7 中创建一个与实际的硬件系统完全相同的系统,可以生成网络,在网络中创建站的导轨和模块,并设置各硬件组成部分的参数。硬件组态还可以确定 PLC 输入/输出变量的地址。

1. 硬件组态的形式

所有模块的参数都是用编程软件设置的,完全取消了过去用来设置参数的硬件 DIP 开关。硬件组态确定了 PLC 输入/输出变量的地址,为设计用户程序打下了基础。

组态时设置的 CPU 参数保存在系统数据块 SDB 中,其他模块的参数保存在 CPU 中,在 PLC 启动时,CPU 自动向其他模块传送装置的参数,因此在更换 CPU 之外的模块后不需要重新对其进行赋值。

PLC 启动时,将 STEP 7 中生成的硬件配置与实际的硬件配置进行比较,如果二者不符,则立即产生错误报告。

2. 硬件组态的步骤

西门子 STEP 7 的硬件组态分为设定组态和实际组态两种。设定组态就是在【硬件组态】窗口中组态系统时,用户就已经建立一个设定组态,包括项目硬件设计时要配置的模块和相关参数的硬件站。然后根据设定组态把 PLC 系统装配起来,在调试时,再把设定组态下载到 CPU 中即可。而实际组态则不同,在项目的硬件的所有模块都装配起来后,用户可以从 CPU 中读出实际的组态和参数。如果在编程器上项目结构是不存在的,那么此时就需要在【项目】下建立一个新站。实际组态读出后,可以检查设定的参数,然后存放到项目中。步骤如下:

①生成站,双击硬件图标🖳硬件,进入【硬件组态】窗口。

②生成导轨,在导轨中放置模块。

③双击模块,在打开的对话框中设置模块的参数,包括模块的属性和 DP 主站、从站的参数。

④保存编译硬件设置,并下载到 PLC 中。

在机架上配置模块时,1 号槽位安装电源模块,2 号槽位插入 CPU 模块,4~11 号槽位中插入信号模块(SM)、通信处理器(CP)或功能模块(FM)。3 号槽位是为多层组态的接口模块保留的,不使用接口模块时 3 号槽位必须空出。

另外,在硬件目录中是没有 PROFIBUS 从站的,需要导入 GSD 文件到硬件目录中,GSD 文件由制造厂商提供。方法是利用主菜单【选项】→【安装 GSD 文件】和【选项】→【硬件目录】插入从站,此时硬件目录中就会出现加入的新设备。

3. 在项目中插入站的两种方法

(1)第一种方法。

选择主菜单【插入】→【站点】→【SIMATIC 300 站点】或【SIMATIC 400 站点】就可以在当

前项目下插入一个新站,插入站的第一种方法如图1所示。

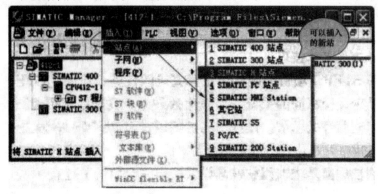

图1　插入站的第一种方法

(2)第二种方法。

单击项目名称使之背景色变成蓝色并点击鼠标右键后,在弹出的子菜单中选择【插入新对象】,此时就可以在弹出的所有站中选择要添加的新站,如【SIMATIC 300 站点】。添加完毕后,就可以在【SIMATIC Manager】中看到新插入的站。此时,系统会自动为该站分配一个名称【SIMATIC 300(1)】,这个名称是可以修改的,插入站的第二种方法如图2所示。

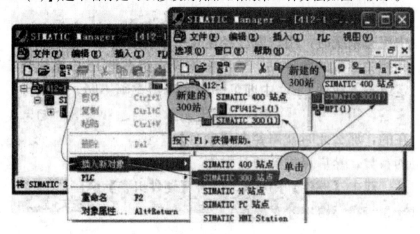

图2　插入站的第二种方法

4. 硬件配置窗口的操作技巧

西门子项目是以层级方式进行组态的。具体操作时,用户要在【硬件组态】的站窗口中分配中央机架、块和可分布式 I/O,部件是从【硬件目录】中选择出来的。西门子的模块在出厂时是带有预置参数的,如果这些默认的设置符合当前项目对模块的需求,就不需要进行硬件组态;但用户如果要改变预置参数或模块地址,或要组态通信连接,就需要进行硬件组态。另外,使用容错可编程控制器(可选包)把分布式外设连接到主站(PROFIBUS – DP)或带有几个CPU 时,也需要进行硬件组态。

在项目窗口中选择站对象图标 SIMATIC 300(1),在站窗口的右半部分会看到【硬件】对象。此时,双击项目窗口中的硬件图标 硬件 或单击【SIMATIC 管理器】→【编辑】→【打开对象】都可以调出【硬件组态配置】的窗口界面,【硬件组态配置】窗口的弹出如图3所示。

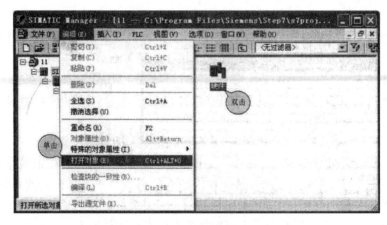

图 3　【硬件组态配置】窗口的弹出

　　【硬件组态配置】窗口由两部分组成,右侧是在项目中配置西门子设备的【硬件目录】列表,硬件目录的下方会自动显示【硬件目录】中设备的详细信息,用户可以从中选择需要的硬件组件,如机架、模块以及接口子板块。

　　用户在组态时为了防止【硬件目录】窗口遮住工作站窗口的内容,可以将它拖放在站窗口的一侧,即在【硬件目录】中双击【配置文件】列表框上面的区域。要释放拖放的窗口时,可再次双击该区域,这样可以在未拖放该窗口时改变【硬件目录】窗口的大小。

　　【硬件组态配置】窗口的左侧是【硬件组态窗口】,是为站结构放置机架的站窗口。【硬件组态应用窗口】的主界面分上下两个区域,上方为【硬件组态窗口】区域,是一个组态的简表;下方为所有硬件的【信息窗口】区域,列出了所插入/选择的机架、各模块详细的信息,例如以表单形式显示订货号、MPI 子网地址和 I/O 地址等,在左下角窗口中向左和向右的箭头用来切换导轨。通常 1 号槽位放电源模块,2 号槽位放 CPU 模块,3 号槽位放接口模块(使用多机架安装,单机架安装则保留),4 ~ 11 号槽位则安放信号模块(SM、FM、CP)。在项目 412 – 1 中配置 300 站的硬件组态界面如图 4 所示。

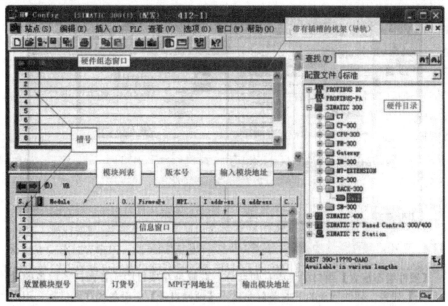

图 4　硬件组态界面

　　组态时用组态表来表示导轨,可以用鼠标将右侧【硬件目录】中的元件拖放到组态表的某一行中,就好像将真正的模块插入导轨上的某个槽位一样。另外,也可以双击【硬件目录】中选择的硬件,它将被放置到组态表中预先被鼠标选中的槽位上。

　　在打开的【硬件组态应用】窗口中,单击主菜单【查看】下的【目录】或单击工具条的图标都可以打开【硬件目录】。如果选择【标准】作为硬件目录库,则将在【硬件目录】窗口中显示所有的机架、模块和接口模块。

　　另外,在【硬件目录】的上部分包含一个【查找】输入框,有向下搜索和向上搜索两种方式。用户可以通过显示在【硬件目录】信息文本中的组件订货号或功能名称来搜索该组件,此时STEP 7 定位到搜索词第一次出现的位置。如果搜索的组件位于未打开的或可视区以外的文件夹中,那么文件夹自动打开,并移动到可视区中,STEP 7 会保存与输入的搜索术语,此后用户可以轻松地从搜索工具的下拉列表中再次选择组件进行重新搜索。

　　如果是本地组态,那么应该在机架中,与 CPU 布置模块相邻,随后可将模块排列在附加的扩展机架中,可以组态的机架的数量取决于所使用的 CPU。和在实际设备中的操作一样,可以使用 STEP 7 排列模块。区别在于,在 STEP 7 中,机架是用组态表来表示的,该表的行数等于机架中用于插入模块的插槽数。

二、S7 – 300 PLC 主机架的硬件组态操作技巧

　　在西门子 S7 – 300 的机架上配置模块时,1 号槽位安装电源模块,2 号槽位插入 CPU 模块,4 ~ 11 号槽位插入信号模块(SM)、通信处理器(CP)或功能模块(FM),3 号槽位是为多层组态的接口模块保留的,不使用接口模块时 3 号槽位必须空出。

1. 配置 S7 – 300 站的主机架的方法

　　在【硬件目录】中打开【SIMATIC 300】的复选框,在【RACK – 300】下双击(或拖曳)【Rail】图标,将会在【硬件组态窗口】中插入一个导轨(即中央机架),这里的导轨是以组态表的形式显示的。用户可以使用鼠标将右边【硬件目录】中的设备元件拖曳到组态表的某一行中,也可以双击硬件目录中选择的硬件,这个硬件将被放置到组态表中预先被鼠标选中的槽位上,为项目配置导轨。使用【硬件目录】添加导轨如图 5 所示。

2. 配置 300 站的电源

　　配置好导轨后,在【硬件组态窗口】中将出现一个组态表,组态表的表头显示【(0)UR】,对应中央机架(通用机架),编号是 0。

　　电源模块只能配置在机架的 1 号槽位上,配置时在【硬件目录】中打开【SIMATIC 300】的复选框,双击(或拖曳)目录中【PS – 300】模块,放到机架简表中的 1 号槽位上,若放到其他槽位则会显示【电源模块的插槽选择出错】。添加电源模块的方法如图 6 所示。

　　模块插入已经组态的机架中后,模块的可用插槽会以高亮颜色显示出来。

3. 配置 S7 – 300 主机架上的 CPU 和应用模块

　　(1)配置 S7 – 300 的模块的流程。

　　在机架上配置 CPU 和其他应用模块的方法与添加电源模块的方法相同,用鼠标左键点选 2 号槽位,然后在【硬件目录】打开【SIMATIC 300】的复选框,双击(或拖曳)【CPU – 300】下的【CPU 315 – 2 DP】下版本号为【V2.0】的 CPU 将会在机架中添加 CPU 模块。其他模块的添加方法同上。

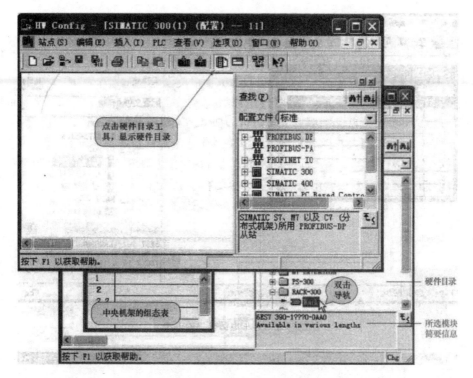

图 5　使用【硬件目录】添加导轨

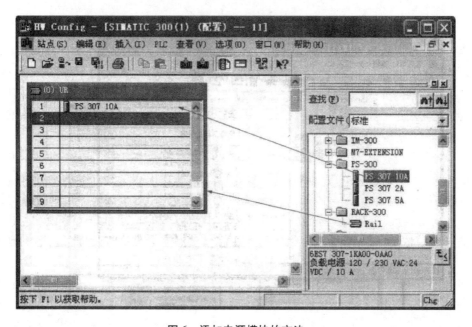

图 6　添加电源模块的方法

为 412 – 1 项目配置的 PLC 系统的硬件电源为 PS – 307 – 5A, CPU 为 CPU 315 – 2 DP, 数字量输入模块为 DI – 300 目录下的 6ES7 321 – 1BH02 – 0AA0, 数字量输出模块为 DO – 300 目录下的 6ES7 322 – 1BH10 – 0AA0, 模拟量输入模块为 AI – 300 目录下的 6ES7 331 – 7KF02 – 0AB0, 模拟量输出模块为 AO – 300 目录下的 6ES7 332 – 5HF00 – 0AB0, 硬件配置流程如图 7

所示。

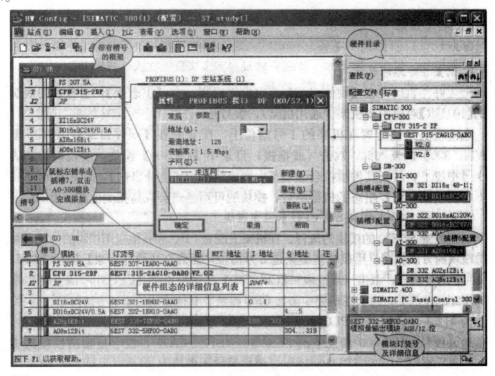

图 7 　硬件配置流程

在图 7 中,可以从信息窗口中看到详细的说明,包括输入/输出模块的硬件地址(如输入模块的地址为【0…1】,输出模块的地址为【4…5】)。因为项目选择的是 16 位的输入/输出模块,所以系统自动编址的输入是 0 开头的 I0.0 ～ I0.7 共 8 个输入点,1 开头的 I1.1 ～ I1.7 共 8 个输入点;而输出是 Q4.0、Q4.1 ～ Q4.7、Q5.0、Q5.1 ～ Q5.7 共 16 个输出点。这些系统在硬件模块添加时是自动进行编址的。

另外,用户可以按照自己的编址习惯进行修改,如将输出的地址改为 Q0.0,Q0.1,…,Q0.7,Q1.0,Q1.1,…,Q1.7 时,可以首先在硬件的信息窗口中单选 Q 的地址【4…5】,接着点击鼠标右键在弹出的下拉菜单中单选【对象属性】,在随后弹出的输出模块的【属性】对话框中首先对【系统默认】前的勾选进行取消,然后对输出的地址的首地址进行修改(这里修改为 0),单击【确定】按钮修改完毕,其他模块的地址修改参照这个方法进行即可。模块地址修改流程图如图 8 所示。

也可将模拟量输入/输出模块的首地址都改为 256,即输入模拟量模块的首地址是 PIW256,输出模拟量模块的首地址是 PQW256,修改地址的完成图如图 9 所示。调出模块的【属性】对话框的另一种方法是双击模块的地址,这里修改的是输出模块,所以双击 Q 地址下的【0…1】,按照上面介绍的方法再修改回【4…5】即可。

(2)S7 - 300 的 CPU 的属性。

①调出 S7 - 300 的 CPU 属性对话框。双击【硬件组态窗口】中导轨上安装的任何模块都会弹出这个模块的【属性】对话框,也可以鼠标右键点击导轨上的模块,在弹出的子菜单中选择【对象属性】来打开【属性】对话框。打开后的 S7 - 300 的 CPU 属性对话框如图 10 所示。

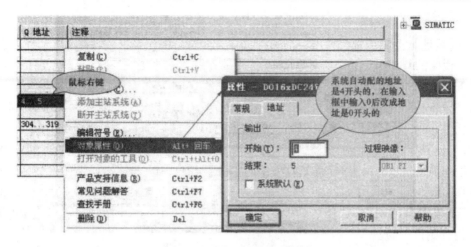

图 8　模块地址修改流程图

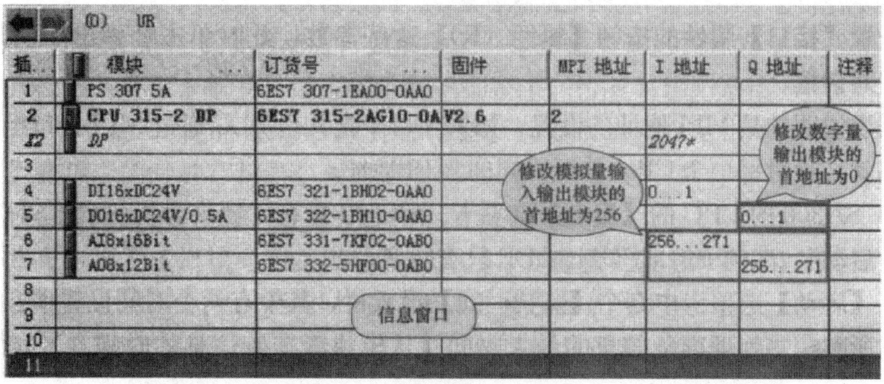

图 9　修改地址的完成图

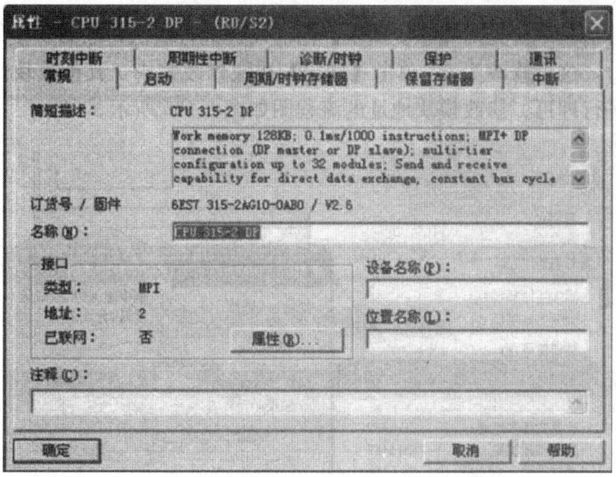

图 10　CPU 315 - 2 DP 的属性对话框

S7 - 300 的 CPU 属性对话框中有 10 个选项卡,用户可以在这个对话框中为 CPU 的不同特性分配参数。

②S7 - 300 的 CPU 的【常规】选项卡。在 S7 - 300 的 CPU 的【常规】选项卡中提供了模块

类型和位置等参数;如果配置的是可编程的模块,那么还有 MPI 的地址和一个设置【接口】属性的按钮【属性】,此时单击会弹出一个 MPI 接口设置对话框。

需要说明的是,如果项目中把几台 PLC 通过 MPI 接口组成了网络,那就必须对每一个 CPU 分配不同的 MPI 地址。

③S7 - 300 的 CPU 的【启动】选项卡。S7 - 300 只有【暖启动】,新款 S7 - CPU 则同时包含【冷启动】和【暖启动】。本例中的 CPU 315 - 2 DP 只有【暖启动】。

在【启动】选项卡中有一个【监视时间】设置栏,其中有两个时间设置项:一个是得电后所有模块处理准备信息的最大时间【来自模块的"完成"信息[100 ms]】,如果在这个时间内模块没有获得 CPU 发送准备好的信息,那么就说明实际组态和设定组态不相同;另一个是把参数分配到模块的最大时间【参数传送到模块的时间[100 ms]】,这个时间是从【来自模块的"完成"信息】开始计时的。

用户可以在这里设置监视时间,当到达设置的时间时,如果所有的模块还没有分配完参数,那么就说明实际组态和设定组态是不相同的。

如果设定组态和实际组态不同时启动 CPU,只有带有集成 DP 口的 CPU 才能使用【如果预先设置的组态与实际组态不相符则启动】的复选框,这个复选框能够在设定组态和实际组态不同时决定是否让 S7 - 300 的 CPU 启动,而其他的 S7 - 300 的 CPU 将会进入运行模式,如图 11 所示。

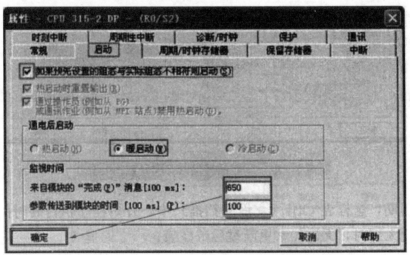

图 11　S7 - 300 的 CPU【启动】选项卡

④S7 - 300 的 CPU 的【保留存储器】选项卡。S7 - 300 的 CPU 的【保留存储器】选项卡用来指定当出现断电或从 STOP 到 RUN 切换时所需要保持的存储器区域。

安装后备电池后进行全启动,后备电池将会保留 RAM 存储器(OB、FC、FB、DB)和位存储器、定时器和计数器的数据,只复位不保持的位存储器、定时器和计数器。

如果未安装后备电池进行了全启动,也就是说,RAM 存储器没有电池作后备,就会丢失所存储的信息。只有定义成保持的位存储器、定时器和计数器才会保存到非易失 RAM 区,所以在进行全启动后,如果插入了存储卡,就必须从存储卡重新下载程序;如果没插入存储卡,就要从编程器重新下载程序,如图 12 所示。

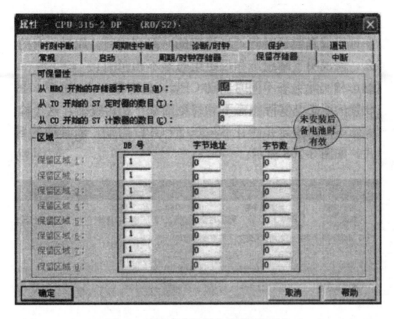

图 12　CPU 的【保留存储器】选项卡

⑤S7 – 300 的 CPU 的【周期/时钟存储器】选项卡。用户可以勾选【周期/时钟存储器】选项卡的时钟存储器复选框。时钟存储器是周期改变的一些存储器位(占空比为 1∶1),时钟存储器中的每一位都分配特定的周期/频率。

用户可以设置【扫描周期监视时间[ms]】,在通信处理和 CPU 程序中频繁出现中断错误就会超过这个设定的时间,CPU 就会进入 STOP 模式。

通过【周期/时钟存储器】选项卡可以修改默认的最大周期监视时间。如果超过该时间,CPU 要么进入 STOP 模式,那么调用 OB80。在 OB80 中,用户可以指定 CPU 如何响应。另外,通过最小周期的设定,可以给 S7 – 300 的 CPU 和 CPU318 设置最小的周期,这样在 OB1(主程序扫描)中,开始程序执行的时间间隔始终应该相同或周期太短时,无须经常更新过程映像表。

如果编写了错误处理块 OB85,扫描时间就会加倍;在此之后,如果时间仍然超过加倍后的扫描时间,S7 – 300 的 CPU 还会进入 STOP 模式。

通信限制使用指定的时间比例可以通过【来自通信的扫描周期负载[%]】来进行设置,如数据通过 MPI 传递到另一个 CPU 或由编程器触发测试功能。用户可以在【I/O 访问错误时的 OB85 调用】的下拉框中选择是否调用 OB85,如图 13 所示。

⑥S7 – 300 的 CPU 的【保护】选项卡。在保护等级中可以点选【写保护】【写/读保护】和【按键开关设置】中的一项。设定操作时若点选保护等级 1,S7 – 300 的 CPU 的上钥匙开关的位置决定保护的限制级别,若钥匙开关在 RUN – P 位置或 STOP 位置代表没有限制,若钥匙开关在 RUN 位置时为只读访问。如果点选了可通过口令进行旁路(直到存储器复位一直有效),那么只有掌握口令的人员才能进行读/写访问,如图 14 所示。

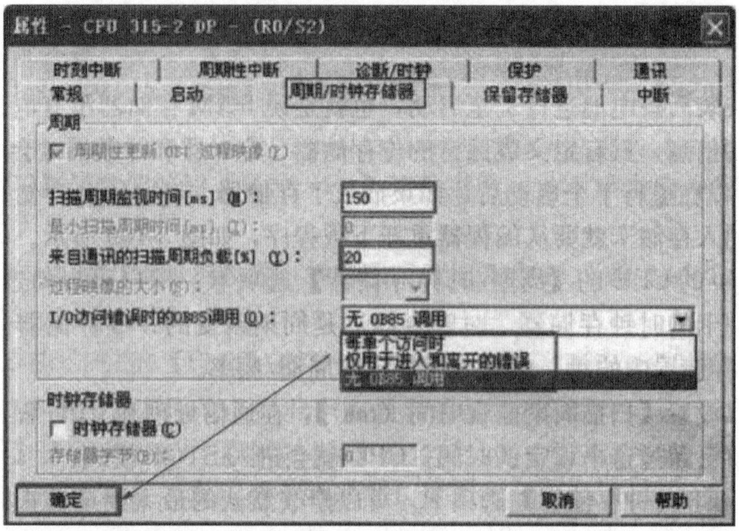

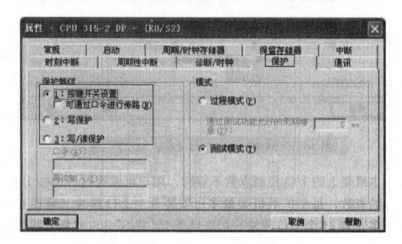

图 13　S7－300 的 CPU 的【周期/时钟存储器】选项卡

图 14　S7－300 的 CPU 的【保护】选项卡

对没有掌握口令的操作人员的限制如下。

a. 保护 1 级:和设定的特性一致。

b. 保护 2 级:只读访问,不管钥匙开关位置如何。

c. 保护 3 级:禁止读/写,不管钥匙开关位置如何。

设置完毕后单击【确定】按钮确认所做的选择。

⑦S7－300 的 CPU 的【诊断/时钟】选项卡。用户在系统诊断中可以勾选【报告 STOP 模式原因】,这样停机时,CPU 停止的原因会记录在诊断缓冲区。如果在系统诊断中没有勾选【报告 STOP 模式原因】,那么当 CPU 进入停止模式时,CPU 停机的原因将不会传到编辑器中。

在【时钟】栏中用户可以为网络设备中的时钟同步类型进行设置,【同步类型】中可以选择【作为主站】还是【作为从站】,也可以选择无主站或从站。时间间隔可以选择设置为 1、10 s 或 1 min。

另外,时钟中的校正因子是用于修正时钟 24 h 精度的,校正因子可以是正值,也可以是负值。例如,如果时钟 24 h 快 2 s,这个校正因子就是 － 2 000 ms。CPU 的【诊断/时钟】选项卡如

图 15 所示。

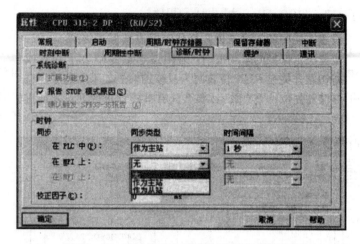

图 15　S7 – 300 的 CPU 的【诊断/时钟】选项卡

实训二　压力开关在 S7 – 300 PLC 的应用

一、项目的工艺要求

　　VP1050 加工中心的整个液压系统采用变量叶片泵为系统提供压力油,并在泵后设置止回阀用于减小系统断电或其他故障造成液压泵压力突降而对系统产生的影响,避免机械部件冲击损坏。压力开关 YK1 用来检测液压系统的状态,如压力达到预定值,则发出液压系统压力正常的信号,该信号作为 CNC 系统开启后 PLC 高级报警程序自检的首要检测对象;如 YK1 无信号,PLC 自检发出报警信号,整个数控系统的动作将全部停止。VP1050 加工中心的液压系统工作原理图如图 1 所示。

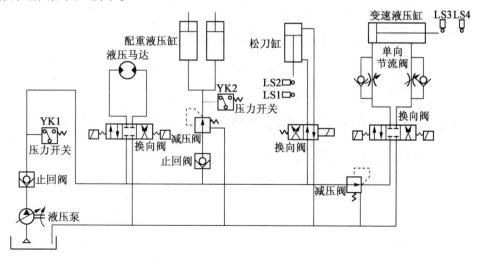

图 1　VP1050 加工中心的液压系统工作原理图

二、西门子 S7 – 300 PLC 控制原理图

本示例采用 AC 220 V 电源供电,空气开关 Q1 为电源隔离短路保护开关,电源模块为 6ES7 307 – 1BA00 – 0AA0,负载电源电压为 AC 120/230 V 或 DC 24 V/2 A。CPU 为 6ES7 313 – 1AD03 – 0AB0,12 KB 工作内存,0.6 ms/1 000 条指令,MP1 连接,单排最多可组态 8 个模块,S7 通信(可加载的 FB/FC)。数字量输入/输出模块为 6ES7 323 – 1BH81 – 0AA0, DI8/DO8 × DC 24 V/0.5 A,户外型。PLC 控制原理图如图 2 所示。

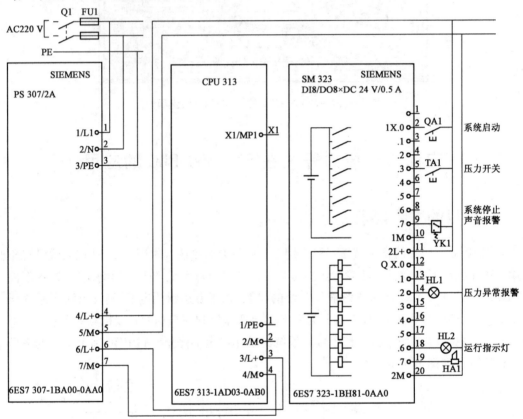

图 2　西门子 S7 – 300 PLC 控制原理图

三、在 S7 – 300 系列 PLC 项目中处理压力开关信号的编程

首先在创建项目的【符号编辑器】中制作符号表,如图 3 所示。

符号编辑器 - [S7 程序(3) (符号) -- VP1050 加工中心液压系统\SIMATIC 300(...

	状态	符号	地址		数据类型	注释
1		报警指示	Q	0.2	BOOL	连接报警指示灯HL1
2		系统启动信号	I	0.0	BOOL	连接系统启动按钮QA1
3		系统启动	M	1.0	BOOL	
4		系统停止	I	0.3	BOOL	连接系统停止按钮TA1
5		系统压力低报警	M	2.0	BOOL	
6		压力开关信号	I	1.7	BOOL	连接压力开关YK1
7		系统运行指示	Q	0.6	BOOL	连接指示灯HL2
8		系统压力低声音报警	Q	0.7	BOOL	连接报警器HA1

按下 F1 获取帮助。

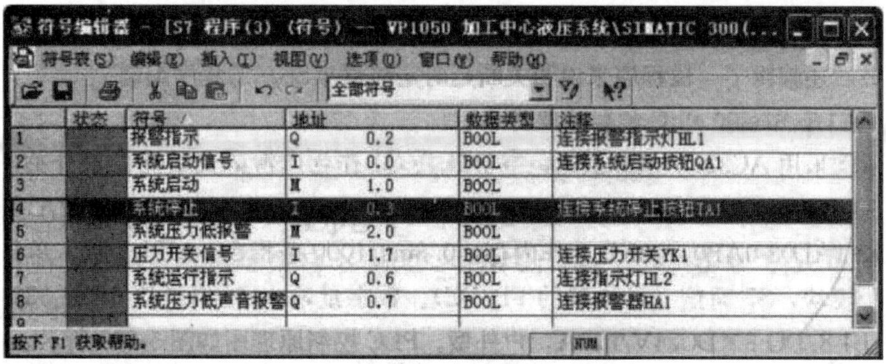

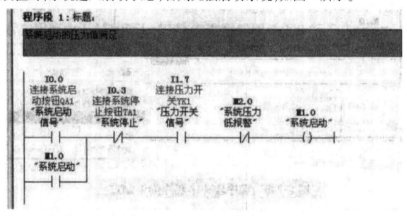

图 3　符号表

在组织块 OB1 中编写主程序，当按下系统启动按钮 QA1 后，输入端子 I0.0 接通，当系统压力达到预设值时，系统进入启动状态，否则无法启动系统，如图 4 所示。

图 4　程序段 1 的程序

当系统压力过低而达不到压力开关 YK1 的预设值时，输入端子 I1.7 的常闭触点使系统压力低报警回路得电，如图 5 所示。

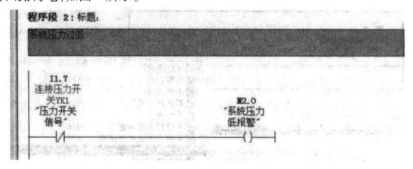

图 5　程序段 2 的程序

系统压力过低时，接通报警指示灯 HL1，也可以连接报警器 HA1 进行声音报警，如图 6 所示。

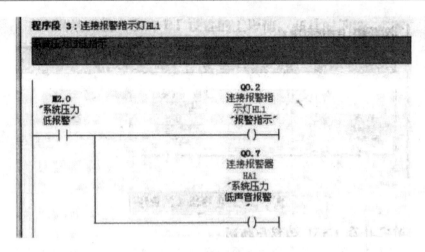

图6　程序段3的程序

系统启动运行后,点亮指示灯 HL2。程序编制时,首先单击程序段,然后单击工具条上的线圈图标—( )—插入线圈,最后单击已经插入的线圈的符号【??.?】,在弹出的子选项中选择【插入符号】,如图7所示。

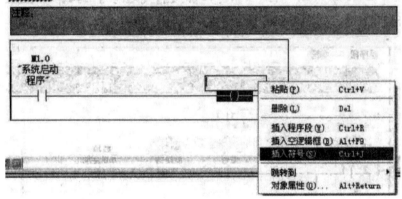

图7　程序段4的程序的编制过程

需要在随后弹出的变量中选择刚刚插入的线圈的变量名称,即【系统运行指示】,如图8所示。

完成后的程序段4的程序如图9所示。当按下系统停止按钮 TA1 或紧急制动时,系统运行 M1.0 将会失电,指示灯将熄灭。

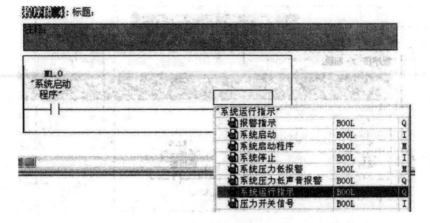

图 8　插入线圈

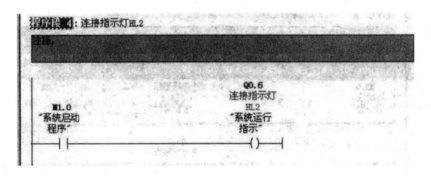

图 9　程序段 4 的程序

四、关断延时定时器(SS)的程序编制

　　在程序中当关断延时定时器的输入端 S (I10.6)的 RLO 从 1 变到 0 时,定时器 T3 启动。当时间到达 TV 设定时间(35 s)时,输出状态为 0 (Q11.0 =0)。当定时器 T3 运行时,如果输入端 S (I10.6)的状态从 0 变到 1,定时器 T3 停止运行;下次当 S (I10.6)从 1 变到 0 时,定时器 T3 重新启动。当复位输入端 R (I11.6)的 RLO =1 时, 清除定时器中的定时值(S5T#35S),并将输出(Q11.0)复位。

　　如果两个输入端 S 和 R (I10.6 和 I11.6)都有信号 1,将不置位输出(Q11.0),直到优先级高的复位(I11.6)取消为止。

　　当输入端 S (I10.6)处的 RLO 从 0 变为 1 时,输出为 1 (Q11.0 =l)。如果输入端 S (I10.6)取消,那么输出端 Q (Q11.0)继续保持 1,直到 TV 设定时间(35 s)到达为止。关断延时定时器在程序中 LAD/STL/FBD 的编程如图 10 所示。

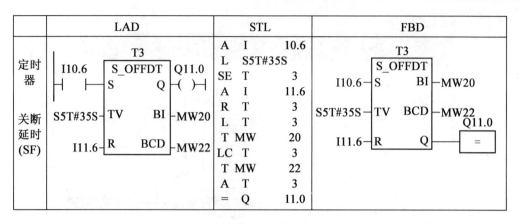

图 10　关断延时定时器的应用

五、IEC 定时器的应用

IEC 定时器在 PLC 中的使用没有数量限制。另外,IEC 定时器的定时时间最大可以达到 24 天 20 小时 31 分 23 秒(设置范围为 T#24D_20H_31M_23S_648MS、T#24D_20H_31M_23S_647MS),这样如果在工程中需要一个很长时间的定时器,就不需要使用定时器串联的方式来进行扩展了。另外,对 IEC 编程方式非常熟悉的读者建议使用 IEC 定时器,这些功能块的用法与其他厂家采用 IEC 标准的功能块都是一样的,因而非常容易上手。

西门子 STEP 7 的 IEC 定时器是通过系统功能块 SFB3 脉冲定时器 PT、SFB4 延时闭合定时器 TON、SFB5 延时断开定时器 TOF 来实现的。

1. SFB3 脉冲定时器

当 IN 输入引脚出现上升沿后,定时器的输出端 ET 以毫秒精度开始计时,直至其达到输入引脚 PT 设置的上限值。在计时期间,脉冲输出 Q 连接的变量为 TRUE,其余时间为 FALSE。

功能块的输入引脚定义如下。

①IN 布尔型(BOOL)。该输入端的上升沿触发 ET 端的计时。

②PT 时间型(TIME)。ET 计时时间的上限值。

功能块的输出引脚定义如下。

①Q 布尔型(BOOL)。当 ET 端在计时时,其值为 TRUE。

②ET 时间型(TIME)。时间的当前状态。

脉冲定时器的时序图如图 11 所示。

编程举例,DB2 为 SFB3 的背景数据块,调用 SFB3 功能块时由系统生成,当 IN 功能块输入 M21.1 从 0 变为 1 时定时器启动,则 M22.0 输出为 1,时间到 PT 设置的 5 s 后 M22.0 为 0,产生一个 5 s 的脉冲。如果在 5 s 内 M21.1 从 1 变为 0, M22.0 的输出不受影响,在线监控时可以从 MD24 读出定时器已运行的时间。脉冲定时器的定时如图 12 所示。

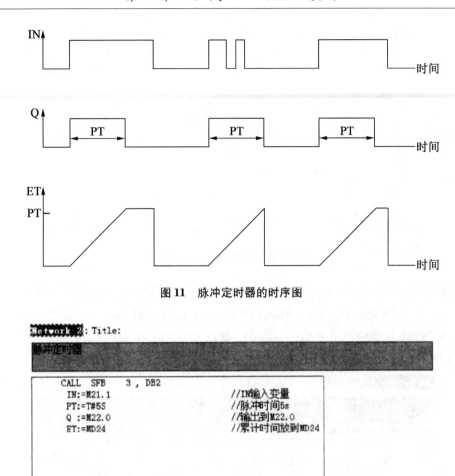

图 11　脉冲定时器的时序图

图 12　脉冲定时器的定时

2. SFB4 延时闭合定时器

SFB4 延时闭合定时器的 IN 引脚连接的变量从 FALSE 变为 TRUE,定时器的输出端 ET 以毫秒级别开始计时,直到达到 PT,随后它会维持不变。

当 IN 引脚变为 TRUE 且 ET = PT 时,功能块输出引脚 Q 输出为 TRUE,否则功能块输出引脚 Q 输出为 FALSE。

功能块的输入引脚定义如下。

①IN 布尔型(BOOL)。该输入端的上升沿触发 ET 端的计时。

②PT 时间型(TIME)。ET 计时时间的上限值(延时时间)。

功能块的输出引脚定义如下。

①Q 布尔型(BOOL)。一旦 ET 端计时达到上限值 PT 时,输出一个上升沿。

②ET 时间型(TIME)。时间的当前状态。

延时闭合定时器的时序图如图 13 所示。

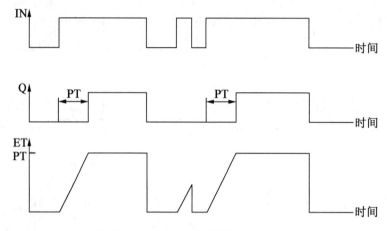

图 13　延时闭合定时器的时序图

编程举例,DB1 为 SFB4 的背景数据块,调用 SFB4 功能块时由系统生成,当 IN 功能块输入 M0.1 从 0 变为 1 时定时器启动,时间到 PT 设置的 10 s 后 M1.0 为 1。如果在 10 s 内 M0.1 从 1 变为 0,则 M1.0 的输出也变为 0,从 MD10 可以读出定时器已运行的时间。延时闭合功能块如图 14 所示。

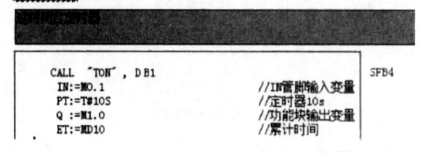

图 14　延时闭合功能块

3. SFB5 延时断开定时器

一旦功能块的 IN 输入变量由 TRUE 变为 FALSE,定时器的输出端 ET 便以毫秒级精度开始计时,直到它等于 PT,随后它会维持不变。

当 IN 变为 FALSE 且 ET = PT 时,Q 为输出 FALSE,否则为 TRUE。

由上可知,在等待了毫秒级精度的 PT 值决定的时间段后,Q 返回了一个下降沿。

功能块的输入引脚定义如下。

①IN 布尔型(BOOL)。该输入端的下降沿触发 ET 端的计时。

②PT 时间型(TIME)。ET 计时时间的上限值(延时时间)。

功能块的输出引脚定义如下。

①Q 布尔型(BOOL)。一旦 ET 端计时达到上限值 PT 时,输出一个下降沿(延时时间到达设置值)。

②ET 时间型(TIME)。功能块累计的运行时间。

延时断开定时器的时序图如图 15 所示。

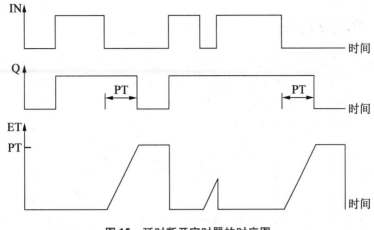

图 15　延时断开定时器的时序图

编程举例,DB3 为 SFB5 的背景数据块,调用 SFB5 功能块时由系统生成,当 IN 功能块输入 M30.1 从 0 变为 1 时,输出引脚 Q 也从 0 变为 1,当输入引脚 IN 从 1 变为 0 时定时器启动,时间到 PT 设置的 10 s 后 M1.0 也变为 0。如果在延时的 10 s 内 M30.1 从 1 变为 0,则定时器的 ET 也复位为 0。延时断开程序如图 16 所示。

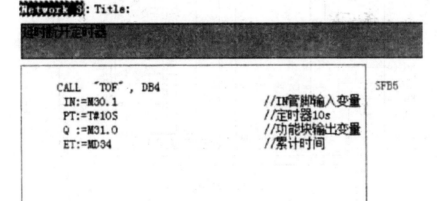

图 16　延时断开程序

实训三　单按钮开关照明灯在 S7 – 300 PLC 中的电气设计与编程应用

一、工艺要求

创建一个西门子 S7 – 300 的项目,然后使用一个按钮 QA1 来控制开关一个照明灯,然后使用另一个按钮 QA2 来控制警报器的响声,并说明 SR 触发器在程序中是如何进行编程的。

二、PLC 控制原理图

本示例采用 AC 220 V 电源供电,电控柜上使用绿色启动按钮 QA1 和 QA2、绿色照明灯 HL1,报警器 HA1 为蜂鸣报警器,CPU 采用 315 - 2 PN/DP。西门子 PLC 300 系列 SM 323 混合数字量模块的控制原理图如图 1 所示。

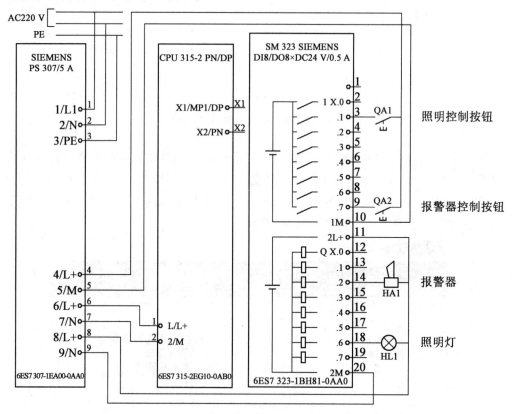

图 1　PLC 控制原理图

三、单按钮开关照明灯的程序编制

在【SIMATIC Manager】中,在【文件】下单击【新建】来创建一个名称为【单按钮开关照明灯的控制】的新项目,然后鼠标右键选择【插入新对象】→【SIMATIC 300 站点】来插入一个 300 的站,如图 2 所示。

在【硬件组态】中组态项目的元件,电源模块选择 6ES7 307 - 1EA00 - 0AA0,负载电源选择 AC120/230 V、DC24 V/5 A。CPU 为 6ES7 315 - 2EG10 - 0AB0,数字量输入/输出模块为 6ES7 323 - 1BH81 - 0AA0,DI8/DO8 × DC24 V/0.5 A,硬件组态如图 3 所示。

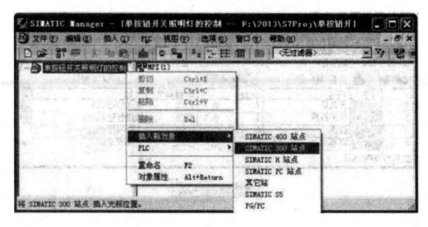

图 2　插入一个 SIMATIC 300 的新站

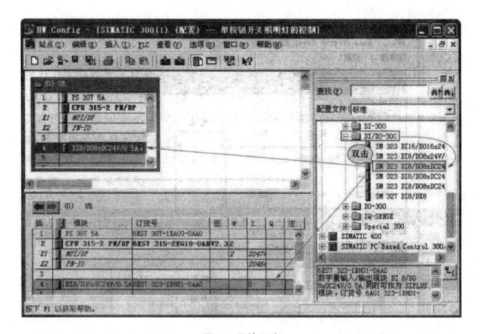

图 3　硬件组态

在【符号编辑器】中编辑符号表,如图 4 所示。

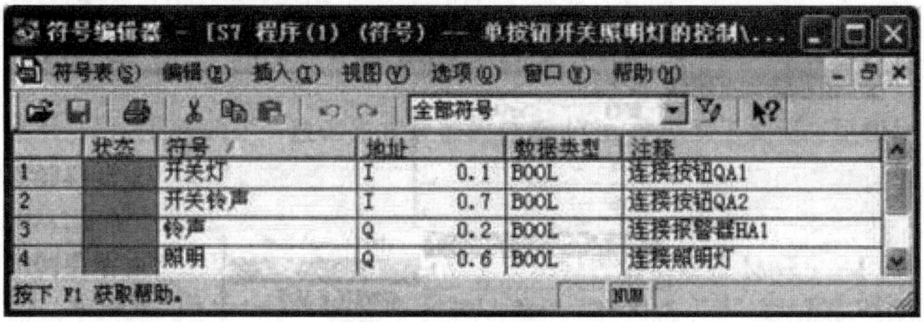

	状态	符号	地址		数据类型	注释
1		开关灯	I	0.1	BOOL	连接按钮QA1
2		开关铃声	I	0.7	BOOL	连接按钮QA2
3		铃声	Q	0.2	BOOL	连接报警器HA1
4		照明	Q	0.6	BOOL	连接照明灯

按下 F1 获取帮助。

图 4　符号表

　　使用单按钮对一个设备的两种相反状态进行控制的方法有很多,这里对照明线路采用了置复位的编程方法,对响铃线路则采用了上升沿和异或的方法。读者可以通过这两种编程方法在以后的工程实践中编辑出更多不同、更加实用的程序来适应不同项目的工艺要求。

　　单按钮控制照明灯 HL1 是使用置复位指令完成的,当第一次按下按钮 QA1 后,输入点 I0.1 得电,然后用它的后沿同时触发 SR 触发器的 S、R 端,S 端串接了由 SR 触发器输出的位信号 M2.0 的常闭触点触发 S 端,R 端也串接了由 SR 触发器输出的位信号 M2.0 的常开触点触发 R 端。

　　控制的过程就是当按下按钮 QA1 后,抬起瞬间它同时触发了 S、R 端,如果此时 M2.0 = 0,S 端触发有效,使 SR 触发器反转,其输出从 0 变为 1,在下一周期则 M2.0 = 1。程序段 1 和 2 如图 5 所示。

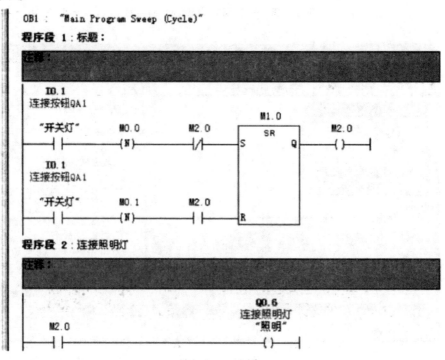

图 5　程序段 1 和 2

　　一个 SR 触发器构成的单按钮控制警报器使用了上升沿和异或的方法来实现。

　　第一次按下按钮 QA2 后,第一个 I0.7 脉冲信号到来时,M3.0 产生一个扫描周期的单脉冲,使 M3.0 的常开触点闭合一个扫描周期,程序段 3 如图 6 所示。

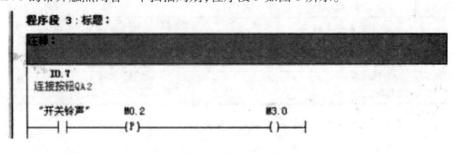

图 6　程序段 3

第一个脉冲到来的一个扫描周期后,M3.0 断开,连接报警器的 Q0.2 接通,第二个支路使 Q0.2 保持接通。当第二次按下按钮 QA2 时,代表第二个脉冲到来,M3.0 再产生一个扫描周期的单脉冲,使得 Q0.2 的状态从接通变为断开,程序段 4 如图 7 所示。

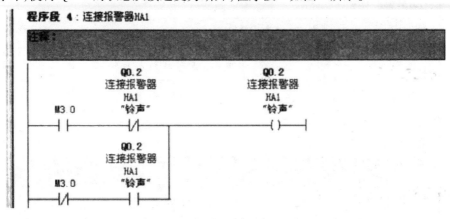

图 7　程序段 4

通过上面 4 段程序的编制,读者应该熟悉了 SR 触发器在程序中的应用,同时要掌握西门子 CPU 315 - 2 PN/DP 和西门子 PLC 300 系列 SM323 混合数字量模块的电气设计。另外,读者也可以参照本示例程序来实现单按钮控制电机的启动与停止。

四、编辑带形式参数的功能 FC

首先创建一个功能 FC 并使用【LAD/STL/FBD】编辑器打开,然后在变量表中编辑 FC 的变量。FC 的变量表如图 8 所示。

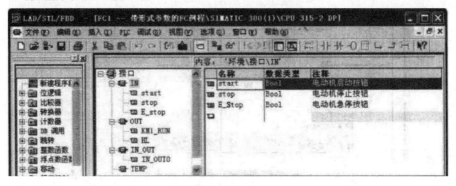

图 8　FC 的变量表

电机启动功能 FC 的程序如图 9 所示。在组织块 OB1 中调用电机功能 FC 的程序如图 10 所示。

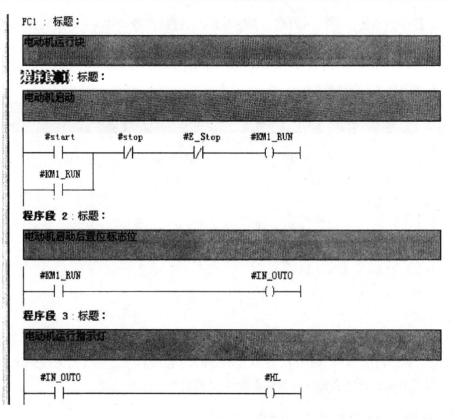

图9　电机功能 FC 的程序

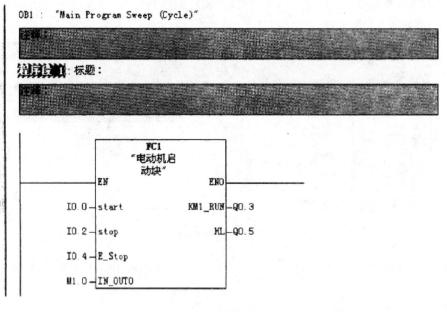

图10　调用功能 FC 的程序

实训四　西门子 S7 – 300 系列 PLC 控制电机正反转运行的项目应用

一、西门子 S7 – 300 系列 PLC 控制电机正反转运行的工艺要求

在实际生产中,常常需要运动部件实现正反两个方向的运动,这就要求拖动的电机能做正反运转。

本装置内的电机采用 AC380 V/50 Hz 三相四线制电源供电,电机正反转运行的控制回路由空气开关 Q1、接触器 KM1 和 KM2、热继电器 FR1 及电机 M1 组成。其中,空气开关 Q1 作为电源隔离短路保护开关,热继电器 FR1 作为过载保护,中间继电器 CR1 的常开触点控制接触器 KM1 线圈的得电、失电,接触器 KM1 的主触点控制电机 M1 的正转运行,而中间继电器 CR2 的常开触点控制接触器 KM2 线圈的得电、失电,接触器 KM2 的主触点控制电机 M1 的反转运行。三相异步电机正反转运行的电路图如图 1 所示。

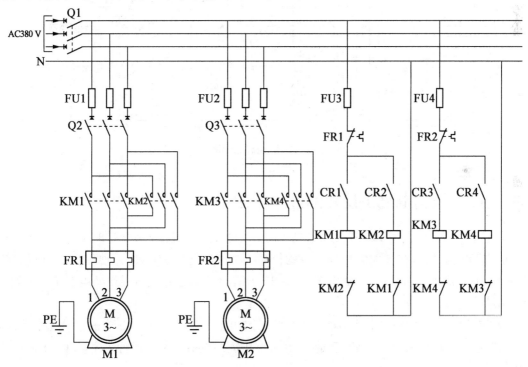

图 1　电机正反转运行的电路图

二、西门子 S7 – 300 系列 PLC 控制电机正反转的原理图

本示例采用 AC220 V 电源供电,选用的 PLC 为 CPU315,编号为 6ES7 315 – 2AG10 – 0AB0,数字量输入/输出模块选用 6ES7 323 – 1BH01 – 0AA0,电机正转启动按钮 QA1 连接到 PLC 输入端子 I0.1 上,停止按钮 TA1 连接到 PLC 输入端子 I0.3 上,电机热保护 FR2 连接到

PLC 输入端子 I0.5 上,电机反转启动运行按钮 QA2 连接到 PLC 输入端子 I0.7 上,电动机正转运行中间继电器 CR1 的线圈连接到 PLC 输出端子 Q0.0 上,电动机反转运行中间继电器 CR2 的线圈连接到 PLC 输出端子 Q0.2 上,电机正转运行指示灯 HL1 连接到 PLC 输出端子 Q0.4 上,电机反转运行指示灯 HL2 连接到 PLC 输出端子 Q0.6 上。PLC 控制电机正反转运行的控制原理图如图 2 所示。

6ES7 323 - 1BH01 - 0AA0 模块有 8 点输入,电隔离为 8 组;还有 8 点输出,电隔离为输出 8 组,额定的输入电压为 DC24 V,额定的负载电压为 DC24 V。该混合模块的输入适用于开关及 2/3/4 线的接近开关,输出能够驱动电磁阀、DC 接触器和指示灯等负载。

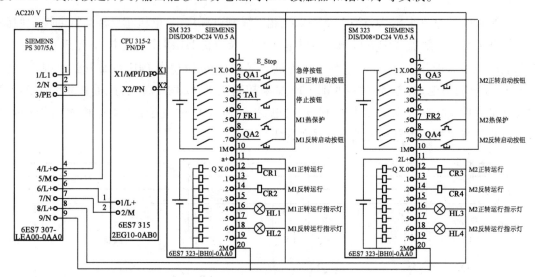

图 2　PLC 控制原理图

三、PLC 控制电机正反转的程序编制

在进行程序编制前,可以首先对硬件进行硬件的配置和组态,配置硬件时可以项目下添加一个新的 300 站,然后在添加完成后出现的【SIMATIC 300（1）】中双击【硬件】弹出【硬件组态】窗口,最后依次添加导轨、CPU 电源、CPU315、两个 8 点数字量混合模块。组态完成图如图 3 所示。

可以在【STEP 7 中块的插入方法】中添加一个功能 FC3,然后在 FC3 中的临时变量为【电机正反转运行功能模块】定义临时变量,并在程序中编写电机正反转运行程序。FC3 的临时变量表如图 4 所示。

电机正转接触器 KM1 由正转启动按钮 QA1 控制,正转时 QA1 被按下后,由于串接在此网络 1 回路中的反转运行线圈、热继电器 FR1、停止按钮和急停按钮的触点为常闭触点,所以中间继电器 CR1 的线圈将会得电,其触点使主回路的接触器线圈 KM1 带电动作。在程序中通过 #starFOR_KM1 的常开触点进行了自保持,电机 KM1 正转运行,同时点亮正转指示灯,即程序中的 #starFOR_Lamp 得电,驱动 HL1 点亮。反转的控制思路与此相同,只是接触器 KM2 动作后,调换了两根电源线的 U、W 相(即改变电源相序),从而达到反转的目的。

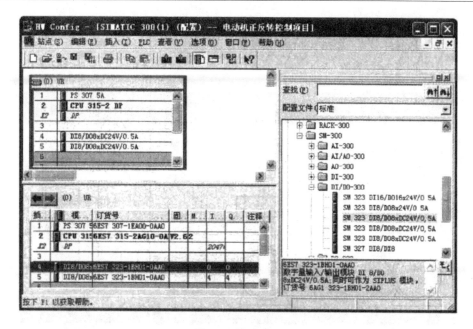

图3 组态完成图

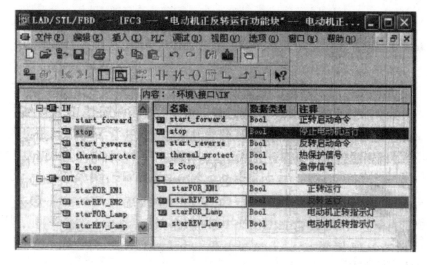

图4 FC3 的临时变量表

　　接触器 KM1 和 KM2 的主触点绝对不允许同时闭合,否则会造成两相电源短路事故。为了保证一个接触器得电动作时,另一个接触器不能得电动作,就在正转控制电路中(网络 1中)串接了反转接触器#starREV_KM2 的常闭辅助触点,而在反转控制电路中串接了正转接触器#starREV_KM1 的常闭辅助触点。当接触器 KM1 得电动作时,串在反转控制电路中(网络 2中)的#starREV_KM1 的常闭触点断开,切断了反转控制电路,保证了 KM1 主触点闭合时,KM2的主触点不能闭合。同样,当接触器 KM2 得电动作时, #starREV_KM2的常闭触点断开,切断了正转控制电路,可靠地避免了两相电源短路事故的发生。这种在一个接触器得电动作时,通过其常闭触点使另一个接触器不能得电动作的作用称为联锁(或互锁),实现联锁作用的常闭触点称为联锁触点(或互锁触点)。在 FC3 功能中实现的电机正反转的控制程序如图5 所示。

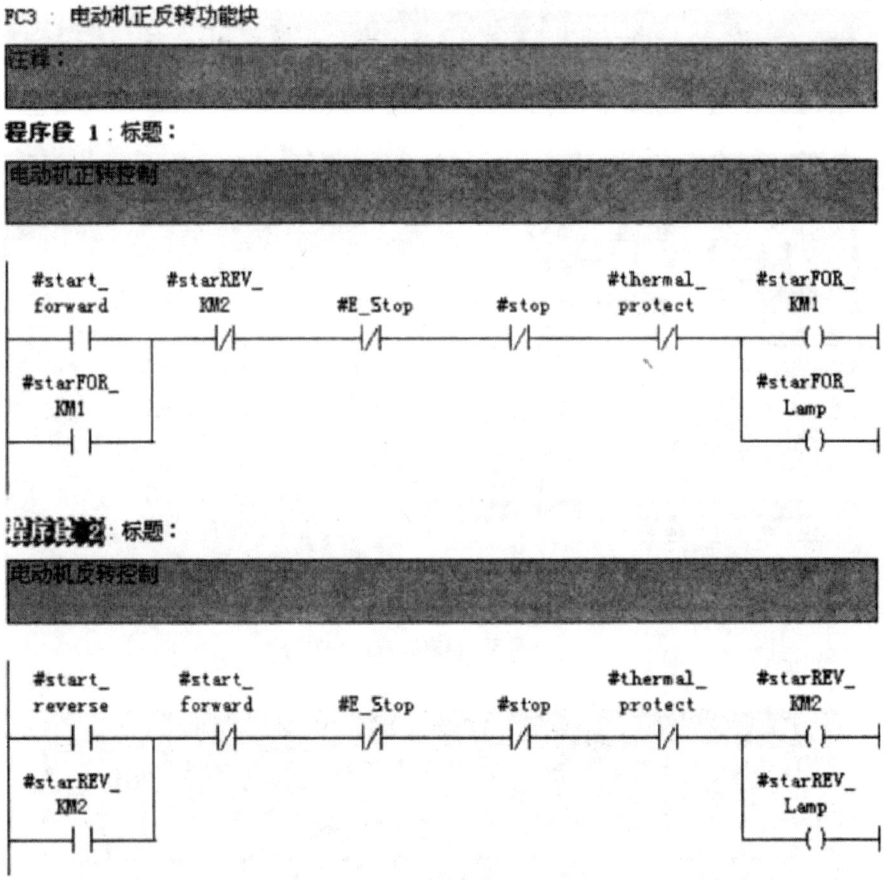

FC3 ： 电动机正反转功能块

注释：

程序段 1 ：标题：

电动机正转控制

程序段 2 ：标题：

电动机反转控制

图5　电机正反转的控制程序

　　电机正反转控制的主程序是在 OB1 块中调用功能 FC3 块来完成的,在【SIMATIC Manager】中双击【块】下的 OB1 块,在弹出的 OB1 块的【LAD/STL/FBD】编辑器中,在【程序元素】下双击【FC 块】前的 + 号,此时就会弹出上面创建的【FC3】的【电机正反转运行功能块】。在 OB1 中调用此功能块时,首先单击网络 1 中的编程条,使之变色变粗后双击 FC3,添加完成后需要在【??. ?】处输入【FC3】端子所连接的外设地址(如【start_forward】连接的是 M1 的正转按钮,地址是 I0.1),具体的操作如图 6 所示。

　　为了展示功能块在主程序中调用方法和编写功能块后可以多次反复调用的实际意义,本例中控制的是两台电机 M1 和 M2 的正反转控制。电机 M1 的正反转控制是在网络 1 中完成的,电机 M2 的正反转控制是在网络 2 中完成的,此时只需要在 OB1 块中的工具条上单击图标，添加一个新的网络(即网络 2),然后双击【FC3】块即可,然后在网络 2 中的【电机正反转运行功能块】的【??. ?】处输入 M2 的外设地址(如【start_forward】连接的电机 M2 的正转启动按钮,地址是 I1.1)。程序段 1 的程序如图 7 所示。程序段 2 的程序如图 8 所示。

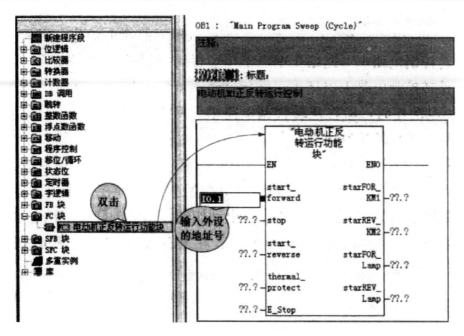

图 6　操作过程

程序段 1：标题：

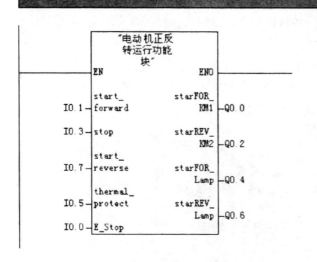

图 7　程序段 1 的程序

程序段 2：标题：

电动机M2正反转运行控制

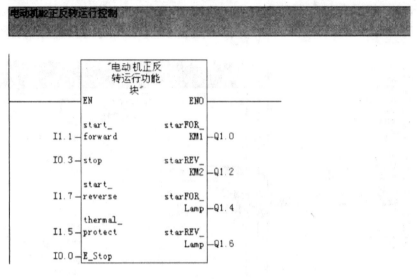

图8　程序段2的程序

实训五　点动与连续运转控制

1. 项目的工艺要求

按下点动按钮后，电机 M1 运转；松开点动按钮后，电机 M1 停止运转。按下连续运转按钮后，电机 M1 运转；松开连续运转按钮后，电机 M1 继续运转。电机运转时运转指示灯亮起，停止时停止指示灯亮起；点动运转时，点动运转指示灯闪烁。连续运转时按下点动运转无效。点动按钮、连续运转按钮、停止按钮分为就地按钮和远传按钮，远传按钮在 PLC 操作平台的上位机画面上。电机的点动与连续运转控制图如图 1 所示。

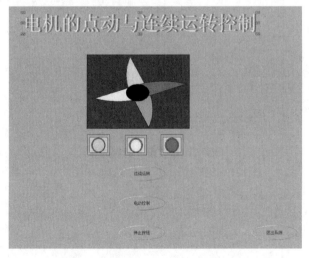

图1　电机的点动与连续运转控制图

2. 创建项目

创建新项目，项目名称为点动与连续运转控制，新项目路径在 D 盘。

3. S7 - 300 硬件组态

本例硬件组态中不组态电源，电源采用外部供电。卡键组态图如图 2 所示。

CPU：313 - 2 DP　6ES7 313 - 6CE01 - 0AB0

DI：6ES7 321 - 1BH02 - 0AA0　DI16 × DC24 V

DO：6ES7 322 - 1BH01 - 0AA0　DO16 × DC24 V/0.5 A

AI：6ES7 331 - 7KF02 - 0AB0　AI8 × 12 Bit

AO：6ES7 332 - 5HF00 - 0AB0　AO8 × 12 Bit

插...	模块	订货号	固件	MPI...	I 地址	Q 地址	注释
1							
2	CPU 313-2 DP	6ES7 313-6CE01-0AB0	V2.0	2			
X2	DP				1023*		
2.	DI16/DO16				124...125	124...125	
2.	Count				768...783	768...783	
3							
4	DI16xDC24V	6ES7 321-1BH02-0AA0			0...1		
5	DO16xDC24V/0.5A	6ES7 322-1BH01-0AA0				4...5	
6	AI8x12Bit	6ES7 331-7KF02-0AB0			288...303		
7	AO8x12Bit	6ES7 332-5HF00-0AB0				304...319	
8							
9							
10							
11							

图 2　S7 - 300 其他卡键组态

4. 创建符号表（图 3）

	状态	符号	地址		数据类型	注释
1		COMPLETE RESTART	OB	100	OB ...	Complete Restart
2		PROG_ERR	OB	121	OB ...	Programming Error
3		点动按钮	I	0.5	BOOL	
4		点动指示	Q	4.4	BOOL	
5		电机	Q	5.4	BOOL	
6		电机连续运转中间量	M	0.0	BOOL	
7		电机停止指示	Q	4.0	BOOL	
8		电机运转指示	Q	5.0	BOOL	
9		画面点动按钮	M	1.5	BOOL	
10		画面连续运转按钮	M	1.4	BOOL	
11		画面停止按钮	M	1.0	BOOL	
12		连续运转按钮	I	0.4	BOOL	
13		闪烁1	T	0	TIMER	
14		闪烁2	T	1	TIMER	
15		停止按钮	I	0.0	BOOL	
16						

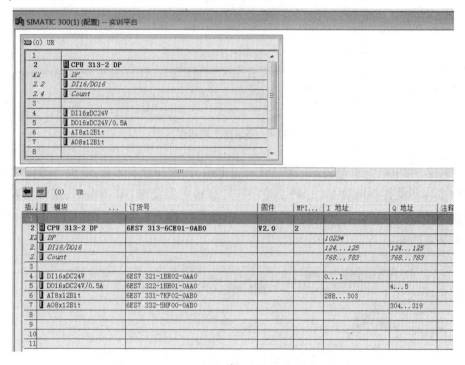

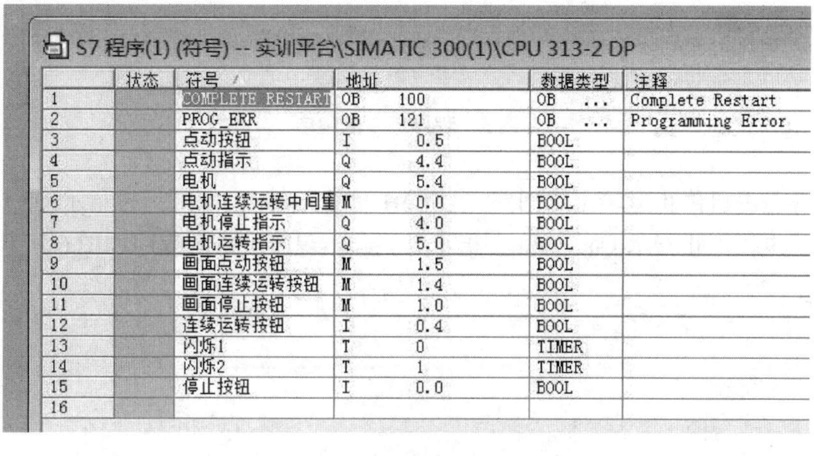

图 3　创建符号表

5. 在 OB1 中编写程序

程序段 1 中,按下连续运转按钮 I0.4 后,停止按钮 I0.0、画面停止按钮 M1.0 及点动按钮 I0.5 的常闭触点使得电机连续运转中间量 M0.0 得电,M0.0 常开触点闭合,实现自锁功能,使得 M0.0 即使在松开连续运转按钮 I0.4 后也能得电。程序段 1 的程序如图 4 所示。

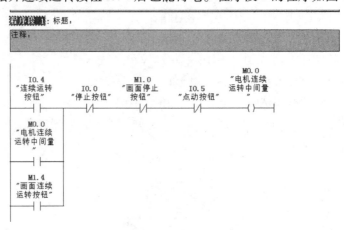

图 4　程序段 1 的程序

程序段 2 中,电机连续运转中间量 M0.0 得电后,其常开触点闭合,电机运转指示 Q5.0 亮起,电机 Q5.4 得电使得电机 M1 运行。电机连续运转中间量 M0.0 得电后,其常闭触点断开,使得回路 2、回路 3 中的点动按钮和画面点动按钮即使按下也不能影响电机运转。程序段 2 的程序如图 5 所示。

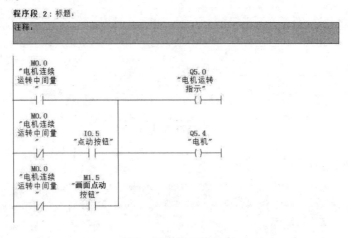

图 5　程序段 2 的程序

程序段 3 是电机停止运转指示回路,电机 M1 停止运转时,电机运转指示 Q5.0 不得电,其常闭触点使得电机停止指示 Q4.0 得电,指示灯亮起。程序段 3 的程序如图 6 所示。

图6　程序段3的程序

程序段 4 和 5 是点动运转指示的闪烁回路,用了两个时间继电器,闪烁灯会以一暗一亮的形式展现,闪烁间隔时间为 500 ms。程序段 4 和程序段 5 运转程序如图 7 所示。

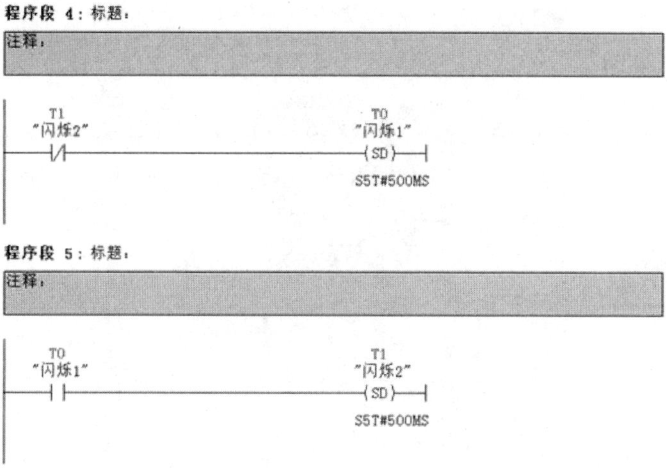

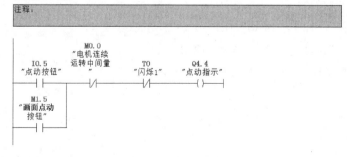

图7　程序段4和程序段5运转程序

程序段 6 中,当按下点动按钮 I0.5 或者画面点动按钮 M1.5 后,通过电机连续运转中间量 M0.0 的常闭触点以及闪烁 1 T0 的常闭触点后,点动指示 Q4.4 亮起(闪烁)。如果按下连续运转按钮后,电机连续运转中间量 M0.0 得电,其常闭触点断开,使得点动按钮失效;如果电机连续运转中间量 M0.0 不得电,按下点动按钮后,可以通过程序段 2 使得电机运转,并且运转指示灯亮起。程序段 6 的程序如图 8 所示。

图8　程序段6的程序

6. 将程序下载到仿真软件或西门子 S7-300 实训平台中,运行该程序

实训六　瞬时启动延时停止控制

1. 项目的工艺要求

当按下启动按钮后,电机 M1 运转;当按下停止按钮后,电机 M1 延时 10 s 后停止运转。电机 M1 运行和停止时都有相关指示灯进行指示,电机 M1 延时停止时,电机停止等待灯闪烁,电机停止后闪烁停止。延时停止时,延时计时显示在上位机的操作画面上,启动和停止按钮分为就地按钮和远传按钮,远传按钮在 PLC 操作平台的上位机画面上。PLC 操作平台的上位机画面如图 1 所示。

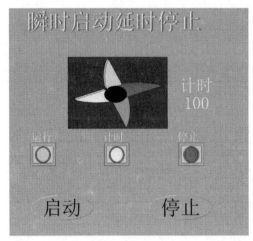

图 1　PLC 操作平台的上位机画面

2. 创建项目

创建新项目,项目名称为瞬时启动延时停止控制,新项目路径在 D 盘。

3. S7 - 300 硬件组态

本例硬件组态中不组态电源,电源采用外部供电。卡键组态图如图 2 所示。

CPU:313 - 2DP　6ES7 313 - 6CE01 - 0AB0

DI:6ES7 321 - 1BH02 - 0AA0　DI16 × DC24 V

DO:6ES7 322 - 1BH01 - 0AA0　DO16 × DC24 V/0.5 A

AI:6ES7 331 - 7KF02 - 0AB0　AI8 × 12 Bit

AO:6ES7 332 - 5HF00 - 0AB0　AO8 × 12 Bit

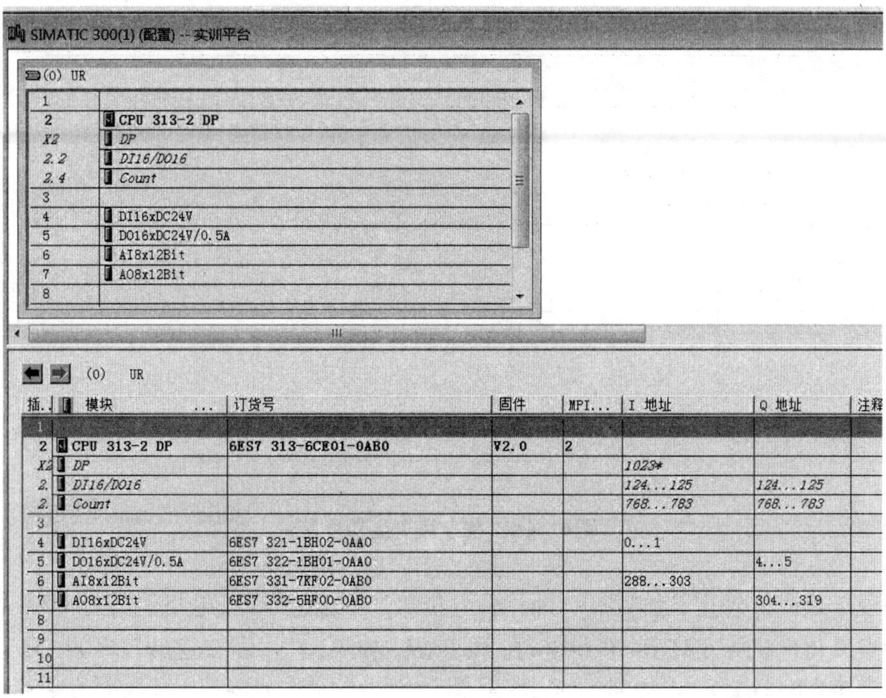

图 2　S7 - 300 其他卡键组态

4. 创建符号表(图 3)

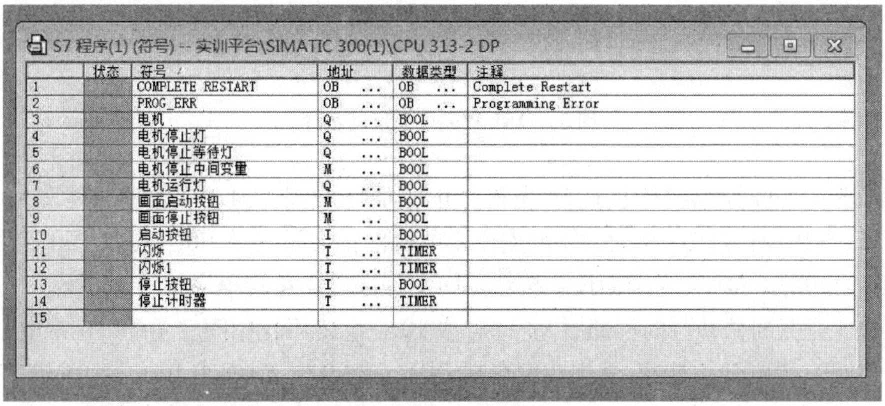

图 3　符号地址图

5. 在 OB1 中编写程序

　　程序段 1 中,按下启动按钮 I0.4 后,停止计时器 T0 的常闭触点使电机 Q5.4 得电,从而驱动电机 M1 运转,同时电机运行灯 Q5.0 亮起,Q5.0 常开触点闭合,实现自锁功能,使得 Q5.0 和 Q5.4 即使在松开启动按钮 I0.4 后也能得电。M1.0 为 PLC 上位机的画面启动按钮。OB1 程序段 1 运转程序如图 4 所示。

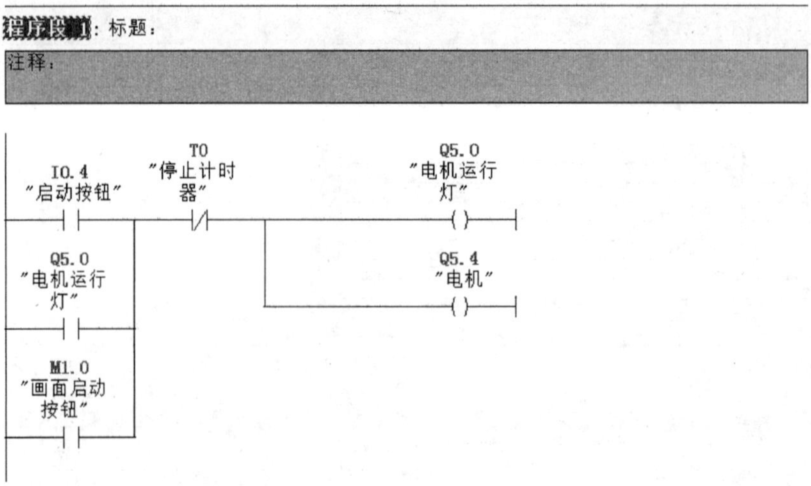

程序段 1：标题：

注释：

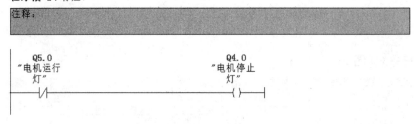

图 4　OB1 程序段 1 运转程序

程序段 2 是电机停止、运转指示灯回路，电机 M1 停止运转时，电机运行灯 Q5.0 不得电，其常闭触点使得电机停止灯 Q4.0 得电，指示灯亮起。OB1 程序段 2 运转程序如图 5 所示。

程序段 2：标题：

注释：

```
      Q5.0                                          Q4.0
    "电机运行                                       "电机停止
      灯"                                             灯"
    ──┤/├──────────────────────────────────────────( )──
```

图 5　OB1 程序段 2 运转程序

程序段 3 中，此时电机 M1 已运转，电机停止灯 Q4.0 熄灭，Q4.0 的触点在原始状态，停止按钮按下后，电机停止灯 Q4.0 的常闭触点使得电机停止中间变量 M0.0 得电，M0.0 得电后其常开触点闭合自锁。M1.1 为画面停止按钮。OB1 程序段 3 运转程序如图 6 所示。

程序段 4 是延时停止计时回路，停止计时器 T0 在电机停止中间变量 M0.0 得电后其常开触点闭合，从 T0 得电开始计时，并把数值存在 DB1.DBW0 中，时间为 10 s。程序段 5 将 DB1.DBW0 除以 10，得到的数值存在 DB1.DBW2 中，该数值主要是为了在上位机画面中显示停止计时，除以 10 后的数值是整数，方便显示。T0 得电 10 s 后，其常闭触点断开，在回路 1 中将电机停止。OB1 程序段 4 运转程序如图 7 所示。OB1 程序段 5 运转程序如图 8 所示。

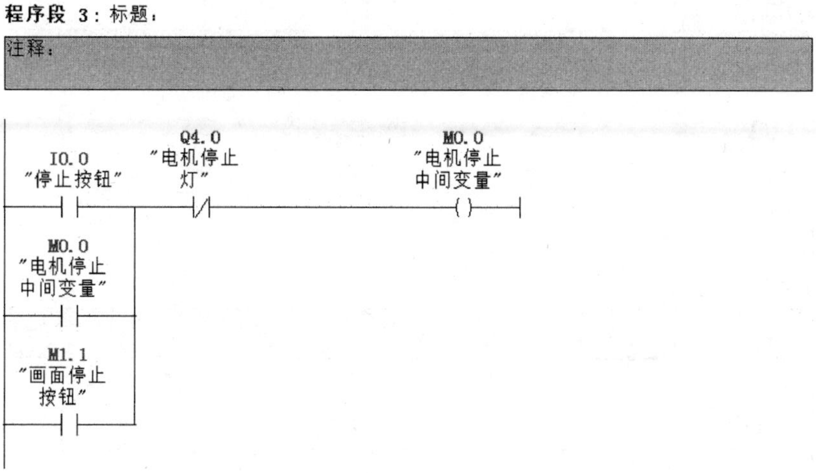

程序段 3：标题：

注释：

图6 OB1 程序段 3 运转程序

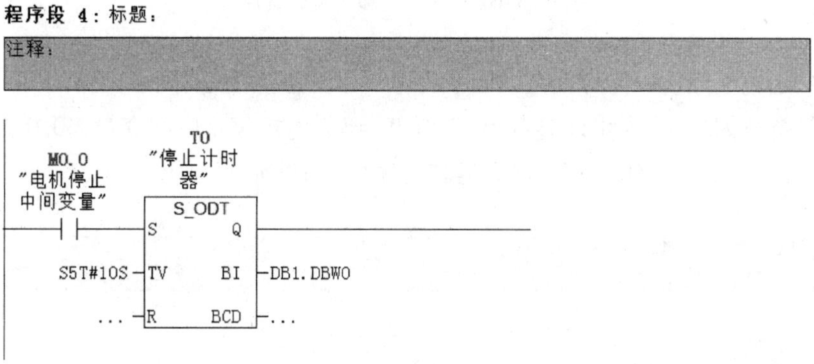

程序段 4：标题：

注释：

图7 OB1 程序段 4 运转程序

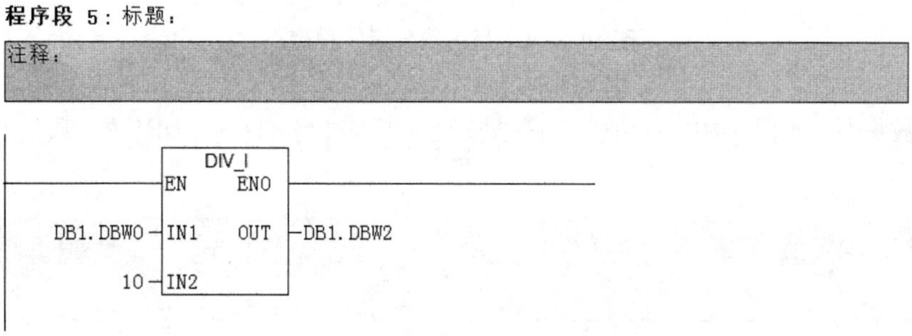

程序段 5：标题：

注释：

图8 OB1 程序段 5 运转程序

程序段 6 和 7 是闪烁回路，在这里不多加叙述，OB1 程序段 6 和 7 运转程序如图 9 所示。

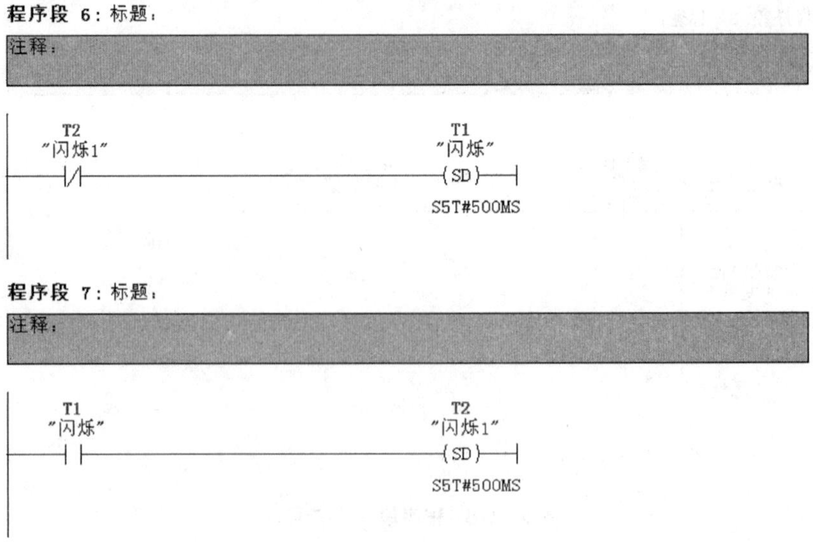

程序段 6：标题：

注释：

```
        T2                                    T1
      "闪烁1"                                 "闪烁"
    ————]/[————————————————————————————————(SD)———
                                           S5T#500MS
```

程序段 7：标题：

注释：

```
        T1                                    T2
      "闪烁"                                 "闪烁1"
    ————] [————————————————————————————————(SD)———
                                           S5T#500MS
```

图 9　OB1 程序段 6 和 7 运转程序

程序段 8 是电机停止等待灯回路，M0.0 得电后常开触点闭合，闪烁回路的 T1 的常闭触点使电机停止等待灯闪烁，当停止计时器 T0 得电 10 s 后，电机停止中间变量 M0.0 失电，触点断开，电机停止等待灯熄灭。OB1 程序段 8 运转程序如图 10 所示。

程序段 7：标题：

注释：

```
       M0.0                                    Q4.4
     "电机停止                                "电机停止
      中间变量"         T1                      等待灯"
    ————] [——————————]/[———————————————————————( )———
                     "闪烁"
```

图 10　OB1 程序段 8 运转程序

要建立数据块，把程序中的数值(不管是整数还是实数)都存在 DB1 中，数值存储如图 11 所示。

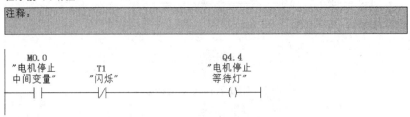

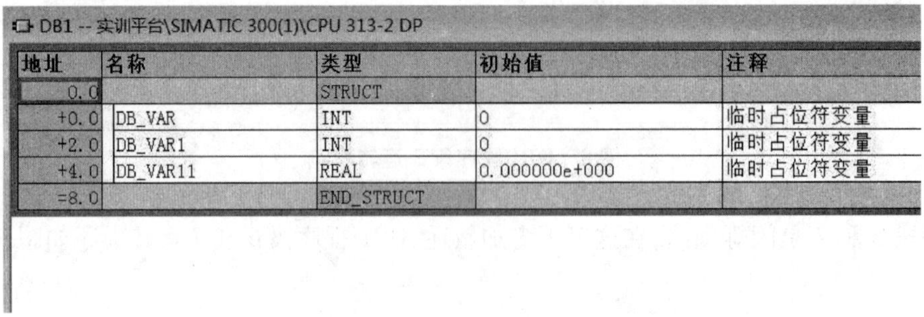

地址	名称	类型	初始值	注释
0.0		STRUCT		
+0.0	DB_VAR	INT	0	临时占位符变量
+2.0	DB_VAR1	INT	0	临时占位符变量
+4.0	DB_VAR11	REAL	0.000000e+000	临时占位符变量
=8.0		END_STRUCT		

DB1 -- 实训平台\SIMATIC 300(1)\CPU 313-2 DP

图 11　数值存储

6. 将程序下载到仿真软件或西门子 S7 – 300 实训平台中，运行该程序

实训七 带计数器的电机正反转自动切换控制

1. 项目的工艺要求

当按下电机正转按钮后,电机 M1 正转运行,正转运行 15 s 后自动切换到电机 M1 的反转运行,反转运行 15 s 后再自动切换到正转运行,每一次的正转运行和反转运行都有相应的计数器计数,并将计数的数字显示在上位机操作画面上。当正转运行和反转运行次数相加大于 10 次后,电机 M1 的正转运行和反转运行均停止。当按下电机反转按钮后,电机按照上述过程的逆过程运行,大于 10 次时,电机 M1 的正转运行和反转运行均停止。按下电机正在运转的模式的停止按钮时,正转运行和反转运行均停止。电机的正反转启动和停止按钮分为就地按钮和远传按钮,远传按钮在 PLC 操作平台的上位机画面上。电机正反转控制图如图 1 所示。

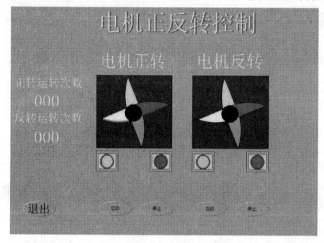

图 1 电机正反转控制图

2. 创建项目

创建新项目,带计数器的电机正反转自动切换控制,新项目路径在 D 盘。

3. S7 – 300 硬件组态

本例硬件组态中不组态电源,电源采用外部供电。其他卡键组态图如图 2 所示。

CPU:313 – 2 DP 6ES7 313 – 6CE01 – 0AB0

DI:6ES7 321 – 1BH02 – 0AA0 DI16 × DC24 V

DO:6ES7 322 – 1BH01 – 0AA0 DO16 × DC24 V/0.5 A

AI:6ES7 331 – 7KF02 – 0AB0 AI8 × 12 Bit

AO:6ES7 332 – 5HF00 – 0AB0 AO8 × 12 Bit

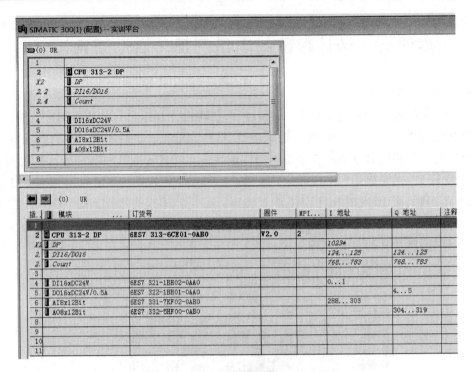

插.	模块	订货号	固件	MPI...	I 地址	Q 地址	注释
1							
2	CPU 313-2 DP	6ES7 313-6CE01-0AB0	V2.0	2			
X2	DP				1023*		
2.	DI16/DO16				124...125	124...125	
2.	Count				768...783	768...783	
3							
4	DI16xDC24V	6ES7 321-1BH02-0AA0			0...1		
5	DO16xDC24V/0.5A	6ES7 322-1BH01-0AA0				4...5	
6	AI8x12Bit	6ES7 331-7KF02-0AB0			288...303		
7	AO8x12Bit	6ES7 332-5HF00-0AB0				304...319	
8							
9							
10							
11							

图 2　卡键组态图

4. 创建符号表(图 3)

	状态	符号	地址		数据类型	注释
1		PROG_ERR	OB	121	OB 121	Programming Error
2		反转电机	Q	5.5	BOOL	
3		反转计时器	T	0	TIMER	
4		反转计数器	C	1	COUNTER	
5		反转启动按钮	I	0.5	BOOL	
6		反转停止按钮	I	0.1	BOOL	
7		反转停止灯	Q	4.1	BOOL	
8		反转运行灯	Q	5.1	BOOL	
9		画面反转启动按钮	M	0.2	BOOL	
10		画面反转停止按钮	M	0.3	BOOL	
11		画面正转启动按钮	M	0.0	BOOL	
12		画面正转停止按钮	M	0.1	BOOL	
13		计数停止	M	0.6	BOOL	
14		正转电机	Q	5.4	BOOL	
15		正转计数器	C	0	COUNTER	
16		正转计时器	T	1	TIMER	
17		正转启动按钮	I	0.4	BOOL	
18		正转停止按钮	I	0.0	BOOL	
19		正转停止灯	Q	4.0	BOOL	
20		正转运行灯	Q	5.0	BOOL	
21						

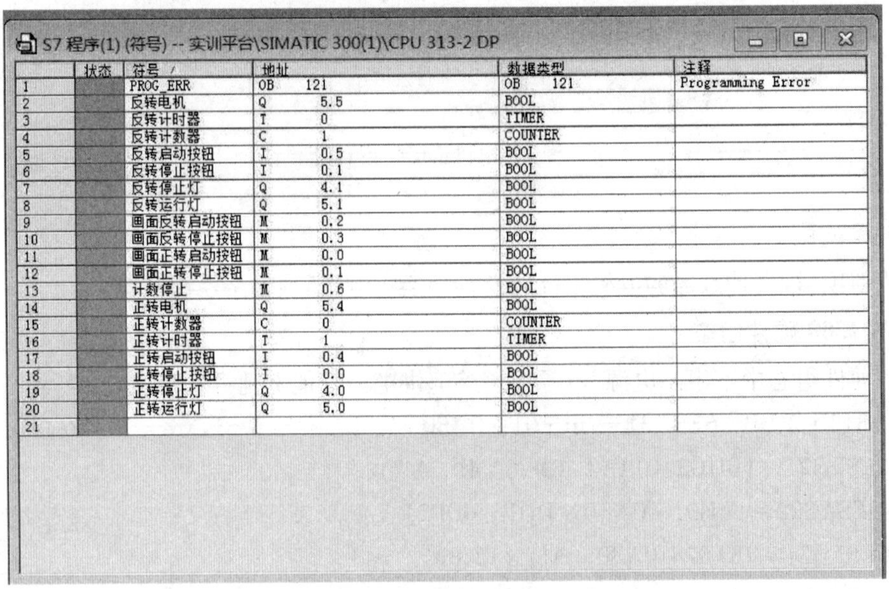

图 3　符号与地址

5. 在 OB1 中编写程序

程序段 1 中,按下正转启动按钮 I0.4 或者画面正转启动按钮 M0.0 后,通过正转停止按钮 I0.0、画面正转停止按钮 M0.1 及计数停止 M0.6 的常闭触点,回路 2 中正转电机 Q5.4 得电运行,回路 3 中反转计时器 T0 得电开始计时,回路 1 中再通过反转计时器 T0 的常闭触点使得正转运行灯 Q5.0 得电,正转运行灯亮起,Q5.0 常开触点闭合,实现自锁功能。15 s 后,T0 的常闭触点断开,Q5.0 失电,Q5.0 的自锁功能失效,正转电机和正转运行灯均失电。程序段 1 的程序如图 4 所示。

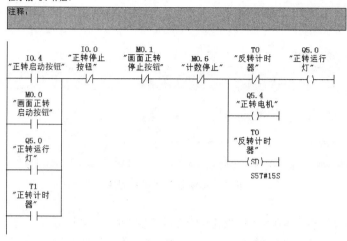

图 4　程序段 1 的程序

程序段 2 中,由于程序 1 中正转电机运转 15 s 后停止,反转计时器 T0 失电,待重新得电计时。与此同时,T0 得电 15 s 后,T0 的常开触点闭合,通过反转停止按钮 I0.1、画面反转停止按钮 M0.3 及计数停止 M0.6 的常闭触点,回路 2 中反转电机 Q5.5 得电运行,回路 3 中正转计时器 T1 得电开始计时,回路 1 中再通过正转计时器 T1 的常闭触点使得反转运行灯 Q5.1 得电,反转运行灯亮起,Q5.1 常开触点闭合,实现自锁功能。15 s 后,T1 的常闭触点断开,Q5.1 失电,Q5.1 的自锁功能失效,反转电机和反转运行灯均失电。程序段 2 的程序如图 5 所示。

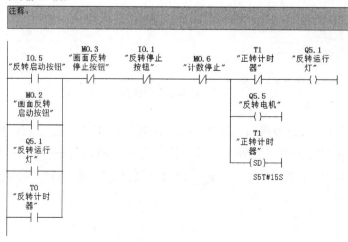

图 5　程序段 2 的程序

程序段 3 和程序段 4 是电机的正转和反转的运行和停止灯回路。程序段 3 和 4 的程序如

图 6 所示。

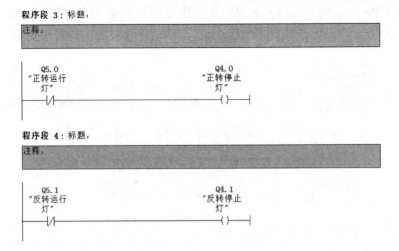

图6　程序段3和4的程序

程序段5是正转运行计数回路,当正转运行灯亮起时,其常开触点闭合,正转计数器 C0 计数一次,并把数值记录在 DB1. DBW4 中;当正转运行和反转运行都停止时,通过正转运行灯 Q5.0 和反转运行灯 Q5.1 的常闭触点让正转计数器复位,待下次运转时再进行计数。程序段5的程序如图 7 所示。

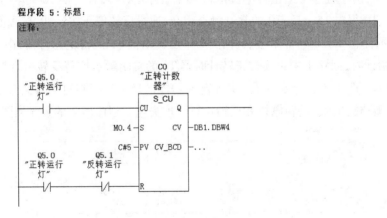

图7　程序段5的程序

程序段6是反转运行计数回路,当反转运行灯亮起时,其常开触点闭合,反转计数器 C1 计数一次,并把数值记录在 DB1. DBW6 中;当正转运行和反转运行都停止时,通过正转运行灯 Q5.0 和反转运行灯 Q5.1 的常闭触点让正转计数器复位,待下次运转时再进行计数。程序段6的程序如图 8 所示。

程序段 6：标题：

注释：

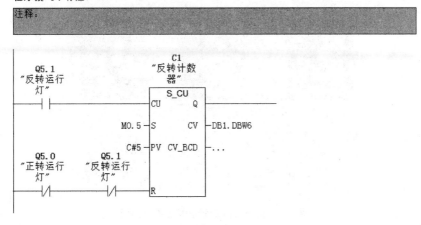

图 8　程序段 6 的程序

程序段 7 是计数累计相加并比较回路，记录在 DB1. DBW4 和 DB1. DBW6 中的数值通过加法器相加，相加的数值记录在 DB1. DBW8 中，通过整数比较器与设定值 10 进行比较，当累加数值大于 10 时，计数停止，M0.6 得电，其常闭触点断开，在程序段 1 和程序段 2 中断开正转运行和反转运行的相关设备。程序段 7 的程序如图 9 所示。

程序段 7：标题：

注释：

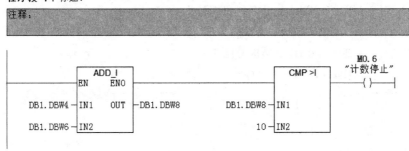

图 9　程序段 7 的程序

6. 将程序下载到仿真软件或西门子 S7-300 实训平台中，运行该程序

实训八　三台电机顺序启动逆序停止控制

1. 项目的工艺要求

三台电机分别为 M1、M2、M3，当按下任意一台电机时，该电机立即启动，该电机启动 10 s 后下一编号电机启动，再过 10 s 后再下一编号电机启动，至此三台电机启动完毕。即当先启动电机 M1 时，M1 立即启动，10 s 后电机 M2 启动，20 s 后电机 M3 启动。如果先启动电机 M2，则按照 M2—M3—M1 的顺序启动；如果先启动电机 M3，则按照 M3—M1—M2 的顺序启动。三台电机全启动后，当按下任意一台电机的停止按钮时，电机 M3 立即停止，10 s 后，电机 M2 停止，20 s 后电机 M1 停止。三台电机的启动和停止按钮分为就地按钮和远传按钮，远传按钮在 PLC 操作平台的上位机画面上。三台电机的启动和停止控制画面如图 1 所示。

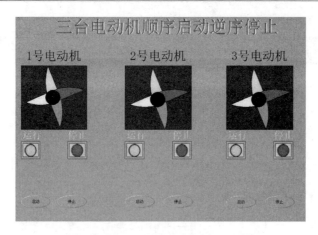

图1　三台电机的启动和停止控制画面

2. 创建项目

创建新项目,项目名称为三台电机顺序启动逆序停止控制,新项目路径在 D 盘。

3. S7 – 300 硬件组态

本例硬件组态中不组态电源,电源采用外部供电。卡键组态图如图 2 所示。

CPU:313 – 2 DP　　6ES7 313 – 6CE01 – 0AB0

DI:6ES7 321 – 1BH02 – 0AA0　　DI16 × DC24 V

DO:6ES7 322 – 1BH01 – 0AA0　　DO16 × DC24 V/0.5 A

AI:6ES7 331 – 7KF02 – 0AB0　　AI8 × 12 Bit

AO:6ES7 332 – 5HF00 – 0AB0　　AO8 × 12 Bit

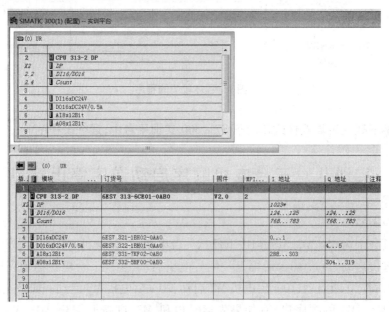

图2　卡键组态图

4. 创建符号表(图 3)

	状态	符号		地址		数据类型	注释
1		1#电机画面启动按钮	M		1.0	BOOL	
2		1#电机画面停止按钮	M		1.3	BOOL	
3		1#电机启动按钮	I		0.4	BOOL	
4		1#电机停止按钮	I		0.0	BOOL	
5		1#电机停止灯	Q		4.0	BOOL	
6		1#电机运行灯	Q		5.0	BOOL	
7		1#电机运行提示灯	Q		4.4	BOOL	
8		1#电机运行提示中间变量1	M		2.0	BOOL	
9		1#电机运行提示中间变量2	M		2.1	BOOL	
10		1#电机	Q		5.4	BOOL	
11		1#电机启动计时	T		6	TIMER	
12		1#电机停止计时	T		3	TIMER	
13		1#电机停止中间变量	M		0.2	BOOL	
14		2#电机画面启动按钮	M		1.1	BOOL	
15		2#电机画面停止按钮	M		1.4	BOOL	
16		2#电机启动按钮	I		0.5	BOOL	
17		2#电机停止按钮	I		0.1	BOOL	
18		2#电机停止灯	Q		4.1	BOOL	
19		2#电机运行灯	Q		5.1	BOOL	
20		2#电机运行提示灯	Q		4.5	BOOL	
21		2#电机运行提示中间变量1	M		2.2	BOOL	
22		2#电机运行提示中间变量2	M		2.3	BOOL	
23		2#电机	Q		5.5	BOOL	
24		2#电机启动计时	T		0	TIMER	
25		2#电机停止计时	T		2	TIMER	
26		2#电机停止中间变量	M		0.1	BOOL	
27		3#电机画面启动按钮	M		1.2	BOOL	
28		3#电机画面停止按钮	M		1.5	BOOL	
29		3#电机启动按钮	I		0.6	BOOL	
30		3#电机停止按钮	I		0.7	BOOL	
31		3#电机停止灯	Q		4.2	BOOL	
32		3#电机运行灯	Q		5.2	BOOL	
33		3#电机运行提示灯	Q		4.6	BOOL	
34		3#电机运行提示中间变量	M		2.4	BOOL	
35		3#电机	Q		5.6	BOOL	
36		3#电机启动计时	T		1	TIMER	
37		3#电机停止中间变量	M		0.0	BOOL	
38		CYCL_EXC	OB		1	OB 1	Cycle Execution
39		PROG_ERR	OB		121	OB 121	Programming Error
40		停止运行中间变量	M		0.3	BOOL	
41							

图 3　符号与地址

5. 在 OB1 中编写程序

程序段 1 和程序段 2 是 1#电机启动回路,在程序段 1 中,当按下 1#电机启动按钮 I0.4 或 1#电机画面启动按钮 M1.0 后,通过 1#电机停止中间变量 M0.2 的常闭触点使得 1#电机运行灯 Q5.0 得电亮起,1#电机 Q5.4 得电运行,2#电机启动计时 T0 得电开始计时,1#电机运行灯 Q5.0 的常开触点闭合自锁,1#电机启动计时 T6 的常开触点是在 3#电机启动 10 s 后用来启动 1#电机的。程序段 2 是 1#电机的运行与停止灯回路,在这里不多叙述。程序段 1 和 2 的程序 如图 4 所示。

程序段 3 和程序段 4 是 2#电机启动回路,在程序段 3 中,按下 2#电机启动按钮 I0.5 或 2# 电机画面启动按钮 M1.1 后,通过 2#电机停止中间变量 M0.1 的常闭触点使得 2#电机运行灯 Q5.1 得电亮起,2#电机 Q5.5 得电运行,3#电机启动计时 T1 得电开始计时,2#电机运行灯 Q5.1 的常开触点闭合自锁,2#电机启动计时 T0 的常开触点是在 1#电机启动 10 s 后用来启动 2#电机的。程序段 4 是 2#电机的运行与停止灯回路,在这里不多叙述。程序段 3 和 4 的程序 如图 5 所示。

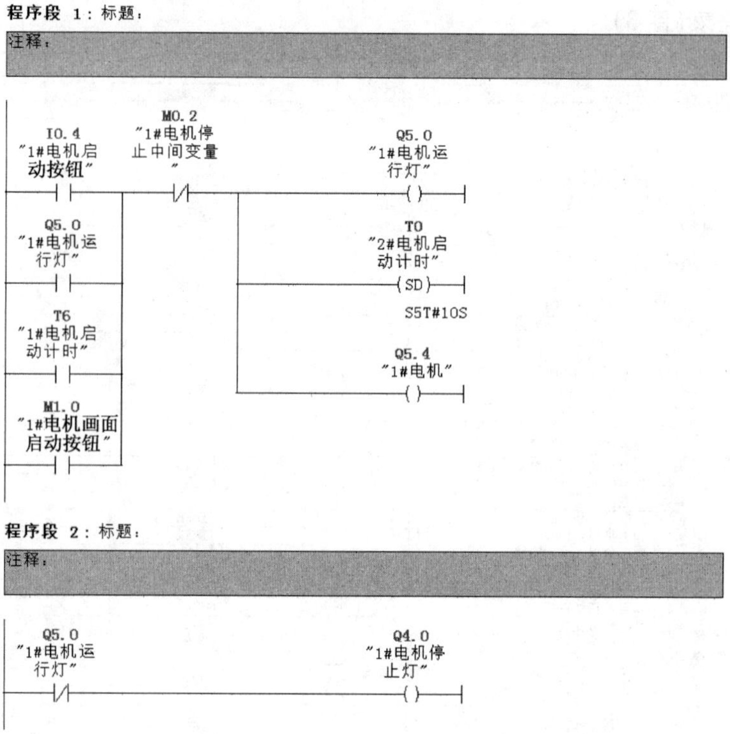

程序段 1：标题：

注释：

```
   I0.4              M0.2                           Q5.0
"1#电机启         "1#电机停                      "1#电机运
 动按钮"          止中间变量                      行灯"
   ┤├                ┤/├                          ─( )─
                                                   TO
   Q5.0                                         "2#电机启
"1#电机运                                        动计时"
  行灯"                                          ─(SD)─
   ┤├                                           S5T#10S

   T6                                              Q5.4
"1#电机启                                        "1#电机"
 动计时"                                         ─( )─
   ┤├

   M1.0
"1#电机画面
 启动按钮"
   ┤├
```

程序段 2：标题：

注释：

```
   Q5.0                                            Q4.0
"1#电机运                                        "1#电机停
  行灯"                                           止灯"
   ┤/├                                           ─( )─
```

图 4 程序段 1 和 2 的程序

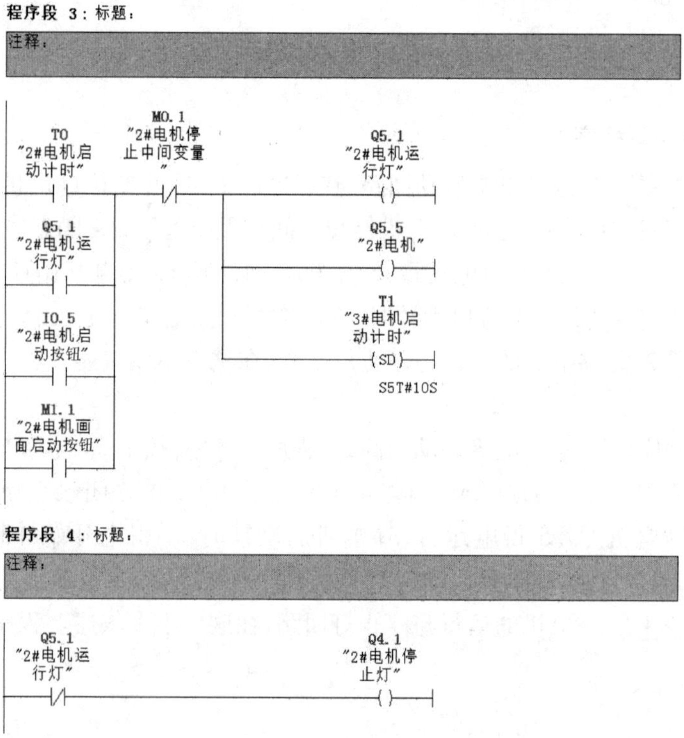

程序段 3：标题：

注释：

```
   TO               M0.1                           Q5.1
"2#电机启         "2#电机停                      "2#电机运
 动计时"          止中间变量                      行灯"
   ┤├                ┤/├                          ─( )─

   Q5.1                                            Q5.5
"2#电机运                                        "2#电机"
  行灯"                                          ─( )─
   ┤├
                                                   T1
   I0.5                                         "3#电机启
"2#电机启                                        动计时"
 动按钮"                                         ─(SD)─
   ┤├                                           S5T#10S

   M1.1
"2#电机画
 面启动按钮"
   ┤├
```

程序段 4：标题：

注释：

```
   Q5.1                                            Q4.1
"2#电机运                                        "2#电机停
  行灯"                                           止灯"
   ┤/├                                           ─( )─
```

图 5 程序段 3 和 4 的程序

　　程序段 5 和程序段 6 是 3#电机启动回路,在程序段 5 中,按下 3#电机启动按钮 I0.6 或 3#电机画面启动按钮 M1.2 后,通过 3#电机停止中间变量 M0.0 的常闭触点使得 3#电机运行灯 Q5.2 得电亮起,3#电机 Q5.6 得电运行,1#电机启动计时 T6 得电开始计时,3#电机运行灯 Q5.2 的常开触点闭合自锁,3#电机启动计时 T1 的常开触点是在 2#电机启动 10 s 后用来启动 3#电机的。程序段 6 是 3#电机的运行与停止灯回路,在这里不多叙述。程序段 5 和 6 的程序如图 6 所示。

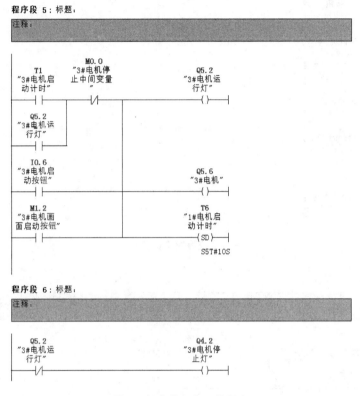

图 6　程序段 5 和 6 的程序

　　程序段 7 是电机停止控制回路,按下任意一电机的停止按钮或画面停止按钮后,通过三台电机运行灯的常开触点,因为这时三台电机都已运行,其常开触点均已闭合,因此停止运行中间变量 M0.3 得电。程序段 7 的程序如图 7 所示。

　　程序段 8 是 3#电机停止控制回路,按下任意一个停止按钮后,停止运行中间变量 M0.3 得电,其常开触点闭合,通过 1#电机停止中间变量 M0.2 的常闭触点使得 3#电机停止中间变量 M0.0 得电,M0.0 得电后在程序段 5 中立即使 3#电机停止,同时 2#电机停止计时 T2 得电开始计时,M0.0 的常开触点闭合自锁。程序段 8 的程序如图 8 所示。

程序段 7: 标题:

注释:

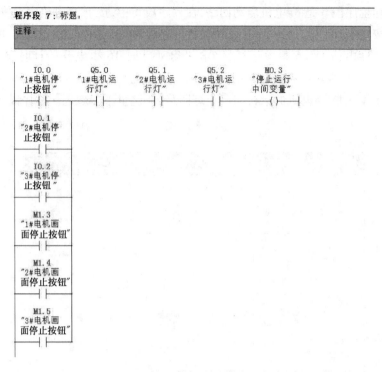

图 7　程序段 7 的程序

程序段 8: 标题:

注释:

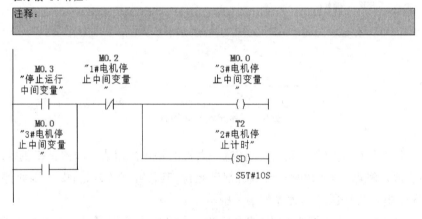

图 8　程序段 8 的程序

　　程序段 9 是 2#电机停止控制回路,2#电机停止计时 T2 得电 10 s 后,其常开触点闭合,通过 3#电机停止中间变量 M0.0 的常闭触点使得 2#电机停止中间变量 M0.1 得电,M0.1 得电后在程序段 3 中立即使 2#电机停止,同时 1#电机停止计时 T3 得电开始计时,M0.1 的常开触点闭合自锁。程序段 9 的程序如图 9 所示。

程序段 9：标题：

注释：

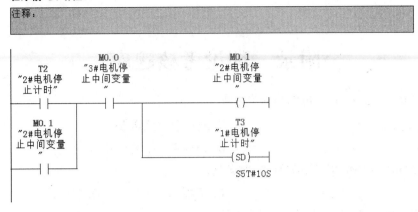

图 9　程序段 9 的程序

程序段 10 是 1#电机停止控制回路,当 1#电机停止计时 T3 得电 10 s 后,其常开触点闭合,通过 2#电机停止中间变量 M0.1 的常开触点(此时已闭合)使得 1#电机停止中间变量 M0.2 得电,M0.2 得电后在程序段 1 中立即使 1#电机停止, M0.2 的常开触点闭合自锁。程序段 10 的程序如图 10 所示。

程序段 10：标题：

注释：

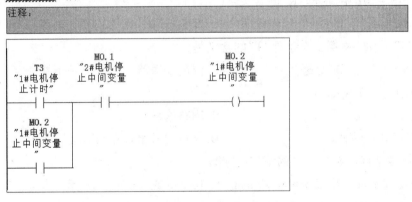

图 10　程序段 10 的程序

6. 将程序下载到仿真软件或西门子 S7 - 300 实训平台中,运行该程序

附录　理论考核题库

1. 仪表位号 TRC - 1234 中,字母"T"的含义是(　　　)。

　　A. 被测变量是温度　　　　　　　　　　B. 表示温度变送器

　　C. 变送器　　　　　　　　　　　　　　D. 表示某一工艺设备

2. 仪表位号 PDRC - 2102 中,字母"D"的含义是(　　　)。

　　A. 密度　　　　　　B. 差　　　　　　C. 压差　　　　　　D. 多变量

3. 仪表位号组成中,第一位字母表示(　　　)。

　　A. 功能字母代号　　B. 工序号　　　　C. 顺序　　　　　　D. 被测变量字母代号

4. 仪表位号 TRC - 1234 中,字母"R"的含义是(　　　)。

　　A. 核辐射　　　　　B. 记录　　　　　C. 反应器　　　　　D. 表示工艺换热设备

5. 仪表位号 FE - 2010 中,字母"E"的含义是(　　　)。

　　A. 电压　　　　　　B. 检测元件　　　C. 差压变送器　　　D. 流量变送器

6. 仪表位号 PIK - 101 中,字母"K"的含义是(　　　)。

　　A. 操作器　　　　　B. 时间、时间程序　C. 变化速率　　　　D. 继电器

7. 仪表位号 TT - 102 中,第二个字母"T"的含义是(　　　)。

　　A. 温度　　　　　　B. 变送　　　　　C. 温度变送器　　　D. 一个修饰字

8. 仪表位号由(　　　)组成。

　　A. 字母代号　　　　　　　　　　　　　B. 回路编号

　　C. 功能字母和回路编号　　　　　　　　D. 字母代号组合和回路编号

9. 仪表图形符号是直径为(　　　)的细实线圆圈。

　　A. 14 mm 或 12 mm　B. 12 mm 或 10 mm　C. 10 mm 或 8 mm　D. 无要求

10. 仪表位号 FQRC 字母组合的含义是(　　　)。

　　A. 流量累计记录调节　　　　　　　　　B. 流量显示调节

　　C. 流量累计　　　　　　　　　　　　　D. 流量调节

11. 在仪表流程图中,仪表位号标注的方法是:字母代号和回路编号在仪表圆圈中的位置分别是(　　　)。

　　A. 无特别要求

　　B. 回路编号在上半圆,字母代号在下半圆

　　C. 字母代号在上半圆,回路编号在下半圆

　　D. 在一条线上

12. 仪表与工艺设备、管道上测量点的连接线是(　　　)。

　　A. 细虚线　　　　　B. 细实线　　　　C. 点划线　　　　　D. 粗实线

13. 在施工图纸中,图例 ▽ 表示(　　　)。

　　A. 一般标高　　　　　B. 顶标高　　　　　　C. 底标高　　　　　D. 中心标高

14. 图例 ⌐━●━┐ 表示(　　)。

　　A. 闸阀　　　　　　　B. 截止阀　　　　　　C. 蝶阀　　　　　　D. 球阀

15. 在仪表平面布置图中,图例 ⊠ 表示(　　)。

　　A. 仪表箱　　　　　　B. 仪表盘　　　　　　C. 接线箱(盒)　　　D. 供电箱

16. 仪表连线中,气压信号线的图例是(　　)。

　　A. – – – – – – 　　　　　　　　　　B. ─//────//─

　　C. ──────────　　　　　　　　D. ─///────///─

17. 图例 ⊕TR101 包含的内容是(　　)。

　　A. 温度记录调节

　　B. 第 101 回路温度记录调节

　　C. 第一工序的 01 序号的温度记录调节

　　D. 仪表盘面安装的第一工序的 01 序号的温度记录调节器

18. 仪表自控流程图中,在调节阀附近标注缩写字母"FO"表示该阀是(　　)。

　　A. 风开阀　　　　　　B. 风关阀　　　　　　C. 故障开阀　　　　D. 故障关阀

19. 图例 ⊤ 表示(　　)。

　　A. 带弹簧的气动薄膜执行机构

　　B. 带手轮的气动薄膜执行机构

　　C. 带气动阀门定位器的气动薄膜执行机构

　　D. 带电气阀门定位器的气动薄膜执行机构

20. 电路中,符号 ⏚ 表示(　　)。

　　A. 抗干扰接地　　　　B. 一般接地　　　　　C. 保护接地　　　　D. 机壳接地

21. 电路符号 ──▭── 表示(　　)。

　　A. 热电阻　　　　　　B. 普通电阻　　　　　C. 熔断器　　　　　D. 继电器

22. 试电笔主要用于检查(　　)是否带电,一般检查的电压范围为 55 ~ 500 V。

　　A. 用电设备　　　　　B. 仪表供电回路　　　C. 设备外壳　　　　D. 以上三种

23. 下列有关试电笔的使用注意事项,错误的是(　　)。

　　A. 检查试电笔是否完好,插入带电插孔即可判断

　　B. 测试时,手指应与试电笔上方的金属铆钉或笔夹接触,否则试电笔的氖管不会发亮

　　C. 测试时电笔放置不要短路或接地

　　D. 在潮湿的地方测试时,手指不应接触电笔上方的金属铆钉或笔夹

24. 检查电烙铁是否完好,应先用万用表测量一下电烙铁的(　　)。

　　A. 电压　　　　　　　B. 电流　　　　　　　C. 电阻　　　　　　D. 温度

25. 用万用表 $R \times 100$ 挡测量电阻值时,表针指示为 30,则所测电阻值为(　　)Ω。

　　A. 30　　　　　　　　B. 300　　　　　　　　C. 3 000　　　　　　D. 30 000

26. 万用表不能直接测量的参数是(　　)。

A. 380 V 电压   B. 10 000 Ω 电阻   C. 0.1 A 电流   D. 6 000 V 电压

27. 万用表长期不使用时,应该( )。

A. 拆散放置   B. 取出内装电池   C. 加润滑油   D. 做耐压试验

28. 能用万用表测量的电阻是( )。

A. 电机绝缘电阻   B. 继电器线圈电阻   C. 人体电阻   D. 开关触头的接触电阻

29. 万用表使用完毕后应将转换开关旋至( )。

A. 电阻挡   B. 电压挡   C. 电流挡   D. 交流电压最高挡或空挡

30. 用万用表测量电压或电流时,不能在测量时( )。

A. 短路表笔   B. 断开表笔   C. 旋动转换开关   D. 续取数据

31. 为了把电压表的测量范围扩大 100 倍,倍率器的电阻值是表内阻的( )倍。

A. 1/100   B. 1/99   C. 99   D. 100

32. 使用直流电位差计的准备步骤,正确的是( )。

A. 仪器放平稳后,校对检流计的机械零位,然后校对电气零位,使用中不能移动

B. 仪器放平稳后,校对检流计的机械零位,然后校对电气零位,使用中可以移动

C. 校对检流计的机械零位后,把仪器放平稳,再校对电气零位即可

D. 仪器放平稳后,校对电气零位,再校对检流计的机械零位

33. 活塞式压力计上的砝码标数是指( )。

A. 压强   B. 质量   C. 压力   D. 以上都不是

34. 活塞式压力计的精度很高,那么一等活塞式压力计的最大允许误差为( )。

A. 0.05%   B. 0.02%   C. 0.01%   D. 0.2%

35. 如图,用活塞式压力计校验压力表,大致可分为以下五个步骤。

①校验前先把压力计上的水平气泡调至中心位置,然后检查油路是否畅通,若无问题,便可装上被校压力表,进行校验。

②关闭阀门 7,打开针形阀 3、6(假设被校表装在针形阀 6 上)右旋手轮,产生初压使托盘升起,直到与定位指示筒的墨线刻度相齐为止。

③打开油杯阀门 7,左旋手轮 1,使压力泵油缸充满油液。

35 题图

④右旋手轮,同时增加砝码,注意增加砝码时,需用手轻轻拨转砝码。

⑤检验完毕,左旋手轮,逐步卸去砝码,最后打开油杯阀门,卸去全部砝码。

以上操作步骤正确的是( )。

A. ①－②－③－④－⑤   B. ①－③－②－④－⑤

C. ①－④－②－③－⑤   D. ①－④－③－②－⑤

36. 下列仪器仪表的维护存放措施中,错误的是( )。

A. 轻拿轻放   B. 棉纱擦拭   C. 放在强磁场周围   D. 放在干燥的室内

37. 为使仪器保持良好的工作状态与精度,采用(　　)措施。

　　A. 定期检定　　　　B. 经常调零　　　　C. 修理后重新检定　　D. 以上三种

38. 以下哪种仪表管道(又称管路、管线)直接与工艺介质相接触?(　　)。

　　A. 导压管　　　　　B. 气动管路　　　　C. 电气保护套管　　D. 伴热管

39. 气动管路也称气源管路或气动信号管路,它的介质一般是压缩空气。装置用气源总管压缩
　　空气的工作压力一般为(　　)MPa。

　　A. 0.1~0.2　　　B. 0.3~0.4　　　C. 0.5~0.6　　　D. 0.7~0.8

40. 仪表配电线路的绝缘状况对其能否正常运行很关键,一般规定导线对地绝缘电阻及导线间
　　绝缘电阻在 500 V AC 测试电压下应不小于(　　)。

　　A. 10 MΩ　　　　B. 50 MΩ　　　　C. 100 MΩ　　　D. 500 MΩ

41. 仪表供电系统在自动化控制中所处的位置举足轻重,因此做好日常的维护工作很重要,下
　　面有关其使用与维护的做法中,不妥的是(　　)。

　　A. 经常检查电源箱、电源间的环境温度

　　B. 保持电源箱、电源间的卫生环境,不得有灰尘、油污

　　C. 在紧急情况下,可以从仪表用电源箱上搭载临时负载

　　D. 仪表供电系统所用的各种开关、熔断器、指示灯都要检查以保证质量,应有一定数量的备
　　　件

42. 仪表供电系统在检修时,应严格执行相应的检修规程,下面检修施工项目中不符合规程要
　　求的是(　　)。

　　A. 仪表用电源及供电线路只能在装置停工时方能检修作业,日常情况下,只需加强维护,
　　　不得随便检查施工

　　B. 检修工作必须由有经验的仪表专业人员进行

　　C. 电源箱输出电压稳定度应符合(24±1%)V 的技术要求,微波电压有效值小于 48 mV

　　D. 可用工业风对电源箱内部进行吹扫除尘

43. 在炼油化工生产中,气动仪表对供风的要求相当严格,一旦供风质量达不到使用要求,仪表
　　设备将无法正常工作。仪表施工规范中对供风中含尘、含油、含水等指标也都有明确规定,
　　要求净化后的气体中,含尘粒直径不应大于(　　)。

　　A. 2 μm　　　　　B. 3 μm　　　　　C. 4 μm　　　　　D. 5 μm

44. 在炼油化工生产中,气动仪表对供风的要求相当严格,一旦供风质量达不到使用要求,仪表
　　设备将无法正常工作,一般对供风要求含尘、含油、含水等都有明确规定,要求净化后的气
　　体中,油分含量应控制在(　　)以下。

　　A. 5 ppm　　　　B. 6 ppm　　　　C. 7 ppm　　　　D. 8 ppm

45. 供风方式一般可分为集中供风和分散供风两种,控制室一般采用集中供风,由大功率空气
　　过滤器、减压阀组成的供风系统向负载供气,仪表供气压力应控制在(　　)。

　　A. 300~700 kPa　　B. 100~300 kPa　　C. 200~500 kPa　　D. 140~160 kPa

46. UPS 通常由两套系统构成,一套蓄电池储能,另一套直接使用交流电网,两者互为备用,通
　　过电子开关切换。一旦电网系统突然停电或供电质量不符合要求,另一套能立即投入使

用,时间在(　　　)之间。

　　A. 2~4 ms 　　　　B. 2~4 s 　　　　C. 1 min 　　　　D. 2~4 min

47. 静态 UPS 由整流器、蓄电池组、(　　　)和静态电子开关部件组成。

　　A. 变压器 　　　　　B. 逆变器 　　　　C. 稳压器 　　　　D. 发电机

48. (　　　)会影响 UPS 在故障状态下运行的时间。

　　A. 蓄电池容量 　　B. 蓄电池多少 　　C. 负荷大小 　　　D. 以上都是

49. 仪表工维护保养巡回检查工作一般至少(　　　)。

　　A. 每天巡检一次　B. 每天巡检两次　C. 每两天巡检一次　D. 每周巡检一次

50. 仪表工巡回检查,要查看仪表指示记录是否正常,下列说法错误的是(　　　)。

　　A. 查看现场一次仪表指示和控制室显示仪表指示值是否一致

　　B. 查看现场一次仪表指示和控制室调节仪表指示值是否一致

　　C. 查看调节仪表指示值和调节器输出指示值是否一致

　　D. 查看调输出值和调节阀阀位是否一致

51. 仪表的完好率是反映仪表完好状况的重要指标,一般要求仪表完好率要大于等于(　　　)。

　　A. 90% 　　　　　　B. 95% 　　　　　　C. 98% 　　　　　　D. 99.8%

52. 仪表的泄漏率是反映仪表和工艺接口泄漏情况的重要指标,一般要求小于(　　　)。

　　A. 1‰ 　　　　　　B. 0.3‰ 　　　　　C. 0.3% 　　　　　D. 0.5‰

53. 通过保温使仪表管线内介质的温度应保持在(　　　)℃之间。

　　A. 20~80 　　　　　B. 0~10 　　　　　C. 15~20 　　　　　D. 20~100

54. 仪表保温箱内的温度应保持在(　　　)℃之间。

　　A. 0~15 　　　　　　B. 15~20 　　　　　C. 0~65 　　　　　D. 20~80

55. 对于差压变送器,排污前应先将(　　　)阀关死。

　　A. 三组阀正压 　　B. 三组阀负压 　　C. 三组阀正负压 　　D. 三组阀平衡

56. 仪表检修分为仪表大修、中修和(　　　)。

　　A. 小修 　　　　　　B. 故障检修 　　　　C. 预知检修 　　　　D. 停车检修

57. 仪表检修计划中一般不做(　　　)。

　　A. 大修计划 　　　B. 补充计划 　　　　C. 隐蔽计划 　　　　D. 油漆保温计划

58. 下列有关仪表检修后开车时的注意事项,错误的是(　　　)。

　　A. 要对仪表气源管路进行排污,以清除锈蚀或杂质

　　B. 要注意孔板及调节阀的安装方向是否正确

　　C. 检查一、二次表指示是否一致、调节阀阀位指示是否正确

　　D. 使用隔离液的差压(压力)变送器的导压管内的隔离液是否放空

59. 仪表检定校验时一般要调校(　　　)。

　　A. 2 点 　　　　　　B. 3 点 　　　　　　C. 5 点 　　　　　　D. 6 点

60. 气动仪表检定周期一般为(　　　)。

　　A. 三个月到半年　B. 半年到一年　　　C. 一年到一年半　　D. 一年半到两年

61. 电动仪表检定周期一般为(　　　)。

A. 半年到一年　　　　B. 一年到两年　　　　C. 两年到三年　　　　D. 三年到四年

62. 测量技术是研究(　　)的一门学科。

A. 测量原理　　　　B. 测量方法　　　　C. 测量工具　　　　D. 以上都是

63. 哪项不是过程检测中要检测的热工量?(　　)。

A. 温度　　　　B. 压力　　　　C. 液位　　　　D. 速度

64. 哪项不是过程检测中要检测的电工量?(　　)。

A. 电压　　　　B. 电流　　　　C. 电阻　　　　D. 质量(重量)

65. 人们通过测量所获得的数据信息是(　　)。

A. 测量值　　　　B. 标准值　　　　C. 给定值　　　　D. 基准值

66. 哪项内容不是测量过程所包含的含义?(　　)。

A. 确定基准单位　　　　　　　　B. 将被测量变量与基准单位比较

C. 估计测量结果的误差　　　　　　D. 对误差进行修补

67. 测量过程的关键在于(　　)。

A. 被测量与测量单位的比较　　　　B. 示差

C. 平衡　　　　　　　　　　　　D. 读数

68. 用直接比较法测量的误差一般要比间接法测量的误差(　　)。

A. 一样大　　　　B. 大　　　　C. 小　　　　D. 有可能大,也有可能小

69. 测量方法按仪器的操作方式可分为直读法、零位法、微差法。一般情况下,零位法的误差比直读法的误差(　　)。

A. 大　　　　B. 小　　　　C. 一样大　　　　D. 无可比性

70. 检测仪表的结构不包括(　　)。

A. 检测传感部分　　B. 转换传送部分　　C. 显示部分　　　　D. 调节部分

71. 下列信号中(　　)不是标准信号。

A. 4～20 mA　　　B. 4～12 mA　　　C. 20～100 kPa　　D. 1～5 V

72. 电气转换器是把 4～20 mA 的直流信号转换成(　　)的标准气动压力信号。

A. 4～20 mA　　　B. 1～5 V　　　C. 20～100 kPa　　D. 0～100 kPa

73. 下列不属于测量仪表组成的是(　　)。

A. 传感器　　　　B. 变送器　　　　C. 显示装置　　　　D. 调节装置

74. 测量仪表依据所测物理量的不同,可分为(　　)。

A. 压力测量仪表、物位测量仪表、流量测量仪表、温度测量仪表、分析仪表等

B. 指示型、记录型、信号型、远传指示型、累积型等

C. 工业用仪表和标准仪表

D. 以上都不对

75. 测量仪表按精度等级不同可分为(　　)。

A. 压力测量仪表、物位测量仪表、流量测量仪表、温度测量仪表、分析仪表等

B. 指示型、记录型、信号型、远传指示型、累积型等

C. 工业用仪表和标准仪表

D. 以上都不对

76. 测温范围为 -50 ~ 1 370 ℃的仪表量程为( )℃。

    A. 1 370   B. 1 420   C. 1 320   D. -50 ~ 1 370

77. 按国家计量规定,差压式流量计在满量程( )以下一般不宜使用。

    A. 20%   B. 30%   C. 40%   D. 50%

78. 一块精度为 2.5 级,测量范围为 0 ~ 10 MPa 的压力表,其标尺分度最多分( )格。

    A. 40   B. 30   C. 25   D. 20

79. 误差按数值表示的方法可分为( )。

    A. 绝对误差、相对误差、引用误差   B. 系统误差、随机误差、疏忽误差

    C. 基本误差、附加误差   D. 静态误差、动态误差

80. 误差按出现的规律可分为( )。

    A. 对误差、相对误差、引用误差   B. 系统误差、随机误差、疏忽误差

    C. 基本误差、附加误差   D. 静态误差、动态误差

81. 误差按仪表的使用条件可分为( )。

    A. 绝对误差、相对误差、引用误差   B. 系统误差、随机误差、疏忽误差

    C. 基本误差、附加误差   D. 静态误差、动态误差

82. 误差按被测变量随时间变化的关系可分为( )。

    A. 绝对误差、相对误差、引用误差   B. 系统误差、随机误差、疏忽误差

    C. 基本误差、附加误差   D. 静态误差、动态误差

83. 下列情况属系统误差的是( )。

    A. 看错刻度线造成的误差   B. 选错单位造成的误差

    C. 用普通万用表测同一电压造成的误差   D. 读数不当造成的误差

84. 关于系统误差,下面说法错误的是( )。

    A. 产生系统误差的主要原因是仪表本身的缺陷、使用仪表方法不正确、观测者的习惯或偏向,单因素环境条件的变化

    B. 系统误差又称规律误差,其大小不改变,但符号可以按一定规律变化

    C. 系统误差其大小和符号均不改变或按一定规律变化

    D. 差压变送器承受静压变化造成的误差是系统误差

85. 下列不是产生系统误差的条件是( )。

    A. 仪表自身缺陷   B. 仪表使用方法不当

    C. 观测人员习惯或偏向   D. 使用者精神不集中

86. 以下不属于系统误差的是( )。

    A. 读数不当造成的误差   B. 安装位置不当产生的误差

    B. 看错刻度线造成的误差   D. 环境条件变化产生的误差

87. 下列情况属于疏忽误差的是( )。

    A. 标准电池的电势值随环境温度变化产生的误差

    B. 仪表安装位置不当造成的误差

C. 使用人员读数不当造成的误差

D. 看错刻度线造成的误差

88. 下列情况不属于疏忽误差的是(　　)。

A. 用万用表测量电阻值时没有反复调整零点而造成的误差

B. 看错刻度线造成的误差

C. 因精神不集中而写错数据造成的误差

D. 选错单位造成的误差

89. 按照规定,标准表的允许误差不应超过被校表的(　　)。

A. 1/2　　　　　B. 1/3　　　　　C. 1/4　　　　　D. 2/3

90. 某压力表刻度为 0～100 kPa,在 50 kPa 处计量检定值为 49.5 kPa,该表在 50 kPa 处的示值相对误差是(　　)。

A. 0.5 kPa　　　B. −0.5 kPa　　　C. 1%　　　　D. 0.5%

91. 某压力表刻度为 0～100 kPa,在 50 kPa 处计量检定值为 49.5 kPa,该表在 50 kPa 处的示值绝对误差是(　　)。

A. 0.5 kPa　　　B. −0.5 kPa　　　C. ±1%　　　D. 0.5%

92. 一台压力表的刻度范围为 0～100 kPa,在 50 kPa 处计量检定值为 49.5 kPa,该表在 50 kPa 处示值引用误差是(　　)。

A. 1%　　　　B. ±1%　　　C. 0.5%　　　D. ±0.5%

93. 仪表的精度等级是根据(　　)来划分的。

A. 绝对误差　　B. 引用误差　　C. 相对误差　　D. 仪表量程大小

94. 某测温仪表,精确度等级为 0.5 级,测量范围为 400～600 ℃,该表的允许误差是(　　)。

A. ±3 ℃　　　B. ±2 ℃　　　C. ±1 ℃　　　D. ±0.5 ℃

95. 仪表的精度是指仪表的(　　)。

A. 误差　　　B. 基本误差　　C. 系统误差　　D. 基本误差的最大允许值

96. 1151 系列变送器的精度等级为 0.5 级,则其最大输出误差不超过(　　)mA。

A. 0.1　　　　B. 0.08　　　　C. 0.05　　　　D. 0.01

97. 标准压力表的精度等级应不低于(　　)。

A. 0.4 级　　　B. 0.25 级　　　C. 0.1 级　　　D. 1.0 级

98. 一般仪表的精度都由(　　)决定。

A. 静态误差　　B. 动态误差　　C. 静态特性　　D. 动态特性

99. 仪表的时间常数指在被测变量做阶跃变化后,仪表示值达到被测量变化值的(　　)时所需的时间。

A. 37.8%　　　B. 63.2%　　　C. 68.28%　　　D. 21.4%

100. 阻尼时间是指从给仪表突然输入其尺标一半的相应参数值开始,到仪表指示值与输入参数值之差为该仪表标尺范围的(　　)时为止的时间间隔。

A. ±0.5%　　　B. ±63.2%　　　C. ±1%　　　D. ±10%

101. 一个开口水罐,高 10 m,当其充满时,罐底的压力为(　　)MPa。

A. 0.98   B. 0.098   C. 1   D. 0.1

102. 流体的密度与压力有关,随着压力增大,密度将(　　)。

A. 增大   B. 不变   C. 减小   D. 不确定

103. 压力测量仪表按工作原理可分为(　　)。

A. 膜式、波纹管式、弹簧管式等

B. 液柱式和活塞式压力计、弹性式压力计、电测型压力计等

C. 液柱式压力计、活塞式压力计

D. 以上都不对

104. 下面不属于液柱式压力计的是(　　)。

A. U 形管式压力计   B. 浮力式压力计   C. 斜管式压力计   D. 单管式压力计

105. 在检修校验工作液为水的液柱式压力计时,在水中加一点红墨水,会造成(　　)。

A. 测量结果偏高   B. 测量结果偏低   C. 测量结果不变   D. 不确定

106. 在检修校验压力表时,有人总结出以下几条经验,你认为错误的是(　　)。

A. 当液柱式压力计的工作液为水时,可在水中加一点带颜色的墨水,以便读数

B. 在精密压力测量中,U 形管式压力计不能用水作为工作液体

C. 在冬天用酒精或酒精、甘油、水的混合物,校浮筒液位计

D. 更换斜管式压力计的酒精工作液时,认为酒精重度差不了多少,对仪表精度影响不大

107. 弹性式压力计测量所得的是(　　)。

A. 绝对压力   B. 表压力   C. 大气压力   D. 以上都不是

108. 弹性式压力计测压力,在大气中它的指示为 P,如果把它移到真空中,则仪表指示(　　)。

A. 不变   B. 变大   C. 变小   D. 不确定

109. 在相同条件下,椭圆形弹簧管越扁宽,则(　　)。

A. 它的管端位移就越大,仪表就越灵敏

B. 它的管端位移就越小,仪表就越灵敏

C. 它的管端位移就越小,仪表就越不灵敏

D. 它的管端位移就越大,仪表就越不灵敏

110. 霍尔压力传感器的测压范围取决于弹性元件,当霍尔片与弹簧管相固定时,所测的压力范围(　　)。

A. 较低   B. 较高   C. 无法确定   D. 以上都不对

111. 电测型压力计是基于把压力转换成各种(　　)信号来进行压力测量的仪表。

A. 电量   B. 电压   C. 电流   D. 电阻

112. 应变式压力计是通过传感器把被测压力转换成应变片(　　)的变化,并由桥路获得相应输出信号这一原理工作的。

A. 电压   B. 电容量   C. 电阻值   D. 电感量

113. 物位测量仪表是指对物位进行(　　)的自动化仪表。

A. 测量   B. 报警   C. 测量和报警   D. 测量、报警和自动调节

114. 物位是指(　　)。

A. 液位　　　　　B. 料位　　　　　C. 界位　　　　　D. 以上都是

115. 按(　　)区分,物位测量仪表可分为直读式、浮力式、静压式、电磁式、声波式等。

A. 工作原理　　　B. 仪表结构　　　C. 仪表性能　　　D. 工作性质

116. 玻璃液位计是以(　　)原理为基础的液位计。

A. 连通器　　　　B. 静压平衡　　　C. 毛细现象　　　D. 能量守恒

117. 当被测容器内的介质温度高于玻璃液位计中的介质温度时,液位计的示值(　　)。

A. 偏高　　　　　B. 偏低　　　　　C. 不变　　　　　D. 以上都有可能

118. 静压式液位计是根据流体(　　)原理工作的,它可分为压力式和差压式两大类。

A. 静压平衡　　　B. 动压平衡　　　C. 能量守恒　　　D. 动量平衡

119. 吹气式液位计测量液位的前提条件是导管下端有(　　)气泡逸出。

A. 大量　　　　　B. 少量　　　　　C. 微量　　　　　D. 没有

120. 用吹气法测量液位,液位上升时,(　　)。

A. 导压管口的静压力升高,因而从导管中逸出的气泡数随之增多

B. 导压管口的静压力降低,因而从导管中逸出的气泡数随之增多

C. 导压管口的静压力升高,因而从导管中逸出的气泡数随之减少

D. 导压管口的静压力降低,因而从导管中逸出的气泡数随之减少

121. 用差压法测量容器液位时,液位的高低取决于(　　)。

A. 压力差和容器截面　　　　　　　B. 压力差和介质密度

C. 压力差、容器截面和介质密度　　　D. 压力差、介质密度和取压点位置

122. 用双法兰液面计测量容器液位,液面计的零点和量程均已校正好,后因维护需要,仪表的安装位置上移了一段距离,则液面计(　　)。

A. 零点上升,量程不变　　　　　　B. 零点下降,量程不变

C. 零点不变,量程增大　　　　　　D. 零点和量程都不变

123. 用吹气法测量硫化床内催化剂床层高度和藏量时,差压变送器最好装在取压点的(　　),以尽量避免引压管路堵塞。

A. 上方　　　　　B. 下方　　　　　C. 同一高度　　　D. 以上都可以

124. 测量液位用的差压计,其量程与介质密度和封液密度的关系是(　　)。

A. 量程由介质密度决定,与封液密度无关

B. 量程由介质密度决定,与封液密度有关

C. 量程与介质密度和封液密度都有关

D. 量程与介质密度和封液密度都无关

125. 下列工况下,不能用单法兰液面计的是(　　)。

A. 敞口罐　　　　B. 常压容器　　　C. 氨罐　　　　　D. 原油储罐

126. 用单法兰液位计测量敞口容器液位,液面计已校准,后因维护需要,仪表位置下移了一段距离,则仪表的指示(　　)。

A. 不变　　　　　B. 上升　　　　　C. 下降　　　　　D. 无法确定

127. 用单法兰液面计测量敞口容器液位,液面计已校准,后因维护需要,仪表位置上移了一段

距离,则仪表的指示(   )。

    A. 下降   B. 上升   C. 不变   D. 无法确定

128. 浮力式液位计按工作原理可分为(   )。

    A. 浮筒式液位计和浮球式液位计   B. 浮筒式液位计和浮标式液位计

    C. 恒浮力式液位计和变浮力式液位计   D. 翻板液位计和浮子钢带液位计

129. 恒浮力式液位计是根据(   )随液位的变化而变化来进行液位测量的。

    A. 浮子(浮球、浮标)的位置   B. 浮筒的浮力

    C. 浮子的浮力   D. 浮筒的位置

130. 变浮力式液位计是根据(   )随液位的变化而变化来进行液位测量的。

    A. 浮子(浮球、浮标)的位置   B. 浮筒的浮力

    C. 浮子的浮力   D. 浮筒的位置

131. 浮筒式液位计的量程是由(   )决定的。

    A. 浮筒的长度   B. 浮筒的体积   C. 介质的密度   D. 安装取压口位置

132. 液位处于最高时,(   )。

    A. 浮筒所受浮力最大,扭力管产生的扭力矩最大

    B. 浮筒所受浮力最大,扭力管产生的扭力矩最小

    C. 浮筒所受浮力最小,扭力管产生的扭力矩最大

    D. 浮筒所受浮力最小,扭力管产生的扭力矩最小

133. 同一型号的扭力管浮筒式液面计测量范围愈大,则浮筒直径(   )。

    A. 越大   B. 不变   C. 越小   D. 以上都有可能

134. 浮球式液面计是根据(   )原理工作的。

    A. 阿基米德   B. 恒浮力   C. 变浮力   D. 以上都不对

135. 以下不属于恒浮力原理工作的液位计是(   )。

    A. 浮筒式液位计   B. 浮球式液位(界位)计

    C. 浮子钢带液位计   D. 磁耦合浮子式液位计

136. 流量是指(   )。

    A. 单位时间内流过管道某一截面的流体数量

    B. 单位时间内流过某一段管道的流体数量

    C. 一段时间内流过管道某一截面的流体数量

    D. 一段时间内流过某一段管道的流体数量

137. 管道内的流体速度,一般情况下,在(   )处流速最大。

    A. 管道上部   B. 管道下部   C. 管道中心线   D. 管壁

138. 节流孔板对前后直管段一般都有一定的要求,下面正确的是(   )。

    A. 前 $10D$ 后 $5D$ B. 前 $10D$ 后 $3D$ C. 前 $5D$ 后 $3D$ D. 前 $8D$ 后 $5D$

139. 常用的节流装置的取压方式有(   )。

    A. 角接取压和径距取压   B. 法兰取压和径距取压

    C. 理论取压和管接取压   D. 角接取压和法兰取压

140. 差压变送器一般情况都与三阀组配套使用,当正压侧阀门有泄露时,仪表的指示(　　)。

    A. 偏高　　　　　　B. 偏低　　　　　　C. 不变　　　　　　D. 无法判断

141. 如果三阀组的正压阀堵死、负压阀畅通,则差压计的指示(　　)。

    A. 偏高　　　　　　B. 偏低　　　　　　C. 跑零下　　　　　D. 跑最大

142. 目前国际上温标的种类有(　　)。

    A. 摄氏温标

    B. 摄氏温标、华氏温标

    C. 摄氏温标、华氏温标、热力学温标

    D. 摄氏温标、华氏温标、热力学温标、国际实用温标

143. 我国普遍使用的温标是(　　)。

    A. 摄氏温标　　　　B. 华氏温标　　　　C. 热力学温标　　　D. 国际实用温标

144. 摄氏温度 100 ℃相当于热力学温度(　　)K。

    A. 100　　　　　　B. 373.1　　　　　C. 173.1　　　　　D. 37.8

145. 压力式温度计是利用(　　)性质制成并工作的。

    A. 感温液体受热膨胀

    B. 固体受热膨胀

    C. 气体、液体或蒸汽的体积或压力随温变化

    D. 以上都不对

146. 热电偶的热电特性是由(　　)所决定的。

    A. 热电偶的材料

    B. 热电偶的粗细

    C. 热电偶的长短

    D. 热电极材料的化学成分和物理性能

147. 热电偶的热电势的大小与(　　)有关。

    A. 组成热电偶的材料　　　　　　B. 热电偶丝粗细

    C. 组成热电偶的材料和两端温度　　D. 热电偶丝长度

148. 热电偶产生热电势的条件是(　　)。

    A. 两热电极材料相异且两接点温度相异

    B. 两热电极材料相异且两接点温度相同

    C. 两接点温度相异且两热电极材料相同

    D. 以上都不是

149. 镍铬 - 镍硅热电偶的分度号为(　　)。

    A. E　　　　　　　B. K　　　　　　　C. S　　　　　　　D. T

150. 电阻温度计是借金属丝的电阻随温度变化的原理工作的,下述关于金属丝的说法,不恰当的是(　　)。

    A. 经常采用的是铂丝　　　　　　B. 可以是铜丝

    C. 可以是镍丝　　　　　　　　　D. 可以采用锰铜丝

151. 如图,分度号 K 的热偶误用了分度号为 E 的补偿导线,但极性连接正确,当 $t_0^1 \geq t_0$ 时,仪表的指示(　　)。

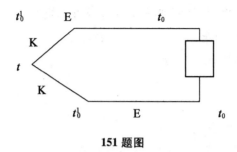

151 题图

　　A. 偏高　　　　　　B. 偏低　　　　　　C. 不变　　　　　　D. 无法确定

152. 热电偶温度补偿的方法有(　　)。

　　A. 补偿导线法、冷端温度校正法两种

　　B. 补偿导线法、冰溶法两种

　　C. 补偿导线法、冷端温度校正法、冰溶法、补偿电桥法四种

　　D. 补偿导线法、冷端温度校正法、冰溶法三种

153. 热电偶一般有两种结构形式,一种是普通型,另一种是铠装型。其中铠装型一般有四种形式,其中动态响应最好的是(　　)。

　　A. 碰底型　　　　　B. 不碰底型　　　　C. 帽型　　　　　　D. 露头型

154. 将气动放大器的排气孔堵死,则放大器的输出(　　)。

　　A. 最大

　　C. 基本上随板位置变化而变化　　　　B. 为零

　　D. 在任一中间值上保持不变

155. 挡板机构的作用是(　　)。

　　A. 改变放大器背压

　　B. 改变排大气量

　　C. 改变变送器输出

　　D. 将挡板的微小的位移转换成相应气压信号输出

156. 有一台气动差压变送器,表量程为 25 kPa,对应的最大流量为 50 t/h,工艺要求 40 t/h 报警,则不带开方器时,报警值应设定在(　　)。

　　A. 84 kPa　　　　　B. 50 kPa　　　　　C. 71.2 kPa　　　　D. 25 kPa

157. 气动薄膜调节阀分为执行机构和阀体部件两部分,气动执行机构分为正作用和反作用两种形式,国产型号分别为(　　)。

　　A. ZMA 和 ZMN　　B. ZMA 和 ZMB　　C. ZMN 和 ZMA　　D. ZMK 和 ZMB

158. 1151 差压变送器采用可变电容作为敏感元件,当差压增加时,测量膜片发生位移,于是低压侧的电容量(　　)。

　　A. 减小　　　　　　B. 增加　　　　　　C. 不变　　　　　　D. 无法确定

159. 1151 差压变送器在最大调校量程使用时,最大负迁移为量程的(　　)。

　　A. 300%　　　　　　B. 200%　　　　　　C. 500%　　　　　　D. 100%

160. 哪种型号是 3051C 差压变送器？( )。

    A. 3051CD   B. 3051CG   C. 3051CA   D. 3051CT

161. 用于横河 EJA 系列变送 BRAIN 协议的手持智能终端为( )。

    A. 275   B. BT200   C. 268   D. HHC

162. EJA110A 差压变送器的精度为( )。

    A. ±0.075%   B. ±0.1%   C. ±0.02%   D. ±0.5%

163. E+H 智能变送器是( )公司的产品。

    A. ABB   B. 罗斯蒙特   C. 恩德斯豪特   D. 霍尼韦尔

164. DCS 中 D 代表的英文单词是( )。

    A. Digital   B. Distributed   C. Discrete   D. Diagnose

165. ( )是 DCS 的核心部分,对生产过程进行闭环控制,可控制数个至数十个回路,还可进行顺序、逻辑和批量控制。

    A. 过程控制单元   B. 过程接口单元   C. 操作站   D. 管理计算机

166. DCS 中用于完成现场数据采集和预期处理的部分是( )。

    A. 过程控制单元   B. 过程接口单元   C. 操作站   D. 管理计算机

167. 在可编程序控制器的硬件结构中,与工业现场设备直接相连的部分是( )。

    A. 中央处理单元   B. 编程器   C. 存储器   D. 输入/输出单元

168. 为保证生产的稳定和安全,在控制系统的分析、设计中引入了( )。

    A. 检测仪表   B. 反馈控制   C. 简单控制   D. 经验控制

169. 自动调节装置是能克服( ),使被控制参数回到给定值的装置。

    A. 偏差   B. 误差   C. 干扰   D. 测量

170. 一个控制系统由( )两部分组成。

    A. 被控对象和自动控制装置   B. 被控对象和控制器

    C. 被控变量和自动控制装置   D. 被控变量和控制器

171. 控制系统按基本结构形式分为( )。

    A. 简单控制系统、复杂控制系统   B. 定值控制系统、随动控制系统

    C. 闭环控制系统、开环控制系统   D. 连续控制系统、离散控制系统

172. 在自动控制中,要求自动控制系统的过渡过程是( )。

    A. 缓慢的变化过程   B. 发散的振荡变化过程

    C. 等幅振荡过程   D. 稳定的衰减振荡过程

173. 调节器的输出变化量与被控变量的( )成比例的控制规律,就是比例控制规律。

    A. 测量值   B. 设定值   C. 扰动量   D. 偏差

174. 微分调节主要用来克服调节对象的( )。

    A. 惯性滞后和容量滞后   B. 惯性滞后和纯滞后

    C. 容量滞后和纯滞后   D. 所有滞后

175. 工艺参数需要实现控制的设备、机器或生产过程是( )。

    A. 被控对象   B. 被控变量   C. 操纵变量   D. 干扰

176. 调节器的作用方向是指(　　　)。

    A. 输入变化后输出变化的方向　　　　B. 输出变化后输入变化的方向

    C. 输入增加时输出增加的方向　　　　D. 输入增加时输出减小的方向

177. 一个新设计好的控制系统一般的投用步骤是(　　　)。

    A. 人工操作、手动遥控、自动控制　　　B. 手动遥控、自动控制

    C. 自动控制　　　　　　　　　　　　D. 无固定要求

178. 要确定调节器的作用方式,必须先确定(　　　)的作用方式。

    A. 变送器　　　　B. 调节阀　　　　C. 对象　　　　D. 被控变量

179. 判断一个调节器参数值整定的好的标准,是调节器的调节过程(　　　)。

    A. 越快越好　　　　　　　　　　　　B. 没有余差

    C. 有较大衰减比　　　　　　　　　　D. 有较好的稳定性和快速性

180. 比例度越大,对调节过程的影响是(　　　)。

    A. 调节作用越弱,过渡曲线变化缓慢,振荡周期长,衰减比大

    B. 调节作用越弱,过渡曲线变化快,振荡周期长,衰减比大

    C. 调节作用越弱,过渡曲线变化缓慢,振荡周期短,衰减比大

    D. 调节作用越弱,过渡曲线变化缓慢,振荡周期长,衰减比小

181. 调节阀接受调节器发出的控制信号,把(　　　)控制在所要求的范围内,从而达到生产过程的自动控制。

    A. 调节参数　　B. 被调节参数　　C. 扰动量　　　　D. 偏差

182. 按执行机构形式分类的是(　　　)。

    A. 气动执行器、液动执行器和电动执行器

    B. 薄膜式、活塞式和长行程式

    C. 直行程和角行程

    D. 故障开和故障关

183. 气动薄膜执行机构中,当信号压力增加时,推杆向下移动的是(　　　)。

    A. 正作用执行机构　B. 反作用执行机构　C. 正作用风开阀　　D. 正作用风关阀

184. 执行机构弹簧范围的选择应根据调节阀的(　　　)考虑。

    A. 大小　　　　　　　　　　　　　　B. 特性

    C. 工作压力和温度　　　　　　　　　D. 工作压差、稳定性和摩擦力

185. 调节机构根据阀芯形式分为(　　　)。

    A. 气开式和气关式　　　　　　　　　B. 快开、直线性、抛物线和对数(等百分比)

    C. 单芯阀、双芯阀　　　　　　　　　D. 直行程和角行程

186. 适用介质温度范围在 $-20 \sim 200 \ ℃$ 的调节阀的上阀盖应选(　　　)。

    A. 普通型　　　　B. 散(吸)热型　　C. 长颈型　　　　D. 波纹管密封型

187. 气动调节阀当信号增加,阀杆向下移动时,阀芯与阀座之间的流通面积减小的是(　　　)。

    A. 正作用风关阀　B. 正作用风开阀　C. 反作用风关阀　　D. 反作用风开阀

188. (　　　)不是一次仪表。

A. 双金属温度计　　B. 压力变送器　　　　C. 浮球变送器　　　　D. 气动就地调节仪

189. 嵌在管道中的检测仪表的图形符号是(　　)。

A. ⊶○⊷　　　　B. ⊗　　　　　C. ○　　　　D. ⊖

190. 集中仪表盘后安装仪表的图符是(　　)。

A. ○　　　　B. ⊖　　　　　C. ⊝　　　　D. ⊖

191. 在水平管道上测量气体压力时的取压点应选在(　　)。

A. 管道上部,垂直中心线两侧45°范围内

B. 管道下部,垂直中心线两侧45°范围内

C. 管道水平中心线两侧45°范围内

D. 管道水平中心线以下45°范围内

192. 在测量蒸汽流量时,在取压口处应加装(　　)。

A. 集气器　　　　B. 冷凝器　　　　C. 沉降器　　　　D. 隔离器

193. 压力测量仪表引压管路的长度按规定应不大于(　　)。

A. 20 m　　　　B. 50 m　　　　C. 80 m　　　　D. 100 m

194. 转子流量计中转子上下的压差由(　　)决定。

A. 流体的流速　　　　　　　　B. 流体的压力

C. 转子的质量(重量)　　　　　D. 以上三项内容

195. 气动管路又称信号管路,所用介质是(　　)。

A. 压缩空气　　　　B. 风　　　　C. 水　　　　D. 氮气

196. 节流装置在水平和倾斜的工艺管道上安装时,取压口的方位正确的是(　　)。

A. 测量气体流量时,在工艺管道上半部

B. 测量液体流量时,在工艺管道上下半部与工艺管道的水平中心线成0~45°夹角的范围内

C. 测量蒸汽流量时,在工艺管道的上半部与工艺管道的水平中心线成0~45°夹角的范围内

D. 以上规定的方位都对

197. 节流装置安装前后(　　)的直管段内,管道内壁不应有任何凹陷和用肉眼看得出的突出物等不平现象。

A. 1D　　　　B. 2D　　　　C. 3D　　　　D. 4D

198. (　　)取压法是指上下游取压孔中心至孔板前后端面间距均为(25.4±0.8)mm。

A. 环室　　　　B. 法兰　　　　C. 角接　　　　D. 径距

199. (　　)取压法是上游取压孔中心至孔板前端面为2.5D,下由取压孔中心至孔板后端面为8D。

A. 径距　　　　B. 理论　　　　C. 管接　　　　D. 法兰

200. (　　)是上游取压孔至孔板前端面的间距为D,下游取压孔中心至孔板前端面的间距为1/2D。

A. 管接　　　　B. 径距　　　　C. 角接　　　　D. 理论

二、判断题(对的画"√",错的画"×",并改正错误)

1. 仪表位号由功能字母和数字两部分组成。　　　　　　　　　　　　　　　(　　)

2. 仪表位号 SIC – 1001 中,字母"S"表示被测变量是开关或联锁。　　　　　　　　　　（　　　）

3. 仪表位号中,后继字母"I"具有读出功能,字母"C"具有输出功能。　　　　　　　　　（　　　）

4. 一台仪表具有指示记录功能,仪表位号的功能字母代号只标注字母"R",而不再标注字母 "I"。　　　　　　　　　　　　　　　　　　　　　　　　　　　　　　　　　　（　　　）

5. 图例 $\overset{A}{\underset{C}{\rightarrow}} B$ 表示能源中断（或故障）时,三通阀流体流通方向 A→C。　　　（　　　）

6. 同一装置（或工段）的相同被测变量的仪表位号中数字编号是连续的,不同被测变量的仪表 位号不能连续编号。　　　　　　　　　　　　　　　　　　　　　　　　　　　（　　　）

7. PV – 201A、PV – 201B 表示不同的两个调节回路。　　　　　　　　　　　　　　（　　　）

8. 继电器常开触点就是指继电器失电状态下断开的触点。　　　　　　　　　　　　（　　　）

9. 在潮湿的地方使用试电笔,应穿绝缘鞋。　　　　　　　　　　　　　　　　　　　（　　　）

10. 若电烙铁头因温度过高而氧化,可用锉刀修整。　　　　　　　　　　　　　　　（　　　）

11. 万用表测量电阻时,被测电阻可以带电。　　　　　　　　　　　　　　　　　　　（　　　）

12. 活塞式压力计是基于静压平衡原理工作的,按其结构一般可分为单活塞、双活塞两种。 　　　　　　　　　　　　　　　　　　　　　　　　　　　　　　　　　　　　（　　　）

13. 精密仪器,如外壳接地,除起保护作用外,同时还能使仪器不受外界电场干扰的影响。 　　　　　　　　　　　　　　　　　　　　　　　　　　　　　　　　　　　　（　　　）

14. 测量低压介质时,常用 φ14 × 2 的中低压无缝钢管。　　　　　　　　　　　　　（　　　）

15. 在日常维护中加强巡检的力度对仪表供电系统来讲至关重要,它可以将一些隐含潜在的危 险消除在萌芽状态。　　　　　　　　　　　　　　　　　　　　　　　　　　　（　　　）

16. 仪表总供风罐下部放空阀主要是用来排除供风中含的水及杂质,一般要求每月至少排放一 次,并应根据供风品质的变化情况适当增加排放次数。　　　　　　　　　　　　（　　　）

17. 空气过滤器减压阀的放空帽要定期打开放空,其频率应根据本企业供风的品质决定,但每 月不少于一次。　　　　　　　　　　　　　　　　　　　　　　　　　　　　　（　　　）

18. UPS 是不间断电源装置的简称。　　　　　　　　　　　　　　　　　　　　　　（　　　）

19. 仪表维护主要是控制好仪表"四率",即控制率、使用率、完好率、泄漏率。　　　　（　　　）

20. 仪表定期润滑的周期应根据具体情况确定,一般一年或两年均可。　　　　　　　（　　　）

21. 仪表吹洗介质的入口点应尽量远离仪表取源部件,以便吹洗流体在测量管线中产生的压力 降保持在最小值。　　　　　　　　　　　　　　　　　　　　　　　　　　　　（　　　）

22. 仪表检修、停车拆卸仪表后仪表的位号要放在明显处,安装时对号入座,防止安装时混淆, 造成仪表故障。　　　　　　　　　　　　　　　　　　　　　　　　　　　　　（　　　）

23. 4 ~ 20 mA 的标准信号分成五等分校验分别为 0、5、10、15、20（mA）。　　　　（　　　）

24. 按测量敏感元件是否与被测介质接触的分类方法分为接触式测量和非接触式测量。 　　　　　　　　　　　　　　　　　　　　　　　　　　　　　　　　　　　　（　　　）

25. 用水银温度计测量室温的测量方法是一种直接比较法。　　　　　　　　　　　　（　　　）

26. 仪表灵敏限数值越大,则仪表越灵敏。　　　　　　　　　　　　　　　　　　　（　　　）

27. 检测控制技术、计算机技术、通信技术、图形显示技术是反映信息社会的四项要素。

                                                                                                                                      (   )

28. 量程是指仪表能接受的输出信号范围。   (   )

29. 灵敏度是指输入量的单位变化所引起的输出量的变化。   (   )

30. 操作人员读数不当造成的误差是疏忽误差。   (   )

31. 仪表的精度等级指的是仪表的基本误差值。   (   )

32. 一个工程大气压相当于 1.013 bar。   (   )

33. 因为弹性式压力计不像液柱式压力计那样有专门承受大气压力作用的部分,所以其示值就是指被测介质的绝对压力。   (   )

34. 某厂氨罐上的弹簧管压力表坏了,有人一时找不到量程合适的氨用压力表,就用一般的工业压力表代替。   (   )

35. 应变式压力传感器的应变片与压敏元件之间允许有相对滑动。   (   )

36. 压力传感器的作用是感受压力并把压力参数变换成电量信号。   (   )

37. 物位测量的单位,一般只能用长度单位如 m、cm、mm 等表示。   (   )

38. 界位是指在同一容器中两种重度不同且互不相溶的液体之间或液体和固体之间的分界面位置。   (   )

39. 用压力法测量液位时,压力表安装的高度应与液位零位的高度相同,否则应对高度差进行修正。   (   )

40. 用压力法测量开口容器液位时,液位高低取决于介质密度和容器横截面。   (   )

41. 差压式液位计低于取压点且导压管内有隔离液或冷凝液时,零点需进行正迁移。(   )

42. 差压式液位计安装位置低于液位零点时,零点需进行正迁移。   (   )

43. 双法兰液位变送器与一般差压变送器相比,可以直接测量具有腐蚀性或含有结晶颗粒以及黏度大、易凝固等介质液位,从而解决了导压管线易被腐蚀、被堵塞的问题。   (   )

44. 双法兰式液位计在使用过程中如果改变安装位置,则其输出也随之发生改变。 (   )

45. 浮筒式液位计浮筒的长度就是它的量程。   (   )

46. 浮球式液位计当平衡锤在最高处时,表示实际液面最高。   (   )

47. 管道内的流体速度在管壁处的流速最大。   (   )

48. 角接取压和法兰取压的取压方式不同,节流装置的本体结构也不同。   (   )

49. 差压式流量计除节流装置外,还必须有与之配套的差压计或差压变送器才能正常工作。

                                                                                          (   )

50. 灌隔离液的差压流量计,在打开孔板取压阀前必须先将三阀组的平衡阀关闭,以防止隔离液冲走。   (   )

51. 在启动或停运三阀组的操作过程中,可以允许短时间内正压阀、负压阀、平衡阀同时打开。

                                                                                           (   )

52. 涡街式流量计是应用流体自然振荡原理工作的。   (   )

53. 热力学温标是一种与物体某些性质有关的温标。   (   )

54. 温度不能直接加以测量,只能借助于冷热不同的物体之间的热交换以及物体的某些物理性

质随冷热程度不同而变化的特性来加以间接地测量。　　　　　　　（　　）

55. 双金属温度计是利用固体受热膨胀性质而制成的测温仪表,其精度等级为 $1\sim2.5$ 级。

（　　）

56. 为了测量塔壁温度,把一对热电偶丝分别焊接在塔壁上进行测量是不允许的。（　　）

57. 热电偶的热电势 $E(200\ ℃,100\ ℃)$ 等于 $E(100\ ℃,0\ ℃)$。　　　　　（　　）

58. 热电偶的热电势与温度的关系,规定热电偶冷端为 $0\ ℃$ 时,可以用分度表来描述。（　　）

59. 普通型热电偶一般由热电极、绝缘管、保护套管组成。　　　　　　　（　　）

60. 在热电阻温度计中 R_0 和 R_{100} 分别表示温度为 $0\ ℃$ 和 $100\ ℃$ 时的电阻值。（　　）

61. 由于补偿导线是热电偶的延长,因此热电偶电势只和热端、冷端的温度有关,和补偿导线与热电偶连接处的温度无关。　　　　　　　　　　　（　　）

62. 热电偶具有多种结构形式,它们的结构外形不尽相同,其组成部分也完全不同。（　　）

63. 在相同的温度变化范围内,分度号 Pt100 的热电阻比 Pt10 的热电阻变化范围大,因而灵敏度较窄。　　　　　　　　　　　　　　　（　　）

64. 气动仪表主要是由弹性元件、节流元件、气容、喷嘴挡板机构和功率放大器五种气动元件组成。　　　　　　　　　　　　　　　　　（　　）

65. 绝对压力变送器测的是以绝对零压为起点的压力,在结构上,它的测量元件的另一边必须抽成真空,这样才能以绝对零压为基准。　　　　　　　（　　）

66. 一台气动差压变送器负压侧泄漏,则仪表的指示偏高。　　　　　　（　　）

67. 用差压变送器测流量时,若正压侧有气体存在,则仪表的指示偏高。（　　）

68. 积分阀开度越大,积分时间越少。　　　　　　　　　　　　　（　　）

69. 气动薄膜执行机构当信号压力增加时,推杆向下动作的称为正作用式执行机构;反之,信号压力增加时,推杆向上动作的称为反作用式执行机构。　　　　（　　）

70. 1151 变送器中的测量膜片是金属平膜片,只有在膜片的位移远小于膜片的厚度或膜片在安装时把它绷得很紧,使其具有初始张力,在一定范围内压力和位移的特性才呈线性关系。　　　　　　　　　　　　　　　（　　）

71. 1151 变送器的现场指示电流表开路,则变送器输出最大。　　　　（　　）

72. 3051L 法兰液位变送器的插入长度有 100、150(mm)两种。　　　（　　）

73. 横河 EJA 差压变送器的量程上限最高可达 500 kPa。　　　　　（　　）

74. E+H 压阻式差压变送器的传感器采用的是扩散硅元件。　　　　（　　）

75. E+H 智能变送器只遵守 HART 通信协议。　　　　　　　　　（　　）

76. 一些 DCS 用户程序的存储采用大容量的 Flash 内存,控制程序可在线修改,断电不丢失。（　　）

77. 过程控制主要是消除或减少扰动对被控对象的影响。　　　　　　（　　）

78. 自动调节是用执行机构代替人工操作。　　　　　　　　　　　（　　）

79. 闭环控制系统的优点是不管任何扰动引起被控对象发生变化,都会产生作用去克服它。（　　）

80. 时间常数越小,对象受干扰后达到稳定所需的时间越长。　　　　（　　）

81. 测量滞后一般由测量元件特性引起,克服的办法是在调节规律中加入微分环节。 （　　）

82. 积分调节依据"偏差是否存在"来动作。它的输出与偏差对时间的积分成比例。 （　　）

83. 被控变量是可控的,而操作变量是可测的。 （　　）

84. 如图,简单温度控制系统中,被控对象是换热器出口温度,被控变量是热载体,操作变量是流体出口温度,扰动量是热载体温度、冷流体流量等。 （　　）

85. 要确定调节器的作用方向,就要使系统构成闭环。 （　　）

84 题图

86. 执行器就是调节机构。 （　　）

87. 执行器的执行机构是按照来自调节器的控制信号大小产生推力或位移,在执行器中起调节作用。 （　　）

88. 增大执行机构的输出力量是为了保证阀门能完全关闭,降低阀门泄漏量的常见方法。常用的措施有①改变弹簧的工作范围;②增设定位器;③提高气源压力;④改用更大推力的执行机构;⑤改用小刚度的弹簧。 （　　）

89. 气动薄膜执行机构在工作过程中,膜片的有效面积是固定不变的。 （　　）

90. 直行程阀芯是阀芯的运动方向与执行机构推杆运动方向一致的阀芯。 （　　）

91. 用聚四氟乙烯作调节阀的密封填料使用时,将其压模成 V 形环是为了便于更换。 （　　）

92. 用石墨密封填料能减小阀杆摩擦力。 （　　）

93. 对于小口径的调节阀,通常采用改变阀芯的作用方式来实现气开或气关。 （　　）

94. 体积流量单位符号是 m^3/s,它的单位名称是米^3/秒。 （　　）

95. 一般所说的真空是指在某一指定的空间内低于 1 个大气压的气体状况。 （　　）

96. 一次检测点可以安装在工艺管道上,但不可以安装在工艺设备上。 （　　）

97. 能源中断时调节阀保持原位置,允许向开启方向漂移的安装图符是 _____。
（　　）

98. 使用标准节流装置进行流量测量时,流体必须是充满和连续流经管道的。 （　　）

99. 为了便于安装,水平管道上的取压口一般从顶部或侧面引出。 （　　）

100. 在同一厂层内用支架安装压力变送器时,要求墙上支架安装的变送器略高于地上支架安装的变送器。 （　　）

101. 转子流量计必须垂直地安装在管道上,介质流向可以是由上向下。 （　　）

102. 气源支管之间的连接不管是否变径,都采用法兰连接。 （　　）

103. 压管要用电焊牢固地固定在支架上。 （　　）

104. 用节流装置测流量时,节流装置应安装在调节阀后面。 （　　）

105. 节流装置在水平管道上安装测蒸汽时,取压口方法应在管道的上半部,与垂直轴线成 0°～45°夹角。 （　　）

106. 1/4 圆喷嘴是一种标准节流装置。 （　　）

107. 角接取压和法兰取压只是取压的方式不同,但标准孔板的本体结构是一样的。　（　　）
108. 可编程序控制器是专为工业现场设计的,所以可以在任何恶劣的环境下工作。　（　　）
109. 可编程序控制器只能用于开关量控制,不能用于模拟量控制。　（　　）
110. 继电器的常开触点是在继电器的线圈通电后处于断开状态的触点。　（　　）
111. PLC 的编程器只能用于对程序进行写入、读出和修改。　（　　）
112. PLC 中的光电隔离电路仅用于开关量输入/输出卡件中。　（　　）
113. 可编程序控制器的系统程序在断电后需由后备电池保存。　（　　）
114. 在 PLC 的梯形图中,相同编号的输出继电器作为接点可重复引用。　（　　）
115. PLC 系统配置、组态完毕后,每个输入、输出通道对应唯一的输入、输出地址。　（　　）
116. 透光式玻璃板液位计适合测量黏度较小且清洁的介质的液位。　（　　）
117. 输入安全栅必须安装在控制室内,输出安全栅可安装在现场。　（　　）
118. 安全栅是实现安全火花型防爆系统的关键仪表。设置了安全栅,系统就一定是安全火花型防爆系统。　（　　）
119. 可燃性气体检测报警仪的检测范围下限为零,上限应大于或等于爆炸下限。　（　　）
120. 可燃气体检测报警仪一般由检测器、报警器和电源三部分组成。　（　　）

三、简答题

1. 什么是传感器? 什么是变送器?
2. 简述差压变送器的投用过程。
3. 什么是涡街旋涡流量计? 简述其工作原理。
4. 热电偶测温时为什么需要进行冷端补偿?
5. 影响调节器控制偏差的主要原因有哪两个方面?
6. 简述气动薄膜执行机构的工作过程。
7. 简述调节阀的调节原理。
8. 积分控制为什么能消除余差?
9. 为什么压力、流量一般不采用微分调节?
10. 简述阀门定位器的工作过程。
11. 简述智能化定位器的优点。
12. 什么是 DCS?
13. 简述 DCS 的特点。
14. 什么是回路联校?
15. 什么是可编程序控制器?
16. PLC 输入/输出单元的类型。

四、计算题

1. 一温度计测量范围为 0～200 ℃,其最大绝对误差为 2.5 ℃,试确定该温度计的精度等级。
2. 某压力表刻度为 0～100 kPa,在 50 kPa 处计量检定值为 49.5 kPa,求在 50 kPa 处仪表示值的绝对误差、示值相对误差和示值引用误差。

3. 1151GP 压力变送器测量范围原为 $0 \sim 100$ kPa, 现零位正迁移 100%, 则①仪表的测量范围变为多少？②仪表的量程是多少？③输入多少压力时, 仪表的输出为 4、12、$20(\text{mA})$？

4. 如图, 用单法兰液位计测量开口容器内的液位, 其最高液位和最低液位到仪表的距离分别为 $h_1 = 1$ m 和 $h_2 = 3$ m。若被测介质的密度为 $\rho = 980$ kg/m^3, 求：

　①变送器的量程为多少？

　②是否需要迁移？迁移量为多少？

　③如液面的高度 $h = 2.5$ m, 液面计的输出为多少？

5. 如图, 用法兰液位计测量闭口容器的界位, 已知 $h_1 = 20$ cm, $h_2 = 20$ cm, $h_3 = 200$ cm, $h_4 = 30$ cm, 被测轻液体密度 $\rho_1 = 0.8$ g/cm^3, 重液体密度 $\rho_2 = 1.1$ g/cm^3, 液位计毛细管内的硅油密度 $\rho_0 = 0.95$ g/cm^3, 求：①仪表的量程和迁移量。②仪表在使用过程中改变位置, 对输出有无影响？

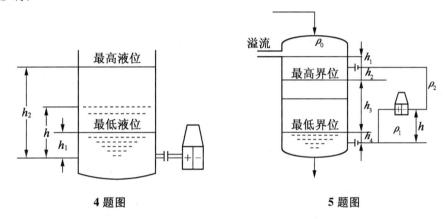

4 题图　　　　　　　　　5 题图

6. 有一套差压流量计, 水的最大流量 $G_{\max} = 2\,000$ t/h, 最大压差 $\Delta p_{\max} = 6.4$ kPa, 现测得压差 $p = 1.6$ kPa, 求此时的实际流量是多少？输出电流是多少？

7. 用 DDZ–Ⅲ型差压变送器测量流量, 流量范围是 $0 \sim 16$ m^3/h, 当流量 $Q = 12$ m^3/h 时, 变送器输出信号 $I_{出}$ 等于多少？

8. 一台电Ⅲ型差压变送器测量范围为 $0 \sim 33.33$ kPa, 相应流量为 $0 \sim 320$ m^3/h, 求输入信号为 12 mA 时, 差压是多少？相应的流量是多少？

9. 一台温度调节器, 量程为 $400 \sim 600$ ℃, 当温度由 500 ℃变化到 550 ℃时, 调节器的输出电流由 12 mA 变化到 16 mA, 则此表的比例度是多少？放大倍数是多少？

10. 有一液位调节系统, 在启动前对变送器、调节器和执行器进行联校检查：调节器比例置于 20%, 当测量值等于给定值而使偏差信号为零时, 阀位处于 50%; 当调节器给定值突变 7% 时, 试问在突变瞬间阀位处于什么位置？

答案解析